Bernd Monath

Versailles der Meere

Bernd Monath

Versailles der Meere

Die barocken Segelschiffe Ludwigs XIV. im Kontext ihrer Zeit

Mit einem Vorwort von Burkhard Spinnen

Frank & Timme
Verlag für wissenschaftliche Literatur

Umschlagabbildung: Überblendung einer Seekarte um Neufundland von James Cook,
Portrait von Ludwig XIV. und der Modellaufnahme des Autors.
https://commons.wikimedia.org/w/index.php?title=File:Cooks_Karte_von_Neufundland.jpg&oldid=177401332 [letzter Aufruf: 26.02.2016].
https://de.wikipedia.org/wiki/Datei:Louis-xiv-lebrunl.jpg [letzter Aufruf: 26.02.2016].
Umschlaggestaltung: Oliver Renner / Verlag Frank & Timme

ISBN 978-3-7329-0267-5

Herstellung durch Frank & Timme GmbH,
Wittelsbacherstraße 27a, 10707 Berlin.
Printed in Germany.
Gedruckt auf säurefreiem, alterungsbeständigem Papier.

www.frank-timme.de

Für Euch, die ihr mich ein Stück des Weges begleitet.

Das Segelschiff war der komplexeste, von Menschenhand gefertigte Mechanismus der Welt: ein Stück wundervolle Holzarchitektur – angetrieben allein vom Wind.

Vorwort von Burkhard Spinnen

Bei mir gab der Vater den Anlass. Ich war 13 Jahre alt und an Masern erkrankt, da schenkte er mir den Modellbausatz der VICTORY. Ich bekam das stolze Schiff im kleinen Maßstab kaum anständig zusammengebaut. Aber noch während ich mich mit der komplizierten Takelage abmühte, packte es mich: Fortan schwärmte ich für alte Segelschiffe.

Hätte man mich seinerzeit gefragt, warum, was hätte ich wohl gesagt? Ich weiß es nicht. Man kann, so traurig das ist, nicht mehr zurück in den Kopf, den man als Junge hatte. Aber meine Leidenschaft für alte Segelschiffe ist mir geblieben, und vielleicht sind die Gründe, die ich heute dafür nenne, wenigstens eng verwandt mit denen von damals.

Zunächst befriedigt eine Beschäftigung mit alten Segelschiffen die nicht nur bei Jungen verbreitete Sehnsucht nach Freiheit und Abenteuer; der Piraten-Boom der vergangenen Jahre hat aus dieser Sehnsucht ja eine sprudelnde Geldquelle gemacht. Johnny Depps Captain Sparrow und seine „Black Pearl" haben Millionen Jungen (und Mädchen) in eine Disney-Traum-Karibik entführt, in der edle Freibeuter auf stolzen Dreimastern unter Kanonendonner von Handstreich zu Handstreich segeln.

Auch mich mögen solche Vorstellungen als Junge berührt oder gar verführt haben; hinzu kamen die historischen Berichte über Entdeckungsreisen, Eroberungen und Seeschlachten in der Ära der Segelschiffe. Doch da war ganz gewiss noch etwas anderes, und dieses andere hat wahrscheinlich dafür gesorgt, dass ich meiner Leidenschaft über die Jungenjahre hinaus treu geblieben bin. Dieses andere zeigte sich zuerst, als ich mit dem dünnsten meiner Pinsel, an dem sich nur ein Hauch von Goldfarbe befinden durfte, über die maßstabsgerecht winzigen Ornamente an den üppig verzierten Heckspiegeln der PRINCE, der SOVEREIGN OF THE SEAS, der VASA oder der PHENIX strich.

Ja, es geht um Schmuck, mehr noch: um Schönheit. Und sogar um eine doppelte Schönheit! Die großen Schiffe des 17. und 18. Jahrhunderts waren ja nicht nur (nach damaligem Maßstab) High-End-Kriegsgeräte, sondern überdies prächtige schwimmende Paläste. Tatsächlich galten sie nicht nur durch ihre Feuerkraft als Repräsentanten der Staatsmacht, sondern auch durch ihre künstlerische Gestaltung als Beweis von hohem kulturellen Standard.

Doch es geht längst nicht nur um Ornamente und Zierrat. Die Galionsfiguren, das geschmückte Heck, die üppige Bemalung der damaligen Schiffe, sie zieren ja nicht irgendein ansonsten unauffälliges technisches Gerät. Nein, im Gegenteil, sie betonen nur die natürliche Schönheit eines Apparates, der sich nicht mit Maschinenkraft gegen die Natur auflehnt, sondern sich diese Natur elegant und geschickt zu Nutze macht. Segeln bedeutet letztlich nichts anderes als Sich-treiben-lassen durch den Wind. Die eleganten Rümpfe der Segelschiffe und vor allem ihre turmhohen Masten, ihre sich nach oben harmonisch verjüngenden Segel – sie formen ein Gebilde, dem auch der Laie seine innige Naturverbundenheit ansehen kann. Und daraus erwächst Schönheit, die Schönheit einer menschlichen Absicht, die sich im Einklang mit der Natur realisiert.

Ich weiß, es ist ein beeindruckendes Erlebnis, dem Start eines Formel-1-Rennens beizuwohnen, wenn in Sekundenbruchteilen unter tosendem Lärm Tausende von PS losgelassen werden. Auch der Start einer Weltraumrakete mag etwas Erhabenes besitzen. Doch in beiden Fällen überwiegt ganz richtig die Empfindung, dass der Mensch sich hier mit großer technischer Kraftanstrengung über den natürlichen Widerstand und die natürliche Schwerkraft hinwegsetzt. Wie anders, wenn die GORCH FOCK oder die BATAVIA ihre Segel entfalten, den Wind einfangen, sich sanft zur Seite neigen und dann Fahrt aufnehmen, mit keinen anderen Geräuschen als denen des Windes in der Takelage und des Wassers am Rumpf. Dieser Anblick kann die, freilich unerfüllbare, Sehnsucht wecken, es könnte auch für uns heutige Zeitgenossen noch die Chance bestehen, in Harmonie mit der Natur zu leben.

Bei den großen Treffen der historischen Segler stehen wir daher zu Tausenden am Ufer, angerührt und begeistert. Wir alle besitzen mehrere höchst leistungsfähige Verbrennungs- und Elektromotoren, auf deren Dienste wir nicht verzichten möchten. Dennoch haben wir die lange Anreise nicht gescheut, um Zeugen einer Fortbewegungsart zu werden, zu der es keines Motors bedarf. Und als Freizeitsegler suchen wir zu Millionen an den Wochenenden in unseren Jollen nach einem kleinen Stück der Faszination und der Schönheit des Segelns.

Dieses Buch über die Epoche des „Versailles der Meere" wird den Leser zurückführen in eine Hochzeit der Segelschiffe, in das Zeitalter des Barock, da die Gestaltung der großen Dreimaster eine Selbstfeier der Seefahrt war. Man kann dieses Buch mit nüchternem Gemüt als bestens recherchiertes und höchst informatives Sachbuch lesen. Aber ich bin mir sicher, die wenigsten Leser werden das tun. Wer sich für die Schiffe des Barockzeitalters interessiert, der tut das kaum je ohne eine tiefe Leidenschaft für diesen Gegenstand. Sie mag in den Piratenfilmen der Fünfzigerjahre geweckt worden sein, durch Modellbausätze oder durch den Besuch auf einem Museumsschiff, durch die Hornblower-Romane von C.S. Forrester oder durch die meines Erachtens gelungenste Hommage an die Schönheit des Segelns, den Film „Master and Commander" nach einer Vorlage von Patrick O'Brian.

Egal, man ist mit dem Herzen dabei und mit der Sehnsucht nach einer natürlichen Verbindung von Technik und Schönheit, um die sich heute das Design bemüht, ohne sie jemals wirklich zu erreichen. Als einer der ersten Leser von „Versailles der Meere" bedanke ich mich bei Bernd Monath für seine Akribie bei der Hinwendung zu diesem Gegenstand. Ich wünsche ihm und seinem Buch viele geneigte Leser.

Burkhard Spinnen

Inhaltsverzeichnis

Vorwort

Versailles – kaum eine andere Residenz ruft Assoziationen hervor wie dieser Name, umgibt sich mit einer Aura höchsten künstlerischen Schaffens und wirkt mit solch verschwenderischer Pracht, dass ihr der Betrachter oftmals mit ambivalenter Faszination begegnet.

Als Weltkulturerbe und Höhepunkt europäischer Palastarchitektur ziehen die Gebäude, Parks, Wasserspiele und Gärten jährlich Millionen Besucher in ihren Bann.

Doch es gab noch ein anderes, unbekanntes Versailles, das von den gleichen Künstlern entworfen wurde, aber eine weitaus größere Herausforderung darstellte. Jenes andere Versailles bestand aus den barocken Segelschiffen Ludwigs XIV., über deren Entstehungsgeschichte dieses Buch unter anderem berichtet. Es soll einen Beitrag dazu leisten, sie nicht länger zu vergessen, sie wieder in Erinnerung zu rufen und den Menschen zu gedenken, die sie verwirklichten.

Die Fähigkeit, Schiffe mit solchem Segelwerk überhaupt konstruieren zu können, ermöglichte Europa, die Tür zur restlichen Welt weit aufzustoßen. Rückblickend stellt das Segelschiff damit die bedeutendste technische Entwicklung der frühen Neuzeit dar.

In der Geschichte kommt es nur selten vor, dass sich politische, künstlerische, wirtschaftliche und technische Aspekte vereinen, wie bei den Segelschiffen Ludwigs XIV. geschehen, mit dem Ergebnis beeindruckender Zeugnisse barocker Schiffsarchitektur die ihresgleichen sucht und an die Inschrift am Besanmast der ROYAL LOUIS erinnert, *„Ich bin einzigartig auf dem Meer“*.

Schwimmende Kunstwerke, zur gleichen Zeit und von den gleichen Künstlern wie Versailles erschaffen.

Das Versailles der Meere.

Rhein-Main-Gebiet, im Sommer 2016

KAPITEL 1 Die sozialen und politischen Verhältnisse in Europa während des 17. Jahrhunderts

1. Die Lebensverhältnisse

Mit den selbstauferlegten Zwängen nach viel Besitz, verlieren wir oft den Blick für die kleinen Dinge des Lebens. Leben wir oder werden wir nur gelebt von unserem Besitz- und Geltungsstreben? Die Augenblicke, in denen wir innehalten, sind daher kostbar. In der ersten Hälfte unseres Lebens opfern wir die Gesundheit, um Geld zu erwerben; in der anderen opfern wir Geld, um die Gesundheit wiederzuerlangen. Und während dieser Zeit gehen Gesundheit und Leben von dannen.

Voltaire (1694-1778),
Philosoph, Historiker und Schriftsteller

Das 17. Jahrhundert gehört zweifellos zu jenen Epochen, die den europäischen Kontinent unter politischen, wirtschaftlichen und sozialen Aspekten mit am stärksten beeinflusst haben. Staatsformen wie der Absolutismus, die Entwicklung neuer Wirtschaftsformen wie der Merkantilismus, verbunden mit der beginnenden Expansionspolitik, der Kunststil des Barock und erste Impulse der beginnenden Aufklärung kennzeichnen diese Periode. Zu Beginn des Jahrhunderts lebten ca. 115 Mio. Menschen in Europa. Davon in Deutschland 15 Mio., auf den britischen Inseln rund 7 Mio. und in Frankreich ca. 19 Mio.[1]

Von der französischen Bevölkerung entfielen rund 1,5 % auf den Hof-, Land- und Amtsadel, 0,5 % auf den Klerus mit seinen Bischöfen, Domherren, Mönchen oder Nonnen und der Rest vornehmlich auf Bürgertum, Beamte, Handwerker, Bauern und Landarbeiter. Europa wurde zu dieser Zeit wesentlich durch die Agrarwirtschaft geprägt.

Neun Zehntel der Bevölkerung lebte auf dem Land und nur ein geringer Anteil in den größeren Städten oder in deren Umgebung. Abgesehen vom Adel und einer kleinen wohlhabenden bürgerlichen Klientel unterschieden sich die damaligen Lebensverhältnisse zwischen den städtischen und ländlichen Regionen erheblich. Viele Bauern lebten in Leibeigenschaft und nur die Selbstversorgung sicherte den Großfamilien das eigene Überleben.

1 Stehende Hexe mit Ungeheuer und zwei Putten. Hans Baldung Grien, um 1515. Kunsthalle Karlsruhe.

Wenige Adelsfamilien herrschten über den Großteil der Bevölkerung, die kaum gebildet und wenig aufgeklärt war. Aberglaube bestimmte größtenteils das Denken und eine generelle Furcht vor allem Unbekannten hatte großen Einfluss auf ihre Lebensweise.

Den Teufel sah man im Allgemeinen noch als real existierende Person an, nicht zuletzt aufgrund der Predigten in den katholischen Kirchen, die das Paradies nur den Gottesfürchtigen versprachen.

Vom 15. bis zum 18. Jahrhundert herrschten in Europa widrige klimatische Bedingungen mit Auswirkungen auf die gesamte Landwirtschaft.[2] Die Temperaturen – in diesem Zeitraum unterdurchschnittlich niedrig – führten zu Missernten und zur Verknappung von Lebensmitteln. Für schlimme Situationen und unerklärliche Ereignisse versuchte die Allgemeinheit im Aberglauben nicht selten Schuldige und Sündenböcke zu finden. Angebliche Hexen und Hexer zog die Bevölkerung oftmals für erlittenes Unheil zur Rechenschaft. Die Lehnsherren forderten zudem hohe Abgaben, um den eigenen Wohlstand zu sichern und militärische Auseinandersetzungen finanzieren zu können.

Krankheiten wie Tuberkulose und Pocken verbreiteten sich und Seuchen wie die Pest forderten in London 1665 bis 1666 über 100.000 Todesopfer. Aufgrund fehlender Hygiene gab es eine hohe Säuglingssterblichkeit. Dazu starben viele Frauen durch Infektionen im Kindbett, galt eine Schwangerschaft im Grunde schon als Risiko. Dies verbunden mit mangelhaften Ernährungsbedingungen verkürzte die allgemeine Lebenserwartung auf kaum 40 Jahre, allerdings verfälscht die hohe Kindersterblichkeit dieses Bild. Hatte man die Kindheit erst einmal überwunden und blieb von Krankheiten weitgehend verschont, war ein Alter von 70 Jahren keine Seltenheit. Trotz allem galten die Lebensbedingungen in diesem Jahrhundert als besonders schwierig.

2 Der Garten der Lüste. Ausschnitt aus dem Triptychon von Hieronymus Bosch, um 1500. Museo Nacional del Prado, Madrid.

Die Ernährung bestand im Wesentlichen aus Gemüse, Brei oder Pürees mit Soßen sowie zahlreiche Getreidesorten als Grundnahrungsmittel. Dies änderte sich zunehmend durch Importe wie Mais oder Kartoffeln aus den überseeischen Besitzungen und die europäische Bevölkerung allmählich akzeptierte. Der Fleischgenuss war in den privilegierten Bevölkerungsschichten vergleichsweise hoch.

Die ärmere Bevölkerung deckte den täglichen Bedarf hauptsächlich durch Eier, Milchprodukte oder Hülsenfrüchte. Ab und zu ergänzten Fisch oder Kleinwild die Nahrung, je nach regionaler Verfügbarkeit oder Gelegenheit zur meist verbotenen Jagd in den Wäldern.

In kultureller und wissenschaftlicher Hinsicht beeinflussten dieses Jahrhundert bekannte Persönlichkeiten wie Johann Sebastian Bach, Oliver Cromwell, Galileo Galilei, Molière, Issac Newton, Shakespeare oder Rembrandt.

2. Die politische Situation in Europa

Zu Beginn des 17. Jahrhunderts war die politische Situation in Europa extrem angespannt. Als Folge der Reformation entstand ein konfessionell zergliederter Kontinent. Es bildeten sich religiöse Bündnisse, die weltliche und wirtschaftliche Interessen miteinander verknüpften. In England leitete Heinrich VIII. die Reformation ein, erklärte sich zum Oberhaupt der von ihm begründeten Anglikanischen Kirche und bündelte gleichsam weltliche wie religiöse Macht.
Auf dem europäischen Festland wurden die Schweiz, größtenteils Nord- und Mitteldeutschland und die heutigen Niederlande reformiert, der skandinavische Raum lutherisch, während die spanischen Niederlande, Polen, Frankreich und Spanien katholisch blieben. Die im vorigen Jahrhundert entstandenen Allianzen führten im 17. Jahrhundert neben den ohnehin stets schwelenden Spannungen zu erheblichen Konflikten, die sich in rund zwei Dutzend Kriegen entluden. Die dauerhaften Auseinandersetzungen zwischen Holland und den katholischen Ländern Spanien und Frankreich mit seinem streng gläubigen Ludwig XIII. sowie England als expandierende Seenation taten dabei ihr Übriges.

Ludwig XIII. *(1601-1643) war der zweite König von Frankreich und Navarra aus dem Hause Bourbon und der älteste Sohn von Heinrich IV. Er trug den Beinamen „Louis le Juste" (Ludwig der Gerechte). Nach der Ermordung seines Vaters folgte er ihm im Alter von neun Jahren auf den Thron, wobei seine Mutter Maria de Medici[3] die tatsächliche Regentschaft übernahm. Ludwig XIII. ließ später den Günstling seiner Mutter beseitigen und verbannte sie. Nach ihrer Aussöhnung unter Mitwirkung von Richelieu ernannte er den Kardinal zum Minister und unterstützte diesen fähigen, allerdings auch höchst umstrittenen Politiker. 1631 sandte er seine Mutter nach zahlreichen gegenseitigen Anfeindungen und Intrigen erneut in die Verbannung, nun aber lebenslang. Ab Anfang der dreißiger Jahre erlebte Frankreich unter der gemeinsamen Herrschaft von Richelieu und Ludwig XIII. eine Machtzunahme, jedoch hinterließ der Sieg über die Habsburger deutliche Spuren in dem tief religiösen König. Der stets zu Aufständen neigende französische Adel wurde unter Kontrolle gebracht und so mancher Kontrahent hingerichtet. Tatsächlich war Ludwig XIII. eine schüchterne Persönlichkeit, die sich in Gesellschaft nicht besonders wohlfühlte und außerdem zum Stottern neigte. Gleichwohl besaß er einen starken Willen und die Fähigkeit, entschlossen und rücksichtslos selbst gegen seine eigenen privaten Interessen zu agieren.*

3 Gemälde von Ludwig XIII. Philippe de Champaign, um 1640. Museo Nacional del Prado, Madrid.

Zitat:
„Ich wäre kein König, leistete ich mir die Empfindungen eines Privatmannes."

Die hieraus entstandenen politischen und religiösen Spannungen eskalierten, führten 1618 zum Ausbruch des Dreißigjährigen Krieges und für Mitteleuropa zu einer Katastrophe bis dahin nie gekannten Ausmaßes. Während Schweden die deutschen Protestanten unterstützte, nahm Frankreich die Machtinteressen auf katholischer Seite wahr. Söldnerheere aus allen Teilen Europas agierten dabei für verschiedene Parteien – nicht selten aus weltlichen und wirtschaftlichen Interessen – um den eigenen Machtbereich zu sichern bzw. auszubauen.
Die Kriege dezimierten vornehmlich die mitteleuropäische Bevölkerung. Meist auf sich gestellte Städte wurden belagert und geplündert, um die Versorgung marodierender Heere zu gewährleisten. Abgesehen von fortwährenden Anfeindungen zwischen Frankreich und Spanien beendete der Westfälische Friede[4] 1648 letztlich die kriegerischen Auseinandersetzungen und die einzelnen Nationen bestimmten fortan selbst über die Religion im eigenen Land.
In England entstand in etwa zur Mitte des 17. Jahrhunderts ein eigener Konfliktherd. Zwischen den damaligen Royalisten, also Anhängern des Hauses Stuart, kam es aufgrund unterschiedlicher Ansichten bezüglich der religiösen Ausrichtung des Landes zur Spaltung von den Sympathisanten des Parlaments. Charles I. versuchte, in ganz Britannien eine einheitliche Kirchenverfassung unter absolutistischer Herrschaft einzuführen. Damit löste er den englischen Bürgerkrieg aus und wurde während des parlamentarischen Aufstands im Januar 1649 in London enthauptet mit der zeitweisen Abschaffung der Monarchie als Folge. Oliver Cromwell[5] rief in England später die Republik aus und regierte das Land als Lordprotektor bis zu seinem Tod im Jahr 1658.

Frankreich gewann unter Ludwig XIV. ab Mitte des 17. Jahrhunderts zunehmend machtpolitisch an Bedeutung und zog gegen Holland ins Feld, das sich wiederum mit England in einer dauerhaften Auseinandersetzung um die Seeherrschaft befand. Diese Epoche war darüber hinaus geprägt durch zeitweise Allianzen zwischen England und Frankreich gegen die Niederlande, ohne diese entscheidend schwächen zu können.

Spanien musste im Westfälischen Frieden sowohl die protestantische Gleichberechtigung in Deutschland als auch die Unabhängigkeit der Vereinigten Niederlande anerkennen. Ein Teil der bis dahin kontrollierten Gebiete fiel an Frankreich, während England die Provinz Dünkirchen und Jamaika vereinnahmte. Ludwig XIV. erhob ferner Erbansprüche auf die spanischen Niederlande,[6] konnte sich aber in den militärischen Aktionen nicht vollständig durchsetzen.

In der Regierungszeit des schwächlichen Karl II. (1665-1700)[7] kam es zu einer Reduktion der spanischen Bevölkerung und zu einer Entvölkerung ländlicher Gebiete. Trotz repressivem Steuerdruck und abenteuerlichem Finanzgebaren blieben die staatlichen Kassen meist leer,[8] sodass die spanische Krone weder Beamte noch Soldaten entlohnen konnte. Im Jahr 1700 endete mit dem Tod Karls II. die zweihundertjährige Herrschaft der spanischen Habsburger[9] und die bis dahin stringente katholisch–absolutistische Politik. Es folgte der spanische Erbfolgekrieg, in dem ausländische Mächte versuchten, die Herrschaft über die spanische Monarchie zu erringen.
Österreich sah sich in den Anfängen der achtziger Jahre – infolge einer Destabilisierung reformierter Gruppen im katholisch-habsburgischen Einflussbereich – durch das Osmanische Reich mit verdeckter Unterstützung von Frankreich bedrängt. Jedoch führte dies 1683 zu einem Scheitern der Belagerung von Wien und weiteren militärischen Misserfolgen.
England und die Niederlande schlossen im Jahr 1688 ein Bündnis gegen Frankreich, nachdem die Bürgerschaft James II. als Nachfolger von Charles II. vertrieb, der eine Rückführung des Katholizismus in England angestrebt hatte. Der aus Holland stammende Wilhelm III. übernahm danach die Regentschaft über beide Länder.

Als Frankreich 1689 versuchte die Pfalz einzunehmen, hatte Wilhelm III. großen Anteil an der Bildung einer europäischen Allianz, die im Spanischen Erbfolgekrieg bis 1714 ihre Fortsetzung fand. Im osteuropäischen Raum bahnte sich gegen Ende des 17. Jahrhunderts ein Konflikt zwischen Russland und Schweden an, der in den Großen Nordischen Krieg von 1700 bis 1721 mündete.[10]

3. Die europäische Hegemonie

Das Zeitalter der europäischen Expansion begann im 15. Jahrhundert mit den ersten zielgerichteten Entdeckungsfahrten – zunächst durch Spanien und Portugal, gefolgt von Holland, England und Frankreich.
Die Gründe für die überseeischen Interventionen lagen anfangs in dem Bestreben, neue Handelswege zu erschließen, da europäische Länder die begehrten Waren aus dem Orient oder Asien bis dahin nur über arabische Zwischenhändler beziehen konnten. Ägypten beherrschte den Handel mit den arabischen oder indischen Gütern und die Weiterreise nach Vorderasien war für Europäer nicht möglich. In Kairo war für sie Endstation. Die Ausbreitung der Osmanen im 15. Jahrhundert erschwerte zusätzlich den Asienhandel der Europäer und verhinderte direkte Handelsbeziehungen mit dem Orient.

Bartolomeo Diaz öffnete 1488 mit der Umsegelung des Kaps der guten Hoffnung den Seeweg in den indischen Ozean, was Vasco da Gama 1498 die Fahrt per Schiff nach Indien ermöglichte. Über den indischen Stützpunkt Goa eroberten die Portugiesen 1509 Malakka, während die Atlantiküberquerung durch Kolumbus 1492 die Besiedlung des amerikanischen Kontinents eröffnete.

4. Ein zeitgenössischer Blick Frankreichs auf das restliche Europa

Wer wäre dafür besser geeignet als der französische Philosoph und einflussreichste Schriftsteller der französischen und europäischen Aufklärung, François-Marie Arouet, genannt Voltaire.

Nach dem Tod seiner Geliebten, der Marquise du Châtelet, nahm Voltaire wie andere französische Schriftsteller und Gelehrte seiner Zeit die Einladung Friedrichs des Großen an dessen Hof nach Sanssouci an. 1751 veröffentlichte er in Berlin sein Buch *„Siècle de Louis XIV."* (das Jahrhundert Ludwigs XIV.) – eine Darstellung der französischen Geschichte während des 17. Jahrhunderts. Voltaire schrieb darin der Kulturgeschichte eine herausragende Rolle zu und setzte so neue Maßstäbe, was die allgemeine Geschichtsschreibung betraf. Über die anderen europäischen Länder schrieb er sinngemäß verkürzt:

Deutschland

Das Deutsche Reich ist der mächtigste Nachbar, den Frankreich je hatte. Es ist stärker, vielleicht weniger reich an Geld, aber fruchtbarer und voll arbeitsamer Menschen. Deutschland zählt sechzig freie Städte, ebenso viele weltliche Herrscher, fast vierzig geistliche Fürsten, Äbte, oder Bischöfe, um diesen großen germanischen Körper zu führen. Jedes Mitglied des Reiches hat seine Rechte, Privilegien, Pflichten und das schwierige Wissen über so viele oft umstrittene Gesetze wird in Deutschland das Studium des öffentlichen Rechts genannt, deswegen das deutsche Volk so berühmt ist.
Vor allem Deutschland ist im christlichen Europa mehr als andere Länder geteilt – die eine Hälfte als Katholiken unter dem Papst stehend und die zweite als Feind der geistlichen und weltlichen Herrschaft des Papstes und seiner katholischen Prälaten.

Wir nennen solche allgemein Protestanten, obwohl sie in Lutheraner, Calvinisten und andere aufgeteilt sind. Uneinig untereinander, aber einig in der Ablehnung Roms. Deutschland war früher nicht so blühend, wie es seitdem geworden ist. Der Luxus war unbekannt und die Bequemlichkeiten des Lebens meist nur den höchsten Herren vorbehalten. Diesem fruchtbaren und bevölkerungsreichsten Land fehlte es an Handel und Geld. Die Last der unzähligen Zölle entzog ihnen die Freuden und angenehmen Künste, wie sie in Italien kultiviert werden. Die Deutschen, reich zu Hause, waren arm an anderer Stelle; und die Schwierigkeit in kurzer Zeit bei so vielen verschiedenen Menschen Einigkeit zu erzielen versetzte sie nicht in die Lage, einen langen Krieg mit ihren Nachbarn zu führen.

Spanien

Spanien, dessen Könige von der älteren Linie des Hauses von Österreich abstammen, war unendlich reich und absolut in seiner Herrschaft. Die Minen von Mexiko und Potosi [11] *bescheren Spanien viel Geld. Darüber hinaus herrscht nicht überall Einigkeit. Kastilien hatte das Vorrecht, nicht außerhalb seiner Heimat kämpfen zu müssen, Aragon stritt unaufhörlich für seine Freiheit gegen den königlichen Rat und den Katalanen, die ihre Könige als Feinde ansahen, erlaubte man nicht, die Milizen in ihren Provinzen zu erhöhen. Spanien warf dennoch mit dem Reich ein gewaltiges Gewicht in die Waagschale Europas.*

Portugal

Portugal wurde wieder ein Königreich. Johann, Herzog von Braganza, hatte diese Provinz dem spanischen König abgerungen. Der portugiesische Handel nahm an Bedeutung zu, wie Spanien diesen aus Hochmut vernachlässigte. Portugal schüttelte das Joch von Spanien ab, vergrößerte seine Macht und erinnert an das spätere Holland, das die gleichen Leistungen vollbrachte, allerdings in ganz anderer Weise Nutzen daraus zog.

Vereinigte Provinzen (Niederlande)

Dieser kleine Staat der sieben vereinigten Provinzen und fruchtbaren Weiden war durch das Meer fast überfordert, aber für etwa ein halbes Jahrhundert lang ein fast einzigartiges Beispiel auf der Erde. Mit der Liebe zur Freiheit und harter Arbeit widerstand er den spanischen Königen und ihren Milizen. Der Wunsch nach Freiheit hatte seinen Mut gestärkt und die Prinzen des Hauses von Oranien formten ausgezeichnete Soldaten. Kaum Herr über sich selbst, gründeten sie eine Regierung. Die bewahrt so weit wie möglich die Gleichheit, das natürlichste Recht der Menschen.

England

England, viel mächtiger, wollte die Souveränität über die Meere gewinnen und gab vor, ein Gleichgewicht zwischen den Herrschern Europas zu bilden. Aber Charles I., der ab 1625 regierte, fühlte die Regentschaft bereits aus seiner Hand gleiten und sah Gesetze vor, um dies zu verhindern – zu stur, um seine Meinung zu verändern und zu schwach. Ein treusorgender Vater, ehrlicher Mann, gleichwohl schlecht beratener Monarch engagierte sich in einem Bürgerkrieg, der ihn seinen Thron und das Leben kostete durch eine fast beispiellose Revolution. Dieser Bürgerkrieg, der in den frühen Jahren Ludwigs XIV. begann, verhinderte das Eindringen Englands in die Interessen seiner Nachbarn.

Rom

Italien wurde wie jetzt in mehrere Provinzen geteilt, die den Papst respektieren wie einen Herrscher. Diese Form der Regierung wird nicht verwendet, um seinem Land, das auch wenig Geld und Handel hat, zu Wohlstand zu verhelfen; seine geistliche Autorität verabscheute die andere Hälfte der Christenheit. Schließlich wird der Papst allen katholischen Staaten Vorrechte geben und erhält Tribut von deren Einnahmen. Um die Schwierigkeiten einem fremden Souverän in dieser Weise gehorchen zu müssen, kann der aufgeklärte Geist, der in Frankreich seit einem Jahrhundert herrscht, das beste Heilmittel gegen solch einen Missbrauch sein. Die guten Bücher zu diesem Thema geschrieben, sind ein echter Dienst für Könige und Völker.

Der Rest von Italien

Die anderen Provinzen Italiens verfolgten unterschiedliche Interessen. Venedig fürchtete die Türken, einst die Herrin des Handels auf der Welt, die 150 Jahre zuvor die Eifersucht so vieler Könige erregte. Die Weisheit seiner Regierung blieb, doch seines großen Handels beraubt, fehlte die Kraft und man war nicht mehr fähig zu Eroberungen. Der Zustand von Florenz genießt Ruhe und Schönheit unter der Regierung der Medici. Briefe, Kunst und Höflichkeit – die Medici sorgten dafür, dass diese Stadt erblühte. Savoy, vom Bürgerkrieg und von französischen wie spanischen Truppen zerrissen, kam schließlich ganz zu Frankreich und das wiedervereinigte Italien trug zur Schwächung Österreichs bei. Die Schweiz bewahrte wie jetzt ihre Freiheit, ohne jemanden zu unterdrücken. Sie verkauften ihre Truppen an die reicheren Nachbarn als sie arm waren. Gegenüber den Wissenschaften, allen Künsten und luxuriösen Dingen waren sie wenig aufgeschlossen, dabei aber klug und zufrieden.

Die nördlichen Staaten

Die Völker des nördlichen Europa, Polen, Schweden, Dänemark und Russland, waren wie die anderen Mächte. Es herrschte ständig Misstrauen und Krieg zwischen ihnen. Die Schweden, freieste Nation noch in der Verfassung, siegten fast überall.

Türkei

Die Sultane waren zur gleichen Zeit die despotischsten Herrscher und weniger sicher auf ihrem Thron und im Leben. Osman und Ibrahim waren gerade durch die Schnur gestorben, Mustapha war zweimal abgesetzt worden. Das türkische Reich war zudem durch Perserangriffe geschwächt. Aber wenn die Perser ihnen die Luft zum Atmen ließen, wurde es wieder ein großes Reich, denn Ungarn, Griechenland und die Inseln wurden abwechselnd Beute der Türken und der Krieg um Candia[12] *war so fatal für die Christen.*

KAPITEL 2 Die kolonialen Machtverhältnisse im 17. Jahrhundert

1. Die europäischen Staaten im Einzelnen

Die Niederlande eroberten im Niederländisch-Portugiesischen Krieg (1624-1661)[13] in Afrika und Übersee zunächst Kolonien von den Portugiesen, verloren diese jedoch teilweise wieder in weiteren Auseinandersetzungen. 1657 erfolgte erstmals ein Angriff der Niederländer auf das portugiesische Mutterland, verbunden mit einer dreimonatigen Blockade der Hauptstadt Lissabon.
Bis zum Friedensschluss gab Portugal schrittweise fast alle Besitzungen in Ostasien an die Niederlande ab. Mitte der fünfziger Jahre fiel zunächst Ceylon und nach einem erfolglosen Friedensvertrag ging 1661 Malabar verloren. Portugal behielt aber Macau und Timor sowie Portugiesisch-Indien. Mit dem Frieden von 1663 blieben die Küsten Westafrikas und Brasiliens – aufgrund finanzieller Ausgleichszahlungen an die Niederlande – weiterhin in portugiesischer Hand.
Nach den Unabhängigkeitskriegen gegen Spanien entwickelte sich Holland zu einer bedeutenden Handels- und Seemacht und errichtete dabei Stützpunkte vornehmlich in Ostasien, Indien und Südafrika. Den Ausgangspunkt bildeten die 1602 gegründete Niederländische Ostindien-Kompanie (VOC) zusammen mit der zwei Jahrzehnte späteren Westindischen Kompanie (WIC) und schufen die Grundlage für den wirtschaftlichen Erfolg. Beide Kompanien verfügten über weitreichende Befugnisse, die unter anderem die Aufstellung und den Unterhalt eigener Armeen beinhalteten. Aktien finanzierten diese Gesellschaften,[14] deren Eigentümer als Teilhaber fungierten. Die Dividende betrug bis zu 36 % pro Jahr.[15]

Neben Borneo und Sumatra galten für die Niederlande besonders die Molukken wegen der Muskatnuss als wirtschaftlich lukrativ. Der militärische Arm der VOC sorgte teilweise für eine regelrechte Entvölkerung der Inseln, um sie anschließend mit niederländischen Plantagenbetreibern und Sklaven zu besetzen. Neben dem Hauptstützpunkt Batavia errichteten die Niederländer zusätzliche Hafenstädte und Umschlagplätze – 1641 in Malakka, 1669 in Makassar und 1682 in Banten.
In Nordamerika gab es in der Zeit von 1624 bis 1667 eine niederländische Kolonie mit Neu-Amsterdam, dem späteren New York als größter Ansiedlung, die England 1664 vereinnahmte. Ebenso übernahmen die Niederlande ab Mitte des 17. Jahrhunderts nach und nach die ehemalige Kolonie Neuschweden, bevor diese ab 1674 ebenfalls britisch wurde. Es gab weitere Kolonien, zum Beispiel auf den Niederländischen Antillen, den Niederländischen Jungferninseln, in Tobago, in Niederländisch-Guayana und in einer Fülle an Besitzungen in Afrika oder Asien. Mitte des 17. Jahrhunderts entwickelten sich die Niederlande dadurch zu einer politischen, wirtschaftlichen und militärischen Großmacht mit Verflechtungen über den gesamten Globus. Kein europäischer Staat konnte es sich zu dieser Zeit leisten, die Niederländer zu ignorieren. So klein, so überreich und dominant war Holland mit seinen zahlreichen Kolonien und weltweiten Außenposten.

Für Portugal war Brasilien nach dem Verlust der ostindischen Kolonien und damit verbundenem Rückgang des Ostindienhandels der wichtigste politische und wirtschaftliche Kolonialbesitz. Darüber hinaus war Portugal aufgrund vertraglicher Verpflichtungen mit Spanien automatisch mit England verfeindet, das nun ebenfalls gegen die Kolonien des Landes agierte. An der Ostküste Afrikas eroberte zudem der Oman die meisten portugiesischen Besitzungen. Portugal verfügte daher zum Ende des 17. Jahrhunderts nur noch über die Kolonien in Brasilien und einige wenige Stützpunkte in Afrika.

England gründete bereits zu Beginn des 17. Jahrhunderts eine Ostindien-Kompanie, um den Handel anzutreiben. Aufgrund innenpolitischer Probleme und dauernder Seekriege mit Holland konnte er allerdings kaum intensiviert werden, sodass Holland weiterhin die dominierende Kolonialmacht in Europa blieb.

Nachdem England Wilhelm von Oranien 1689 zum König krönte, kam es zwischen Holland und England zur Aufteilung der Einflusssphären. Die Niederländer mit ihrer Ostindischen Kompanie konzentrierten sich auf Indonesien, während die Briten ihre Kolonialherrschaft in Indien, Bombay, Kalkutta und Madras dauerhaft festigten. In der Karibik und in Nordamerika kam es im Laufe des 17. Jahrhunderts zum Auf- und Ausbau zahlreicher britischer Kolonien. Während in den Siedlungen auf dem amerikanischen Kontinent hauptsächlich Puritaner und Nichtanglikaner lebten – um auf diese Weise dem Druck der englischen Staatskirche zu entgehen – wurden um 1627 auf mehreren Karibikinseln wie Barbados, Nevis und St. Lucia zahlreiche Plantagen mithilfe von Sklaven aus Afrika aufgebaut und bewirtschaftet.
1664 eroberte England im zweiten Englisch-Niederländischen Krieg die Kolonie Neu-Amsterdam und benannte diese in New York um. Die Besitzungen auf dem amerikanischen Kontinent galten zwar als weniger ertragreich als jene in der Karibik, boten dafür allerdings durch die enormen Flächen gute Voraussetzungen für eine expandierende Besiedlung. Mit der Gründung der *Royal African Company* im Jahr 1672 vergab Charles II. das Monopol zur Versorgung aller britischen Besitzungen mit afrikanischen Schwarzen, wobei Menschenhandel und Versklavung von Anfang an die Grundlage funktionierender Kolonien in der Karibik bildete. Bis zum Verbot des Sklavenhandels im Jahr 1807 deportierte England rund 3,5 Mio. afrikanische Sklaven, was einem Drittel aller Auswanderer entsprach.[16]
Zu Beginn des 17. Jahrhunderts entstanden private englische Aktiengesellschaften zur Finanzierung von Handelsreisen, die mit einem bescheidenen Warenimport aus Indien begannen. Eine Vormachtstellung nahmen bereits die Niederländer im fernöstlichen Raum ein, nicht zuletzt aufgrund des besser entwickelten Finanzsystems. Die Feindseligkeiten endeten 1689, als Wilhelm III. den englischen Thron bestieg und ein Bündnis mit Holland im Pfälzischen Erbfolgekrieg gegen Frankreich schloss.

Frankreich gründete die ersten Kolonien in der Zeit Richelieus zu Beginn des 17. Jahrhunderts vornehmlich in Amerika. Diese umfassten Teile von Indien sowie das heutige Kanada, Französisch Guayana und einige Karibikinseln wie Saint Domingue, Martinique, Guadeloupe und Saint Christopher. Es handelte sich am Ende um rund ein Dutzend Inseln, die teilweise ebenfalls von anderen europäischen Nationen gemeinsam genutzt, zeitweise aber wieder aufgegeben wurden.

4 Gemälde von Kardinal Richelieu bei der Belagerung von la Rochelle. Henri Motte, 1881. Musée d'Orbigny Bernon.

Kardinal Richelieu *Duc de Richelieu und Herzog von Fronsac (1585-1642) war ein bedeutender und einflussreicher Aristokrat, Geistlicher und Staatsmann des 17. Jahrhunderts. Im Alter von neun Jahren begann er an der Universität von Navarra Philosophie zu studieren und schlug zunächst die Laufbahn eines Offiziers ein. Er lernte Fechten, Reiten, Mathematik und Zeichnen, dazu Literatur und Tanz. Zwar für eine militärische Laufbahn vorgesehen, wurde Richelieu jedoch verpflichtet, die geistliche Richtung zu verfolgen. Der Grund dafür lag in der Weigerung seines Bruders, Mönch zu werden und dadurch die Gefahr bestand, ein Bistum zu verlieren, das die Haupteinnahmequelle der Familie nach dem frühen Tod des Vaters darstellte. Weniger aus Überzeugung, vielmehr aus familiärer Verpflichtung, wurde er 1606 auf Anweisung Heinrichs des IV. nach Rom entsandt und dort mit 21 Jahren zum Bischof von Luçon geweiht, obwohl er dafür das notwendige Alter noch nicht erreicht hatte. Als Vertreter des Klerus nahm Richelieu an der Generalständeversammlung von 1614 teil und trat erstmals aufgrund einer herausragenden Rede nachhaltig in Erscheinung. Die Mutter Ludwigs XIII.,*

Maria de Medici, holte ihn drei Jahre später an den königlichen Hof, wo er kurz darauf als Staatssekretär unter anderem für die Außenpolitik und das Militär zuständig war. Nachdem Ludwig XIII. seine Mutter in das Exil sandte, entledigte er sich ebenso seines ersten Ministers. Richelieu verlor damit seine Berufung als Staatssekretär und wurde nach Avignon verbannt. 1619 gewann er seine Reputation zurück, als es ihm gelang, die aus dem Exil geflohene Mutter des Königs wieder mit Ludwig XIII. zu versöhnen. Mit der Unterstützung von Maria de Medici erhob ihn Papst Gregor XV. 1622 in den Kardinalsstand. Er gehörte ab 1624 erneut dem Staatsrat als Berater des Königs an und avancierte im gleichen Jahr zum Ersten Minister Frankreichs.

Mit der Ernennung zum Generalleutnant nutzte er seine Einflussmöglichkeiten auf den König, um seine eigenen politischen Ziele nach und nach zu verfolgen. Er entmachtete den etablierten Amtsadel, ließ eine ihm treu ergebene Verwaltung mit einem ausgeklügelten Spionagenetz aufbauen und reduzierte den Einfluss des übrigen Adels. Er nahm regen Einfluss auf die öffentliche Meinung und prägte diese nachhaltig mittels wöchentlich erscheinender Zeitungen. Daneben bekämpfte Richelieu die Hugenotten[17]*, um den Absolutismus in Frankreich zu festigen.*

Nach der Belagerung und dem Fall der Stadt La Rochelle als bedeutendster Sitz der Hugenotten wurde deren Religion im Gnadenedikt von Alès von 1629 zwar toleriert, aber militärisch galten sie damit praktisch als entmachtet. Im Dreißigjährigen Krieg verbündete sich Frankreich unter Richelieus Einfluss mit dem protestantischen Schweden, um der vermeintlichen „Habsburgischen Umklammerung", bestehend aus Österreich und Spanien, zu entgehen. Aus dem gleichen Motiv heraus unterstützte er die Aufstände in Katalonien und dem unter Spanien stehenden Portugal, um die dortige Habsburger Linie zu schwächen.

Sein rücksichtsloser, manchmal perfider Politikstil bescherte ihm zahlreiche Feinde unter seinen politischen Gegnern, dem Adel und der katholischen Kirche. Es gab mehrere Verschwörungen und Attentatsversuche, die dank seines Spitzelsystems erfolglos verliefen. Der zeitlebens gesundheitlich angeschlagene Richelieu verfasste noch kurz vor seinem Tod sein politisches Testament, in dem er die Prinzipien seiner Politik ausführlich beschrieb. So skrupellos Richelieu versuchte, seine machtpolitischen Interessen durchzusetzen, so galt er zugleich als kulturell äußerst interessiert, der neben seinen Staatsgeschäften zahlreiche Künstler förderte. Kardinal Richelieu verstarb am 4. Dezember 1642 und fand auf eigenen Wunsch in der Kapelle der Sorbonne seine letzte Ruhe.

Zitat:
„Gebt mit sechs Zeilen von der Hand des ehrlichsten Mannes, so werde ich etwas finden, um ihn an den Galgen zu bringen."

Frankreich begann erst deutlich später als andere europäische Nationen mit dem Aufbau seines Kolonialismus, da das Interesse zu dieser Zeit primär auf innenpolitische und kontinentale außenpolitische Themen hin ausgerichtet war. Gleichwohl nahm Frankreich die Entdeckungen in Übersee durch Portugal und Spanien auch zur Kenntnis und führten bei der Krone zu Begehrlichkeiten. Samuel de Champlain[18], als „Vater Kanadas" bezeichnet, griff die Pläne Jacques Cartiers[19] wieder auf und gründete am 3. Juli 1608 die Kolonie Quebec.

Von Quebec aus erfolgte danach eine Besiedlung entlang des Sankt-Lorenz Stroms. Trotz des lukrativen Pelzhandels, der sich zwischen Indianern und Kolonisten in friedlicher Koexistenz entwickelte, wuchs die Kolonie nur äußerst schleppend.

Mit der Gründung diverser Handelskompanien gelang es jedoch nicht, eine größere Anzahl von Kolonisten in Kanada anzusiedeln. Um 1660 lebten gerade 3.000 Franzosen in Neufrankreich, während Neuengland bereits 30.000 Siedler zählte.

Es gab Alternativen, entweder die zeitweise nur durch Jesuiten erhaltene Kolonie aufzugeben oder für eine stärkere Unterstützung durch das Mutterland zu sorgen.

1663 entschied Ludwig XIV., eine kolonialstaatliche Verwaltung samt einer kolonialwirtschaftlichen Erschließung unter der Leitung von Jean-Baptiste Colbert aufzubauen. Im Zuge der absolutistisch-merkantilistischen Politik sollte sie sich um eine Belebung der Wirtschaft und die Expansion des Kolonialreiches kümmern.

Der Schiffbau nahm dabei eine herausragende Stellung in der französischen Industrie ein. Nach Colberts Strategie war es notwendig, die wirtschaftlichen und damit verbundenen finanziellen Interessen des Staates durch eine starke Flotte zunächst abzusichern und danach zu erweitern. Die Notwendigkeit ergab sich dadurch, dass die Kolonien und Besitzungen in Übersee geschützt werden mussten, wie die Erfahrung aus den Englisch-Niederländischen Seekriegen lehrte.

Als privilegierte Handelsgesellschaften bildeten ab 1664 die *„Compagnie des Indes Occidentales“* (Westindische Kompanie) und die *„Compagnie des Indes Orientales“* (Ostindische Kompanie) die Steuerinstrumente für eine zielgerichtete und auf wirtschaftliche Interessen hin ausgelegte Kolonialpolitik.

Die Ostindische Kompanie war für die gesamte östliche Erdhalbkugel mit den Hauptstützpunkten in Indien und Madagaskar zuständig. 1643 gab es dort bereits ein Fort und eine erste Ansiedlung, um mithilfe importierter Sklaven Tabak, Reis und Zucker anzupflanzen und Hölzer und Tierhäute zu exportieren. Die gleiche Strategie verfolgte die Krone ebenfalls auf der Insel Île-Bourbon, dem heutigen Réunion, und der Île-de-France, dem damals unbewohnten Mauritius. 1666 wurde François Lopis de Mondevergue[20] als Vizekönig für Madagaskar eingesetzt, der jedoch keinen nennenswerten Erfolg verbuchen konnte.[21]

Auf dem indischen Kontinent existierten bereits einige französische Stützpunkte. Um der niederländischen und englischen Einflussnahme zu begegnen, entsandte die Krone unter dem Kommando von Admiral Jacob Blanquet de la Haye[22] ein Geschwader mit neun Schiffen und rund 1.500 Soldaten, ohne nachhaltige Wirkung zu erzielen. Mitte des 18. Jahrhunderts erreichte das französische Kolonialreich seine größte Ausdehnung und verfügte zeitweise über zwölf Außenstellen in Indien.

Die Westindische Kompanie kümmerte sich um die Gebiete in Kanada, Akadien, den Antillen und Westafrika. Wichtige Anlaufstellen für die französischen Händler bildeten die Senegalmündung sowie der Golf von Guinea. Auf einer weiter südlich von Dakar gelegenen Insel und einem Hafen in Saint-Louis erfolgte ab dem zweiten Drittel des 17. Jahrhunderts der Umschlag von Gold, Ebenholz und anderen Gütern. Diese Niederlassungen betrieben darüber hinaus auch den Sklavenhandel. Die Guineakompanie schloss eigens dafür einen separaten Vertrag mit den Spaniern zum Transport von Sklaven, um eine „Versorgung“ der Plantagen in der Karibik sicherzustellen.

1680 lebten rund 50.000 Menschen in den französischen Kolonien der Karibik, ein gutes Drittel davon Sklaven. Knapp 100 Jahre später waren es bereits 400.000, drei Viertel davon Leibeigene. Zunächst ging es dabei um Weiße, die sich für einen bestimmten Zeitraum als Plantagenarbeiter anwerben ließen (Engagés)[23] oder aus einem sonstigen Grund ihr Glück in den Kolonien versuchten. Später waren es schwarze Sklaven, die nach dem *„Code Noir“* Erlass von 1685 im Grunde kaum Rechte besaßen und den Plantagenbesitzern durch den Anbau von Kaffee, Kakao, Tabak und vor allem durch die Herstellung von Zucker märchenhafte Gewinne bescherten. Die französischen Besitzungen in der Karibik gehörten zu dieser Zeit zu den reichsten Kolonien der Welt.

Um die Kolonialisierung der Besitzungen stärker voranzutreiben, sorgte Frankreich für zusätzliche Anreize zur Auswanderung. Die Initiative *„Filles du Roi"* (Töchter des Königs) geht beispielsweise auf diese Politik zurück.

Unter diesem Begriff verstand man ein von Frankreich finanziertes Auswanderungsprogramm, um die bis dahin eher schwächliche Bevölkerungszahl in den überseeischen Kolonien und Besitzungen zu erhöhen. Es handelte sich um mehrere hundert junge, vorwiegend französische Frauen, die in der Zeit zwischen 1663 und 1673 nach Neufrankreich auswanderten.

Die Bezeichnung *„Filles du Roi"* hatte ihren Ursprung darin, dass die Krone solche Frauen direkt anwarb und Ludwig XIV. die Überfahrt sowie die „Mitgift" finanzierte. Für die Überfahrt jeder Frau zahlte die Krone der französischen Westindienkompanie 100 Livres. Die Frauen erhielten alle eine Truhe, dazu Sachleistungen im Gegenwert von 400 Livres.[24] Rund drei Viertel aller *„Filles du Roi"* entstammten der Region um Paris und kamen meist aus einfachen Verhältnissen. Diese auserwählten Frauen mussten gesund und „im Lebenswandel einwandfrei" sein, um als Kolonistinnen, deren Alltag harte, körperliche Arbeit prägte, bestehen zu können. Einige sandten die Kolonien auch wieder nach Frankreich zurück, da sie die festgelegten Anforderungen nicht erfüllten.[25]

Nach ihrer Überfahrt galt es für die Frauen, einen geeigneten Ehemann zu finden, was aber angesichts des enormen Männerüberschusses nicht allzu schwierig war. Einige heirateten bereits wenige Monate nach ihrer Ankunft, andere ließen sich etwas mehr Zeit. Von insgesamt 800 *„Filles du Roi"*, die meisten aus Frankreich, einige aus Deutschland, England und Portugal, schlossen in Neufrankreich über 700 Frauen kirchliche Ehen.[26]

5 Gemälde über die Ankunft der Filles du Roi in Quebec. Eleanor Fortescue-Brickdale.

Kritisch betrachtet war die merkantilistisch-administrative Politik jedoch nur in geringem Maß erfolgreich. Auf dem amerikanischen Festland gelang es trotz aller Bemühungen nicht, eine größere Kolonie dauerhaft anzusiedeln. Die einheimische Bevölkerung konnte ebenfalls politisch nicht langfristig gebunden werden, selbst wenn die Franzosen eine Ausbeutung der Indianer nicht vordergründig zum Ziel hatten. Immerhin bauten die Kolonisten bis zum Jahr 1700 einige Missions-, Handels- und Militärstützpunkte auf, die einen regen Pelzhandel ermöglichten und den primären Wirtschaftsfaktor Neufrankreichs begründeten.

Zu Beginn des 18. Jahrhunderts beanspruchten England wie Frankreich weite Teile des nordamerikanischen Kontinents für sich, zum Beispiel Teile der heutigen kanadischen Provinzen, welche die Ursache für die militärischen Auseinandersetzungen bildeten. Der wahre Ursprung des Konfliktes war jedoch in Europa zu suchen. Als Ergebnis des Spanischen Erbfolgekrieges 1714 gingen dabei Neufundland, Teile von Akadien und einige Außenposten an die Engländer verloren.

2. Der transatlantische Dreieckshandel

Dieser entstand zu Beginn des 17. Jahrhunderts und festigte die Handelsbeziehungen der europäischen Nationen mit ihren überseeischen Besitzungen. Aus Europa kamen per Schiff zunächst Pferde, Kleidung, Waffen oder Alkohol nach Afrika, um sie dort hauptsächlich gegen Sklaven und andere Güter wie Ebenholz oder Elfenbein einzutauschen. Anschließend deportierten Händler die Sklaven nach Amerika, verkauften sie in Übersee gegen Rum, Kaffee, Baumwolle oder Zucker und verschifften die Güter zurück nach Europa. Mit der Plantagenbewirtschaftung um 1650 explodierte förmlich der Sklavenhandel, wofür es in Frankreich getreu der politischen Doktrin während der späteren Regentschaft Ludwigs XIV. wieder einen eigenen Erlass gab.

3. Der „*Code Noir*"

Der „*Code Noir*" war eine Verordnung, die Ludwig XIV. auf früheres Betreiben von Jean-Baptiste Colbert hin 1685 erließ. Sie regelte einerseits den Umgang mit Sklaven, hatte andererseits aber auch einen religiösen Hintergrund. Lediglich die römisch-katholische Religion durfte praktiziert werden – das bedeutete im Umkehrschluss quasi ein Verbot aller anderen Konfessionen.

Diese Verordnung regelte gleich zu Beginn, dass alle Juden die Kolonien Frankreichs zu verlassen hätten, was die Frage nach dem Zusammenhang zwischen Juden und Sklaven aufwirft. Es gab neben katholischen und insgeheim geduldeten protestantischen auch jüdische Sklavenhalter, die über enormes Wissen zum Anbau von Zuckerrohr verfügten und insbesondere bei der Rumherstellung im Grunde unentbehrlich waren. Nach dem Proteststurm der Plantagenbesitzer und Händler wurde diese Bestimmung allerdings wieder zurückgenommen.

Das Reglement enthielt ferner Bestimmungen und Auflagen für den Umgang mit Sklaven, die im Rahmen des atlantischen Dreieckshandels über Afrika in die französischen Kolonien und Besitzungen der Karibik oder auf den amerikanischen Kontinent gelangten. Die Administration unterschied zwischen freien und unfreien Schwarzen, deren Rechte dieser Erlass definierte. Schwarze stellten zu dieser Zeit den größten Anteil der Bevölkerung. Das Gesetz bestand aus insgesamt 60 Artikeln und regelte unter anderem:

- Juden dürfen sich nicht in den Kolonien aufhalten.
- Jede Religion – außer der römisch-katholischen – ist verboten.
- Sklavenhalter müssen römisch-katholisch getauft sein.
- An katholischen Feiertagen sind Sklavenmärkte nicht erlaubt.
- Verheiratete Männer, die mit einer Sklavin ein Kind zeugen, werden mit einem Bußgeld bestraft, ebenso der Eigentümer der Frau. Ist der Vater des Kindes selbst Eigentümer, werden ihm Sklavin und Kind genommen. Ist der Mann nicht in der Ehe, so soll er die Sklavin heiraten und so die Sklavin und das Kind von der Sklaverei entbinden.
- Um kranke Sklaven muss sich der Besitzer kümmern.
- Ein Sklave, der seinen Herrn oder dessen Familie schlägt, ist hinzurichten.

- Länger als einen Monat entflohenen Sklaven werden die Ohren abgeschnitten, beim dritten Mal werden sie hingerichtet.

- Sklaven können nicht verpfändet werden.

- Freigelassene Sklaven haben die gleichen Rechte wie die französischen Untertanen in den Kolonien.[27]

Der *„Code Noir"* behielt seine Gültigkeit bis 1848. Es gab zwar während der Französischen Revolution Bestrebungen, die Sklaverei in den französischen Kolonien abzuschaffen und eine entsprechende Verordnung wurde dazu auch erlassen, aber aus wirtschaftlichen Gründen ignoriert und nicht umgesetzt.

Es ist bemerkenswert, dass keine prominenten Vertreter der Aufklärung – weder Rousseau noch Voltaire – für die Aufhebung des damit 163 Jahre gültigen *„Code Noir"* eintraten.

Darüber hinaus gab es eine weitere, von den einzelnen europäischen Nationen teilweise autonome und nicht zu unterschätzende Machtgruppierung in der Einflusszone der Kolonien und überseeischen Besitzungen, die der Freibeuter und Piraten…

KAPITEL 3 Die Freibeuterei als einträgliches Geschäft

1. Ihre Entwicklung

Der Aufschwung des Handels in den Gewässern vor Amerika weckte andernorts vielerlei Begehrlichkeiten, um durch Überfälle davon zu profitieren.

Gerade die Seeleute aus der Bretagne und Gascogne, die das resolute Auftreten der Spanier gegenüber den anfänglichen Kolonialisierungsversuchen Frankreichs nicht vergessen hatten, suchten jede Gelegenheit, spanische Schiffe zu kapern.[28] Zum Beginn des 17. Jahrhunderts gründeten französische Abenteurer ihren ersten Stützpunkt auf der Insel Saint Christophe (Westindien), ab den dreißiger Jahren an der Nordküste von Saint Domingue und auf dem benachbarten Tortuga.

Von diesen Inseln aus wurden die Überfälle generalstabsmäßig durch die Flibustier[29] organisiert, die im 17. bis Anfang des 18. Jahrhunderts als Kaperfahrer in der Karibik meist im Auftrag Frankreichs agierten, während sich die in englischen Diensten agierenden Freibeuter als Bukanier[30] bezeichneten.

Wie einträglich dieses Freibeutergeschäft rund um die Westindischen Inseln gewesen sein muss ist daran zu erkennen, dass 1630 eine spanische Flotte in kurzer Zeit neben Beutegut im heutigen Gegenwert von mehreren Mio. € weitere 573 Kanonen sicherstellte und dazu 2.300 Freibeuter holländischer, englischer und französischer Herkunft gefangen nahm.[31]

In den überseeischen Kolonien, besonders in den südamerikanischen Küstenregionen und den Inseln der Karibik, entwickelte die Piraterie eine beängstigende Eigendynamik. Die etablierten Kolonialmächte wie England, Holland und Frankreich verfolgten das primäre geopolitische Ziel, die Reichtümer ihrer Kolonien und Besitzungen auszubeuten, Handel zu betreiben und die Konkurrenz zum eigenen Vorteil zu stören.[32] Hinzu kam, dass sich die europäischen Länder auf den Meeren selbst in Friedenszeiten permanente Scharmützel lieferten. Konfessionelle Differenzen heizten dieses Gebaren zusätzlich an, wobei die einzelnen Kolonialstaaten zusätzlich an alle ambitionierten Kapitäne fleißig Kaperbriefe ausstellten, die den Überfall auf fremdländische Schiffe ausdrücklich legitimierten.

Lettre de Marque.

6 Kaperbrief (Lettre de Marque) für Kapitän Bollo, um 1809. Galerie de Souzy, Paris.

Daraus entwickelte sich eine Melange aus illegalem Piratentum und legalisierten Kaperfahrten durch Freibeuter, die vorwiegend in den Gewässern der Karibik ihr Unwesen trieben.

Das primäre Ziel bildeten zunächst die spanischen Schiffe mit ihrer Ausbeute aus den südamerikanischen Gold- und Silberminen. Die Mannschaften bestanden dabei vorwiegend aus einheimischen Freibeutern.

Als vereinfachtes Unterscheidungskriterium zwischen diesen Gruppen galten die Besitzverhältnisse der Segler. Freibeuter agierten unter der Flagge der jeweiligen Nation, wobei diese Schiffe Eigentum der Krone waren, also in gewisser Weise einen Teil der Seekräfte des Landes bildeten.
In den Kolonien gehörten sie den Gouverneuren bzw. bei mehreren Besitzern den Aktionären der Bukanierschiffe (z.B. Jamaika), während Piraten in der alten wie neuen Welt selbst als Herr und Eigentümer fungierten. Die Bukanier, auch als *„Brüder der Küste"*[33] bezeichnet, beschränkten sich mit ihren Überfällen meist auf die Küstenregionen und Schiffe in den Kolonien, vornehmlich in der Karibik.

Von dieser Zunft gab es mehrere Dutzend erwähnenswerter Herrschaften in jener Epoche. Acht Persönlichkeiten werden dabei näher beleuchtet:

- Henry Morgan (England, 1635-1688), Bukanier, aktiv 1663-1674, später Vizegouverneur von Jamaika,
- Jean Bart (Frankreich, 1650-1702), Freibeuter, aktiv 1662-1702,
- Blackbeard (England, 1680 -1718), Freibeuter, aktiv 1716-1718,
- Laurens de Graff (Niederlande, 1653-1704), holländischer Pirat, aktiv 1672-1697, Söldner und Marineoffizier im Dienst der Kolonie Französisch Saint Domingue,
- Jacquotte Delahaye [(Frankreich (17. Jh.)], Bukanierin, aktiv um 1660 als eine der ersten Frauen,
- Anne Dieu-le-Veut Frankreich, (1650-…), Kapitänin, vorwiegend aktiv auf Tortuga von 1670-1704,
- Anne Bonny (Irland, 1698-…), Piratin, aktiv bis 1720 und
- Mary Read (England, 1685-1721), Freibeuterin und Piratin, aktiv von 1716-1720.

2. Eine Auswahl der Akteure

7 Zeichnung von Henry Morgan, in „Piratas de la America". Alexandre Olivier Exquemelin, um 1681.

Henry Morgans Aktivitäten sind dank seines Chronisten Alexandre Olivier Exquemelin[34], der als Arzt bei den Freibeutern tätig war, gut dokumentiert. Henry Morgan gilt als Verfasser der *„Articles of Agreement"*, die im Allgemeinen als *„Piratenkodex"* bezeichnet werden. Darin enthalten sind unter anderem Versorgungsansprüche der Angehörigen oder Ausgleichszahlungen für Verletzungen bzw. Amputationen, die man während der Kämpfe davontrug. [35] Beim Anheuern unterschrieb jeder Pirat diesen Kodex, der zudem ein demokratisches Mitspracherecht bei der Wahl des Kapitäns zubilligte und einen zuvor festgelegten Anteil an der Beute garantierte. Das Original dieses Schreibens befindet sich heute im Generalarchiv in Sevilla.[36] Die Freibeuter bildeten damit eine der demokratischsten Gemeinschaften des 17. Jahrhunderts.

Der gebürtige Waliser Morgan war ein charismatischer Denker und Lenker, dem es gelang, irreguläre Truppen, Gesetzlose und sonstige rauen Gesellen unter seine Kontrolle zu bringen und straff zu organisieren. Die Freibeuter aus England, Holland und Frankreich verband im Grunde genommen zwar die Abneigung zu Spanien, aber wohl primär die Aussicht auf einträgliche Beute.

Einer der Stützpunkte Morgans war die Insel *„Île à Vache"*, die ebenfalls Laurence de Graff als Unterschlupf diente. Rund zehn Kilometer vor der Südküste Haitis gelegen, mit vorgelagertem Riff und einem großen Süßwassersee im Landesinneren, war sie ein idealer Ausgangspunkt für seine Unternehmungen.

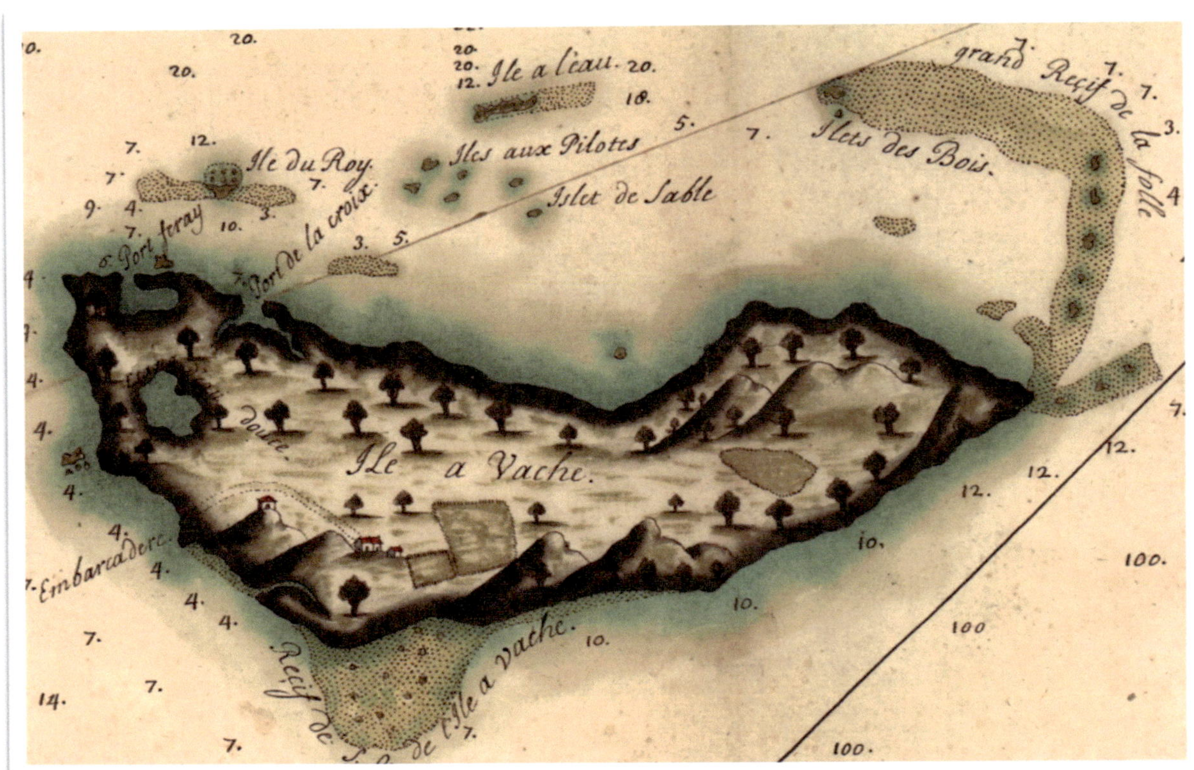

8 Planausschnitt „De l'ile a Vache et coste de S' Domingue". Jaques Bureau, um 1700.

Eine Besonderheit von Henry Morgan bestand darin, dass er sich überwiegend auf landseitige Beutezüge spezialisierte. Zum Zeitpunkt seines Überfalls auf Portobelo war diese Stadt der bedeutendste Umschlagplatz für Gewürze und Edelmetalle in Mittelamerika und damit Spaniens wichtigster Handelshafen in Übersee. Die Stadt wurde Ende des 16. Jahrhunderts von den Spaniern zu einer schwer befestigten Garnisonsstadt ausgebaut. Von diesem Hafen aus erfolgte dann der Weitertransport der Gold- und Silberausbeuten nach Sevilla.

Mit vier Schiffen und acht Schaluppen ging Morgan 1668 an Land und eroberte die Stadt samt dem Hafen. Einige Monate später sollte Henry Morgan den Engländern die Vorherrschaft in der Karibik sichern. Die OXFORD, ein Geschenk des englischen Gouverneurs Jamaikas, diente dazu als Anreiz. Während eines gemeinsamen Essens an Bord explodierte jedoch eine der Pulverkammern aus unbekannten Gründen und die OXFORD sank auf den Grund der Karibik, wobei Morgan unverletzt blieb.[37]

Henry Morgan – zum Admiral ernannt und mit der Befugnis ausgestattet, sämtliche spanische Stellungen in Übersee anzugreifen und zu zerstören – verfügte ab seiner Ernennung über 36 Schiffe mit 2.000 Mann Besatzung und befand sich auf dem Höhepunkt seiner Macht.

Mit der größten Freibeuterflotte aller Zeiten überfiel Morgan im Dezember 1670 Panama. Im Norden sicherte die Festung Port San Lorenzo den Zugang, die er unter schweren Verlusten einnahm. Als Morgan die Flotte in die Bucht führte, wurde die Unkenntnis über die dortigen Untiefen seinem Schiff zum Verhängnis. Der Segler sank und war nicht mehr zu retten.
Mit der SATISFACTION und rund 1.600 Mann fuhr Morgan ca. 50 Kilometer flussaufwärts, durchquerte auf einem neuntägigen Gewaltmarsch unter hohen Verlusten den Urwald und stand vor Panama, dem Juwel der spanischen Kolonialherren, mit seinen zahlreichen Klöstern, Kirchen und Palästen. Am 28. Januar 1671 erfolgte der Angriff, jedoch ohne großen materiellen Erfolg, denn den Spaniern war der Aufmarsch der Freibeuter nicht verborgen geblieben. Noch vor dem Überfall hatten sie eilends die wertvollen Schätze auf Schiffe verladen und auf das offene Meer entsandt. Der wütende Mob brandschatzte daraufhin die Stadt. Anschließend richtete sich die Wut der Enttäuschung gegen Morgan selbst. Dieser flüchtete mit drei Schiffen nach Port Royal, der Hauptstadt von Jamaika, dem zu dieser Zeit wichtigsten Stützpunkt der Engländer. Wie zu früheren Zeiten hielt Morgan von jetzt an die Fäden auf der Insel in der Hand.

Nach einem Erlass des Königs von 1672 brachte die Administration Morgan und den britischen Gouverneur Holiford in Ketten nach England, da zum Zeitpunkt der Zerstörung Panamas bereits ein unterzeichnetes Friedensabkommen mit den Spaniern existierte und England durch diesen Überfall nun in arge Verlegenheit geriet. Charles II. verurteilte Holiford zu zwei Jahren Haft. Henry Morgan allerdings blieb unangetastet, wurde bewundert, allseits hoch geehrt und feierte in London seine Erfolge vor dem staunenden Publikum. Von Charles II. sogar zum Ritter geschlagen, kehrte er am 8. Januar 1676 als Vizegouverneur nach Jamaika zurück. Sein neues Schiff, die JAMAICA MERCHANT, lief dabei vor der Küste auf ein Riff und sank, ohne jedoch einen einzigen Mann zu verlieren.
Morgan wurde zum Statthalter von Jamaika ernannt, lebte fortan in einer Villa und ließ seine ehemaligen Gesellen gnadenlos verfolgen. Das goldene Zeitalter der englischen Freibeuter sollte gleichwohl nur bis 1717 andauern. Danach erfolgte die Amnestie durch die britische Krone mit entsprechenden Auswirkungen.[38] Henry Morgan, der Freibeuter und Admiral, aber soff und randalierte quer durch Port Royal, sodass der Gouverneur bei der Krone intervenierte, – ohne Erfolg. Aufgrund der Verdienste dieses charismatischen Mannes sah die Krone großzügig über all seine Eskapaden hinweg. Henry Morgan starb am 25. August 1688 und erhielt ein Staatsbegräbnis unter der Anteilnahme einer großen Trauergesellschaft.

Jean Bart, eigentlich wohl Jan Baert, war ein Freibeuter aus Flandern in Diensten des französischen Königs Ludwigs XIV. Er fuhr Anfang der sechziger Jahre zur See und gehörte bereits als Zwölfjähriger erstmals der Mannschaft eines kleinen Kauffahrers an. Einige Jahre später trat er in die niederländische Marine ein, erlangte schnell eine Führungsposition und nahm im Geschwader von de Ruyter[39] 1666 an der Viertageschlacht gegen England teil.[40]

Nachdem sich die Konfrontationen zwischen Frankreich und den Niederlanden abzeichneten, kehrte Bart als gebürtiger Franzose 1672 in seine Heimat zurück.

Mit einem Kaperbrief in der Tasche segelte er gegen die Niederlande, war sehr erfolgreich und verwöhnte Frankreichs notorisch klamme Staatskasse.

Aufsehen erregte der über zwei Meter große Bart, als ein englisches Kriegsschiff seinen Segler Ende der achtziger Jahre während einer Kaperfahrt aufbrachte und ihn gefangen nahm. Unter den Augen der Engländer organisierte er mit rund zwei Dutzend seiner Seeleute einen Ausbruch aus der Haft in Plymouth, stahl ein kleineres Beiboot und ruderte mehrere Tage nach St. Malo. Fünf Jahre später nahm er erfolgreich an dem Seegefecht in der Nähe von Texel teil, sicherte einige Konvois von Kauffahrern und brachte den Niederländern ein ums andere Mal weitere Niederlagen bei.

Aufgrund seiner Verdienste ernannte ihn die Krone zum Chevalier und erhob ihn in den Adelsstand. Bart hatte aber auch Niederlagen zu verkraften. So kommandierte er 1697 ein Geschwader, um Louis-François de Bourbon auf den polnischen Thron zu verhelfen, scheiterte jedoch damit.
Am 27. April 1702 starb Jean Bart. Dünkirchen gedenkt heutzutage mit einer Reihe von Plätzen, Straßen und Schulen an den Freibeuter, die alle seinen Namen tragen. Schiffe benannte die Bevölkerung nach ihm und sogar Theodor Fontane setzte sich mit Jean Bart in einem Gedicht auseinander. Ein französisches Kinderlied erinnert heute noch an ihn.

Blackbeard, dessen bürgerlicher Name Edward Teach (Thatch) lautete und in Bristol das Licht der Welt erblickte, war nur wenige Jahre als Pirat aktiv. Dennoch bleibt er als eine der schillerndsten Persönlichkeiten mit einem ausgeprägten Hang zur Selbstinszenierung nachhaltig in Erinnerung. Trotz dieser kurzen Zeitspanne geht eine Fülle zweifelhafter Aktivitäten auf ihn zurück. Unter Hornigold brachte er einen großen französischen Kauffahrer mit 40 Kanonen auf[41] und kaperte danach jedes Schiff, das in seine Nähe kam.

9 Zeichnungsausschnitt von Kapitän Blackbeard. Edward Eggleston, um 1895.

Die Kombination aus absoluter Rücksichtslosigkeit dieses Mannes gepaart mit solch einem stark armierten Schiff stellte eine nicht zu unterschätzende Gefahr für den gesamten Seehandel der damaligen Zeit in der Karibik dar. Den Beinamen verdankte Teach seinem dichten schwarzen Bart und es wird überliefert, dass er vor seinen Attacken darin mehrere Zündschnüre einflechten ließ und anzündete. Man kann sich die Wirkung auf seine verängstigten Opfer gut vorstellen und dies geschah mit Sicherheit nicht ohne Kalkül. Der leichteste Kampf ist der, welcher erst gar nicht stattfindet. Bei dem Anblick solch einer Erscheinung war der Kapitän eines anderen Schiffes wohl eher zur sofortigen Kapitulation bereit. Edward Teach starb am 22. November 1718 während des erbitterten Gefechtes mit Leutnant Robert Maynard.[42]

Jacquotte Delahaye war eine französische Freibeuterin und erblickte ihren eigenen Angaben zufolge im heutigen Haiti, dem ehemaligen Saint Domingue, als Tochter einer haitianischen Mutter und eines französischen Auswanderers das Licht der Welt. Sie hatte keine leichte Kindheit, denn ihre Mutter starb während der Geburt ihres Bruders, der dabei einen leichten Hirnschaden erlitt. Ihr Vater wurde umgebracht, sodass sie ganz auf sich gestellt zudem den eigenen Bruder mit versorgen musste.

Sie galt als eine rothaarige Schönheit und seit sie die Karriere als Piratin einschlug, rankten sich Mythen und Legenden um sie. Um ihren Verfolgern zu entkommen, täuschte sie vermutlich ihren eigenen Tod vor und lebte einige Jahre als Mann verkleidet. Nach ihrer Rückkehr wurde sie als *„Back from the Dead Red"* aufgrund ihrer flammenden roten Haare bekannt. Sie pflegte intensiven Umgang mit Anne Dieu-le-Veut, war mit ihr eng befreundet und brach mit ihr zu gemeinsamen Unternehmungen auf. Das Anne einer ihrer Töchter Jacquotte als weiteren Vornamen beigab, ist gewiss kein Zufall.

Sie organisierte und führte im Jahr 1656 mehrere hundert Piraten an und eroberte eine kleinere Karibikinsel, die man fortan als *„Freeboter Republik"* bezeichnete.[43] Jacquotte Delahaye starb einige Jahre später während eines Schusswechsels bei einem Angriff auf ihre Insel.

Anne Dieu-leVeut, auch bekannt als Marie-Anne oder Marianne, wurde 1650 in Frankreich geboren und galt zusammen mit Jacquotte Delahaye als die bekannteste französische Freibeuterin ihrer Zeit.

Vermutlich wurde Marie-Anne zwischen 1669 und 1675 aufgrund eines Verbrechens wie viele andere aus Frankreich nach Tortuga abgeschoben. Hierfür spricht, dass sich Unbescholtene meist in Neufrankreich und nur wenige auf dieser Insel ansiedelten. 1684 heiratete sie den Bukanier Pierre Lelong, der am 15. Juli 1690 während einer Auseinandersetzung ums Leben kam. Aus dieser Ehe entstammte Marie Margueritte Yvonne Lelong (1688-1774). Angeblich forderte Marie-Anne den bekannten Freibeuter Laurens de Graff mit der Pistole zum Duell heraus, nachdem dieser ihren zweiten Mann getötet hatte.

Wahrscheinlicher ist jedoch die Schilderung des Jesuitenpaters Jean-Baptiste Le Pers in seinem Buch *„Histoire de l'Isle Espagnole Ou De S. Domingue"* von 1733, wonach de Graff die Freibeuterin beleidigt hatte und diese ihn daraufhin mit der Pistole bedrohte. Von ihrem Mut beeindruckt, hätte Laurens de Graff danach Anne Dieu-le-Veut zur Frau genommen.[44] Beide heirateten zumindest am 28. Juli 1693.[45]

Danach begleitete sie ihren Gatten bei seinen Unternehmungen, war aktiv an der Piraterie beteiligt und kämpfte an seiner Seite, ohne sich als Mann zu verkleiden. Ihren Beinamen [*„Dieu-Le-Veut"* (Gott will es)] erhielt sie von der Mannschaft aufgrund ihres Mutes und absoluten Willens. Sie galt als tapfer, aber auch als resolut und rücksichtslos.

1693 überfielen beide Jamaika. Als Dank dafür belohnte ihn die Krone mit dem Titel eines Chevalier und de Graff erhielt zudem die Position eines Majors auf der Insel Île à Vache. 1694 revanchierten sich die Engländer, als sie Marie-Anne samt ihren Kindern als Geiseln gefangen nahmen.[46]
Trotz eines gescheiterten französischen Befreiungsversuchs während ihrer Inhaftierung behandelten die Engländer sie mit großem Respekt.

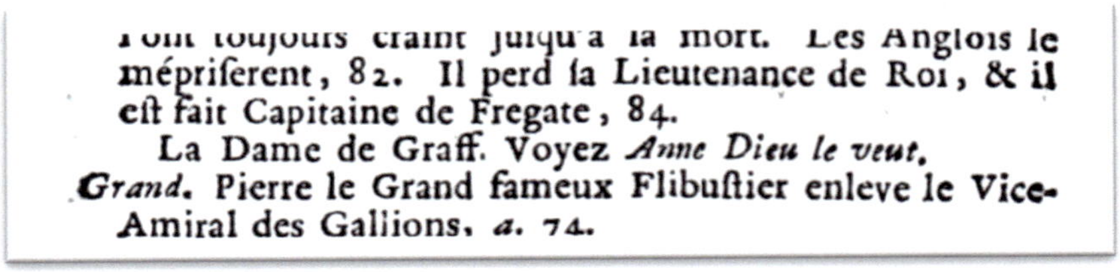
l'ont toujours craint juſqu'à la mort. Les Anglois le mépriſerent, 82. Il perd ſa Lieutenance de Roi, & il eſt fait Capitaine de Fregate, 84.
La Dame de Graff. Voyez *Anne Dieu le veut.*
Grand. Pierre le Grand fameux Flibuſtier enleve le Vice-Amiral des Gallions, *a.* 74.

10 „Histoire de l'Isle Espagnole Ou De S. Domingue". Jean-Baptiste Le Pers, 1733, S. 399.

Danach verlieren sich ihre Spuren. Es ist bezeichnend, dass der Pater sie nicht nur unter dem bürgerlichen Namen als Madame de Graff, sondern unter ihrem Freibeuternamen *„Anne Dieu-le-Veut"* vermerkte.[47] Es gibt noch eine Reihe von Gerüchten und schöne Geschichten über ihren weiteren Lebensweg, die aber historisch nicht belegt sind.

11 Zeichnung der Insel Tortuga während der Epoche der „Brüder der Küste" im 17. Jahrhundert, ohne Signatur.

Laurens de Graff war ein in Holland geborener Freibeuter, Söldner und Offizier, der gegen Ende des 17. Jahrhunderts im Dienst der französischen Kolonie Saint Domingue stand. Henry Morgan charakterisierte de Graff als *„einen großen und schelmischen Piraten"*, was einiges aussagt. Die Spanier sprachen oft von ihm als *„dem Teufel in Person"*. De Graff wurde als groß beschrieben, blond, mit Schnurrbart und schön.

Vermutlich kam de Graff als Bordschütze auf einem spanischen Marineschiff in die Karibik und stieg dort bis zum Kommandanten auf, bevor Bukanier ihn gefangen nahmen und er sich ihnen anschloss.

Der erste überlieferte Akt der Piraterie war ein Angriff auf Campeche am 31. März 1672. Man sagte über ihn, er unterscheide sich durch „seine Höflichkeit und seinen guten Geschmack" von den übrigen Piraten. 1679 kaperte de Graff ein spanisches Kriegsschiff namens TIGRE[48] mit 24 Geschützen und stellte damit eine erhebliche Gefahr für englische und spanische Schiffe dar. 1682 eroberte er das spanische Kriegsschiff FRANCESA und nutzte es fortan als sein neues Flaggschiff.

12 Gemälde von Laurens de Graff. Ohne Signatur, um 1685.

Er führte diverse Überfälle vorwiegend auf spanische Überseegebiete und deren Schiffe aus. De Graff schloss sich vermutlich dem Frankokanadier Pierre Le Moyne d'Iberville in Saint Domingue an, um Louisiana zu kolonisieren. Seine Spur versandet im heutigen Beloxi (Mississippi), wo de Graff als Regierungsassistent geführt wurde. Dies stellt seine letzte offizielle Erwähnung dar. Er starb wahrscheinlich um 1704, obwohl einige Quellen Anlass zur Vermutung geben, dass er noch zu den ersten Siedlern von Mobile in Alabama gehörte.[49]

Anne Bonny war die Tochter eines angesehenen englischen Juristen, der aufgrund familiärer Skandale nach Übersee auswanderte,[50] in der britischen Kolonie South Carolina Land erwarb und sich durch kaufmännisches Geschick zu einem reichen Plantagenbesitzer entwickelte.
Sie fiel bereits in jungen Jahren durch ihre außergewöhnliche Brutalität auf und setzte sich vehement gegen Belästigungen betrunkener Hafenarbeiter zur Wehr. Sie lernte dort den Abenteurer James Bonny kennen und heiratete ihn.[51] Daraufhin verstieß sie ihr Vater, was sie angeblich mit dem Niederbrennen seiner Plantagen quittierte, jedoch dokumentarisch nicht belegt ist.

Mit ihrem Mann fuhr sie nach New Providence (Nassau), wo sie Jack Rackham kennenlernte, der als Steuermann auf dem Freibeuterschiff unter Charles Vane segelte.

Sie verließ ihren Ehemann und ging ebenfalls als Mann verkleidet zu Rackham auf den gleichen Segler,[52] da Frauen auf Schiffen angeblich Unglück bringen würden. Sie wurde enttarnt, galt aber im Kampf als sehr geschickt und ohne Skrupel. Den Überlieferungen nach erstach sie ein Mannschaftsmitglied einzig aus dem Grund, weil dieser seinen Unmut über die Anwesenheit einer Frau an Bord geäußert hatte. Charles Vane wurde später als Kapitän abgewählt[53] und dann – in diesen Zeiten nicht unüblich – ausgesetzt.

In New Providence heuerte danach ein gewisser Mark Read auf ihrem Schiff an. Später stellte sich heraus, dass es sich auch um eine Frau handelte, die ebenfalls fragwürdigen Ruhm als Piratin erlangen sollte. 1720 wurde ihr Schiff von einer englischen Einheit angegriffen und gekapert, da bis auf die beiden Frauen nahezu die gesamte Besatzung betrunken war. Am 16. November 1720 verurteilte sie ein Gericht alle zum Tod durch den Strang.[54]
Ihre letzten Worte zu Jack Rackham sind in Englisch überliefert:

„I'm sorry to see you here Jack, but if you'd fought like a man, you wouldn't need to hang like a dog." [55]

„Es tut mir leid dich hier zu sehen Jack, aber wenn du wie ein Mann gekämpft hättest, müsstest du jetzt nicht wie ein Hund hängen." Da die beiden Frauen allerdings schwanger waren, wurde ihre Hinrichtung nicht vollstreckt.[56] Mary Read starb später an einem Fieber, während Anne Bonny verschwand.

13 Zeitgenössischer Stich v. Anne Bonny. Ohne Signatur, um 1720.

14 Zeitgenössischer Stich von Mary Read. Ohne Signatur, um 1720.

Mary Read wurde als Tochter eines Kapitäns geboren, der zum Zeitpunkt ihrer Geburt bereits verstorben war. Die Witwe musste sich allein mit Mary durchschlagen und brachte sie in jungen Jahren als einfache Aushilfe in einem bürgerlichen Haus unter. Sie lief ihrer Herrschaft nach einiger Zeit davon und verbarg von Anfang an ihr Geschlecht, um sich dem Militär anzuschließen, das ihr vermutlich einen sozialen Aufstieg versprach.

Es gelang ihr tatsächlich, zunächst auf einem kleineren Kauffahrer als Schiffsjunge anzuheuern. Später fuhr sie als Mann verkleidet auf einem englischen Kriegsschiff, um mit den niederländischen Truppen gegen Frankreich zu kämpfen. Read – stets in männlicher Verkleidung – lernte dabei einen flämischen Soldaten kennen und heiratete ihn,[57] nachdem sie ihm ihr Geschlecht offenbarte.

Gemeinsam betrieben sie ein Gasthaus mit dem Namen „*Die drei Hufeisen*",[58] nahe dem niederländischen Breda.

Nach dem frühen Tod ihres Ehemanns heuerte sie als Seemann verkleidet erneut auf einem Schiff nach Westindien an, das von Piraten überfallen wurde und sie zwangen, sich ihnen anzuschließen.[59]
Im Anschluss an die Amnestie 1718/1719 trat sie wiederum als Matrose verkleidet der Crew des Freibeuters Jack Rackham und seiner ebenfalls als Mann verkleideten Begleiterin Anne Bonny bei. Gemeinsam überfielen sie unter anderem den Hafen in New Providence (Nassau) und kaperten eine größere bewaffnete Schaluppe.

Reads Geschlecht wurde aufgedeckt, als Anne Bonny sich zu Mary hingezogen fühlte[60] und sich ihr als Frau zu erkennen gab. Diese eröffnete ihr, dass sie ebenfalls kein Mann jedoch nicht abgeneigt sei, was bei Rackham wiederum zur Eifersucht führte, da er Read nach wie vor für einen Matrosen hielt. Das Missverständnis wurde aber bald aufgelöst. Bis zu Marys späteren Heirat mit einem anderen Crewmitglied des Schiffes sagte man den Dreien eine Ménage à trois nach.[61]

Die Engländer nahmen sie um 1720 gemeinsam gefangen, wobei Mary und Anne aufgrund einer Schwangerschaft dem Strang entgehen konnten.[62] Mary starb kurze Zeit später – wie bereits erwähnt – an einem Fieber.

KAPITEL 4 Die Veränderung von Frankreichs Staatsform, Wirtschafts- und Sozialstruktur

1. Die Veränderung der Staatsform

In Frankreich besaß die Monarchie eine jahrhundertealte Tradition, die im Laufe der Zeit eine Wandlung vollzog. Zunächst war diese Staatsform nur auf ein funktionierendes Miteinander zwischen dem König, den Ständen und den Untertanen hin ausgerichtet.
Diese veränderte sich unter König Franz I. mehr und mehr zu einer absolutistischen Form, ausgelöst durch innenpolitische Krisen wie die Reformation, dem Calvinismus[63] und zusätzliche außenpolitische Konflikte. Während der zweiten Hälfte des 16. Jahrhunderts war der Autoritätsverlust des französischen Königshauses Valois von besonderer Bedeutung. In den Augen der Krone rechtfertigten die Krisen nämlich eine politische Denk- und Handlungsweise, die eine noch stärkere Bündelung zentraler Staatsgewalt vorsah, um innen- wie außenpolitischen Herausforderungen besser begegnen zu können.
In der zweiten Hälfte des 16. Jahrhunderts erreichte der ehemals protestantische Heinrich IV. eine zunehmende Konzentration der Macht, während seine Heirat mit der katholischen Margarete von Valois die Bartholomäusnacht[64] auslöste, in der am 24. August 1572 Tausende von Hugenotten starben. Heinrich konvertierte zum katholischen Glauben, rettete damit sein Leben und bestieg 1589 den französischen Thron.

Seine Regentschaft beendete die Kriege zwischen Katholiken und Protestanten und die absolute Staatsgewalt erfuhr ganz im Sinne des Staatstheoretikers Jean Bodin[65] und dessen „*Les six livres de la République*" [66] (Sechs Bücher über den Staat) einen weiteren Ausbau. Die absolute und dauernde Gewalt des Staates bedeutete nach Bodin, dass der Souverän keinerlei Anordnungen anderer Institutionen unterworfen war und gegenüber den Untertanen Gesetze abschaffen, ändern oder neue erlassen konnte, ohne selbst an deren Einhaltung gebunden zu sein.
Dieses politische Konzept unterschied sich in vielerlei Hinsicht erheblich von der absoluten Monarchie des 17. Jahrhunderts. Zwar folgte die Administration dem renommierten Bodin in seinen staatstheoretischen Überlegungen, aber die von den französischen Königen betriebene Politik nach der Regentschaft Heinrichs IV. zeigte die klare Absicht zur Verabschiedung vom Erscheinungsbild eines gemäßigten, Gesetze erlassenden Fürsten, um die Monarchie zu einem absoluten „Gottesgnadentum" zu entwickeln.
Durch diese Doktrin hatte die Krone zwar eine erneute Steigerung der Machtfülle erreicht, langfristig gesehen ihre Politik allerdings überzogen. Ludwig XIV. und sein Führungsstab übernahmen im Grunde die Lehre des Gottesgnadentums nur zu gern, stießen jedoch in der ersten Hälfte der Regierungszeit erwartungsgemäß nur auf geteilte Zustimmung.

Aus Gründen der Staatsräson wurde dem Souverän unter anderem das Recht zuerkannt, sich „in der Staatsnot" über die wenigen ihm auferlegten Schranken seiner Macht hinwegzusetzen. Während der Kriegsperioden in der ersten Hälfte des 17. Jahrhunderts riefen Ludwig XIII. und Ludwig XIV. wiederholt solche Staatsnotstände aus, um unbequeme Erlasse und Maßnahmen durchsetzen zu können.
Dieser Wandel hatte natürlich Folgen für die politische Organisation des Landes, die sich gegen Ende des 17. Jahrhunderts mehr und mehr zentralisierte. Aber selbst Ludwig XIV. suchte bei innenpolitischen Problemen wenn möglich den Konsens. Offener Widerstand wurde hingegen wie bei seinen Vorgängern in keiner Weise geduldet. Oberstes Ziel der französischen absoluten Monarchie stellte die Ordnung und Harmonie im Land dar und dem war alles unterzuordnen.
Der Aufbau eines immensen Verwaltungsapparates sollte dabei die reibungslose Funktion öffentlicher Gewalt gewährleisten und Frankreich nach den Direktiven des Souveräns lenken. In diesem Sinne ist die von Ludwig XIV. und seinem Minister Colbert begründete Ordnungsmaxime[67] zu verstehen.

Jules Mazarin war seit 1640 Mitarbeiter Richelieus, Nuntius am Hof des Königs und ab 1641 Kardinal von Frankreich. Nach dem Tod von Richelieu stieg er in den Kronrat auf und bestimmte ab 1643 die französische Politik. Sein primäres außenpolitisches Ziel bestand darin, die beiden Habsburger Linien in Österreich und Spanien nach Möglichkeit zu schwächen, denn Frankreich sah sich durch die beiden Länder in die Zange genommen und bedroht.

15 Gemälde von Kardinal Mazarin. Pierre Mignard, um 1661. Musée Condé, Chantilly.

Kardinal Mazarin, *Herzog von Nevers und Rethel (1602-1661), in Pescina geboren, war ein französischer Diplomat, Kardinal italienischer Abstammung, nach dem Tod Richelieus bis 1661 erster Minister und wie sein Vorgänger der eigentliche Lenker Frankreichs.*

Der außergewöhnlich intelligente Mazarin besuchte ab 1609 zehn Jahre lang das Jesuitenkolleg in Rom und konnte gerade gehörte Predigten fast vollständig rezitieren. 1622 promovierte er mit 17 Jahren, stand einige Jahre später in den Diensten des Papstes und avancierte ab 1634 zu dessen Vertreter in Paris.
Sechs Jahre danach trat er in den Dienst Richelieus, worauf er 1641 zum Kardinal ernannt wurde und im folgenden Jahr (nach dem Tod Richelieus) das Amt als regierender Minister übernahm. Zunächst für Ludwig XIII. und nach dessen Tod für die Witwe Anna von Österreich anstelle seines noch unmündigen Patensohns Ludwig XIV., dessen Erziehung der politisch außergewöhnlich begabte und höchst kunstinteressierte Minister ebenfalls verantwortete. Kardinal Mazarin, der außenpolitisch einige Erfolge wie in den Verhandlungen zum Westfälischen Frieden erzielte, blieb auch nach der Volljährigkeit des Königs weiterhin im Amt. Er setzte den innenpolitischen Kurs von Richelieu im Sinne einer absolutistischen Regierung weiter fort, beschnitt die Rechte des Hochadels, wie die der obersten Gerichtshöfe.

Er überspannte aber den Bogen und musste ins Ausland fliehen, als die zunehmend stärkere Opposition 1648 zur Fronde, dem Aufstand gegen die Krone, aufrief.
Dieser Aufstand hatte seine Ursachen primär in der sozialen und politischen Entwicklung Frankreichs, vorwiegend in der Regierungszeit von Ludwig XIII. und seinem ersten Minister Richelieu.

1653 konnte Mazarin über die Opposition samt den obersten Gerichtshöfen die Oberhand gewinnen und die Monarchie im Sinne eines absolutistischen Systems wieder festigen. Nach Beendigung des Pyrenäenkrieges erhielt er von Ludwig XIV. einige Besitzungen in Nevers bzw. Rethel und führte seitdem den Titel des Herzogs von Mayenne. Mazarin starb 1661 in Vincennes.

Zitat:

„Er wird ein großer König werden; er sagt kein Wort von dem, was er denkt." [über Ludwig XIV.]

Während des 17. Jahrhunderts erfuhr die absolute Monarchie in Europa durch Frankreich mit dem Regierungsbeginn Ludwigs XIV. im Jahr 1661 ihre stärkste Ausprägung.

Ludwig XIV. wuchs bis dahin als Sohn von Ludwig XIII. und Anna von Österreich[68] unter der Regentschaft seiner Mutter heran und wurde unter dem Einfluss der Fronde (1648-1653) und der verbundenen Revolte gegen die eigene Monarchie in Frankreich nachhaltig geprägt. Ludwig XIV. ernannte keinen ersten Minister und gab damit zu verstehen, dessen Entscheidungsbefugnis in politischen und wirtschaftlichen Fragen auf seine eigene Person zu vereinigen.
Eine seiner Prämissen war es, den Hochadel sowie den etablierten Klerus so weit wie möglich von den Entscheidungsprozessen auszugrenzen, ohne jedoch ihre Privilegien anzutasten. Als Berater diente ihm der Kanzler und ein Stab an Ministern und Sekretären, die an den politischen Entscheidungsprozessen nachhaltig beteiligt waren und gemeinsam den *„Conseil du Roi“*[69] (Königlichen Rat) bildeten.

Ludwig XIV., *genannt der Sonnenkönig (frz. le Roi-Soleil, Louis XIV., Louis le Grand, 1638-1715), war ab 1643 bis zu seinem Tod König von Frankreich und Navarra und der bedeutendste Vertreter der absolutistischen Monarchie in Europa.*

Mithilfe seines Staatsrates – vornehmlich durch seinen Minister Colbert – festigte er massiv seinen Machtanspruch, beschnitt weiter die Rechte und Privilegien von Adel und Kirche, förderte die Wissenschaften, verfolgte eine aggressive Außenpolitik, reformierte die Verwaltung und betrieb ein merkantiles Wirtschaftssystem.

In der Zeit seiner Regentschaft entwickelte sich Frankreich zur dominierenden Macht in Europa. Ludwig XIV. starb 1715 im Alter von 77 Jahren und war mit 72 Regierungsjahren einer der am längsten regierenden Monarchen.

16 Gemälde von Ludwig XIV. Charles Le Brun, um 1661. Chateau de Versailles.

Zitat:

„Man tut niemals etwas Großes, Schönes, Außerordentliches, wenn man nicht mehr und besser als alle anderen darüber nachgedacht hat.“[70]

Gleich zu Beginn seiner Regierungszeit reorganisierte er den Königlichen Rat und führte eine Neustrukturierung weiterer nachrangig gegliederter Kommissionen durch. Ziel war die Ausschaltung oppositioneller Kräfte, die bis dahin in der Vergangenheit eine ernste Bedrohung für die Monarchie in Frankreich darstellten. Als Nachwirkung der Fronde hatte dies besonders für den Hochadel nachhaltige Auswirkungen, da – von wenigen Ausnahmen abgesehen – aus diesem Personenkreis niemand mehr Zugang zu den Entscheidungsgremien erhielt.

Diese Ratskommissionen mit dem *„Conseil d'en haut"*[71] als wichtigstes politisches Gremium an der Spitze waren jeweils durch den Staatsminister, Staatssekretäre, höherstehende Beamte (officiers), zusätzliche Staatsräte, sogenannte *„maîtres des requêtes"*[72], den Kanzler und den obersten Finanzprüfer besetzt, wobei Colbert diese Position einige Jahre nach dem Regentschaftsbeginn des Königs übernahm. Die Sitzungen dieser Ratskommissionen fanden formell unter dem Vorsitz des Königs statt, während der Kanzler bei den eher untergeordneten Kommissionen wie Verwaltung oder Justiz in der Regel den Vorsitz führte.

Ludwigs Reinigungsprozess schien aber noch keineswegs beendet. Die bisherigen, ausschließlich dem Hochadel entstammenden Gouverneure der einzelnen Provinzen enthob die Krone ebenfalls ihrer Ämter, um dieser föderalen Struktur die Grundlage zu entziehen.

Diese entmachteten Gouverneure durften nur mit der formellen Zustimmung des Königs für einen eng begrenzten Zeitraum die von ihnen einstmals geleiteten Provinzen aufsuchen, um eine Reorganisation oppositioneller Kräfte bereits im Ansatz zu unterbinden. Die Fronde hatte ihre Spuren bei Ludwig XIV. nachhaltig hinterlassen und er regelte die Zuständigkeiten der früheren Gouverneure neu.
Verwaltungstechnische und rechtliche Angelegenheiten lagen nun in der Verantwortung von sogenannten Intendanten. Diese konnten jederzeit durch den König berufen oder entlassen werden. Die von seiner Gunst abhängigen Kommissare ermöglichten Ludwig XIV. eine weitere Zentralisierung und Konzentration der Macht, bis in die mittleren Ebenen der Verwaltungen hinein und sicherte dort ebenfalls seine Vormachtstellung, ganz im Sinne eines absoluten Souveräns.
Und dennoch war es praktisch unmöglich, eine flächendeckende Struktur so zu organisieren, dass sich alle Entscheidungsprozesse auf eine einzige Person fokussierten. Allein die Anzahl der zu fällenden Einzelentscheidungen führten dies selbst Ludwig XIV. vor Augen. Also lag ein Großteil königlicher Administration weiterhin bei den erwähnten Beamten, die meist durch eine finanzielle Ablösung ihr Amt „erwarben". Diese waren trotz der vom König betriebenen Restrukturierung der Verwaltung allerdings nur bei dem Nachweis größter Verfehlungen absetzbar. Mehr noch, die Ämter waren faktisch auf die jeweiligen Nachkommen übertragbar, also erblich.
Dies führte auf den Verwaltungsebenen zu einem von der eigentlichen Staatsspitze unabhängigen, selbstständigen Bewusstsein und oftmals zu Widerständen gegen die Maßnahmen der Regierung, was wiederum entsprechende Restriktionen der Krone auslöste. Die Absicht der Regierung, auch diese Verwaltungsstruktur stärker zu beherrschen, war offensichtlich. Die Kompetenzen der Beamten, zum Beispiel für die Justiz und Finanzen, schränkte die Krone mehr und mehr ein und übertrug sie direkt den vom König abhängigen Organen und Funktionsträgern, also den einzelnen königlichen Gremien und Intendanten.

Nach wie vor war Ludwig XIV. jedoch auf die Netzwerke einer königstreuen Klientel angewiesen und zeigte einer noch so absolutistisch agierenden Herrschaftsstruktur damit ihre Grenzen auf.

Für die Modernisierung der Armee als Instrument innenpolitischer Kontrolle und außenpolitischer Expansion sorgte vornehmlich der zuständige Kriegsminister, Michel Le Tellier (1603-1685) sowie dessen Sohn François-Michel Le Tellier, dem Marquis de Louvois (1641-1691). Sie ordneten die Verwaltung des Militärs neu und besetzten die Posten vorwiegend durch Angehörige der bereits in Ämtern befindlichen Familien. Offiziersschulen und Akademien reformierten ihre Ausbildung, während der Staat die Ausrüstung der Armee modernisierte. Es ist auffällig, dass die Stärke der französischen Armee ab 1661 kontinuierlich wuchs, also eine parallele Entwicklung zu dem 1661 aufgelegten Schiffbauprogramm der Marine verzeichnete.

Jean-Baptiste Colbert war Wirtschafts- und Finanzminister unter Ludwig XIV. und Mitbegründer der Wirtschaftslehre des Merkantilismus bzw. des nach ihm benannten Colbertismus. Die neue politische Ausrichtung, Frankreich in eine Großmacht zu transformieren, erforderte auf politischer, wirtschaftlicher und finanzieller Ebene gewaltige Anstrengungen. Die wichtigste Quelle eines dafür erforderlichen nationalen Reichtums sah er in der Umsetzung einer kontinuierlichen positiven Außenhandelsbilanz. Durch die Anwerbung ausländischer Fachkräfte und die Gründung bzw. Förderung eigener Manufakturen versuchte er, teure Importe zu reduzieren und sorgte für die Aufhebung von Zollschranken. Er baute in Frankreich eine eigene Verwaltungsstruktur mit Bezirken und darin verantwortlichen Intendanten auf, betrieb eine expansive Außen- und Kolonialpolitik und ließ ein enormes Flottenprogramm, unter anderem auch zu deren Sicherung, auflegen.

17 Gemälde von Jean-Baptiste Colbert. Philippe de Champaigne, um 1655. Metropolitan Museum of Art, New York.

***Jean-Baptiste Colbert** Marquis de Seignelay (1619–1683) war ein französischer Staatsmann und Mitbegründer des Merkantilismus – eine Wirtschaftspolitik von absolutistischen Staaten während des 16. bis 18. Jahrhunderts, deren Ziel es war, Geld für die Staatskasse zu beschaffen, in dem eine aktive Handelsbilanz angestrebt wurde, also mehr exportiert als importiert wird. Exportierende Gewerbe wurden gefördert, der Export von Rohstoffen wie der Import von Gütern gehemmt. Ein zentrales Ziel war es dabei, möglichst viel Wertschöpfung durch Arbeit im eigenen Land zu generieren.*

Dazu warb der Minister eine Vielzahl ausländischer Fachkräfte an, um konsequent eigene Produktionsstätten mit ihrem Wissenspotenzial aufzubauen. Das Bevölkerungswachstum wurde begünstigt, Kolonien gegründet und benutzt, um das Mutterland mit Rohstoffen und Edelmetallen zu versorgen, wovon teilweise wiederum der Export abhing.

Colbert gilt als Begründer dieser französischen Wirtschafts- und Kolonialpolitik. Er war der Sohn einer wohlhabenden Tuchhändlerdynastie in Reims und begann seine Karriere als privater Vermögensverwalter von Kardinal Mazarin. Dieser empfahl ihn Ludwig XIV., der ihn zunehmend mit der Lösung finanzpolitischer Probleme betraute.

Nach dem Tod Mazarins 1661 organisierte er die Verhaftung des bei Ludwig XIV. aufgrund seines opulenten Lebensstils in Ungnade gefallenen Finanzministers Nicolas Fouquet und wurde daraufhin Intendant der Finanzen.

Colbert übernahm mit Unterstützung Ludwigs XIV. zunehmend die Regierungsgeschäfte, war Minister für Finanzen, Handel, Verkehr, Bauwesen, der Marine, Kolonien, Kunst- und Wissenschaft, ganz im Sinne einer zentralisierten und absolutistisch agierenden Regierung. Er war nur dem König Rechenschaft schuldig und lediglich das Heer stand außerhalb seiner Verantwortung.

Unter Colberts Leitung wurde 1664 neben der Reorganisation einiger staatlicher Handelsgesellschaften die Französische Ostindienkompanie in Lorient und die Französische Westindienkompanie in Le Havre nach den Vorbildern Hollands und Englands aufgebaut. Er förderte die Wissenschaften, gründete zahlreiche Akademien, unter anderem für Mathematik oder Hydrographie und ließ Schiffbauschulen bei den Arsenalen und Werften errichten. Die naturwissenschaftliche Akademie der „Royal des Sciences" geht 1666 ebenfalls auf Colbert zurück.

Der Minister ließ die verkehrliche Infrastruktur erneuern, das Verkehrswegenetz ausbauen und sorgte für den Abbau von Ausfuhrzöllen. Für zahlreiche sogenannte „Règlements" ließ er Kataloge und Produktionsanweisungen erstellen, um die Qualität der an verschiedenen Standorten produzierten Erzeugnisse zunächst auf einem Niveau zu standardisieren und dann weiter zu erhöhen. Colbert reformierte die allgemeine Verwaltung und bestimmte für die einzelnen Bezirke verantwortliche Intendanten. Er veränderte das Rechnungswesen, reduzierte die direkten und erhöhte dafür die indirekten Steuern, um auch den zahlungskräftigen Adel zur Kasse zu bitten. Der zuvor beschriebene „Code Noir", die Regelung zum Umgang mit Sklaven, geht ebenso auf seine Intention zurück, und trat zwei Jahre nach seinem Tod in Kraft.

Colbert verstarb 1683 und galt als eine der bedeutendsten französischen Persönlichkeiten des 17. Jahrhunderts. Nach dem Prinzip der vererbten Ämter übernahm sein ältester Sohn als Staatssekretär einige seiner Aufgaben, unter anderem die Zuständigkeit für die französische Marine.

Zitat:
„Die Kunst der Besteuerung liegt darin, die Gans so zu rupfen, dass sie unter möglichst wenig Geschrei so viele Federn wie möglich lässt."

2. Die Sozialstruktur

Wie der zuvor erwähnte Bodin traten die führenden Staatstheoretiker, Philosophen und Ökonomen wie Colbert für eine in Stände organisierte Bevölkerung ein. *„Das Traktat über die Stände und einfachen Würden"* zeigt die französische Gesellschaft ihrer Zeit als Teil des Universums, dem Willen Gottes nach so geregelt und hierarchisch strukturiert. Nach Loysau war die Gesellschaft dieser Zeit eine Ständegesellschaft *„société d'ordre"*[73], innerhalb dieser sich die einzelnen sozialen Schichten ordneten.

Der Stand bildete zugleich die Basis zur Ausübung öffentlicher Gewalt, war also nach seiner Auffassung eine Gemeinschaft politischer wie sozialer Natur, dessen Mitglieder neben ihren materiellen Möglichkeiten über ein gemeinsames Wertegefühl verfügten. Mit anderen Worten, die Gesellschaft innerhalb eines Standes blieb unter sich.

Die Menschen der damaligen Zeit waren die so organisierte Ordnung mit ihrer Gliederung nach Adel, Klerus, Bürgertum und Bauern gewohnt. Innerhalb der Stände gab es wiederum eine Vielzahl unterschiedlicher sozialer Ränge. Am differenziertesten betraf dies den dritten Stand, worin eine weitere Gliederung vollzogen wurde – zwischen den Inhabern von öffentlichen Ämtern, also durch nicht körperliche Arbeit einerseits und durch Handarbeit bestimmte Berufe, zum Beispiel Handwerker oder Bauern andererseits.

Durch die im 17. Jahrhundert stetig wachsende Zahl der aus dem Bürgertum in den Adelsstand erhobenen Personen formierte sich in den ersten Jahrzehnten immer stärkerer Unwillen innerhalb des etablierten Adels. Dieser führte die Situation auf die zunehmende Überlassung königlicher Ämter an Angehörige des niederen

Adels oder des Bürgertums zurück, zumal diese *„käuflich"* waren und forderte die Rücknahme solcher Übertragungen. Eine Vergabe von Ämtern sollte ihrer Auffassung nach von Ehre oder Verdienst abhängen und nicht nach den Aspekten des Reichtums oder gar des Ausbildungsgrades der Personen erfolgen. Zudem war nach deren Auffassung ein Drittel der Gerichtshöfe den Angehörigen des Schwertadels[74] vorbehalten, jedoch fanden all diese Forderungen der Adelsstände bei der Krone kein Gehör und führten damit zu keinen nennenswerten Veränderungen.

3. Die Finanzierung des Systems

Im Verlauf des 17. Jahrhunderts beteiligte sich eine Vielzahl verschiedenster Interessengruppen und Gläubiger an der Finanzierung des Staates, um das Steuer- und Finanzsystem in Gang zu halten. Stetig steigende Summen stellte insbesondere der Hochadel zur Verfügung. Dies nicht ohne Grund, versuchte der Adel auf diese Weise nach einer Reihe von schweren Konflikten mit der Krone die Wogen zu glätten. Alle konnten so der Monarchie bereitwillig ihre Dienste anbieten und zur Finanzierung des Königs, des ständig wachsenden Verwaltungsapparates und des Militärs beitragen. Ludwig XIV. wusste dies zu schätzen, war allzu gern bereit, darauf einzugehen und instrumentalisierte auf diese Weise Titel, Privilegien und Ämter, ja den gesamten Adelsstand selbst.
Jedoch war absehbar, dass die absolute Monarchie aufgrund des kontinuierlich steigenden Finanzbedarfs im Verlauf des 17. und 18. Jahrhunderts in zunehmende Abhängigkeit zu diesen Gesellschaften geriet. Letztlich verbanden Monarchie wie Elitegesellschaft ein tiefgreifendes Interessengeflecht und begründete auf diese Weise seit der Fronde eine längere Periode innenpolitischer Stabilität.

Der Ausgangspunkt des von Colbert geprägten Verwaltungssystems lag zunächst bei den Finanzen. Ebenso wie in den Nachbarländern erforderte seine Politik durch den steigenden Staatsbedarf größere finanzielle Mittel. Bei Amtsantritt von Colbert befanden sich die französischen Finanzen aber in einer desolaten Verfassung. Durch die Beteiligung am Dreißigjährigen Krieg, den Bürgerkrieg der Fronde, die Fehde mit Spanien und nicht zuletzt durch die Verwaltung des für die Finanzen zuständigen Oberintendanten Fouquet war eine enorme Schuldenlast entstanden und belastete das Staatsbudget mit einem jährlichen Defizit von 28 Mio. Livres.[75]

Den Hauptteil der damaligen steuerlichen Einnahmen bildete die *„Taille"*[76]. Eine Art direkte Steuer, die Frankreich je nach Provinz als Real- oder als Personalsteuer auf alle nichtadligen Vermögen pro Jahr festsetzte und erhob. 1659 lagen diese vornehmlich durch die Landbevölkerung zu entrichtenden staatlichen Einnahmen bei rund 58 Mio. Livres.[77]

Nach der Verhaftung Fouquets 1661 ordnete Colbert die Finanzverwaltung in der Weise, dass die Regierung keine neuen Schulden mehr aufnahm und planmäßig mit der Tilgung von Altschulden begann. Einige Abgaben wie die Salzsteuer, die hauptsächlich die Landbevölkerung betraf, wurden gemindert, Steuern auf Genussmittel wie Wein oder Tabak deutlich erhöht, um außerdem die privilegierten Stände auf diese Weise zu beteiligen, ohne ihr Vorrecht auf Befreiung von den direkten Steuern anzutasten.[78] Ferner gab es eine Fülle weiterer, zum Teil auch die Rentenschuld betreffender Änderungen. Diese flankierenden Maßnahmen Colberts hatten letztlich nur ein Ziel: die Steuerkraft des Staates kontinuierlich zu erhöhen. Aber dazu waren größere Veränderungen innerhalb des bestehenden steuerlichen Finanzsystems erforderlich.

4. Die aufkommende Wirtschaftspolitik unter Ludwig XIV.

Seit dem 14. Jahrhundert besaß die Krone das ausschließliche Recht der direkten Besteuerung und belegte den gesamten Handel und das Gewerbe ab dem 16. Jahrhundert nach und nach mit Abgaben. Grundlage für eine allgemeine Wirtschafts- und verbundene Handelspolitik eines Landes ist zunächst die einheitliche Entwicklung des Staates in politischer, wirtschaftlicher und finanzieller Hinsicht. In Frankreich begann diese im Grunde zunächst mit dem Aufbau einer funktionierenden Verwaltung durch Colbert.

Die Verwaltung dehnte ihren Einfluss durch die Intendanten immer weiter aus und untergrub schließlich das regionale Selbstverwaltungsrecht soweit, bis kein ernsthaftes Hindernis mehr für eine das ganze Land umfassende einheitliche Politik bestand.
Die Entdeckung Amerikas und des Seewegs nach Indien mit der dadurch zwangsläufig bedingten Berührung mit den Gewürz- und Edelmetallländern weckten in den europäischen Staaten von Anfang an Begehrlichkeiten. Sie zogen Frankreich – wenn auch mit gehöriger Verspätung – ebenfalls unter die Einwirkung eines prosperierenden globalen Weltmarktes.
Das kontinuierliche Streben nach wirtschaftlicher Einigung und damit verbundener Anhebung des nationalen Wohlstands erfuhr durch Colbert einen enormen Schub. Seine Maßnahmen stellten oftmals keine eigenen Erfindungen dar, eher die Nachahmung der im Ausland bereits seit längerer Zeit ablaufenden Entwicklungen.

Die in Holland, England und den Städten Deutschlands oder Italiens angewandten Konzepte versuchte Colbert mithilfe der zentralistischen Staatsmacht zügig umzusetzen, soweit wie möglich eine Wertschöpfung im eigenen Land zu generieren, um verstärkt ins Ausland exportieren zu können. Da die Erschließung der ausländischen Märkte zunächst aber die Stärkung des inländischen Marktes erforderte, galt es wiederum in der Bevölkerung ein Bewusstsein für Gewerbe und Kunst zur Entfaltung zu bringen und darauf kam es Colbert an.

„...die schlummernde Arbeitskraft, das Kostbarste was der Staat besitzt zu wecken, die Bevölkerung der Routine und des Müßiggangs zu entwöhnen und zu nutzbringender Beschäftigung anzuhalten...“[79]

Dieser Doktrin folgend wurden die sich veränderten Bedingungen auf die Arbeitsweise und den Unternehmergeist in einer Weise übertragen und unterstützt, die den inneren und äußeren Handel förderten und die Bevölkerung zur Bildung geeigneter Erwerbszweige systematisch animierte.

Der Colbertismus führte zwangsläufig zu einer umwälzenden staatlich organisierten Erziehungspolitik, die Schulen, Akademien, Kunst- und Gewerbe mit einschloss. Die von Colbert gegründete *„Académie des Sciences“*[80] ist ein Beispiel dafür. Der Staat organisierte zudem das Kunstgewerbe und den Handel.

Daneben gehörte zum wirtschaftlichen Gesamtkonzept, die Einfuhr konkurrierender Erzeugnisse zu behindern und gleichzeitig die Gründung bzw. den Ausbau von Manufakturen, Fabriken, kurz des gesamten Gewerbes mit Beschaffung günstigen Rohmaterials sowie die Ausfuhr französischer Erzeugnisse zu fördern. Barthélemy de Lassemas sprach 1598 von dem *Tribut, welchen Frankreich dem Auslande durch den Ankauf von fremden Industrieerzeugnissen bezahle, und bezeichnete diese Einfuhr als gefährlicher für das Land, als das Eindringen fremder Heere.*[81]

Der Unterschied zwischen Colbert und seinen Vorgängern bestand jedoch darin, dass er zum Hauptvertreter des Merkantilismus in Frankreich avancierte. Er hatte diese neuen Ideen verinnerlicht, das Wesen der Volkswirtschaft und ihre Beziehung zur Weltwirtschaft verstanden und versuchte auf allen Gebieten, diesen nationalwirtschaftlichen Gedanken systematisch umzusetzen.

An den Beispielen Englands und vor allem Hollands ließ sich damals nachvollziehen, welche wirtschaftliche Dynamik eine gewerbliche Kultur in Verbindung mit einer Handelsmacht entwickeln konnte. Die durch den Handel erzielte Ansprache der Märkte im In- und Ausland erzeugte einerseits die Bedürfnisse und bot zugleich die Mittel zu ihrer Befriedigung. Auf diese Weise wirkten Industrie und Handel zusammen, führten zu mehr Produktivität, damit zu mehr Wohlstand und letztlich zu höheren Steuereinnahmen.

Was die Industrie und das produzierende Gewerbe betraf, stand Frankreich zu dieser Zeit eher auf einer niedrigen Stufe. Colbert holte folglich zahlreiche Facharbeiter und Meister ins Land, um die besten Produktionsarten der wichtigsten Waren in Frankreich einzuführen. Kurz, man stahl was man konnte. Wurden zum Beispiel früher qualitativ hochwertige Spiegel für die zahlreichen Paläste aus Venedig bezogen, so lockte Colbert unter der Hand italienische Fachleute nach Frankreich und stellte die Erzeugnisse nun in den eigenen Manufakturen her – nicht ohne Risiko für die Angeworbenen, denn dies galt nicht nur in Italien als Landesverrat und auf viel geringere Vergehen stand bereits die Todesstrafe.
Die fast überall vorhandenen Zünfte nutzte die Krone zur Einführung von Vorschriften über die Herstellung einzelner Güter, die für das ganze Land galten und selbst die Bauweise der Schiffe betraf. Diese „*Règlements*“ waren gewissermaßen Verordnungen, die regelten, in welcher Weise etwas produziert oder gebaut werden sollte. Über die Beobachtung der Reglements wachten wiederum Inspektoren. Durch diese Inspektoren, Kommissare und Intendanten erhielt Colbert letztlich die Hinweise, woran es jeder Industrie bzw. jedem Gewerbe mangelte und in welcher Weise die natürlichen Verhältnisse genutzt werden konnten, um Abhilfe zu schaffen – zumindest in der Theorie.

Ein Gegenstand der besonderen Vorliebe Colberts bildeten die Handelsunternehmungen und Besitzungen in Übersee. Planmäßig versuchte er, die Beziehungen mit den unter Sully und Kardinal Richelieu erworbenen Kolonien und Besitzungen wieder zu beleben und zu erweitern. Inseln wie Saint Domingue, Guadeloupe oder Jamaika, die ihre früheren Gouverneure unter Richelieu angekauft hatten, erwarb er wieder zurück. [82]
Frankreichs Kolonien mit Kanada, Louisiana, Guyana und Besitzungen auf den Antillen, in Brasilien, Westafrika und dem indischen Ozean, besaßen zu dieser Zeit die größte Ausdehnung.
Nach dem Vorbild Englands und Hollands (VOC und MIC) gründete Frankreich mit staatlicher Unterstützung ebenfalls mit Handelsmonopolen ausgestattete Kompanien. Die Regierung übernahm dabei einen Großteil der Aktien und einen weiteren Anteil veräußerte der Staat unter den Beamten. Diese forderte die Krone allgemein zur Zeichnung auf, wobei Ludwig XIV. persönlich die Listen der Käufer sichtete, was nachhaltig zum Kauf motivierte. Es gab solche Kompanien zum Handel mit Ostindien, Senegal, Guyana, der Levante, den Pyrenäen und den Nord- und Ostseeländern. Der vereinigten Senegal- und Guyanakompanie gewährte die Krone beispielsweise das Monopol auf den Sklavenhandel zwischen der Küste Westafrikas und den übrigen Kolonien.

Wie die Reglements sollten die Monopole der Kompanien nur als Mittel zum Zweck für die Entwicklung eigenständig privater Initiativen dienen. Colbert schrieb dazu am 17. Februar 1679:

„... *Ich werde keinen Augenblick schwanken, alle Privilegien zu beseitigen, wenn ich einen größeren oder nur einen gleichen Vorteil sehe...*“ [83]

Die unter Richelieu vornehmlich gegen das Haus Habsburg eingesetzte Flotte erhielt jetzt auch den Auftrag, den überseeischen Handel zu sichern und musste ganz im Sinne Colberts wirken, was er als Bedingung für einen regen Handel bezeichnete: „*um den Handel zu entwickeln, sind zwei Dinge notwendig: Sicherheit und Freiheit*“ [84].

5. Die maritime Auseinandersetzung mit den Nachbarstaaten

Der Niederländisch-Französische Krieg war ein gesamteuropäischer militärischer Konflikt, der von 1672 bis 1678 dauerte und zeitgleich mit dem Dritten Englisch-Niederländischen Krieg (1672-1674) begann.

Durch die Revolution von 1688/1689 bestieg Wilhelm III. aus den Niederlanden den englischen Thron, dessen Politik darauf abzielte, die Interessen von Holland und England eng miteinander zu verknüpfen. Seit dem Englisch-Holländischen Krieg war die Machtstellung von England auf See unangefochten und das Selbstbewusstsein der Inselbevölkerung entsprechend gewachsen, zumal sich der damit verbundene Seehandel einträglich gestaltete und die Menschen zunehmend davon profitierten.

Durch die Thronbesteigung Wilhelms III. kam es zum Bündnis mit Holland und im dritten Eroberungskrieg agierten folglich beide Nationen gemeinsam gegen den Ludwig XIV. Dieser Krieg war der Beginn einer ganzen Reihe von Auseinandersetzungen zwischen England und Frankreich, die mit Unterbrechungen bis ins 19. Jahrhundert reichten.

KAPITEL 5 Der Aufbau einer eigenständigen Marine ab 1626 als Wegbereiter

1. Der Ursprung

Der Ursprung maritimer Bestrebungen in Frankreich ist auf die Griechen zurückzuführen, die im 7. Jahrhundert v. Chr. die heutige Hafenstadt Marseille gründeten und die Voraussetzung für den ersten Schiffbau schufen. Die Römer nutzten später die Häfen in Fréjus und Boulogne, um von dort aus die Invasion Englands vorzubereiten. Hinzu kamen die Häfen in Nantes und Bordeaux, deren strategisch günstige Lage das römische Reich für die Handelsbeziehungen und den Warenverkehr nutzte. Nach dem Untergang Roms fand bis zum 9. Jahrhundert keine Weiterentwicklung des Schiffbaus mehr statt. Zu dieser Zeit überfielen die aus dem Mittelmeerraum stammenden Araber die heutige Provence und bauten dort erste Stützpunkte auf. Normannische Wikinger besetzten die Nord- und Westküste und errichteten erste Ansiedlungen bei Saint-Valery-sur-Somme, die den Normannen 1066 als Ausgangsbasis für ihre Invasion Englands dienten.

Unter Ludwig VIII. landeten französische Truppen erneut in England, verloren jedoch 1217 in dem Seegefecht bei Sandwich. Während der Kreuzzüge im 12. und 13. Jahrhundert brachen wiederholt französische Kontingente unter anderem von Marseille nach Palästina und zu den angrenzenden Regionen auf.

Im Gegensatz zu den Engländern verfügte Frankreich während der Kreuzzüge über keine eigene nennenswerte Flotte. Die Marine musste notgedrungen auf genuesische Verbände zurückgreifen und die Truppen teilweise über italienische Mittelmeerhäfen einschiffen. Gegen 1270 wurde in Aigues-Mortes die erste eigene französische Flotte aufgebaut, die unter der Führung von Ludwig IX. zu einem Kreuzzug aufbrach, aber nach dessen Niederlage nur noch den Leichnam des Königs nach Frankreich überführen konnte. Weitere Niederlagen um Sizilien führten zunächst zur Einstellung der Expansionspolitik im Mittelmeerraum, sodass Frankreich sein Augenmerk für die nächsten 300 Jahre wieder verstärkt auf England richtete.

2. Erste Auseinandersetzungen

Um 1337 kam es zu ersten größeren militärischen Aktionen zwischen englischen und französischen Verbänden. Mit dem Sieg der Franzosen 1338 in dem Seegefecht von Arnemuiden gelang zwar die Vorbereitung einer Invasion Britanniens, aber die Engländer zerstörten 1340 eine ganze Galeerenflotte, die im Hafen von Boulogne vor Anker lag. Die Briten siegten im gleichen Jahr in weiteren Gefechten bei Sluis sowie zwei Jahre später in Brest und wendeten so die Gefahr einer Invasion ab. England beherrschte damit für die nächsten 30 Jahre den Ärmelkanal mit den Handels- und Nachschubwegen zum kontinentalen Europa. Mit dem Sieg Frankreichs im Seegefecht bei La Rochelle 1372 kam es unter der Führung von Admiral Jean de Vienne zu einem erneuten Versuch zur Einnahme Britanniens, der letztlich im Hundertjährigen Krieg seine Fortsetzung fand, allerdings nicht auf See entschieden wurde.

3. Der Mittelmeerraum im Fokus

Gegen Ende des 15. bis Mitte des 16. Jahrhunderts trat verstärkt wieder der Mittelmeerraum in den Blickpunkt französischer Interessen. Frankreich wie Spanien rangen in mehreren militärischen Auseinandersetzungen um die Vorherrschaft im Mittelmeer und in Italien. Diese Zeit war geprägt durch wechselnde Bündnispartner, wobei zuletzt Frankreich unter Franz I. gemeinsam mit den Türken und anderen Verbündeten aus dem arabischen Raum gegen spanische und italienische Häfen ins Feld zog. In dem Gefecht von St. Mathieu (1512) sank das bis dahin größte Schiff Frankreichs, die CORDELIÈRE.[85]

4. Der Blick nach Übersee und das erste große Flottenprogramm Frankreichs

Nach den erfolglosen Versuchen Italien einzunehmen, konzentrierte sich König Franz I. wieder verstärkt auf die kürzlich entdeckten Gebiete jenseits des Atlantiks. 1517 wurde die Hafenstadt Le Havre gegründet und nach der ersten Landung an der brasilianischen Küste 1504 durch Binot Paulmier sandte die Krone zwei Jahrzehnte später italienische Seefahrer aus, um abseits der von Portugal und Spanien beherrschten Seewege eine Nordwestpassage nach Indien zu finden. Jacques Cartier erreichte 1534 Kanada – ebenfalls auf der Suche nach der gleichen Passage. Im Jahr 1558 eroberten die Franzosen Calais als die letzte englische Hafenstadt auf französischem Boden.
Vier Jahre später stießen französische Kolonisten unter der Führung von Admiral Coligny bis nach Florida, unter Nicolas Durand de Villegagnon nach Brasilien und Daniel de La Touche Anfang des 17. Jahrhunderts in die portugiesischen und spanischen Besitzungen vor, jedoch ohne nachhaltigen Erfolg.
1582 schlug die spanische Flotte in dem Seegefecht bei Ponta Delgada die französischen Verbände, nachdem Frankreich mit Portugal eine Allianz einging und dafür Brasilien versprochen bekam. Spanien wurde allerdings trotz der französischen Niederlage durch Freibeuter zur Ader gelassen. Zahlreiche Abenteurer, die man zuvor von England und Frankreich mit Kaperbriefen versah, überfielen die aus Europa mit Sklaven absegelnden und aus der neuen Welt mit Gold heimkehrenden spanischen Schiffe, die quasi als Freiwild galten.
Anfang des 17. Jahrhunderts folgte Samuel de Champlain der Route von Cartier und konnte in Québec erste Kolonisten dauerhaft ansiedeln, während zur gleichen Zeit die Krone einige Karibikinseln in Besitz nahm. Durch diese Neuausrichtung der Expansionspolitik verlagerte sich das Interesse zugunsten der überseeischen Besitzungen nach Amerika und die französischen Atlantikhäfen gewannen zunehmend an Bedeutung, während der Mittelmeerraum gleichermaßen aus dem Blickpunkt des Interesses rückte.

Richelieu war dabei bewusst, dass nur eine stehende Flotte die dauerhafte Präsenz in Übersee sicherte. Die Anfälligkeit der spanischen Schiffe hatte er als abschreckendes Beispiel noch in bester Erinnerung, zumal englische Piraten und Freibeuter den Warenverkehr zwischen Québec und der französischen Heimat bereits seit den zwanziger Jahren empfindlich störten.

1624 arbeitete Richelieu eine Marinestrategie aus, um mit den Seestreitkräften der Niederlande und England konkurrieren zu können. In den Unterlagen seines Ministeriums finden sich etwa um diese Zeit Hinweise auf ein Projekt namens „*Règlement pour la mer*“.[86] Ein Dokument von 1625 stellt darin die erste Aufzeichnung Richelieus über seine persönlichen Vorstellungen der Marine dar. Die Anfänge waren alles andere als einfach, denn es erforderte zunächst einmal den Ausbau vorhandener Marinewerften und den Aufbau neuer Anlagen. Erste vorbereitende Maßnahmen fanden in Le Havre statt, gleichwohl war der Hafen schlecht zu schützen und für Überfälle daher ein leichtes Ziel. Brouage baute die Marineleitung als Stützpunkt zur Versorgung der Seestreitkräfte aus, ohne ansonsten eine größere Bedeutung als Militärhafen zu erlangen. Das dortige Fort befestigte die Provinz jedoch in den dreißiger Jahren zur stärksten Festungsanlage an der gesamten Atlantikküste. Neben den Rüstkammern der Militärs und dem Marinearsenal waren an diesem Standort eine Vielzahl von Werkstätten bzw. Manufakturen untergebracht und damit ein bedeutsames Logistik- und Verteilungszentrum entstanden.

Frankreich übernahm 1626 insgesamt 18 Schiffe in den Dienst, die aber nicht von einheimischen Werften stammten. Die Krone bezog diese Einheiten vielmehr aus Holland und Schweden, die über beträchtliche Ressourcen im Schiffbau verfügten und beide Länder zu dieser Zeit zu den Verbündeten Frankreichs zählten. In La Roche-Bernard und Indret entstanden erste Werften und zahlreiche Fachkräfte warb das Ministerium für den Schiffbau aus dem benachbarten Holland an, um mit dem Nachbau gekaufter Schiffe zu beginnen und eigene Sachkenntnis für diese Art von Schiffbau in Frankreich aufzubauen. Die Allianz mit Schweden ermöglichte den Bezug von Kanonen, die seinerzeit als die besten Europas galten. Auch andere Materialien wie Takelwerk oder Holz, die ein solcher Schiffbau benötigte, kaufte die Marine zu. Im Jahr 1627 bildete Frankreich die ersten drei Geschwader in Guyenne, der Bretagne und in der Normandie, mit ihren Heimathäfen Brouage, Brest und Le Havre.

Zusammen mit den gekauften Einheiten verfügte Frankreich zum Zeitpunkt der Belagerung von La Rochelle 1627 bis 1628 bereits über 35 Schiffe. Der Erfolg durch die Seeblockade zeigte, wie wichtig eine Flotte als politisches Instrument sein konnte. Ludwig XIII. hatte jedoch wenig Interesse an seinen Seestreitkräften, sondern überließ diese weiterhin Kardinal Richelieu, der eine expansive Kolonialpolitik betrieb, um den Vorsprung Englands und Hollands aufzuholen. Richelieu ließ dazu systematisch die heimischen Küstenregionen untersuchen. Dies geschah durch die Generalkommissare Sieur d'Infreville für die nördliche (Ponant) und 1633 von Henri de Seguiran, Lord de Bouc, für die südliche (Levant) Region.
Richelieu ernannte zwei Jahre zuvor Brest zum Militärhafen und gründete das Marinearsenal für die Flotte du Ponant zur Sicherung der Atlantikseite, während Toulon für das Mittelmeer die Marine du Levant aufbaute und die von Heinrich IV. errichtete Marinewerft erweiterte.

Der Kardinal legte 1631 damit das erste große Schiffbauprogramm in Frankreich auf, war Begründer einer dauerhaften Flotte und überführte die bisherige maritime Leitung in ein oberstes Marineamt. Unter Richelieu wurden die diversen, oft nur wenige Monate im Jahr einsatzfähigen Geschwader – deren Schiffe mit ihren Mannschaften aus halb Europa stammten – erstmals unter dem Begriff einer königlichen Marine zusammengefasst und anschließend den beiden Flotten und ihren Stützpunkten zugeordnet.

18 „Les Lys fleurissent dans les vagues", Lilien blühen in Wellen. Allegorische Gravur ohne Signatur, die das Königreich Frankreich in Form eines Schiffes mit Louis XIII. und Richelieu auf dem Heck darstellt, um 1630.

5. Der Französisch-Spanische Krieg (1635-1659)

Mit der Intervention Frankreichs in den Dreißigjährigen Krieg begannen um 1635 die militärischen Auseinandersetzungen mit Spanien. Diese fanden über den Westfälischen Frieden im Jahr 1648 hinaus erst 1659 mit dem Pyrenäischen Frieden ihren Abschluss und erklärten Frankreich damit zur dominierenden kontinentalen Macht in Europa. Spanien hatte einerseits die Fronde in Frankreich unterstützt, um den Nachbarn machtpolitisch zu destabilisieren, andererseits intervenierte aber auch Frankreich in Spanien und förderte die dortigen Aufstände in Katalonien. Der Aufbau einer eigenständigen französischen Marine mit einer stehenden Flotte trug dabei einen erheblichen Anteil an dieser geschichtlichen Entwicklung.

6. Die LA COURONNE von 1637

Es gab bereits früher Versuche, große Schiffe zu bauen, zum Beispiel mit der FRANÇOIS I., die einem Brand zum Opfer fiel, oder der FIN DE LA GUERRE aus Antwerpen, der FORTUNE in Dänemark, NONPAREIL in Schweden und Englands 1637 in Dienst gestellte SOVEREIGN OF THE SEAS.[87] Es handelte sich bei der SOVEREIGN um das größte europäische Segelschiff, das bis dahin die See befuhr. Mit drei stufenlos durchgehenden Decks und mit 100 Kanonen ausgestattet.

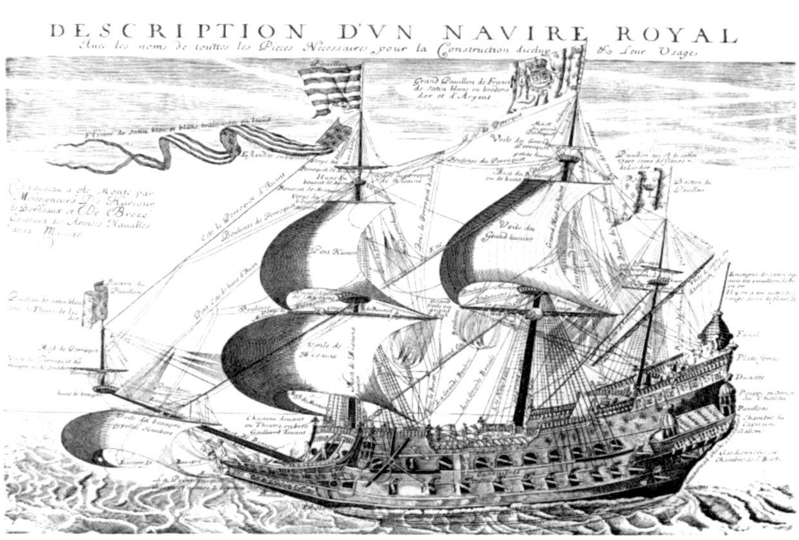

19 Stich der La Couronne. Hendrik Hondius, um 1643. Maritiem Museum, Rotterdam.

In etwa zur gleichen Zeit entstand in Frankreich die LA COURONNE auf der Werft in La Roche Bernard durch C. Mourier, über die genaue Aufzeichnungen in den Archiven vorhanden sind und der Jesuitenpater Georges Fournier mit großer Akribie angefertigte.

1643 erschien sein Buch „*Hydrographie, contenant la théorie et la pratique de toutes les parties de la navigation*" (Hydrographie, beinhaltend die Theorie und Praxis aller Teile zur Schifffahrt), das einen Meilenstein in der theoretischen Lehre des Schiffbaus darstellte. 1639 befehligte Monseigneur de Sourdis, Erzbischof von Bordeaux, insgesamt 40 Schiffe, dazu zahlreiche Brander (mit Öl und altem Holz beladene kleinere Schiffe).

Sein Flaggschiff war die COURONNE. Zu dieser Zeit war noch der Einsatz von Galeeren vorwiegend im Mittelmeer weit verbreitet und führte bei vielen Seeleuten zunächst zu einer gewissen Skepsis gegenüber diesem neuen Schiffstyp und seinen Segeleigenschaften.
Durch die hohen Aufbauten und die enorme Tonnage von über 2.000 Tonnen wirkte die COURONNE gegenüber den Galeeren schwerfällig, ja fast behäbig. Nach den heutigen Erkenntnissen war sie jedoch ausgewogen konzipiert. Wie die arabischen Vorbilder besaß das Schiff einen langen niedrigen Bug und ein erhöhtes Heck.

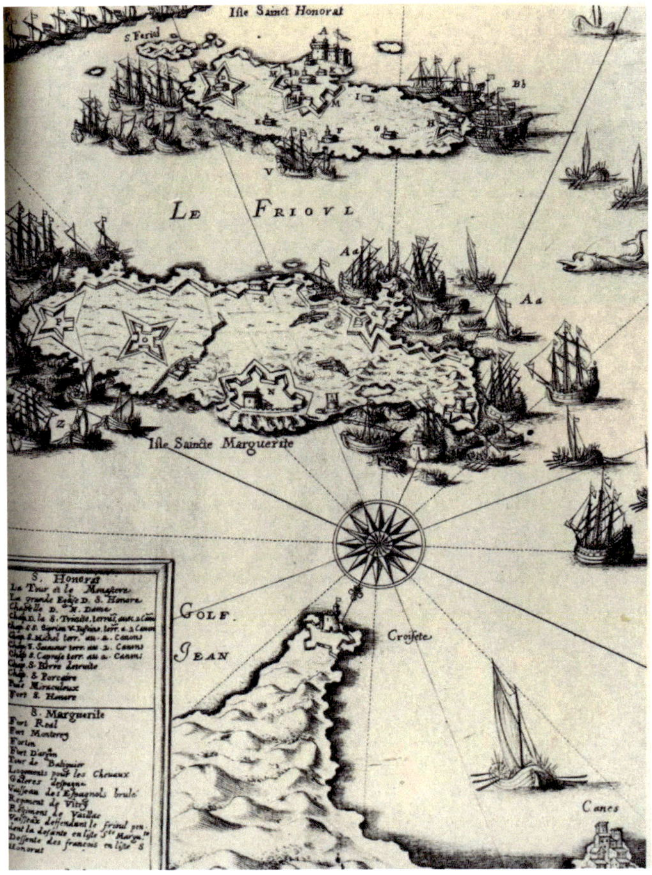

20 „Die Rückeroberung der Lérin Inseln." Estienne David, um 1639. Musées et centres d'art, Aix en Provence et Pays d'Aix.

Das Verhältnis von Länge zur Breite des Schiffes betrug in etwa 4:1, die sich später ebenfalls als Vorgabe in der königlichen Verordnung von 1673 wiederfindet, während Schiffbauer die Galeeren wesentlich schlanker im Seitenverhältnis bis zu 9:1 ausführten.

Der Vordersteven der Couronne lehnte sich an die Linienform des Kreisbogens an, während dieser bei den Galeeren eher gradlinig verlief. Der mit vielen Schnitzereien verzierte Heckspiegel besaß eine Heckgalerie sowie weitere Seitengalerien, die über 100 Personen aufnehmen konnten. Jedoch dürfen bei solch einer theoretischen Überfrachtung die Segeleigenschaften des Schiffes stark in Zweifel gezogen werden.

Am oberen Ende des reich mit Farb- und Goldornamenten verzierten Heckspiegels verfügte das Schiff über drei große Hecklaternen. Das extrem lange Galionsdeck erinnerte noch stark an die Bauweise von Galeeren, um die Vorteile aus dieser Konstruktion ebenso zu erhalten.

Die COURONNE hatte außerdem noch eine Rudereinrichtung, natürlich in deutlich geringerem Maße als die viel leichteren Galeeren, aber sie ermöglichte bei Windstille immerhin noch eine Tagesstrecke von 15 Seemeilen zu bewältigen.

Gegenüber den Galeeren war ein Segelschiff aufgrund der übereinander angeordneten durchgängigen Decks in der Lage, eine bis dahin nie gekannte Konzentration an Artillerie mitzuführen und damit jeder Galeere an Feuerkraft haushoch überlegen, wenn sie diese aus der Distanz zur Entfaltung bringen konnte.

Georges Fournier spricht in seinem Buch von 72 Kanonen für die COURONNE,[88] während der Stich von Hendrik Hondius (Abb. 19) 48 Kanonen andeutet.

7. Der Schiffsbestand von 1638

Unter dem Grafen d'Harcourt gelang es der Flotte 1637, die verlorenen Lérin Inseln vor der französischen Küste wieder einzunehmen.[89] Sein Geschwader bestand dabei aus seinem Flaggschiff COURONNE sowie 33 Einheiten, die zwischen 8 und 30 Geschütze trugen. Insgesamt besaß das Geschwader über 808 Geschütze und 5.660 Mann Besatzung.

Im darauffolgenden Jahr 1638 verfügte die französische Flotte über folgenden Schiffsbestand:[90]

Name	Kapitän	Tonnage	Besatzung
LE VAISSEAU DU ROI	Command des Gouttes	1.000	300
LA COURONNE	de Launay-Razilly	2.000	505
LE NAVIRE DE LA REINE	Darrérac	600	250
LA VIERGE	Du Mé	600	245
LE CARDINAL	du Couppeauville	600	245
L'EUROPE	Montigny	500	205
LE CYGNE	de Cangé	500	205
LE SAINT-LOUIS DE BREST	Treillebois	500	205
LA FORTUNE	Cazenac	500	205
LE COQ	Chastellux	500	205
LE TRIOMPHE	de Caen	500	205
LA LICORNE	La Chesnaye	500	205
LA CORAIL	Portenoire	500	205
LA VICTOIRE	Contenan	500	205
LE DAUPHIN	Boisjoly	500	205
LES TROIS ROIS	Baptiste (Erzbischof von Bordeaux)	500	100 (Kaplan)
LE SAINT-CHARLES	de Saint-Étienne	400	155
LE TRITON	de Villemoulin	400	155
LE FAUCON	Du Menillet	400	155
LA RENOMMÉE	Daniel	300	125
LA PERLE	La Roullerie	300	125
L'INTENDANT	de Conflans	300	125
LA MAGDELAINE DE BREST	Senautes	300	125
L'ÉMERILLON	de Marsay	300	125
LE SAINT-JEAN	Du Quesne (Abraham)[91]	300	125
L'ESPAGNOL	Razet	200	100
L'HERMINE	de Linières	200	100
L'ESPÉRANCE EN DIEU	de Garnier	200	100
LA NOTRE-DAME DE GRACE	Guiton	200	100
LE SAINT-FRANÇOIS	Régnier	200	100
LA MARGUERITE	La Treille	200	100
LA PETIT SAINT JEAN	de Brocq	200	100
LE NEPTUNE	Paul	100	100
LA ROYALE	Savigny	100	82
LA CARDINALE	Baronnie	100	82

LA FRÉGATE DU HAVRE	Clérisse	100	66
LA FRÉGATE DE BREST	Gabaret (Jean)	100	66
LE FLIBOT DE BREST	Fourchault	60	16

Insgesamt 38 Einheiten mit 6.022 Mann Besatzung, dazu acht Brander und sechs Begleitschiffe.

Mit dem Tod Richelieus 1642 und Ludwigs XIII. kurze Zeit später erfuhr das Aufbauprogramm der Marine jedoch ein jähes Ende, zumal es in den darauffolgenden Jahren mit der Fronde innenpolitische Probleme zu lösen galt.
Mazarin hatte im Grunde kein Interesse an der Flotte und überließ sie in den fünfziger Jahren weitestgehend sich selbst. Frankreich war seit längerer Zeit ohnehin in argen Geldnöten, was erhebliche Auswirkungen auf den Marineetat zur Folge hatte.
Der Schiffsbestand betrug 1661 gerade noch 30 Schiffe, davon wenige einsatzbereit. Es gab in dem vorangegangenen Jahrzehnt keine konsequente Weiterentwicklung bis zum Beginn der Regentschaft Ludwigs XIV. – Gegenteiliges war eher der Fall.

In dieser Zeit entstand eine neue Form von Seemanövern, die sich nach den Auseinandersetzungen zwischen den Niederländern und Spaniern 1639 vor Calais langsam durchzusetzen begann. Admiral Blake beschrieb diese Mitte der fünfziger Jahre in England sowie in Frankreich später Paul Hoste in seinem Buch *„L'Art des armées navales"*.

Diese veränderte Seetaktik sollte einen erheblichen Einfluss auf die Entwicklung des künftigen Schiffbaus haben und neue Anforderungen an die künftigen Schiffe stellen.

21 Zeichnung von drei Linienschiffen. Vermutlich links die LA LUNE von 1641, mittig die LA REINE von 1647 und rechts die LE JUPITER von 1633. Pierre Puget, um 1647.

KAPITEL 6 Die Veränderung der Seemanöver und ihre Folgen

1. Segelschiffe und Galeeren

Um 1625 verfügte Frankreich über rund 30 Segelschiffe. An der Spitze der gesamten Seestreitkräfte stand der Admiral von Frankreich. Meist handelte es sich dabei um den Ehrenposten für einen Prinzen der Krone. Ihm unterstanden weitere Admirale sowie die *„Chefs d'escadre"*[92], jeweils zuständig für die Provinzen Guyenne, Bretagne, Normandie und die Provence im Mittelmeer. Die Segelschiffe kaufte die Marine im Kriegsfall aus Holland oder Schweden zu, nicht selten gleich samt kompletter Besatzung. Kardinal Richelieu versuchte erstmals, in Frankreich eine stehende Flotte mit Segelschiffen aufzubauen.
Die wichtigsten Häfen errichteten Werften, setzten Kommissionen zur Beaufsichtigung des Schiffbaus ein und erweiterten den Stab der Küstenadmirale sukzessiv auch für verwaltungstechnische Zwecke. Richelieu stellte dafür ein Offizierskorps aus dauerhaft angestellten Kapitänen auf und ließ junge Adlige von ihnen ausbilden. Nach dem Vorbild englischer Gunner zog er einige hundert seemännische Offiziere in einer eigenen Einheit zusammen und übernahm zeitweise selbst die oberste Leitung über die gesamte französische Marine. Um 1644 bestanden die Seekräfte aus rund 30 größeren und 27 kleineren Einheiten, dazu 13 Brander.

Schiffe wie die französische COURONNE waren der SOVEREIGN OF THE SEAS seitens ihrer Schiffbauqualität mindestens ebenbürtig, von den Segeleigenschaften her betrachtet womöglich überlegen.[93]

Der Versuch, ein besseres Offizierskorps zu etablieren, erwies sich darüber hinaus zunehmend als Hemmnis, denn in Adelskreisen war es gut angesehen, wenn ein Sprössling der Familie in den Dienst der Marine trat. Also vergab man die Posten der meisten Seeoffiziere weitestgehend nach Gunst und guten Beziehungen an Personen aus dem Adelsstand, die über keinerlei seemännische Ausbildung verfügten und damit in völlige Abhängigkeit von den ihnen unterstellten Besatzungen gerieten.

22 Zeichnung der Sovereign of the Seas. Willem van de Velde der Ältere, um 1637.

Die im Mittelmeer stationierte Galeerenflotte hingegen verfügte in Frankreich bereits über eine jahrhundertealte Tradition und führte ihre Gründung um 1490 auf die beginnende Kriegsführung gegen italienische Städte und Spanien zurück. Es handelte sich um eine stehende Marine, die unter dem Befehl des *„Général des galères"* stand, mit einem dauerhaften Offizierskorps, festem Budget und einer entsprechenden Verwaltung. Als Ruderer kamen Gefangene oder Sträflinge zum Einsatz. Diese Marine blieb lange Zeit völlig eigenständig, bis mit der Hochseemarine 1748 ein Zusammenschluss erfolgte.[94]

Die Galeere besaß also eine völlig andere Historie als die Segelschiffe, deren Vorteile einer geschossweisen Anordnung der neuen Artillerie aus Kanonen keine solche Tradition aufwies.

Die Grundlage der militärisch genutzten Segelschiffe bildeten zunächst einfache schmucklose Handelsschiffe ohne Galerien, Balkone oder Armierung.

Gegenüber den unsicheren Landwegen stellte der Seeweg im 14. und 15. Jahrhundert eine weitgehend sichere Alternative mit enormer Ladekapazität dar. Anfänglich erfolgte der Transport durch Galeeren, die in der Kombination aus Geschwindigkeit, Wendigkeit und Ladevermögen den geeigneten Schiffstyp für diese Zeit darstellten. Ferner ließen sich damit größere Truppenkontingente bewegen oder als militärischen Begleitschutz für Handelsschiffe einsetzen.

Die Segelschiffe begegneten dem Gefechtspotential der Galeeren mit dem Bau von Schanzen und größeren Aufbauten, um von diesen höheren Positionen aus eine bessere Verteidigungsstellung einnehmen zu können. Solche Auseinandersetzungen glichen eher einem Gefecht an Land und orientierten sich weniger an seespezifischen Gegebenheiten.

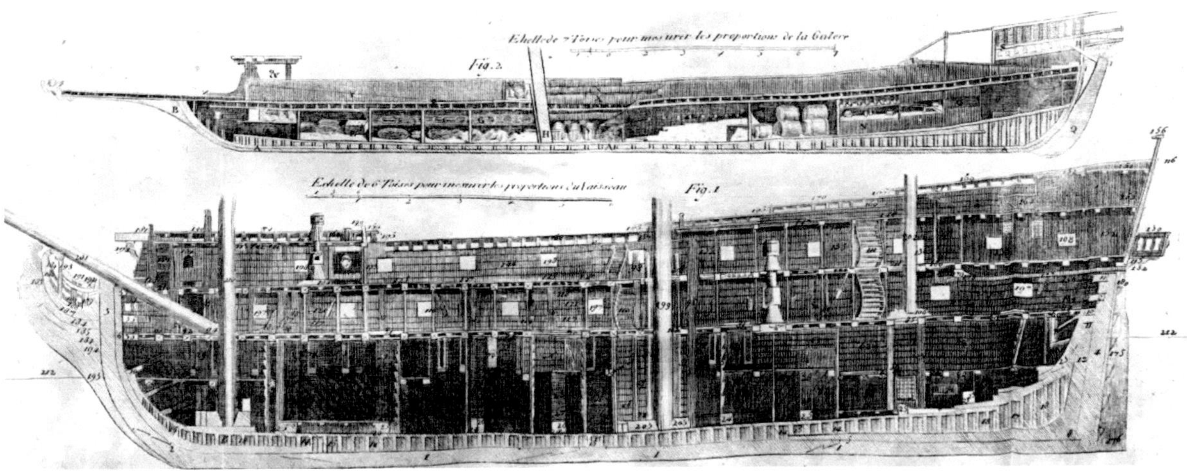

23 Längsschnitte einer Galeere und eines Segelschiffes. „Encyclopédie, ou Dictionnaire raisonné des sciences, des arts et des métiers.“ Zeichnungen aus der Encyclopédie von Denis Diderot und Jean le Rond d'Alembert, Paris 1769. Deutsches Museum, München.

Im späten 16. Jahrhundert begann das Segelschiff die Vorherrschaft über die Galeeren zu erringen, da diese in Größe und Handhabung ihre Grenze erreicht hatten. Andererseits verkleinerten die Zimmerleute bei den Segelschiffen die teils riesigen Aufbauten und verlängerten die Schiffe, was zu mehr Stabilität führte und eine größere Ladekapazität ermöglichte. Diesen Schiffstyp nannte man später Galeone.

Die Entwicklung veränderte auch die Segelfläche der Schiffe und verteilte sie über drei Maste ohne Bugspriet, mit zwei, manchmal drei Decks. Die großen Geschütze kamen in die unteren Batterien. Je höher das Deck, desto kleiner das Kaliber, um die Schiffsstabilität nicht zu gefährden. Die ganz leichte Artillerie kam auf dem Achterdeck zur Aufstellung.

24 Auseinandersetzung bei Messina zwischen Segelschiffen und Galeeren. Frans Huys nach Pieter Bruegel der Ältere, um 1561.

2. Der Einfluss der neuen Artillerie auf beide Schiffstypen

Auf die Galeeren, die im Mittelmeer zunächst weiterhin den dominanten Schiffstyp darstellten, hatte die neue Artillerie mit Kanonen keinen nennenswerten Einfluss. Die Stoßrichtung dieser Schiffe lag im Bug und Heckbereich, erfolgte also meist von den beiden Schiffsenden. Diese waren offensiv wie defensiv stark befestigt, ihre Seiten hingegen eher schwach, nicht zuletzt wegen der notwendigen Rudereinrichtungen. Da der Einfluss der neuen Artillerie gering blieb, veränderte sich die Seetaktik bei den aus Ruderschiffen bestehenden Schiffsverbänden im Grunde nicht.

In dem Gefecht bei Genua 1638 zwischen französischen und spanischen Verbänden verfügte beispielsweise jede Seite über rund 30 in Dwarslinie[95] angeordnete Galeeren. Die Vorgabe der Taktik des französischen Admirals lautete:

„...wie er das feindliche Schiff, so habe jede Galeere beim ersten Anlauf das ihr in der Linie des Gegners gegenüberstehende Fahrzeug mit voller Ruderkraft anzugehen...“

Diese Taktik war denkbar einfach und nicht von einer tiefergehenden maritimen Strategie geprägt. Dennoch war die Admiralität damals schon bemüht, die Luvstellung[96] gegenüber dem Gegner einzunehmen, um durch den Angriff vor dem Wind eine größere Stoßkraft entwickeln zu können.

Für Segelschiffe änderten sich die taktischen Anforderungen allerdings gewaltig. Denn als vermehrt Kanonen in den Breitseiten der Schiffe zur Aufstellung kamen, musste zwangsläufig aus einer nach vorne gerichteten Stoßrichtung nun eine Aktion aus Querrichtung resultieren.

Diese Schiffe mit beidseitiger Armierung verfügten gegenüber den Galeeren über deutlich massivere Bordwände, um einem gegnerischen Beschuss standhalten zu können. Dafür bildeten nun ihre Bug- und Hecksektionen die verletzlichsten Stellen der Schiffe. Das Abfeuern von Breitseiten nahm an Bedeutung zu und beeinflusste ebenfalls die taktische Formation eines Verbandes.
Um diese Artillerie mit größerer Effizienz vor der Melée[97] zum Einsatz zu bringen, war eine tiefe Staffelung anstelle einer breit aufgestellten Formation notwendig. Es entwickelte sich die Kiellinie[98] anstelle der Dwarslinie.

1639 soll der holländische Flottenadmiral Tromp seine Einheiten erstmals in Geschwader gruppiert und in solcher Linienformation ins Gefecht geführt haben, die dann später bei der Melée als taktische Einheit erhalten blieb.

25 Anleitung für Seemanöver. Paul Hoste, „L'Art des armées navales". 1. Auflage. Lyon 1697, S. 368.

Ab Mitte des 17. Jahrhunderts ist von einer seetaktischen Denkweise bei der Formation von Schiffen zu sprechen. Paul Hoste, Kaplan des französischen Admirals Tourville, schrieb nach den Erfahrungen der großen Kriege 1697 ein Werk über Seetaktik und fasste die neuen Erkenntnisse darin zusammen.

3. Die Notwendigkeit zur Klassifizierung der Schiffe

Solange die Marine nur über wenige Schiffe verfügte, bestand eine Flotte im Wesentlichen aus angekauften, teils nur von Kauffahrern angemieteten Seglern, die ein kunterbuntes Gemisch aus verschiedenartigen Einheiten aller Größen bildeten. Vor dem 17. Jahrhundert gliederte sich ein derartiger Verband weniger in Schiffe gleicher Stärke, sondern nach ihrer Herkunft wie Häfen, Städten oder Provinzen.

Die jeweiligen Befehlshaber quartierten sich auf ihrem größten und stärksten Schiff ein und belegten das Zentrum der Einheiten aus ihrem Verband. Von einer ausgeprägten Seetaktik war zu dieser Zeit noch nicht die Rede.
Wenn zwei Flotten aufeinander trafen, versuchte jedes Schiff entweder einen entsprechenden Gegner gleicher Größe zu finden oder mit anderen Schiffen gemeinsam ein größeres anzugehen.
Das Flaggschiff in der Mitte seines Verbandes diente jeder Gruppe dabei als Rückzugsmöglichkeit und bildete zugleich den Ausgangspunkt für eigene Aktionen.

Diese Art der ungeordneten Gefechtsführung erforderte noch keine Festlegung von Schiffsklassen. Dies änderte sich erst mit der Seetaktik in Kiellinie, als dutzende gleichwertiger Schiffe ihre festen Plätze einnahmen und die Admiralität bestrebt war, die Flotte in geordneter Formation an den Gegner heranzuführen und diese Ordnung im Gefecht so lange wie möglich aufrecht zu erhalten.

Kurz vor dem Englisch-Französischen Krieg war dieser Wandel auch an den Schiffen deutlich ablesbar. Ihre Anzahl blieb im Verhältnis zu den Englisch-Holländischen Seekriegen zwar in etwa gleich, aber die Schiffe wurden deutlich größer und veränderten die Klassifizierung innerhalb der einzelnen Ränge.

Die Klassen grenzte die Marineleitung schärfer voneinander ab und ein Schiff musste nun mindestens 40 bis 50 Kanonen besitzen, um für die Formation in Linie geeignet zu sein. Die Zunahme der Feuerkraft war also weniger auf eine größere Anzahl von Schiffen zurückzuführen, sondern eher von einer veränderten Seetaktik abzuleiten.

Es ging primär um eine überschaubare Anzahl großer Schiffe, die in Kiellinie noch gemeinsame Manöver durchführen konnten, mit großen Kalibern auf ihren Batteriedecks, um die Feuerkraft zu erhöhen.

Die größten Schiffe von ca. 2.000 Tonnen erforderten allerdings eine immense Anzahl an Mannschaften und kosteten überdies ein Vermögen, so dass es sich kein Land zu dieser Zeit leisten konnte, 30 oder 40 solcher Schiffe zu bauen, zu bemannen und zu unterhalten.

Hier stießen die Seenationen an ihre Grenzen, was die Ressourcen an Personal und Geld betraf. Frankreich beispielsweise besaß während der Regentschaft Ludwigs XIV. gleichzeitig nur vier bis fünf allergrößte Dreidecker ab 100 Kanonen.[99]

4. Grundzüge seetaktischer Überlegungen für Flottenverbände

4.1 Das Mêlée

Bis Ende des 16. Jahrhunderts galt das Mêlée (frz. „Getümmel") als die vorherrschende Seekriegstaktik bei einer Fehde zweier Flotten.
Auf kurze Distanz gaben die Schiffe die jeweilige Formation des eigenen Verbandes zugunsten von Einzelgefechten auf und führte danach meist zur Enterung des Gegners. Das Mêlée erforderte außerdem keine große seemännische Disziplin, zumal kaum jemand darin geübt war.

Die Entwicklung der Stückpforte als verschließbare Bordwandöffnung erlaubte nun, auf den übereinander angeordneten Decks mehr und mehr Artillerie aufzustellen. Mit der Einführung dieser Armierung war es möglich, nicht erst durch eine direkte Enterung, sondern bereits in größerer Distanz auf gegnerische Schiffe einwirken zu können.

4.2 Die Fahrt in Kiellinie

Diese Art der Konfrontation mit gegenseitigem Beschuss trat mehr und mehr in den Vordergrund, während die Enterung der Schiffe an Bedeutung verlor. Es entstand die Formation in Kiellinie, d.h. alle Einheiten bewegten sich im Fahrwasser des vorausfahrenden Schiffes und versuchten, dessen Manövern zu folgen. Die Schiffe in einer Linie zu führen begründete auch deren Namen: Linienschiff.

26 Anleitung für Seemanöver. Paul Hoste, „L'Art des armées navales". 1. Auflage. Lyon 1697, S. 386.

Der Vorteil war offensichtlich. Kein Segler behinderte den anderen und ermöglichte ein gleichzeitiges Abfeuern von Breitseiten auf den Gegner. Die Bewegung einer Flotte in solch einer Formation erforderte aber gegenüber dem Mêlée eine gewisse Regelmäßigkeit bei nacheinander oder zeitgleich ausgeführten Manövern, dazu großes seemännisches Können und Disziplin, um beispielsweise Zusammenstöße der teils dicht beieinander kreuzenden Schiffe zu vermeiden.

Bei einer zu langen Formation in Kiellinie bestand darüber hinaus die Gefahr, dass trotz flankierender Fregatten (siehe Abb. Nr. 26) die Kommandos nicht alle Schiffe in Gänze wahrnahmen, was im schlimmsten Fall in Kollisionen endete. In dieser Kiellinie hatte jedes Schiff seinen festen Platz und konnte seinen Gegner nicht mehr frei wählen. Die permanente Gefechtsbereitschaft der Schiffe war dabei unabdingbar, um keine

Lücke zu eröffnen. Ein derartiger Verband war quasi als militärischer Organismus anzusehen und nur das reibungslose Zusammenspiel aller Schiffe sicherte das eigene Überleben.

In manchen Situationen setzten jedoch allzu oft eigensinnige Kapitäne, die eine vermeintlich leichte Beute witterten und danach ihre Position verließen, das Schicksal der gesamten Flotte aufs Spiel.

Es gibt unterschiedliche Theorien darüber, welche Nation die Formation in Kiellinie in ihrer Marine als erste einführte. Zumindest war die gewohnte und bis dahin gefürchtete Taktik der niederländischen Flotte, die es gut verstand, sich gegnerischen Schiffen zu nähern, einige Kanonenschüsse abzugeben und danach das betreffende Schiff zu entern, nicht mehr zeitgemäß. Nicht selten führte dies in den Auseinandersetzungen mit den Engländern zu empfindlichen Niederlagen, bis Holland die veränderte Strategie ebenfalls übernahm.

Eine Flotte der damaligen Epoche bestand in der Regel aus drei Divisionen, der *„Avantgarde"*[100], dem *„Corps de Bataille"*[101] und der *„Arrieregarde"*[102]. Jede der Divisionen kommandierte ein hoher Seeoffizier unter seiner eigenen Flagge, wobei das mittig platzierte *„Corps de Bataille"* der ranghöchste Offizier und Kommandeur des gesamten Verbandes, also ein Admiral befehligte.[103]

Der Abstand der Schiffe untereinander betrug in Kiellinie gewöhnlich eine Ankerkabellänge von 150 Faden[104] (ca. 240 m). Diese Distanz gewährleistete, dass die Schiffe einerseits frei manövrieren konnten ohne aufzulaufen und andererseits den Abstand nicht allzu groß werden zu lassen, damit gegnerische Schiffe die eigene Linie nicht durchbrachen. Bei guten Witterungsbedingungen verkürzten die Kommandeure den Abstand auf rund 100 Faden (ca. 160 m).

Eine handlungsfähige Flotte sollte demnach immer in der zuvor beschriebenen Linienformation segeln. Durch Windstille, Nebel, Stürme oder sonstige widrige Witterungsbedingungen war dies aber auf längere Sicht kaum aufrecht zu erhalten.

4.3 Die Marschordnung

Um ebenfalls in solchen Situationen eine gewisse Grundordnung für alle Schiffe vorzugeben, bildeten sich fünf sogenannte Marschordnungen heraus, die zunächst Holland praktizierte. Andere Nationen kopierten diese Aufstellungen sehr schnell, da sie fast allen Anforderungen am ehesten entsprachen. Ohne große Mühe konnten die Schiffe aus einer Marschordnung heraus in eine Gefechtslinie übergehen und im Prinzip jedes erforderliche Einzelmanöver unbehindert durchführen.

Unter einer Marschordnung verstand man eine Segelordnung innerhalb einer Flotte, die einen bestimmten Kurs segelte oder eine vorgegebene Aufstellung einnahm. Paul Hoste[105] war ein französischer Jesuitenpriester und Marinetaktiker, der zusammen mit Robert Blake als der beste taktische Theoretiker seiner Zeit galt. 1697 veröffentlichte er das Buch *„L'art des armées navales"*, das erstmals eine umfangreiche Ausarbeitung mit detaillierten Zeichnungen zu diesem Thema darstellte und diese fünf grundsätzlichen Marschordnungen beschrieb. Jede gliederte sich nach diesem Regelwerk für die einzelnen Schiffsmanöver in weitere Anordnungs- und Aufstellungsvarianten auf.

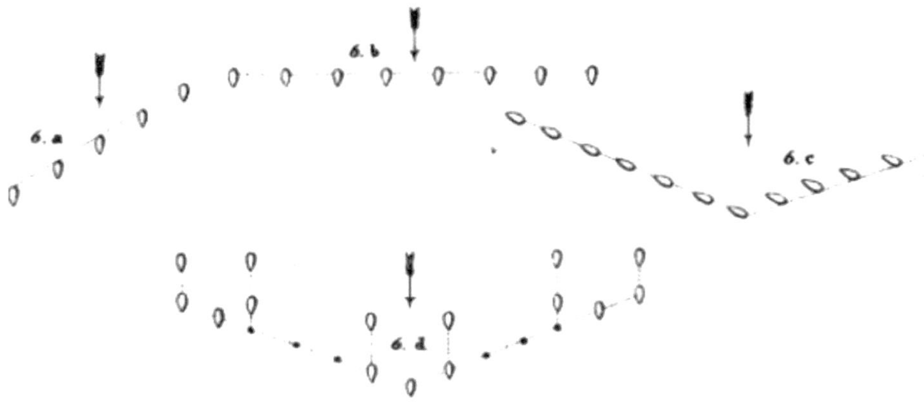

27 Skizze von Eduard Karl Edmanuel Jachmann: „Allgemeine Grundzüge einer Flotten-Tactik: nach der holländischen Tactik des Ritter von Kingsbergen", Berlin 1850. Figur 6.a bis 6.d der ersten bis vierten Marschordnung.

In der ersten Marschordnung (Abb. 27, Figur 6.a) segelten die in einer schrägen Linie angeordneten Schiffe einen parallelen, vom ersten Schiff vorgegebenen Kurs, während die anderen Einheiten in einem untereinander festgelegten Abstand folgten. Eine Flotte war in dieser Aufstellung stark aufgefächert, was die Beibehaltung der Kiellinie, aber auch die Kommunikation zwischen *„Avant-"* und *„Arrieregarde"* erschwerte.

In der zweiten Marschordnung (Abb. 27, Figur 6.b) segelten die Schiffe nebeneinander auf gleicher Höhe, mit den Nachteilen wie in der ersten Ordnung beschrieben.

In der dritten Marschordnung (Abb. 27, Figur 6.c) segelten die Schiffe in einer V-Formation, deren Innenwinkel 135 Grad betrug. Das Flaggschiff bildete dabei die Spitze des Verbandes und wurde gegenüber den ersten beiden Varianten vorgezogen, da die Schiffe insgesamt dadurch dichter aufschließen und schnell nach dem Reißverschlussprinzip eine zusammenhängende Kiellinienformation einnehmen konnten.

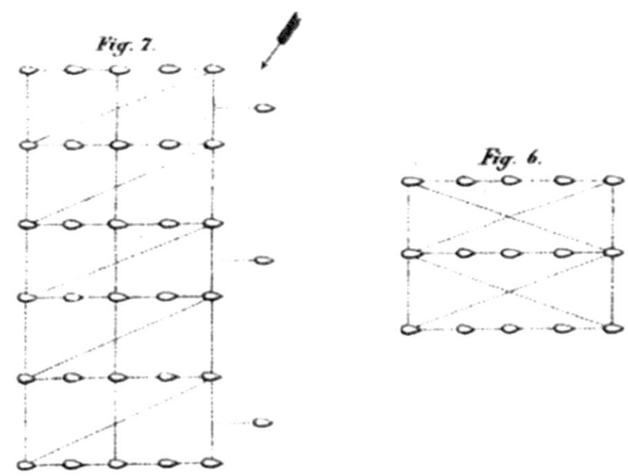

28 nach Eduard Karl Edmanuel Jachmann: Allgemeine Grundzüge einer Flotten-Tactik: nach der holländischen Tactik des Ritter von Kingsbergen, Berlin 1850. Figur 6 und 7 zur fünften Marschordnung.

In der vierten Marschordnung (Abb. 27, Figur 6.d) war die Flotte in drei Divisionen mit jeweils zwei Kolonnen unterteilt, die insgesamt wieder eine V-Stellung bildeten und das Flaggschiff die Spitze der Formation anführte. Die Kolonnen segelten dicht beieinander, um schnell einen Wechsel in die dritte Marschordnung zu ermöglichen. Der Nachteil dieser Anordnung lag in dem Zeitaufwand der erforderlich war, um diese Stellung einnehmen zu können.

In einer Flotte der fünften Marschordnung (Abb. 28, Figur 6 u. 7) segelten je drei Kolonnen parallel in eigener Kiellinie, wobei das Führungsschiff jeder Kolonne mit dem hintersten Schiff des daneben fahrenden Verbandes (Luv-Kolonne) einen Winkel von 22 Grad bildete und so den Schiffsabstand untereinander in beiden Achsen gewährleistete.
Ein Vorteil dieser Marschordnung bestand darin, dass jede einzelne Division der Flotte bereits immer in Gefechtslinie formiert blieb. War die Flotte sehr groß, so ließ die Admiralität jede Division in zwei Kolonnen segeln, also sechs Kolonnen nebeneinander während das Führungsschiff zwischen seinen beiden Kolonnen etwas voraus segelte.

Durch diese Regelungen konnte eine Flotte entweder komplett in Kiellinie segeln oder in verschiedenen Marschordnungen formiert werden, die darüber hinaus die Grundlage für rund zwei Dutzend Manöverarten darstellte:[106]

1. Schiffe in Linie rangieren.
2. Eine Flotte in Linie durch den *Contre-marche* wenden (alle Schiffe führen am gleichen Punkt ein und dasselbe Manöver durch, z.B. 180 Grad Kehre).
3. Eine Flotte in Linie durch den *Contre-marche* halsen (eine Art Wendung).
4. Eine Flotte in Linie zugleich wenden und halsen (Wendung zum gleichen Zeitpunkt).
5. Die Flotte wieder in Linie bringen (gleiche Höhe, gleiche Abstände).
6. Eine Flotte rottweise segeln (Wiederherstellung der Schlachtlinie).
7. Rottweise auf einer Windlinie segeln.
8. Eine Kiellinie wieder herstellen, wenn der Wind raumt (Drehen des Windes in die für den Kurs des Schiffes günstige Richtung ohne Kursänderung).
9. Eine Kiellinie herstellen, wenn der Wind schralt (Drehen des Windes in die für den Kurs des Schiffes ungünstige Richtung ohne Kursänderung).
10. Die Flotte in Kiellinie segelnd, das *Corps de Bataille* zur *Arrieregarde* machen.
11. Die Flotte in Kiellinie segelnd, das *Corps de Bataille* zur *Avantgarde* machen.
12. Die Flotte in Marschordnung von drei Kolonnen bringen.
13. Die Flotte in der fünften Marschordnung durch den *Contre-marche* wenden.
14. Die Flotte durch den *Contre-marche* halsen.
15. Die Flotte in drei Kolonnen zugleich wenden.
16. Die Flotte in der fünften Marschordnung zugleich halsen.
17. Die Marschordnung wieder herstellen, wenn der Wind geraumt ist.
18. Die Marschordnung wieder herstellen, wenn der Wind geschralt ist.
19. Aus der Marschordnung in die Schlachtlinie übergehen.
20. Die ungeordnete Flotte in Ordnung bringen.
21. Die Flotte aus der Kiellinie in eine andere Ordnung bringen.
22. Die Flotte aus einer anderen Ordnung in Kiellinie bringen.
23. Eine Flotte zu Anker bringen.

Ferner gab es eine Fülle weiterer Einzelmanöver, wie beispielsweise einen Konvoi zu begleiten, eine feindliche Flotte zu durchbrechen oder das Durchbrechen zu verhindern.

4.4 Die seetaktischen Anforderungen an das neue Schiffbauprogramm

Auch wenn das Buch von Paul Hoste erst 1697 erschien, waren diese seetaktischen Ansätze zum Beginn des Schiffbauprogramms 1661 bereits einschlägig bekannt. Es brauchte schwer armierte Schiffe, mit sehr starken Bordwänden und großkalibrigen Kanonen, um bei einem Gegner Wirkung zu erzielen, darüber hinaus Mannschaften, die Schiff und Artillerie sicher beherrschten. Die Aufgabenstellung an das erste Schiffbauprogramm Ludwigs XIV. war damit klar definiert.

4.5 Die Anforderungen an die Schiffe

Zunächst einmal mussten die Schiffe überhaupt in der Lage sein, eine Linie bilden und diese einhalten zu können, was bereits enorme seemännische Fertigkeiten erforderte. Hinzu kamen die zuvor erwähnten seetaktischen Manöver wie das gleichzeitige Wenden, entweder dem ersten – oder noch schwieriger – dem letzten Schiff folgend. Selbst bei widrigen Witterungsbedingungen war die Flotte bestrebt, die Kiellinie einzuhalten. Dies erforderte eine Rücksichtnahme des gesamten Verbandes auf das langsamste Schiff, sonst wäre unweigerlich eine Lücke in der Formation entstanden.

Wichtig war daneben ein gleichmäßiges Abfeuern der Geschütze entlang der Linie, was ausreichend Feuerkraft und Homogenität voraussetzte. Diesen Kriterien galt es zu folgen und sie auf den Schiffen umzusetzen.

In seinem Buch „*Recueil de vaisseau de guerre*" beschrieb Nicolas Ozanne, dass Dreimaster mit 50 Geschützen und einer Länge von 130 bis 136 Fuß als die kleinstmöglichen Einheiten als Linienschiffe innerhalb einer solchen Marine anzusehen waren. Schiffe mit 12- oder 8-Pfündern kamen danach eher als Eskorte von Handelsflotten oder für Sonderkommissionen in Frage.

Blaise Joseph Ollivier schrieb 1736 in seinem Buch „*Traité de construction*"[107]

„...dass die größten Einheiten bis 110 Kanonen tragen sollten, verteilt auf insgesamt 5 Batterien mit drei Decks, dazu Back, Schanz und Hütten. Die Kleinsten danach 50 Kanonen, verteilt auf 3 Batterien, zwei Decks, Back und Schanz, mit zweiundzwanzig 18-Pfündern auf der ersten Batterie. Diese Kaliber wären noch in der Lage, die Wandung der stärksten Schiffe zu durchbrechen. Die 12-Pfünder hingegen sollten mehr gegen landgestützte Ziele gerichtet werden, während die 8- 6- und 4-Pfünder eher gegen feindliche Truppen zu richten seien..."

Danach galt für die Kiellinienformation, dass sich nur Schiffe ab 50 Kanonen dafür eigneten, die mindestens 18-Pfünder in den beiden unteren Decks trugen. Schiffe mit 12-Pfündern auf der untersten Batterie galten danach bereits als Fregatten.

4.6 Kleine Flaggenkunde

Einige Seemächte besaßen Flaggen, die der Admiral einer Flotte nicht ohne besondere Erlaubnis hissen durfte. Meist handelte es sich dabei um die königlichen Flaggen. Die königlich-spanische Flagge beispielsweise durfte ein Kapitän bei Lebensstrafe niemals streichen.[108] Wenn eine Seemacht den Schiffen einer anderen Nation erlaubte, unter ihrer Flagge zu segeln, so galt dies als Anteil am Ansehen des Landes und als Zeichen der Verbundenheit beider Nationen.

Einerseits war das Streichen der königlichen Flagge verboten, anderseits galt dies wiederum auf See als Ehrenbezeugung. Dies führte ein ums andere Mal zu gefährlichen Irrungen, selbst bei den Schiffen befreundeter Länder. König Johann von England gab beispielsweise den Befehl an seine Admirale aus, alle Schiffe zum Streichen ihrer Flagge aufzufordern.[109]
Zwischen den Holländern und Engländern kam es unter Jacob I. darüber zu großen Streitigkeiten. Der englische Großadmiral ließ auf das Schiff Philipps II., König vom Spanien, feuern, als dieser in englischen Gewässern mit seiner Flagge erschien und 1554 zu seiner Heirat mit der Königin Maria von Schottland anreiste.[110]

Die Holländer hatten den Engländern im Friedensvertrag von 1674 das Streichen zugestanden.[111] Das Flaggen streichen galt als Ehrenbezeugung, aber wenn sich ein Schiff ergeben wollte, musste es seine Flagge *abfallen* lassen. Die Admirale der Seemächte und Kauffahrer verfügten neben der königlichen auch über eigene Flaggen. Zum Beispiel war die französische königliche Flagge weiß, dekoriert mit goldenen Lilien, die in der Mitte das königliche Wappen mit Ordenskette, Krone und Schildhaltern trug. Die Admiralsflagge hingegen war ganz weiß und die Kauffahrer führten blau mit einem weißen Kreuz und Wappen in der Mitte.

5. Auseinandersetzungen auf See

Die jeweiligen Verbände brachten also ihre Schiffe meist in parallelen Linien an den Gegner heran und gaben danach dauerhaft Breitseiten aufeinander ab.
Das Ergebnis war verheerend und wesentlich schlimmer als landseitige Gefechte. Die Bordwände der Schiffe besaßen teils eine Stärke von einem halben Meter. Die Schiffe konnten daher – wenn nicht gerade die Pulverkammer getroffen wurde – mit wenigen Kanonenschüssen kaum ernsthaft in Gefahr gebracht werden.
Es folgte meist ein stunden-, manchmal tagelanges gegenseitiges Befeuern aus mittlerer Entfernung, wobei sich die Schiffe im Laufe der Zeit durch den Dauerbeschuss regelrecht zerlegten. Schlug eine Kanonenkugel auf dem gegnerischen Schiff ein, riss sie teils mannsgroße Holzteile aus der Wandung, die ihrerseits fürchterliche Verletzungen unter den Besatzungen anrichteten.

Große Linienschiffe des ersten Ranges feuerten mit einer einzigen Breitseite rund eine halbe Tonne Eisen auf den Gegner ab.

Diese Art der Seekriegsführung wurde oftmals dadurch bestimmt, in welcher Windstellung das Schiff segelte. Nahm ein Schiff die sogenannte Luvstellung ein, also wehte der Wind in Richtung des Kontrahenten, war man im Vorteil. Beabsichtigte dieser eine Kursänderung in Richtung des Gegners, musste er zwangsläufig in den Wind drehen, wurde dabei langsamer und verwundbarer. Hinzu kam, dass in der Luvstellung die Pulverschwaden der Batterien auf das Meer trieben, während Schiffen in Leestellung der Qualm in die eigenen Decks blies.

Auch der Einsatz von Brandern, mit Öl und altem Holz beladene kleinere Schiffe, war in der Luvstellung gut möglich, jedoch kaum in der Leestellung.

Diese Aktionen auf See prägten also taktische Überlegungen, möglichst die Luvstellung gegenüber den gegnerischen Schiffen einzunehmen, was großes seemännisches Können infolge der Aneinanderreihung dutzender, sich in Linie befindlicher Schiffe erforderte.

Die Luvstellung besaß aber ihre Tücken, denn das Schiff neigte sich je nach Windangriff seitlich in Richtung des Gegners, sodass die untersten Geschützbatterien bei größerem Seegang nicht feuern konnten.
Mehr noch, es bestand das Risiko, das durch die geöffneten Geschützpforten der untersten Batterien Wasser eindrang und das Schiff zum Kentern brachte, wie bei der schwedischen Vasa geschehen.
Ein weiterer Nachteil bestand darin, dass beschädigte Schiffe nur mühsam einen Rückzug bewerkstelligen konnten, denn dafür musste der Segler zwangsläufig in den Wind drehen und es bestand die Gefahr, dass die gesamte taktische Linie dadurch in Unordnung geriet.
Bei den in Leestellung befindlichen Schiffen war es das genaue Gegenteil. Diese konnten schneller den Rückzug antreten, denn sie segelten – wenn aus der Kiellinie ausscherend – mit dem Wind.

Jede Partei versuchte also meist die Luvstellung einzunehmen, denn sie ermöglichte außerdem, den Zeitpunkt oder die Distanz des Gefechtes zu bestimmen. Die aus großer Entfernung wie Ballett in Zeitlupe wirkenden Manöver forderten bei näherer Betrachtung jedoch unter den Besatzungen einen enormen Blutzoll. Tausende verloren in einem einzigen Gefecht ihr Leben und ganze Küstenregionen wurden so entvölkert, da ihre Bewohner auf See ihr Leben ließen.

Aufteilung der Mannschaft eines großen Linienschiffs ersten Ranges mit 900 Mann Besatzung:[112]

Erste Batterie:	240	Zweite Batterie:	150
Dritte Batterie:	120	Back und Schanz:	28
Manöverstationen:	148	Munitionstransport:	50
Beiboote:	36	Kalfaterer[113]:	7
Zimmerleute:	6	Schützenfeuer:	109
Feldschere[114]:	6		

Aufteilung der Mannschaften pro Geschütz in Abhängigkeit der Kalibergrößen:[115]

15/14 Geschütze der ersten Batterie, je Geschütz:	16
15/14 Geschütze der zweiten Batterie:	10
15/14 Geschütze der dritten Batterie:	7
7/7 Geschütze auf Back und Schanz:	4

Eine Flotte von 65 Schiffen vom ersten bis dritten Rang trug um 1671 rund 27.000 Seeleute, mit über 4.000 Geschützen aller Kaliber, gewöhnlich 18-Pfünder in der untersten Batterie für Schiffe des zweiten und dritten Ranges und 24-oder gar 36-Pfünder – wenn denn vorhanden – für Linienschiffe ersten Ranges. Die größten Kanonen wogen dabei fast 3 Tonnen und die Bedienungsmannschaft mittels Hebeln und Flaschenzügen rangierte,[116] der sogenannten Kanonentakelung.

6. Die Gliederung einer Flotte

Paul Hoste beschrieb die effektive Gliederung einer Flotte wie folgt:

„…Wenn eine Flotte aus 60 Linienschiffen besteht, so hat man diese in drei Geschwader einzuteilen, jedes davon hat seine drei Divisionen und seine drei Generaloffiziere, den Admiral, Vizeadmiral und Konteradmiral. Jedes Geschwader hat seine Farbe und jede Division an ihrem Mast zum Beispiel die Farbe Weiß, geeignet für das erste Geschwader […].“[117]

Beispielweise trug Frankreichs erstes Geschwader die Farbe Weiß und die beiden anderen Geschwader jeweils die Farbe Blau.

7. Die Rangeinteilung der Schiffe

Während der Regentschaft Ludwigs XIV. entwickelten die Schiffbauer immer größere Einheiten was dazu führte, dass die älteren Schiffe neben den notwendigen Überholungen einige Umbauten benötigten, wollten sie den Status ihres Ranges nicht verlieren.

Dies war jedoch nur bei wenigen Einheiten möglich, da nach einem Vierteljahrhundert ein Schiff im Grunde genommen bereits veraltet war und für eine permanente Modernisierung aller Bestände schlichtweg die Mittel fehlten. Oftmals demontierten die Werften auch die ausrangierten Segler und nutzten deren Hölzer wieder für den Bau neuer Schiffe. Manche Einheit des ersten Ranges stufte die Admiralität so aufgrund gestiegener Anforderungen nach 15, 20 Jahren in den zweiten Rang ab, als die erforderliche Anzahl der Kanonen im Laufe der Zeit bei den Einheiten des ersten Ranges kontinuierlich stieg.

Galt 1671 ein Schiff mit 70 Kanonen noch dem ersten Rang zugehörig, so musste einige Jahre später ein solches Linienschiff bereits über 90 Kanonen verfügen. Die ST-PHILIPPE von 1663 beispielsweise, als ehemaliges Flaggschiff von Ponant bis 1667, wurde ab 1672 in den zweiten Rang abgestuft. Die CONQUÉRANT mit 1.400 Tonnen und 80 Kanonen aus Toulon, die in den Schiffslisten 1696 noch als Linienschiff ersten Ranges vermerkt ist, erfuhr 1707 ebenfalls eine Abstufung in den zweiten Rang. Colbert gab in einem Schreiben Ende 1669 an den damaligen Generalintendanten d'Infreville in Toulon die Rangeinteilung vor.

Der erste Rang sollte danach nur fünf der allergrößten Schiffe ab 100 Kanonen beinhalten.[118] Schiffe um die 1.500 Tonnen entsprachen dem zweiten Rang, Einheiten bis 1.200 Tonnen dem dritten, Schiffe bis 800 Tonnen dem vierten und alle anderen Einheiten unterhalb von 600 Tonnen dem fünften Rang.

Diese Einteilung findet sich zwei Jahre später in der königlichen Verordnung von 1671 wieder und korrespondiert mit der Einteilung englischer Schiffe dieser Epoche. Nach dieser Klassifikation wäre die Flotte wie folgt zu gliedern.

1. Rang	12 Schiffe (davon 5 ab 100 Kanonen)
2. Rang	30 Schiffe
3. Rang	30 Schiffe
4. Rang	24 Schiffe
5. Rang	24 Schiffe
	120 Schiffe

Jedoch war diese Zuordnung eher theoretischer Natur, die keine konsequente Umsetzung fand. 1682 sah die Personalplanung der Krone folgende, bis 1692 auch so angewandte Regelung vor:

1. Rang	12 Schiffe
2. Rang	26 Schiffe
3. Rang	40 Schiffe
4. Rang	26 Schiffe
5. Rang	16 Schiffe
	120 Schiffe

Für die Gefechtslinie kamen aber nur Schiffe in Frage, die zumindest auf den unteren Batterien 18-Pfünder platzierten. Dies relativierte die Anzahl der einsetzbaren Schiffe enorm.

In konsequenter Anwendung eines solchen Kriteriums reduzierte dies die Anzahl, von zwei, drei Ausnahmen abgesehen, auf lediglich 81 Schiffe und umfasste nur noch Einheiten des ersten bis dritten Ranges.
Stellt man sich die Gesamtheit dieser verfügbaren Dreimaster als eine einzige Flotte gemäß zuvor erwähnter Einteilung vor, dann entstanden daraus drei Geschwader von jeweils 27 Einheiten, die in drei Kolonnen mit je neun Schiffen bzw. zwei Kolonnen um die 13 Einheiten segelten.

In den siebziger und achtziger Jahren mag diese Einteilung funktioniert haben, Anfang der neunziger erfolgte hingegen bei einer Vielzahl von Schiffen eine tatsächlich höhere Eingruppierung als es die Vorgabe erlaubte. In der Regel ergab sich vornehmlich zwischen dem zweiten bis vierten Rang eine Verschiebung um zehn Schiffe zu Lasten nachfolgender Ränge. Bei den Rangeinteilungen gab es daneben Grenzfälle, meist mit einer Entscheidung zugunsten einer besseren Eingruppierung.

Die Einteilung eines Schiffes in einen bestimmten Rang war zugleich mit ihrer Besatzungsgröße gekoppelt.[119] Das bedeutet, dass deutlich mehr Personal zum Einsatz kam, als dem Schiff nach tatsächlicher Klassifizierung eigentlich zustand. Auch aus diesem Grund war das Offizierskorps stark daran interessiert, wenn möglich eine höhere Einstufung eines Schiffes zu erreichen, versprach nicht zuletzt eine höhere Zuordnung mehr Prestige und Sold.[120]
Gemäß den Vorgaben des 1661 aufgelegten Schiffbauprogramms sollten innerhalb von zehn Jahren 120 neue Einheiten in Dienst gestellt werden. Bei Anwendung der ursprünglichen Kriterien für diese Einstufung hätten die Werften die Anzahl der Schiffe erreicht, allerdings mit einem Drittel nicht für die Kiellinie geeigneter Schiffe und damit im Grunde das Planziel verfehlt.
Dies könnte ebenfalls ein Grund für diese Umgruppierung gewesen sein. Mit dieser verschobenen Einteilung stieg die für eine Formationslinie verfügbare Anzahl auf über hundert Einheiten, zumal sich Anfang der siebziger Jahre weitere militärische Konfrontationen abzeichneten[121] und die Hürde für eine strengere Auswahl dadurch sank.

8. Spezialschiffe

Brander waren kleinere Schiffe zwischen 100 bis 300 Tonnen, besaßen ca. 70 Besatzungsmitglieder und, wenn vorhanden, 5 bis 10 Kanonen. Diese Einheiten beluden ihre Mannschaften mit leicht entzündlichen Stoffen wie Öl, Schwefel sowie mit Teer und Pech bestrichenem Holz.

Brander segelten an den Gegner heran, vertäuten beide Schiffe mittels Enterhaken und entzündeten das eigene Schiff, bevor die Besatzung in die Beiboote stieg. Der Brand schlug dann auf das gegnerische Schiff über und vernichtete es. Eine weitere Möglichkeit bestand bei günstigen Winden darin, Kurs auf den Gegner zu nehmen, das eigene Schiff in Brand zu setzen und es unmittelbar vor dem Zusammenstoß zu verlassen. Oftmals verfügten Brander über alte Geschütze, um vor ihrem eigentlichen Einsatz noch in das Gefecht eingreifen zu können.

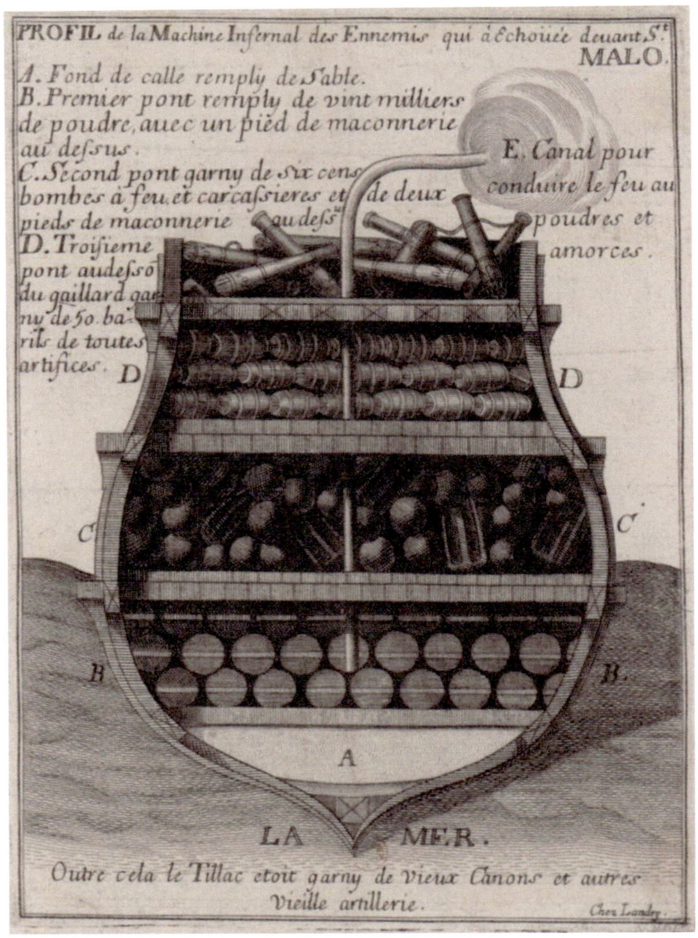

29 Querschnitt eines Branders. Ohne Signatur, um 1692.

Brander gewannen ab der zweiten Hälfte des 17. Jahrhunderts erheblich an Bedeutung und hatten einen großen Anteil an den Auseinandersetzungen auf See.
Bei ihrer Annäherung setzten die gegnerischen Einheiten oftmals auf den Strand auf, andere Besatzungen verließen in Panik einfach ihre Schiffe und sprangen über Bord.

Brander besaßen einen nicht zu unterschätzenden Einfluss auf die weitere Entwicklung der Seekriegstaktik und bildeten innerhalb der Seebestände meist eine eigene Schiffsklasse.
Mitte der fünfziger Jahre verfügten Holland wie England über einen kleineren Bestand dieser Spezialschiffe. Zehn Jahre später stieg dieser sprunghaft auf über 20 Brander an. Neben den normalen Einheiten der Flotten kam also ein gutes Viertel solcher Schiffe hinzu. Daran ist auch ihre zunehmende Bedeutung erkennen.

In der ersten Hälfte des 18. Jahrhunderts nahmen die Einsätze dieser Schiffe wieder ab, selbst wenn sie aus traditionellen Gründen weiter zum festen Bestandteil einer Flotte gehörten. 1671 besaß Frankreich vierzehn, 1689 zehn, 1696 zweiundzwanzig und 1715 nur noch drei Brander.

KAPITEL 7 Die erste Marine Ludwigs XIV. 1661 bis 1671

1. Ein kurzer Abriss über die Bestände der Nachbarstaaten

England

Im Gegensatz zu den Staaten des europäischen Kontinents begann England bereits im Verlauf des 16. Jahrhunderts eine stehende Flotte aufzubauen und zu unterhalten. Trotz großer finanzieller Schwierigkeiten erfolgte im 17. Jahrhundert eine stete Erweiterung der Seebestände. Als 1642 der Bürgerkrieg in England ausbrach, verfügten die Briten bereits über 37 Schiffe.

Auch nach der Hinrichtung von Charles I. im Jahr 1649 und dem damit verbundenen politischen Neuanfang erfuhr die Marine unter Cromwell einen kontinuierlichen Ausbau. Mitte des 17. Jahrhunderts legten die Briten eine große Anzahl weiterer Schiffe auf Kiel, die man dringend für die Auseinandersetzung mit den Niederländern benötigte. In mehreren Seegefechten setzten die Engländer dabei eine Reihe neuer seetaktischer Varianten ein und schulten anschließend die Offiziere und Mannschaften mittels Militärberichten, die das Vorgehen in einer definierten seetaktischen Formation beschrieben.

Die Niederlande

Mit Beginn des ersten Schiffbauprogramms Ludwigs XIV. verfügten die Niederlande über die größte Handelsflotte und stärksten Seestreitkräfte aller europäischen Nationen. Die Bestände allein der Niederländischen Ostindien- und Westindien-Kompanie umfassten 1670 über 10.000 Handelsschiffe und entsprachen zwei Drittel aller weltweit vorhandenen Segler. Um die eigenen Küsten und diverse Handelskonvois zu schützen, besaß dieses vergleichsweise kleine Land über mehr als 100 Kriegsschiffe.

In ständigen Bündniswechseln verwickelte sich die niederländische Marine über Jahrzehnte hinweg jedoch mit anderen Seemächten in Militäraktionen, die ihre maritime Vorherrschaft schließlich beendeten. Anfangs mit England gegen Spanien und Portugal; anschließend mit Frankreich, Portugal und England gegen Spanien, danach mit Frankreich gegen Portugal und England verbündeten sich die Niederlande wieder mit England und Schweden gegen Frankreich. Anschließend mit Spanien gegen Frankreich und England und zuletzt mit Spanien und England gegen Frankreich und Schweden. In drei Englisch-Niederländischen Seekriegen erlebte diese Nation große Siege, allerdings ebenso bittere Niederlagen.

Spanien

In der zweiten Hälfte des Jahrhunderts trat Spanien in den Seekriegen lediglich als Bündnispartner auf und sorgte bei seiner Marine nur noch für das Nötigste, vornehmlich um den Transport der unverzichtbaren Edelmetalle aus der neuen Welt abzusichern. Die spanische Flotte konnte mit den im Wettbewerb befindlichen Verbänden der anderen Seemächte dagegen nicht mithalten, die teils enorme Summen in ihre Seebestände investierten.

Portugal

Die Machtposition Portugals war nach anfänglicher Blüte nach und nach wieder gesunken und das Land suchte in Bündnissen mit England die Möglichkeit zur eigenen Stabilisierung. Die portugiesische Flotte war aber durch den stetig fortschreitenden Verlust von Kolonien und Besitzungen nicht mehr ausreichend zu finanzieren, wurde verkleinert und immer mehr vernachlässigt.

Schweden und Dänemark beschränkten sich mit ihren gut organisierten Flotten auf den unmittelbaren Einflussbereich in der Ostsee.

Russland gründete erst im darauffolgenden Jahrhundert unter Peter dem Großen seine erste Marine.

Im Mittelmeer gab es abgesehen von ständigen Scharmützeln zwischen den drei Seemächten und einigen italienischen Städten um die dortige Vormachtstellung, nur die Fehde zwischen Venedig und den Türken, besonders um Kreta, die 1669 mit der Niederlage von Venedig endete.

30 „Battle of Copenhagen." Nicholas Pococ, um 1801. National Maritime Museum, London.

2. Frankreich als maritimer Nachzügler

Zur Zeit der Englisch-Niederländischen Konflikte betrat auch Frankreich die Bühne der Seemächte. Nachdem Spanien auf dem Festland als größte Landmacht abgelöst war, galt es nun ebenso als Weltmacht aufzutreten. Dazu war eine Marine unentbehrlich.
Unter Richelieu und später Colbert erfolgte ihr Aufbau, um primär den Seehandel abzusichern und die Kolonien bzw. Besitzungen in Übersee zu schützen. Frankreich agierte dabei allerdings nicht so konsequent wie die Niederlande oder England. Die französische Außenpolitik war vornehmlich auf eine kontinentale Ausbreitung nach Osten hin ausgerichtet, da die deutschen Gebiete und Italien über keine zentralen Regierungen verfügten und eine Machterweiterung in diesen Regionen aussichtsreich erschien.

Ludwig XIV. sah in der Flotte zunächst nur ein Instrument, um machtpolitische Interessen auf dem Kontinent durchzusetzen, Landkriege zu unterstützen oder repräsentative Aufgaben wahrzunehmen. Im Gegensatz zu Holland oder England, die größere, nur zur See erreichbare Ziele in ihrer Politik fest verankert hatten und ihre Kolonien die Grundlage für den Wohlstand beider Länder bildeten, vernachlässigte Frankreich seine diesbezüglichen Interessen. Die Macht auf See setzte die Administration nur temporär zur Durchsetzung bestimmter Ziele ein, nicht aber als dauerhaften Bestandteil für eine funktionierende Kolonialpolitik, ähnlich wie in früheren Zeiten. Diese Denkweise behinderte die Entwicklung Frankreichs auf See und die Marine erreichte daher Mitte des 17. Jahrhunderts auch nicht das Format der niederländischen oder englischen Verbände.

3. Die Überreste der französischen Marine 1661

Während des Dreißigjährigen Krieges, der weite Teile Europas und insbesondere Deutschland verwüstete, fanden kaum maritime Operationen statt.[122] Um der französischen Flotte die notwendige Stärke zu verleihen, sah sich Richelieu mangels eigener Kapazitäten dazu gezwungen, im Laufe der Jahre 1637 und 1638 von Holland und Dänemark acht Schiffe vom Ausmaß der *Grand Louis* bauen zu lassen und einige davon samt kompletter Besatzung zu übernehmen.

Mit dem Tod Richelieus im Dezember 1642 und des Königs kurze Zeit später bestieg Ludwig XIV. im Alter von fünf Jahren als dessen Nachfolger den Thron. Bis zu seinem Tod 1661 leitete Kardinal Mazarin die Amtsgeschäfte für seinen Patensohn fast 20 Jahre lang weiter. Danach galt Ludwig XIV. als Alleinherrscher in Frankreich.

Zu diesem Zeitpunkt befand sich die Marine in einem bedauernswerten Zustand, da Mazarin aufgrund innenpolitischer Probleme die Flotte weitgehend vernachlässigte und seit dem Tod Richelieus ohnehin die finanziellen Mittel fehlten. Frankreich verfügte gerade noch über eine Handvoll einsatzfähiger Einheiten, die 30 bis 70 Kanonen trugen. Hinzu kam die Versandung der Häfen, die systematische Plünderung der Waffenarsenale, leere Magazine und vor Anker liegende Schiffe, denen Holzfäule und Wurmbefall arg zusetzten. Eine Versorgung dieser Restbestände geschah nur noch unter großen Mühen.
Abgesehen von der Provence gab es in den Stützpunkten weder Rohstoffe noch Personal, die Wälder waren unbeaufsichtigt und ohne jegliche Bewirtschaftung.

Im Vergleich dazu segelten unter Englands Flagge während dieser Zeit rund 150 Einheiten aller Größen.

4. Der Neubeginn – Gründung der ersten Marine Ludwigs XIV. von 1661 bis 1671

Die zunehmende Kolonialisierung der Überseegebiete durch England und Holland führte zu einer massiven Aufrüstung der Flotten beider Länder und setzte Frankreich unter Druck. Zwar lagen diese beiden Seemächte meist im Krieg miteinander[123], nicht zuletzt wegen des Reichtums in den überseeischen Besitzungen, aber für Ludwig XIV. waren die absehbare Machtübernahme durch die Orangisten[124] und die damit verbundene Allianz zwischen England und Holland nur noch eine Frage der Zeit.

Die Möglichkeit eines Bündnisses zwischen diesen beiden Nationen stellte für Frankreich ein enormes Drohpotenzial dar. Darüber hinaus hatte die Krone von dem geschwächten Spanien sehr wohl mitbekommen, über welche Reichtümer die Kolonien verfügten und beobachtete aufmerksam, wie Portugal nach und nach seine Besitzungen an die Seemächte Englands und Hollands verlor.

Es galt also für Ludwig XIV. der maritimen Übermacht beider Länder etwas entgegenzusetzen, eigene überseeische Kolonien und Besitzungen zu festigen bzw. weiter auszubauen und ihre Handelstransporte nach Europa abzusichern. Dabei stand es mit den ökonomischen Verhältnissen zu dieser Zeit in Frankreich nicht zum Besten, was gleichermaßen ein Belebungsprogramm der einheimischen Wirtschaft erforderte.

Auf Anraten seines wichtigsten Beraters Colbert beschloss Ludwig XIV., die Marine wieder aufbauen zu lassen. Sein Anspruch war nicht geringerer Natur als die Dominanz auf den Meeren zu erlangen und die Interessen sowie den eigenen Handel zu schützen bzw. zu verteidigen. England und die Niederlande verfügten jedoch bei den Seebeständen über einen erheblichen Vorsprung.

Mitte der sechziger Jahre zählte die englische Marine nicht weniger als 157 Einheiten aller Tonnagen, darunter 74 Schiffe von 30 bis 100 Kanonen. Die niederländische Flotte versammelte allein für die Viertageschlacht im Juni 1666 über 80 Schiffe.

Am Ende zahlreicher maritimer Auseinandersetzungen[125] zwischen England und Holland definierten die niederländischen Admirale Monk und de Ruyter die Grundsätze seetaktischer Manöver neu und die Gefechtsformation von Schiffen in Kiellinie begann sich Mitte des 17. Jahrhunderts zu etablieren.

Die Größe der ausländischen Verbände führte letztlich dazu, dass Ludwig XIV. ein Flottenprogramm von nie dagewesenem Ausmaß auflegen ließ und so innerhalb von nur zehn Jahren das Niveau der englischen und niederländischen Marine erreichte. Der Aufbau einer Flotte mit 120 Einheiten war einerseits eine enorme schiffbautechnische Herausforderung, andererseits setzte dies aber auch die Bewilligung erheblicher Mittel voraus.

Das Budget betrug 1662 knapp 3 Mio. Livres, ein Jahr danach bereits über 4 Mio. und zwei Jahre später über 10 Mio. 1673 erreichte das Budget mit 13 Mio. Livres seinen Höchststand und entsprach damit ca. 15 % des gesamten Haushaltsetats Frankreichs. In den Folgejahren verblieb das Budget auf ca. 10 Mio. Livres.[126]

Die Anweisung Ludwigs XIV. zur Bereitstellung solch enormer Summen bildete die Basis für dieses sehr ambitionierte Schiffbauprogramm, wofür Jean-Baptiste Colbert die Verantwortung trug.

5. Gegenspieler und Mitstreiter

31 Gemälde von Nicolas Fouquet. Jean-Édouard Lacretelle, um 1888. Château de Versailles, Versailles.

Nicolas Fouquet, Vicomte de Melun, Vicomte de Vaux und Marquis de Belle Isle *(1615-1680) war eine der bedeutendsten und einflussreichsten Persönlichkeiten zu Beginn der Regentschaft Ludwigs XIV. und entstammte der parlamentarischen Bourgeoisie, der er seine anfängliche Karriere und den damit verbundenen sozialen Aufstieg verdankte.*

Im Alter von nur 38 Jahren zum Finanzminister Frankreichs ernannt, saß er mit an den Schalthebeln der Macht und gehörte ebenso wie Jean-Baptiste Colbert zu den Günstlingen des Premierministers Kardinal Mazarin. In den späteren Jahren kam es zum Zerwürfnis mit Mazarin und aufgrund familiärer Streitigkeiten verlor der Superintendant weiter an Unterstützung.

Nach dem Tod von Servien – nun als Minister allein für die gesamten Finanzen verantwortlich – galt er als natürlicher Nachfolger Mazarins für den Posten des Premierministers, war jedoch politisch stets umstritten.

Seine Karriere erfuhr 1661 ein jähes Ende, als nach dem Tod Mazarins Ludwig XIV. die Regierungsgeschäfte selbst übernahm und der König in dem Superintendanten Fouquet einen Konkurrenten um die Vormachtstellung in Frankreich sah.

Nicolas Fouquet betrieb eine rege Kulturpolitik, war Kunstsammler, unterhielt Manufakturen, förderte Schriftsteller durch abendliche Literaturkreise und galt in seiner Zeit als der kulturelle Mäzen schlechthin.

Mit dem Einweihungsfest in Vaux-le-Vicomte inszenierte er zu Ehren des Königs ein Fest von nie dagewesenem Aufwand und erreichte damit keine Festigung, sondern eine Destabilisierung seiner Position. Zwei Wochen danach wurde Nicolas Fouquet auf Veranlassung Ludwigs XIV. verhaftet und in einem mehrjährigen Schauprozess zu einer lebenslänglichen Haftstrafe verurteilt, die er bis zu seinem Tod 1680 in der Festung Pignerol verbüßte.

Nicolas Fouquet wurde 1615 als einer der beiden Söhne von Marie de Maupeous und François Fouquet IV. in Paris geboren. Im Gegensatz zu den Angaben seiner Familie entstammte sie jedoch nicht dem französischen Landadel. Der Nachname Fouquet bedeutet *„Eichhörnchen"* im lokalen Dialekt westlicher Regionen Frankreichs, in denen die Familie zunächst durch Handel zu bescheidenem Wohlstand gelangte.

Zu Beginn lebten die Fouquets im 15. Jahrhundert als Tuchhändler in Angers. Im Laufe der Jahre konnte die Familie, die stets um eine gute Ausbildung ihrer Zöglinge bemüht war, durch den Erwerb von Landbesitz und geschickter Einfädelung ehelicher Verbindungen eine gesellschaftliche Position aufbauen. Aus dieser Stellung heraus kaufte sich ein Fouquet als Ratsmitglied in das Parlament von Paris ein und trat danach in den Dienst der Krone. Später gehörte Fouquets Vater François dem Parlament, dem einflussreichen Staatsrat und ab 1628 dem Rat der Marine unter Richelieu an, ohne die parallel dazu geführten Handelsgeschäfte zu vernachlässigen.

François Fouquet häufte im Laufe der Jahre auf diese Weise ein beachtliches Vermögen an und vererbte nach seinem Tod 1640 diverse Sammlungen, unter anderem eine prächtige Bibliothek mit 15.000 Bänden.[127]

Das für Nicolas Fouquet wichtigste Vermächtnis seines Vaters bestand jedoch im vererbten Amt eines Superintendanten. Diese Stellung bot seiner Familie eine günstige Ausgangsposition, die mit allen ihr zur Verfügung stehenden Mitteln über Jahrzehnte hinweg konsequent an ihrem gesellschaftlichen Aufstieg wirkte.

Anfang der dreißiger Jahre arbeitete Nicolas Fouquet zum Beginn seiner Laufbahn zunächst als Schatzmeister in Tours, wo er einige Zeit später das Amt eines Verwandten nach dessen Tod übernahm. Nachdem Fouquet als Rechtsanwalt eine Zulassung erhielt, ging er für einige Jahre nach Lothringen. Mithilfe der Verbindungen seines Vaters, der gute Kontakte zu Richelieu pflegte, übertrug ihm die Administration bereits mit 21 Jahren das Amt eines *Maître des requêtes*, das man normalerweise erst im Alter von 27 Jahren erhalten konnte.
Durch seine Heirat mit Louise Fourché 1640 gelangte Nicolas zu Geld,[128] womit er das Anwesen Vaux-le-Vicomte erwarb, was ihm zugleich den Titel eines Vicomte einbrachte. Durch stetige Zukäufe vergrößerte die Familie den Besitz in den darauffolgenden Jahren und festigte auf diese Weise den Stand der Fouquets. Noch im gleichen Jahr seiner Hochzeit verstarb sein Vater. Nicolas nahm seine Position ein und gehörte damit zum engsten Beraterkreis von Richelieu, der zwei Jahre später verschied.

Die Mutter Ludwigs XIV., Anna von Österreich, ernannte ihn zum Intendanten der Justiz, Polizei und Finanzen von Grenoble. Dieser Umstand ist bedeutsam, denn die bis dahin königstreuen Fouquets stellten sich aufgrund der vor Ort angetroffenen Verelendung auf die Seite der Bevölkerung und somit erstmals gegen die Regierung. Durch Verhandlungsgeschick und Diplomatie gelang Fouquet jedoch eine Entschärfung der örtlichen Situation und rettete dadurch vorerst seine politische Karriere.

Er gewann die Gunst Mazarins, als er Ende der vierziger Jahre durch sein diplomatisches Verhalten die Einigung des Parlamentes hintertrieb. Durch die Fronde[129] verlor er danach zwar seinen Posten als Intendant, stieß aber bei der Krone auf umso mehr Anerkennung. Der inzwischen reiche Fouquet erwarb mit seinen familiären Verbindungen weitere Ämter und nahm zeitweilig eine Vermittlerrolle zwischen dem Parlament und der Krone ein, was ihm auf breiter Front höchste politische wie gesellschaftliche Kreise eröffnete.

Zum Zeitpunkt einer gemeinsamen Amtsübernahme des Finanzressorts mit Abel Servien[130] 1653 zeichnete sich der finanzielle Zusammenbruch Frankreichs ab. Dies führte zu Spannungen zwischen dem reformfreudigen Fouquet und dem eher konservativ denkenden Servien. Die Aufgabengebiete teilte Ludwig XIV. daraufhin, wobei Fouquet künftig die Einnahmen und Servien die Ausgaben des Staates verantwortete.

Für die leere Staatskasse beschaffte Nicolas Fouquet fortan frisches Geld aus dem Umfeld von Adligen und gut betuchten Freunden.
Während dieser Zeit entwickelte sich der immer vermögendere Fouquet dabei persönlich zu einem der größten Gläubiger des Staates und sorgte infolge einer extremen Zinspolitik dafür, dass Frankreich nach und nach in die Abhängigkeit von wenigen Gläubigern geriet und eine immer größere Schuldenlast anhäufte. Unter Fouquet wurden mit oder ohne dessen Kenntnis durch seine Sekretäre Misswirtschaft und Korruption betrieben, sowohl falsche Wertpapiere ausgestellt als auch Gelder veruntreut, was den Finanzminister bei Mazarin in arge Bedrängnis brachte.
Der Kardinal geriet selbst in private Geldnöte, was wiederum Colbert zu nutzen wusste, der sich zum engsten Vertrauten und wertvollen Helfer Mazarins entwickelte.

Fouquet verlor weiter an Unterstützung, als es 1658 zum offenen Bruch mit seinem Bruder Basile kam. Dieser schloss daraufhin ein Bündnis mit Nicolas Fouquets ehemaligen Untergebenen und brachte ihn bei Mazarin weiter in Misskredit. Gleichzeitig ließ Colbert als Gegenspieler Fouquets um die vermeintliche Nachfolge des gesundheitlich angeschlagenen Mazarins nichts unversucht, den in der Zwischenzeit allein für die Finanzen zuständigen Konkurrenten zu diskreditieren. Schließlich empfahl Mazarin dem jungen König, Colbert zum Intendanten der Finanzen zu ernennen und gleichsam das Machtstreben des Superintendanten Fouquet im Auge zu behalten.
Während einer Aussprache beteuerte Fouquet dem König gegenüber zwar seine Loyalität, musste allerdings auch einräumen, dass unter seiner Verantwortung bei den Finanzen nicht alles mit rechten Dingen zuging. Ludwig XIV. verzieh ihm augenscheinlich, denn Fouquet wurde mit der Neuorganisation des *„Conseil du commerce"*[131] beauftragt und führte zudem im Auftrag der Krone einige erfolgreiche Missionen durch.

Die Staatsfinanzen befanden sich jedoch weiterhin in einem bedauernswerten Zustand und vertrugen sich in keiner Weise mit dem offen zur Schau getragenen luxuriösen und extravaganten Lebensstil des Superintendanten, was das Misstrauen Ludwigs XIV. gegenüber Fouquet weiter erhöhte. Der Minister – aus dem Umfeld des Königs über die negative Entwicklung vorgewarnt – zeigte dafür aber wenig Interesse und glaubte fest an die Bindung der Krone zu seiner Person.
Ein zu Ehren Ludwigs XIV. ausgerichtetes Fest in Vaux brachte in den Augen des Königs dann das Fass zum überlaufen, als die Festlichkeiten alles bisher Dagewesene übertrafen. Fouquet hatte enorme Summen in einen Palast auf seinem Anwesen in Vaux-le-Vicomte investiert, der in Ausmaßen, Pracht und Großartigkeit der Dekorationen alles übertraf und von dem Architekten Louis Le Vau[132], dem Maler Charles Le Brun[133] und dem Gartenarchitekten André Le Nôtre[134] geschaffen wurde. Fouquet sammelte Juwelen wie Antiquitäten im Überfluss, schöne Gemälde, seltene Manuskripte und umgab sich dazu mit den bekanntesten Künstlern und Schriftstellern seiner Zeit.
Scheinbar zu Ehren der Krone legte man Fouquet dieses Fest vielmehr zur Demonstration seiner eigenen Vermögensverhältnisse aus. Am Geburtstag des Königs wurde er schließlich von dem Musketier Charles d'Artagnan verhaftet und nach dem Prozess zu einer lebenslänglichen Haftstrafe verurteilt, die er bis zu seinem Tod 1680 verbüßte.
Nicolas Fouquet gelang einer der glänzendsten Aufstiege in Frankreich, erfuhr aber auch einen der tragischsten Abstürze. Das Eichhörnchen in Fouquets Wappen mit der mehrdeutigen Devise[135]

QUO NON ASCENDET?
(Welche Höhen kann er nicht erreichen?)

ist bezeichnend für diesen außergewöhnlichen und kunstsinnigen Mann.

Fouquet verstand es wie kein anderer, zum Vorteil seiner eigenen politischen und wirtschaftlichen Karriere mit dem Mäzenatentum zu jonglieren und die Künste wie Malerei und Bildhauerei für die eigene Selbstdarstellung zu nutzen. Nach der Verhaftung Fouquets übernahm Ludwig XIV. dessen Schlossanlage Vau-le-Vicomte und verpflichtete die Künstler und Poeten seines Finanzministers, künftig für ihn zu arbeiten. Danach begann er das von Nicolas Fouquet entworfene Konzept der eigenen politischen Selbstinszenierung zu adaptieren und für sich einzusetzen.

Mit dem Fall Nicolas Fouquets stand für Jean-Baptiste Colbert und seine merkantilistische Wirtschaftsphilosophie danach nichts mehr im Wege.

Bei der Gründung der neuen Marine hatte Colbert die Seebestände von Holland und England als Beispiel vor Augen. Im Gegensatz zu den anderen Seemächten stand ihm jedoch die gesamte Machtfülle einer absolutistischen Regierung zur Verfügung und forderte dem Minister keine endlosen Debatten mit dem Parlament oder anderen Institutionen ab.
Dennoch gab es nicht selten Versuche, seine Reformpläne zu behindern. Zu den einflussreichsten Personen zählte dabei der Cousin des Königs, Herzog von Beaufort (Herzog von Vendôme), dessen Amt als erster Admiral von Frankreich nur vordergründig ehrenamtlicher Natur war.

32 Zeichnung von Duc de Beaufort. Robert Nanteuil, um 1651. Princeton University Library, Princeton.

François de Bourbon-Vendôme, Duc de Beaufort, *(1600-1669) war ein französischer Aristokrat, Seeheld, Enkel Heinrichs des IV. und damit der Cousin von Ludwig XIV. Als Zwölfjähriger nahm er am Feldzug nach Savoyen teil und konnte sich bei den Belagerungen von Corbie, Hesdin und Arras auszeichnen.*

Wie sein Vater konspirierte er zunächst gegen Richelieu, floh nach England, kam zurück und war 1643 Anführer einer weiteren Verschwörung namens „Cabale des importants“[136]*, nun gegen Kardinal Mazarin. Als Regentin des noch jungen Königs ließ ihn Anna von Österreich inhaftieren, jedoch gelang ihm 1648 die Flucht. Während der Fronde bekleidete er eine führende Position.*
Nachdem er sich freiwillig stellte und mit der Krone aussöhnte, erhielt de Beaufort einige hohe Ämter sowie eine Reihe militärischer Aufgaben. Als Generalintendant der Marine übernahm er 1662 das Oberkommando über die Flotte im Kampf gegen das Osmanische Reich.

De Beaufort schlug mehrmals die algerischen Verbände und kämpfte an der Seite der Venezianer 1669 im Krieg um Kreta gegen die Osmanen. Während eines nächtlichen Angriffs wurde er als Kommandant der französischen Truppen bei der Verteidigung der Insel vermutlich getötet, zumindest verschwand er ab diesem Zeitpunkt spurlos.

Dieser exzentrische Mann mit hoher Stimme, fast so bekannt wie die Fronde selbst, war einer ihrer maßgeblichen Anführer und genoss große Popularität quer durch alle Bevölkerungsschichten.

Sein Vater César de Vendôme, Duc de Beaufort, war ein legitimierter Prinz unehelicher Abstammung von Heinrich IV. und dessen Verbindung mit Gabrielle d'Estrées, Duchesse de Beaufort.[137] Daher bestanden zwischen der Linie Beaufort und Vendôme gleichgerichtete Interessen, was des Öfteren zu konspirativen Aktionen beider Familien gegen die Krone und ihre regierenden Minister, den Kardinälen Richelieu und Mazarin, führte.

Nach Verschwörungen verlor de Beaufort wiederholt seine Ämter und Privilegien, wurde mehrmals festgenommen und wieder freigelassen, ging zeitweise freiwillig ins Exil und erlangte danach wieder Amt und Würden zurück, ohne dass die Streitereien mit den Regierenden endeten. Zum Ausgang der dreißiger Jahre wieder inhaftiert, rang ihm Richelieu für seine Freilassung den Gouverneursposten der Bretagne und den Titel des Admirals ab, wobei er beide nach dem Tod des Ministers 1642 wieder zurückerhielt.

Als kurze Zeit später 1643 auch Ludwig XIII. starb, versuchten Vendôme und de Beaufort eine weitere Verschwörung gegen Mazarin anzustiften, scheiterten aber und gerieten erneut unter Hausarrest. Als 1648 der Adelsaufstand mit der Fronde ausbrach, gehörte der inzwischen geflohene de Beaufort als *„Roi des Halles"* schnell zu ihren Wortführern, eine etwas augenzwinkernde Bezeichnung für einen aufständischen Volksredner.

33 Landung des französischen Geschwaders 1664 bei Gigerie (Djidielli), unter dem Kommando von Duc de Beaufort. Kupferstich ohne Signatur, um 1665.

Um die Wogen zu glätten, erhielt de Beaufort 1650 durch Anna von Österreich als Mutter Ludwigs XIV. das einträgliche Amt des *„Grand Mâitre"* und Superintendenten *„Générale de Navigation et Commerce de France"* [138] samt Erbberechtigung übertragen und besaß faktisch den Oberbefehl über die Flotte.
Er gelangte daraufhin in den königlichen Rat der Marine, ohne allerdings auf diesem Gebiet über größere Erfahrung zu verfügen.

De Beaufort agierte anschließend mit durchwachsenem Erfolg gegen die Spanier und bekam vom jungen König zusätzliche Ämter als Belohnung verliehen. Der Cousin Ludwigs XIV. errang danach im Mittelmeer einige maritime Erfolge gegen die Korsaren und 1664 mit einer großen Flotte von 64 Einheiten gegen griechisch-türkische Piraten und deren Festungsanlagen, unter anderem bei Gigeri.

Während der Rückfahrt sank die LA LUNE[139] kurz vor Marseille und riss mehr als 700 Besatzungsmitglieder mit in den Tod. Der Untergang des über 20 Jahre alten, ehemals dem ersten Rang zugehörigen Schiffes, das während der Expedition nur noch den dritten Rang bekleidete, war auf dessen mangelhaften Zustand zurückzuführen und zeigte den dringenden Handlungsbedarf zur Sanierung der Schiffsbestände auf.

Die Festung bei Gigeri konnte zwar für ein paar Monate eingenommen werden, dennoch war die Expedition ein Misserfolg, da die Truppen – durch Krankheiten und mangelnde Versorgung geschwächt – nicht umhin kamen, den Rückzug anzutreten.

Es folgten die unvermeidlichen gegenseitigen Schuldzuweisungen, bis der König allen Verantwortlichen schließlich Immunität gewährte und de Beaufort einige Monate später erneut eine militärische Mission gegen die Barbaresken übertrug – vermutlich, um ihn in gewisser Weise ein Stück weit kalt zu stellen. Ludwig XIV. schrieb an seinen Cousin am 21. November 1664 in diesem Zusammenhang:[140]

> *» Mein Vetter,*
>
> *begeben Sie sich zurück zum Meer,*
> *zum Zweck, dem Hochmut dieser Barbaresken Einhalt zu gebieten, ist eine Gruppe von Schiffen vorgesehen, die auf der Liste beigefügt sind. Das Schiff, auf das Sie sich begeben, ist entweder die* LA ROYALE *oder* SAINT-LOUIS, *auf das andere begibt sich der Chevalier du Quesne. Monsieur de Martel führt die* LE DAUPHIN *und er wird mit dem ersten Geschwader auslaufen.*
>
> *Die Liste der Schiffe:*
>
> *Erstes Geschwader:*
> *Die* DAUPHIN *mit Monsieur Damien de Martel, die* PERLE *mit Monsieur de Querjean, die* NOTRE-DAME *mit Monsieur de La Giraudière und die* FRANÇOISE *mit Monsieur de Châteauneuf.*
>
> *Zweites Geschwader:*
> *Die* SAINT LOUIS *oder die* ROYALE *mit dem Duc de Beaufort und dem Chevalier du Quesne, die* MERCŒUR *mit Monsieur de Turel, die* ECUREUIL *mit Monsieur de Preuilly-Humieres und die* L'ETOILE DE DIANE *mit Monsieur Mathurin Gabaret. «*

Am 28. November 1664 informierte Ludwig XIV. seinen Cousin de Beaufort, dass der Chevalier du Quesne die Abberufung von Kapitän Gabaret gefordert hatte und ihn durch Kapitän des Lauriers ersetzen ließ. Die näheren Umstände sind nicht bekannt. Das Geschwader verließ am 17. Februar 1665 Toulon und erzielte einige Erfolge bei seiner Mission gegen die Barbaresken.

1662 unterzeichnete Frankreich einen Allianzvertrag mit Holland.[141] Nach der Niederlage bei Lowestoft[142] durch den englischen Herzog von York 1665 forderte das Nachbarland nun die Unterstützung Frankreichs ein. Am 26. Januar 1666 kam Ludwig XIV. der Verpflichtung nach und entsandte eine Flotte unter dem Oberkommando von Duc de Beaufort.

Die französische Flotte traf jedoch „verspätet“ ein und bevor sie den Niederländern beistehen konnte, hatten diese unter de Ruyter die Engländer bereits in der Viertageschlacht[143] besiegt und die Verspätung des Bündnispartners als Affront gewertet. De Beaufort zeichnete sich aber in weiteren militärischen Konflikten aus – unter anderem drei Jahre später als Oberbefehlshaber der Flotte mit über vierzig Schiffen, um Venedig gegen die Invasion Kretas beizustehen.

Auch als eifriger und mutiger „Seemann" legte er seine Unberechenbarkeit nie ganz ab. Ein gutes Beispiel dafür war diese Nacht- und Nebelaktion bei Candia, von der de Beaufort nicht mehr zurückkehrte. Ein Leichnam wurde nicht gefunden und sein Tod dort nie belegt.

34 Darstellung der Auseinandersetzung um Candia 1669, unter dem Kommando von Duc de Beaufort. Kupferstich ohne Signatur, um 1670.

Das Wappen de Beauforts auf der ROYAL LOUIS, direkt unterhalb des Emblems von Ludwig XIV., zeugte von dessen Bedeutung, hob allerdings auch durch ihre Anordnung die exponierte Stellung des Königs hervor. Das Wappen de Beauforts an der ROYAL LOUIS schien über seinen Tod hinaus trotz allen Zwistes als ein Zeichen der Zugehörigkeit zur Krone und Anerkennung Ludwigs XIV. zu gelten.

Colbert nutzte danach die Gelegenheit zur Umstrukturierung der obersten Marineführung und setzte ein Kleinkind als Admiral ein,[144] womit er sich außerdem die Macht über die Seestreitkräfte Frankreichs sicherte.

Der Minister verfügte dazu über ein Netzwerk von Helfern und protegierte Personen wie seinen Cousin de Terron[145] oder Louis Le Roux d'Infreville. Als Sohn des angesehenen Conseiller des Pariser Parlaments übernahm er 1627 bereits im Alter von 27 Jahren die Stelle des Marineintendanten der Normandie und danach den Posten des Generalkommissars der Marine. 1648 stieg er zum Generalintendanten auf und kontrollierte ihre Polizei- und Finanzverwaltung. Ab 1665 verantwortete er als Generalintendant des wichtigen Stützpunktes in Toulon den Schiffbau samt Materialbeschaffung, Ausbildung der Offiziere und Mannschaften sowie die Verteidigung der Hafenanlagen, mit Oberhoheit über Polizei und Justiz.
D'Infreville organisierte ferner den Feldzug gegen Candia und verlor bei dieser Mission tragischerweise einen der beiden Söhne.
In seiner Zeit als Generalintendant verantwortete er ebenso den Bau der ROYAL LOUIS als Flaggschiff der Flotte von Levant. Er hatte es trotz oder gerade wegen der Unterstützung Colberts nicht einfach, denn d'Infreville musste sich vor dem Minister des Öfteren für de Beauforts Eigenmächtigkeiten verantworten.

Eine andere wichtige Familie war die von Pierre Arnoul, der wie sein Vater ebenfalls das Amt eines Intendanten bekleidete und aus der weitere hohe Marinebeamte hervorgingen. Pierre Arnoul war der Protégé von Colbert und bei der Umsetzung seiner Vorhaben äußerst hilfreich. Kommissar Hayet widmete ihm seine Monografie der ROYAL LOUIS von 1677.

6. Die Werften

Im Auftrag von Ludwig XIII. arbeitete Kardinal Richelieu als damaliger Premierminister eine Marinestrategie aus, die darauf abzielte, mehrere vorhandene Marinewerften entlang der französischen Küste aus- bzw. neu aufzubauen, um den Seestreitkräften der anderen Nationen Paroli bieten zu können.

Die Umsetzung dieser Strategie begann 1631 mit der Gründung der beiden Flotten du Ponant auf der Atlantikseite, der Flotte du Levant im Mittelmeerraum, dem Neubau einer Marinewerft in Brest und dem massiven Ausbau des unter Heinrich IV. gegründeten Arsenals in Toulon.

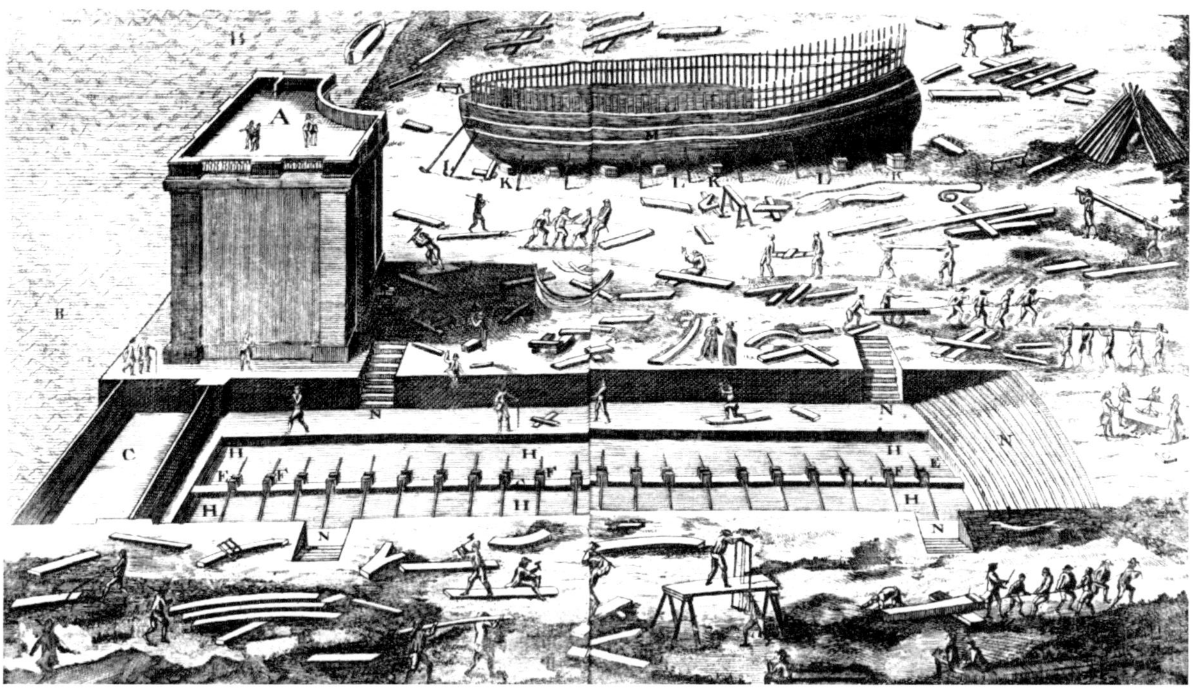

35 Zeichnung einer Werftanlage. „Encyclopédie, ou Dictionnaire raisonné des sciences, des arts et des métiers." Zeichnungen der Encyclopédie von Denis Diderot und Jean le Rond d'Alembert, 1769. Deutsches Museum, München.

Später verfolgte Colbert als zuständiger Marineminister dieses Konzept konsequent weiter. Er ging zunächst auf die alten Marinehäfen zu, die sich in einem bedauernswerten Zustand befanden und ließ ihre Befestigungen, Hafenanlagen, Werften und Arsenale überholen und ausbauen – zunächst in Brest und Toulon als die wichtigsten Stützpunkte für den Norden und Süden, später Le Havre und Dünkirchen, deren Häfen aber für schwere Einheiten nicht zugänglich waren, was sich in den kommenden Auseinandersetzungen auf See noch als großer Nachteil erweisen sollte.

Die Galeerenflotte verlagerte die Admiralität von Toulon nach Marseille, nicht zuletzt, um ein Kompetenzgerangel und sich abzeichnende Streitereien zu vermeiden. Colbert ließ in Rochefort 1666 eine völlig neue Werft errichten, die den inzwischen versandeten Stützpunkt in Brouage ablöste.

Ganz im Sinne des Merkantilismus erfolgte nach und nach der Aufbau von Fabriken und Schmelzereien für die Eisengewinnung, um die Abhängigkeit Frankreichs von ausländischen Bezugsquellen zu reduzieren.
Doch die Umsetzung war weitaus schwieriger als gedacht. Importierte Hölzer aus dem Norden waren unersetzlich, darüber hinaus Teer, Talg und Hanf für das Segelwerk, oder Kupfer und Zinn für die Kanonen. All das war in Frankreich kaum vorhanden und erforderte den teuren Import – dazu das Personal, unerfahren wie in Rochefort, da ohne eigene maritime Tradition.
Um dennoch das Aufbauprogramm zeitlich einhalten zu können, warb das Ministerium aus dem Ausland Fachleute für die Hütten und Gießereien an. Glücklicherweise gab es in der Provence ein gutes Dutzend Zimmerleute, dazu auf den Werften noch einige Baumeister die sie schulten und dadurch die notwendigen handwerklichen Fähigkeiten für den Schiffbau vermittelten.

Einer dieser Lehrmeister in Brest war Laurent Hubac.[146] Als Leiter des dortigen Schiffbaus besaß er langjährige Erfahrung und die meisten Schiffe während der Zeit von Richelieu und Mazarin kamen in der Tat aus Brest.

In Toulon arbeiteten später mehrere Schiffbauer unter dem renommierten Meister Gédéon Rodolphe zusammen, der Holland in den vierziger Jahren verlassen hatte, um sich im Dienst Mazarins in der Provence niederzulassen.

36 Attacke eines britischen Branders auf die französische Regulus. Louis-Philippe Crépin, um 1801.

7. Die Schiffe

1661 zählte die Marine noch 14 Einheiten, davon lediglich sechs einsatzfähig, die als Linienschiffe in Frage kamen – die MAZARIN von 1646 und die HERCULE von 1656 mit je 800 Tonnen und 48 Kanonen, die CÉSAR und die BRÉZÉ von 1646 bzw. 1647 mit je 900 Tonnen und 54 Geschützen, dazu die ST-LOUIS von 1656 und die LA REINE von 1647 mit 1.000 Tonnen und 60 Kanonen, die VENDOME zu reinen Repräsentationszwecken nicht mitgerechnet.

37 Heckansicht der ST-PHILIPPE, vermutlich von Pierre Puget, um 1670.

Der Bau neuer Segelschiffe kam auf den Werften während der ersten Hälfte des Schiffbauprogramms nur äußerst schleppend voran. Toulon stellte 1663 das erste Schiff von Bedeutung in Dienst. Es war die 1.400 Tonnen große ST-PHILIPPE[147] mit ihren 70 Kanonen. Ein Dreidecker, der zugleich einen neuen Schiffstyp kreierte.
Mit einer Länge von annähernd 47 m vom Vorder- bis zum Achtersteven galt sie als das bisher größte Schiff, hatte 14 Stückpforten auf jeder Seite (von denen die vorderste als Jagdpforte nicht bestückt war) und besaß 52 24-Pfünder. 36-Pfünder kamen auf der ST-PHILIPPE anfangs noch nicht zum Einsatz, da während des ersten Aufbauprogramms noch zu selten produziert.

Hieraus lässt sich auch die weitere Entwicklung des Schiffbaus anhand der gefechtsmäßigen Bestückung und damit verbundenen Feuerkraft ablesen, denn sieben Jahre nach ihrer Indienststellung trug ein Linienschiff ersten Ranges bereits mehr als 80 Kanonen.

7.1 Der Zukauf niederländischer und dänischer Einheiten

Trotz aller Bemühungen entwickelte sich der Schiffbau weiterhin viel zu langsam. Das Bündnis mit den Niederlanden zwang Ludwig XIV. 1666 zum Einschreiten gegen England. Ende 1665 verfügte Frankreich aber lediglich über 28 Einheiten.
Eine Möglichkeit bestand im Zukauf aus anderen Ländern. Dumas reiste in die Niederlande, um den Erwerb von sechs neuen Schiffen von 1.100 Tonnen und 46 Kanonen zu verhandeln. In der Zwischenzeit ging Courtin nach Dänemark, um den Bau von zwei anderen Schiffen ähnlicher Größe zu überwachen. In Summe verstärkten 1666 somit acht zusätzliche Dreimaster die französische Flotte.[148]

7.2 Das eigene französische Schiffbauprogramm

In den sechziger Jahren gab es nur wenige Marineoffiziere, die aufgrund ihres seemännischen und -taktischen Vermögens in der Lage waren, das Schiffbauprogramm sinnvoll zu unterstützen. Einige dienten zuvor im Dreißigjährigen Krieg oder nahmen an Missionen gegen die Spanier teil und sammelten dort ihre Erfahrungen.

Marquis Abraham II. du Quesne (Duquesne), *Baron d'Indret, war ein französischer Marineoffizier (1610-1688), der ebenfalls als Admiral in der schwedischen Marine diente. 1636 noch Offizier im Neptun-Geschwader eroberte er ein Jahr darauf die Îles de Lérins von den Spaniern, zu denen er zeitlebens eine Abneigung hegte, da sein Vater in einer Auseinandersetzung mit ihnen ums Leben gekommen war. Er bekämpfte sie 1639 bei Coruña und zwei Jahre danach in den Gefechten bei Tarragona, Barcelona und bei Capo de Gata. Er trat 1643 in den Dienst der schwedischen Armee ein und agierte an ihrer Seite gegen die Dänen. Nachdem beide Länder Mitte der vierziger Jahre Frieden schlossen, kehrte Duquesne wieder nach Frankreich zurück. 1650 griff er aktiv in den von Spanien unterstützten Aufstand in Bordeaux ein, organisierte und finanzierte eine eigene Flotte, blockierte damit die Gironde und zwang die Stadt zur Kapitulation. Daraufhin wurde er zum Kommandanten der neuen französischen Flotte und als Dank zum Baron von Indret ernannt. Ende der fünfziger Jahre bekämpfte Duquesne die Piraten im Mittelmeer und nahm an dem Seegefecht vor Palermo 1685 gegen die spanisch-niederländische Flotte teil. Aufgrund seiner Verdienste um Frankreich entging er als Hugenotte nach der Aufhebung des Ediktes von Nantes*[149] *der Verfolgung. Er starb drei Jahre später und fand in seinem Schloss Le Bouchet die letzte Ruhe.*

38 Gemälde von Marquis Abraham II. du Quesne. Antoine Graincourt, um 1660. Cercle militaire de Versailles, Versailles.

Unter ihnen war Abraham Duquesne derjenige mit den größten Erfahrungen, die er samt seinen Beziehungen zu mehreren ausländischen Marinen aufgrund seiner früheren Dienste nun in das Schiffbauprogramm mit einbrachte.
In den Augen des Vizeadmirals und anderer Generäle hatte seine Meinung zwar hohes Gewicht, aber er konnte sich mit seinen Vorschlägen des Öfteren nicht durchsetzen.

Andere einflussreiche Marineoffiziere aus dem Hochadel, wie Guillaume d'Almeras, Marquis de Mirevaux, beeinflussten mit ihren persönlichen Ansichten die grundsätzliche Schiffbauarchitektur. Die Ideen des Marquis flossen 1665 in die dänischen Schiffe ein, wie seine Anweisungen an Courtin in Dänemark belegen:

„…Um den Schiffen zu ihrer Vollkommenheit zu verhelfen und die Ausfahrten aus den Häfen einfacher zu gestalten, sollten sie so konstruiert sein, dass die Schiffbauer den Schiffen ein wenig mehr Länge und weniger Erhebungen für das Tote Werk[150] *geben. Ein Schiff wird 140 französische Fuß in der Länge von einem Steven bis zum anderen haben und nicht mehr als 13 Stückpforten auf jeder Seite der untersten Batterie…"*
„…Die Anweisungen wurden gegeben an Monsieur Courtin, für die FREDERIK *von 1.100 Tonnen und 70 Kanonen, mit 143 Fuß vom Vorder- bis zum Achtersteven und einer Kiellänge von 111½ Fuß. Ihre größte Breite soll 35¾ Fuß sein, die Länge der Bodenwrange ist nach der Beurteilung des Baumeisters vorzusehen. Die Raumtiefe ist fixiert mit 17 Fuß […]."*

Mit den Brüdern Audibert, Laurent Coulomb und fast zwei Dutzend angeworbenen Handwerkern und Zimmerleuten begann der Bau der eigenen großen Dreidecker. Gédéon Rodolphe[151] war ein Baumeister aus Holland, den Colbert persönlich angeworben hatte und der als einer der besten seiner Zeit galt. Rodolphes Ankunft in Frankreich geht auf das Jahr 1645 zurück, als er mit dem Bau des Schiffes LA REINE begann. Er verantwortete zwischen 1666 und 1668 den Bau der ROYAL LOUIS auf der Werft in Toulon.

Er galt als enger Freund von Duquesne und leitete in Toulon daneben noch den Neubau weiterer Einheiten, wie der ST-PHILIPPE, MONARQUE, SCEPTRE, ROYAL THÉRÈSE oder RUBIS. Nach seinem überraschenden Tod im Oktober 1673 übernahm Laurent Coulomb die Leitung über den Schiffbau, der eine regelrechte Dynastie von Baumeistern gründen sollte und im Laufe der Zeit den Neubau mehrerer Dutzend Linienschiffe verantwortete.

Frankreich begann während dieser Zeit, die mit dem Schiffbau verbundenen statischen und dynamischen Probleme systematisch auf physikalische und mathematische Weise hin zu erforschen und begründete – wenn auch zunächst nur theoretisch – den modernen Schiffbau in Europa. Natürlich waren Länder wie England, Dänemark und vor allem die Niederlande im Bau von Schiffen viel weiter fortgeschritten. Dieser Fortschritt basierte aber meist auf konstruktiven Erfahrungen und weniger auf physikalischen Gesetzmäßigkeiten.

Das durch Richelieu in Frankreich forcierte und von Mazarin fortgeführte zentralistische System, verbunden mit der Philosophie des Merkantilismus von Colbert, bildete quasi die Ausgangsbasis für eine beginnende, auf physikalischen Erkenntnissen beruhende Ausbildung der Aspiranten.

39 Zeichnung von Brest. Ohne Signatur, um 1670. Musée des beaux-arts, Brest.

Der Merkantilismus war die dominierende Lehrmeinung bis zum 18. Jahrhundert, mit dem Ziel kontinuierlich wachsender Einnahmen, vorwiegend in absolutistisch regierten Ländern – nicht zuletzt, um den Militär- und Verwaltungsapparat finanzieren zu können, denn es brauchte für das Aufbauprogramm Geld. Viel Geld.

Häfen und Arsenale wurden errichtet und neben der Akademie in Rochefort zusätzliche Schiffbauschulen in Marseille, St. Malo, Bordeaux, Dieppe und Le Havre gegründet. Dies verhalf der Wissenschaft im Schiffbau zu einer entsprechenden Dynamik und bildete die Voraussetzung dafür, nicht nur auf die bisherigen Erfahrungen zu vertrauen, sondern sich daneben zunehmend in wissenschaftlicher Hinsicht im Sinne einer konstruktiven Weiterentwicklung mit der Thematik auseinanderzusetzen.

Spätestens nach der Mission in Candia 1669 erkannte die Administration, dass die Segeleigenschaften einiger Schiffe aus dem bisherigen Aufbauprogramm nicht den Erwartungen entsprachen und das Niveau niederländischer oder englischer Einheiten noch nicht erreichte.[152]

Der Intendant Pierre Arnoul sowie die Söhne von Laurent Hubac und Colbert reisten daher unabhängig voneinander nach England, Holland und Italien, um Verbesserungsmöglichkeiten auf den ausländischen Werften zu sondieren. Diese Vorgehensweise fand dreißig Jahre später einen berühmten Nachahmer durch den russischen Zaren Peter der Große, was den immensen Stellenwert des Schiffbaus in der damaligen Epoche belegt.

40 Gemälde von Jean Baptiste Antoine Colbert. Marc Nattier, um 1676. Château de Versailles, Versailles.

Jean-Baptiste Antoine Colbert, *Marquis de Seignelay (1651-1690), war französischer Marineminister und Sohn des gleichnamigen Vaters, der ihn mit aller Gewissenhaftigkeit auf seine erbliche Nachfolge für das Amt des Marineministers vorbereitete. So besichtigte Antoine längere Zeit die eigenen Häfen und Militäranlagen, absolvierte in Rochefort ein intensives Praktikum und arbeitete anschließend in dem von seinem Vater geführten Marineministerium.*

Zu Beginn der siebziger Jahre reiste er wie andere Sprösslinge nach Italien und Holland, um die dortigen Konstruktionen im Schiffbau kennenzulernen und Werften, Festungen und Arsenale zu beobachten. Die Informationen waren offensichtlich von großem Nutzen, denn Ludwig XIV. gestattete es ihm zusammen mit seinem Vater, Reglements für den weiteren Schiffbau zu erlassen. Er begleitete den König darüber hinaus auf mehreren Feldzügen.

Nach dem Tod seines Vaters verantwortete er trotz des Widerstands von Louvois (Colberts Nachfolger als erster Minister) das Marineamt und nahm an einigen Operationen wie 1684 in Genua teil. Während des Pfälzischen Erbfolgekrieges organisierte er die Flotte neu und verstärkte sie.

Frankreich galt um diese Zeit als die stärkste Seemacht in Europa. Im Jahr 1689 wurde er von Ludwig XIV. zum Staatsminister ernannt, hatte aber kein solches Verständnis für wirtschaftliche und soziale Zusammenhänge wie sein Vater, sondern sah die Flotte vornehmlich zu deren Selbstzweck. Er starb mit nur 39 Jahren und hinterließ fünf Söhne.

Ab dem Jahr 1668 war eine deutliche Dynamik bei der Umsetzung des Schiffbauprogramms zu beobachten. Allein in diesem Jahr stellte Frankreich acht neue Schiffe in Dienst. Innerhalb der nächsten drei Jahre folgten über 50 weitere Einheiten, womit das erste Aufbauprogramm endete und man gemeinhin von der ersten Marine Ludwigs XIV. sprach.

1671 besaß Frankreich nun 119 Einheiten der ersten fünf Ränge, je 16 des ersten und zweiten, 33 des dritten, 25 des vierten und 29 des fünften Ranges. Damit war die Vorgabe praktisch erfüllt und Frankreich nahm seine Rolle als dritte große europäische Seemacht neben Holland und England ein. Der Bestand wurde wie zu früheren Zeiten in zwei Flotten aufgeteilt mit den Wirkungskreisen Levant für das Mittelmeer und Ponant für den atlantischen Raum.
Angeführt wurden sie von ihren Flaggschiffen, der ROYAL LOUIS mit 2.400 Tonnen und der um 100 Tonnen größeren SOLEIL ROYAL, als dem mächtigsten Schiff des gesamten ersten Aufbauprogramms.

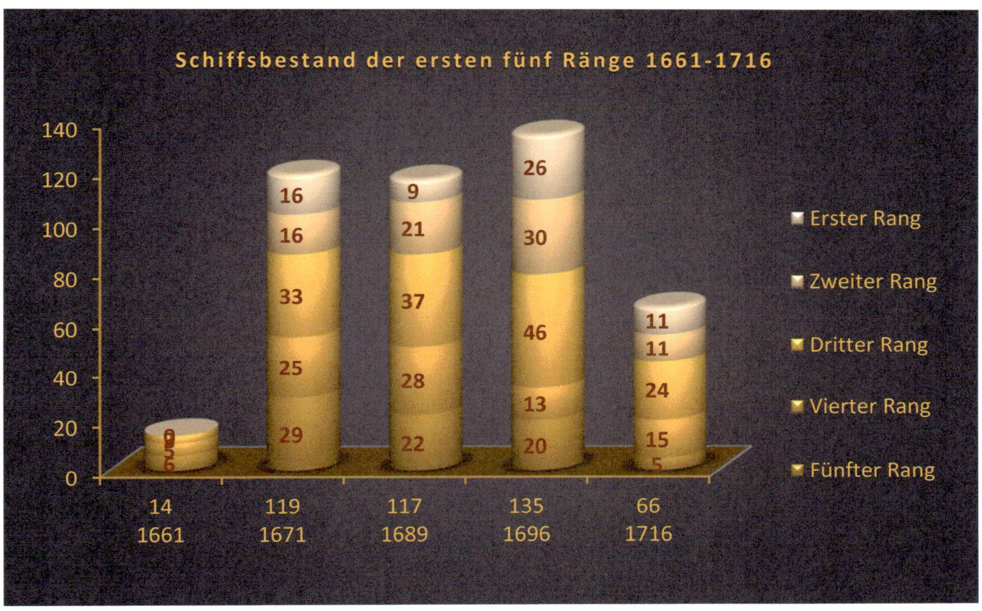

41 Statistik über den Schiffsbestand der ersten 5 Ränge, auf Datengrundlage von „Les états abrégés de la marine française".

Da die königlichen Verordnungen für den Schiffbau erst zu Beginn der siebziger Jahre in Kraft traten, erfolgte der bisherige Aufbau der Flotte gänzlich ohne verbindliche Richtlinien, Vorgaben oder Direktiven. Jeder der sich berufen fühlte und den die Marineleitung in eine Position mit Befehlsgewalt erhob, konnte den Bau der Schiffe überwachen oder gar selbst in die Bauabläufe eingreifen.

Ab 1671 beauftragte Ludwig XIV. ranghohe Offiziere mit der Überwachung der kürzlich auferlegten Verordnungen, die gegenüber den Zimmerleuten weisungsbefugt waren.[153] Mehr noch, ihre Ansichten und Ratschläge mussten von den Baumeistern eingeholt und berücksichtigt werden, was keineswegs zur Verbesserung der Schiffskonstruktion beitrug.

Gemäß den Anweisungen der späteren Verordnungen musste jeder schiffseigene Zimmermann nach der Rückfahrt über seine Beobachtungen zu den Eigenschaften des Schiffes einen Bericht anfertigen und an die Hafenleitung übergeben. Die Offiziere hatten in gleicher Form über die Qualitäten des Schiffes Bericht zu erstatten und – falls erforderlich – vor dem Schiffbaurat zu erscheinen.

Viele der Offiziere kamen aus leitenden Positionen der Armee und hatten dort ihre Verdienste erworben. Aber die Taktik auf See war eine gänzlich andere als jene an Land und ließ sich nach Meinung der Schiffbaumeister nicht übertragen. Dies sahen die Offiziere mangels seemännischen Sachverstands anders und forderten in ihren Berichten oftmals konstruktive Veränderungen, die sich nicht immer mit den Segeleigenschaften der Schiffe vertrugen.

7.3 Der Schiffbau an den einzelnen Standorten

Unter den Werften der verschiedenen Standorte herrschte ein enormes Konkurrenzverhalten, besonders zwischen den drei großen Stützpunkten. Die kleineren Dreidecker aus Brest und Toulon stießen beispielsweise bei den Zimmerleuten in Rochefort auf Vorbehalte, da sie erst ab einer deutlich höheren Kanonenzahl den Bau von Schiffen mit drei Decks befürworteten.
In Brest herrschte durch Laurent Hubac eine eher konservative Denkweise vor, zum Beispiel was die Seitenverhältnisse der Schiffe betraf, während sich andere Werften wie Rochefort oder Toulon aufgeschlossener für Veränderungen zeigten.

Toulon galt jedoch als das unbestrittene Zentrum für die künstlerischen Dekorationsarbeiten an den Schiffen, verfügte die Stadt doch mit Le Brun, Puget, Girardon und Bérain jahrzehntelang über eine Reihe renommierter Koryphäen, so dass Toulon bis zum Ende der Regentschaft Ludwigs XIV. seine künstlerische Führungsposition in Frankreich behielt.

Vergleiche zwischen den verschiedenen Quellenangaben bezüglich Bauort, -jahr, Tonnage und Kanonenanzahl der Schiffe führen teilweise zu erheblichen Abweichungen. Für die nachfolgenden Ausführungen und Bewertungen, ebenso wie im Kapitel 13, bildeten die Informationen aus den Jahresbänden *„Les états abrégés de la marine française"*[154] zunächst die allgemeine Datengrundlage. Diese wurde anschließend mit anderen Quellen abgeglichen und harmonisiert.
Die Jahresbände geben 1669 für die ROYAL LOUIS 120 Kanonen und 900 Mann Besatzung an.[155] Dassié nennt in seinem Buch *„l'architekture navale"* zwar die gleiche Kanonenzahl, spricht hingegen von 1.000 Mann,[156] während das *„Archive de l'art français"* 104 Kanonen angibt.[157] Es traten auch Abweichungen innerhalb einer Datenquelle zu verschiedenen Jahreszahlen des gleichen Schiffes auf.[158] Da unklar ist, ob es sich dabei um spätere Umbauten oder um Schreibfehler handelt, wurden diese vermeintlichen Unstimmigkeiten unverändert beibehalten.

7.3.1 Brest

Als eines der wichtigsten und ältesten Arsenale und Heimathafen der Flotte von Ponant verfügte Brest in der Zeit zwischen 1661 und 1671 über insgesamt 27 Schiffe der ersten fünf Ränge. Zum Beginn des Aufbauprogramms gab es noch sieben erwähnenswerte Einheiten aus dem Altbestand, die sich allerdings in keinem guten Zustand befanden: die REINE mit 1.000 und die CESAR mit 800 Tonnen, zusammen mit fünf Einheiten geringerer Tonnagen.
Die JULES mit ihren 700 Tonnen und 36 Kanonen gehörte im ersten Jahr des Schiffbauprogramms 1661 zu den anfangs in Dienst gestellten Schiffen, während der Standort in den beiden nächsten Jahren keinen weiteren Zugang verzeichnete. 1664 folgte mit der 1.400 Tonnen großen VENDOME und 66 Kanonen der erste größere Dreidecker. Zwei Jahre später erweiterte die 800 Tonnen große BRETON mit 48 Geschützen den Bestand.

Das Schiffbauprogramm sah vor, innerhalb einer Zeitspanne von lediglich 10 Jahren rund 120 neue Einheiten der ersten fünf Ränge in Dienst zu stellen.

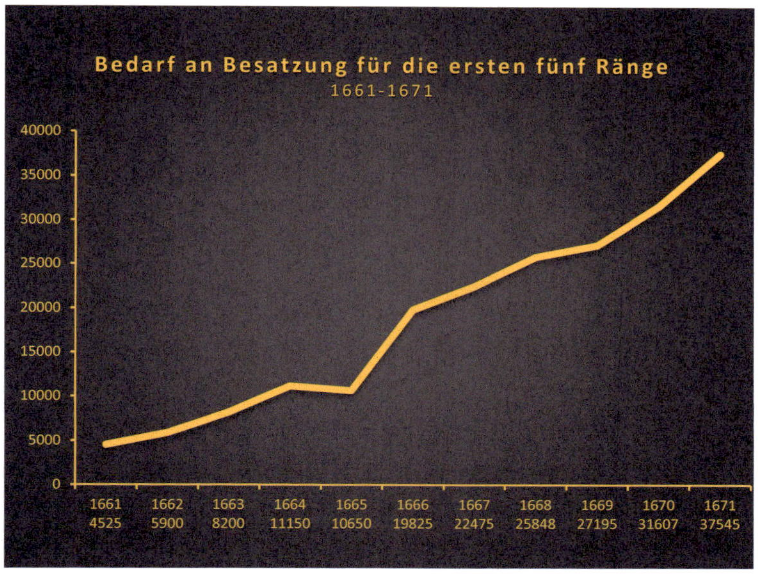

42 Statistik über den Bedarf an Besatzungen, auf Datengrundlage von „Les états abrégés de la marine française".

Von den größten Werften wie Brest, Rochefort und Toulon erforderte dies praktisch die Fertigstellung von drei bis vier größeren Neubauten pro Jahr und Standort, was jedoch kein Stützpunkt erreichte. In den ersten sechs Jahren legte Brest lediglich vier Dreimaster auf Kiel und entsprach damit vergleichsweise der Leistungsfähigkeit anderer Werftanlagen.

Die Administration erkannte, dass die bisherige Produktivität das angestrebte Ziel keinesfalls erreichen konnte und sorgte in den Folgejahren an allen Standorten für deutlich mehr Dynamik.

Mit der FLAMAND und ihren 800 Tonnen sowie der nur halb so großen FORTUNE folgten 1667 nur zwei Einheiten, da der zeitgleiche Bau eines großen Dreideckers die Kapazität der Werft bis in das Folgejahr hinein beanspruchte. Es handelte sich um die ROYAL DUC, spätere LA REINE, den bislang größten Neubau in Brest mit 1.900 Tonnen und 104 Kanonen, was die Grundlage für noch größere Schiffe bilden sollte.[159]

1669 erreichte dieser Standort seine bislang produktivste Phase während des ersten Schiffbauprogramms, mit einer Jahrestonnage von fast 10.000 Tonnen: vier kleinere Zugänge und mit der FRANÇOIS, LOUVRE und WALLON drei mittlere Einheiten bis 1.000 Tonnen, gefolgt von zwei großen Dreimastern, der 1.500 Tonnen großen PARIS mit ihren 70 Kanonen und die um 100 Tonnen größere COURONNE mit 82 Geschützen.

Zum Abschluss entstand im gleichen Jahr das größte Schiff, das Frankreich während des gesamten ersten Aufbauprogramms auf Kiel legen sollte. Die SOLEIL ROYAL[160], als Flaggschiff der Flotte von Ponant, mit 2.500 Tonnen, 110 Geschützen und einer Besatzungsstärke bis zu 1.200 Seeleuten.[161] Verantwortlich für die dortigen Arbeiten war Laurent Hubac, der als bester französischer Schiffbaumeister seiner Zeit galt.

Nach ihrer Generalüberholung 1689 kam sie ein Jahr später als Flaggschiff von Admiral Tourville in der Auseinandersetzung bei Béveziers (Beachy Head) zum Einsatz, die Frankreich für sich entschied. In der Zeit von 1661 bis 1671 entstanden in Brest unter Berücksichtigung der sanierten Altbestände insgesamt 27 Schiffe mit 25.100 Tonnen aller Schiffsgrößen, die 1.378 Geschütze benötigten. Die Tonnage zur Kanonenanzahl ins Verhältnis gesetzt, ergeben sich im Mittel 18,21 Tonnen pro Geschütz.

7.3.2 Rochefort (mit Zulieferungen in- und ausländischer Werften)

Ungefähr zur Mitte des Zehnjahresprogramms nahmen die Werften am neuen Standort in Rochefort ihre Arbeit auf.[162] Gemäß den Aufzeichnungen verlegte die Administration zunächst aus der Vorgängermarine die ST-LOUIS mit 950 Tonnen und die etwas kleinere MAZARIN, zusammen mit zwei halb so großen Schiffen an diesen Standort. Den Stützpunkt ergänzte die TRIOMPHE, ein Zweidecker von 800 Tonnen und 38 Kanonen, die 1661 auf der Werft in Concarneau entstand und von der Größe her in etwa der JULES aus Brest entsprach. Es folgten danach weitere Zugänge, meist kleinere Einheiten bis 550 Tonnen und 34 Kanonen. Hinzu kam die 1665 auf der Werft in Amsterdam gebaute NEPTUNE, spätere ILLUSTRE, mit 1.100 Tonnen und 64 Geschützen.

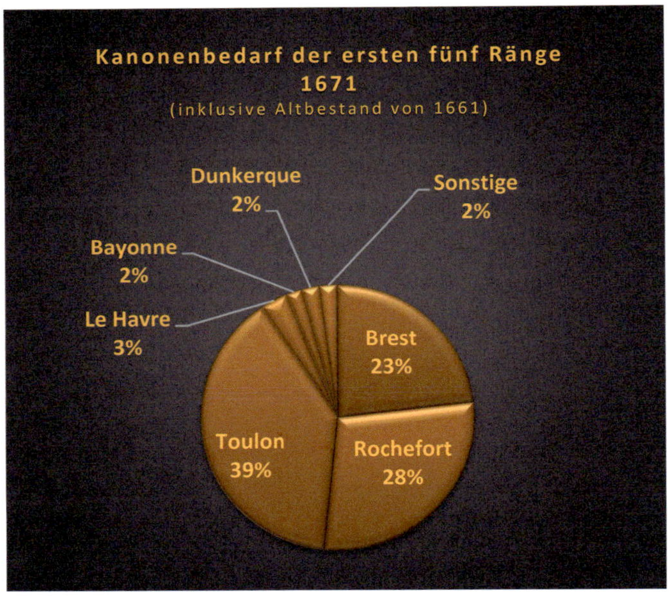

43 Statistik über den Kanonenbedarf, auf Datengrundlage von „Les états abrégés de la marine française".

Im Jahr der Werftgründung 1666 sind insgesamt neun Einheiten inklusive auswärtiger Zugänge für diesen Standort in den Listen eingetragen: eine kleinere Einheit namens TIGRE und zwei mittlere, wie der TRIDENT von der Werft in Brest mit 850 Tonnen und 48 Kanonen sowie der um 100 Tonnen größeren NAVARRE mit 54 Kanonen, ferner die 1.000 Tonnen große SOPHIE als erster dänischer Zugang und fünf Schiffe mit je 1.100 Tonnen und 64 Geschützen: die NORMAND, INVINCIBLE, INTREPIDE und CONQUERANT, alle von der Werft aus Amsterdam, mit der FREDERIC als zweiter dänischer Zukauf.

Ein Jahr später folgten mit je 1.100 Tonnen die PRINCE mit 62 und die CHARENTE mit 64 Geschützen, die vermutlich über ein armiertes Achterdeck verfügte. 1668 kamen mit der BRAVE und 48 sowie der ROCHEFORT mit 50 Kanonen zwei Schiffe um die 900 Tonnen hinzu, ergänzt durch die etwas kleinere GALLAND.

1669 verließen zwei große Dreidecker die Werftanlagen: die FORT[163] mit 1.300 Tonnen und 68 Geschützen und die um 200 Tonnen größere HENRY mit ihren 74 Kanonen.

Im Jahr 1670 ist der produktive Höhepunkt des Stützpunktes mit acht neuen Schiffen dokumentiert: drei kleinere Einheiten bis 350 Tonnen und drei Zweideckern um die 1.000 Tonnen, die EMERILLON, und 54 Kanonen sowie die NAVARROIS und ALSACE, mit je 56 Geschützen.

Die VERMANDOIS und FAUCON, zwei weitere 1.300 Tonnen große und mit 68 Geschützen bestückte Dreimaster ergänzten schließlich im gleichen Jahr den Bestand. Unter Berücksichtigung ausländischer Zukäufe und Lieferungen bzw. Verlegungen von anderen Standorten wurden in Rochefort innerhalb des ersten Aufbauprogramms insgesamt 34 Schiffe mit einer Tonnage von 29.850 Tonnen und einer Armierung von 1.686 Geschützen zusammengezogen. Die Schiffstonnage zur Anzahl der Kanonen ins Verhältnis gesetzt, ergeben sich im Mittel 17,70 Tonnen pro Geschütz.

7.3.3 Region Toulon

In Toulon waren 1661 vom alten Flottenbestand nur noch die MERCOEUR mit 600 Tonnen zusammen mit drei kleineren Einheiten übrig. Toulon nahm bereits im ersten Jahr des Aufbauprogramms drei Schiffe in Dienst: zwei kleinere Segler und die ROYALE mit 950 Tonnen und 52 Kanonen.

Ein Jahr darauf kamen erneut zwei Schiffe mittlerer Größe hinzu: 1663 mit der DIAMANT eine etwas größere Einheit mit 1.000 Tonnen und 54 Geschützen zusammen mit der ST-PHILIPPE[164], dem zu diesem Zeitpunkt größten Schiff des gesamten Flottenprogramms aller Werften, das seine Vormachtstellung bis Ende 1667 behielt; ein Dreidecker mit 1.400 Tonnen und 70 Geschützen, die sich auf drei Batterien bzw. dem Achterdeck verteilten und der Admiralität von Ponant als Flaggschiff diente. Im Folgejahr entstanden drei weitere Neubauten bis 700 Tonnen und 1665 neben einer kleineren Einheit die BOURBON[165] mit 1.050 Tonnen und 60 Kanonen. Im Jahr 1666 verließen vier Dreimaster die Werftanlagen: eine mittlere Einheit von 750 Tonnen und 44 Geschützen namens TOULON und zwei Schiffe gleicher Tonnage mit 950 Tonnen, der LYS und COMTE mit 54 bzw. 50 Geschützen gefolgt von der COURTISAN, einem Dreidecker von 1.100 Tonnen und 64 Kanonen.

In Toulon zeichnete sich während dieser Periode eine Tendenz ab, pro Jahr mehrere kleine bzw. mittlere und stets einen etwas größeren Neubau fertigzustellen: so auch im Folgejahr 1667 mit sechs Zugängen zwischen 650 und 900 Tonnen sowie der 1.050 Tonnen großen PRINCESSE und ihren 60 Kanonen. 1668 erweiterten lediglich drei Schiffe den örtlichen Verband. Allerdings handelte es sich dabei um größte Dreidecker: zunächst die MONARQUE mit 1.700 Tonnen und 84 Kanonen zusammen mit der 100 Tonnen größeren DAUPHIN ROYAL, die als erstes Schiff des gesamten Aufbauprogramms über 100 Kanonen besaß. Dieser königliche Dreimaster verfügte wie die MONARQUE über 14 Stückpforten auf der ersten Batterie und trug ebenfalls einen vorderen Aufbau, jedoch war sie um einen Meter länger.

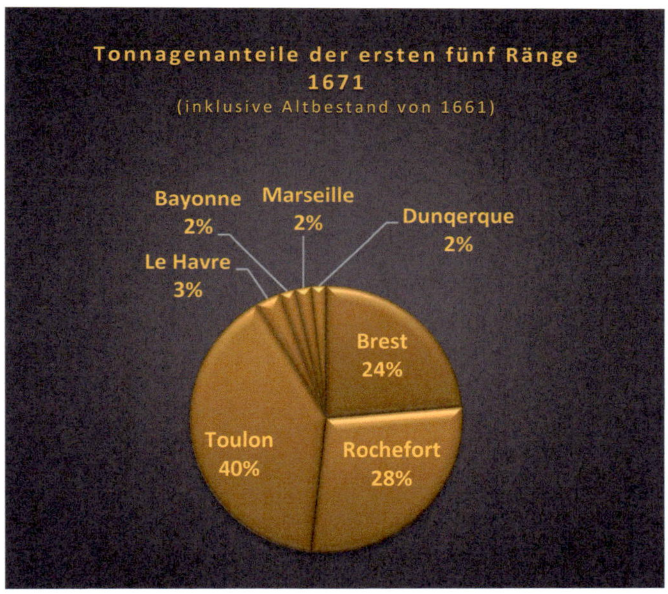

44 Statistik über die Tonnagen, auf Datengrundlage von „Les états abrégés de la marine française".

Vermutlich war dieser Längenunterschied für eine größere Stabilität entscheidend und rechtfertigte damit im Gegensatz zur MONARQUE die Erhaltung ihres vorderen Aufbaus. Sie sollte außerdem das einzige Schiff mit 100 Kanonen bleiben, das den Übergang in die spätere zweite Marine Ludwigs XIV. bis zum Beginn des 18. Jahrhunderts vollzog, denn die ROYAL LOUIS wurde um 1691 ausgemustert und die SOLEIL ROYAL 1692 bei Cherbourg während den Auseinandersetzungen bei Barfleur und La Hougue[166] zerstört. Schließlich entstand 1668 das bisher größte Schiff in Toulon: die ROYAL LOUIS mit 2.400 Tonnen und 110 Kanonen, die als Schwesterschiff zur etwas größeren SOLEIL ROYAL das Flaggschiff von Levant bildete und durch die Beschreibung von Kommissar Hayet nachhaltig in Erinnerung blieb.

Die MONARQUE entfernte ein Jahr später den vorderen Aufbau wieder, da ihre Seetüchtigkeit gefährdet schien.[167] 1669 folgte mit der ILE DE FRANCE ein großer Dreidecker mit 1.500 Tonnen und 70 Geschützen.

1670 erreichte die Werft ihre produktivste Phase mit insgesamt zwölf in Dienst gestellten Schiffen und der von allen Standorten mit Abstand größten Jahrestonnage von über 13.000 Tonnen: zwei kleinere und zehn größere Einheiten, wie die MORE und INDIEN mit je 1.000 Tonnen und 54 Kanonen, drei Zweidecker, wie die GLORIEUX, FURIEUX und FIDELE mit je 1.050 Tonnen und 56 Geschützen, die ROYALE THÉRÈSE mit 1.300 Tonnen und 68 Kanonen sowie drei gleich große Neuzugänge, bestehend aus der RUBIS, POMPEUX und MADAME mit je 1.400 Tonnen und 70 Geschütze. Zum Ende folgte mit der 1.600 Tonnen großen SCEPTRE und ihren 80 Kanonen der größte Dreidecker dieses Jahres.
Zum Abschluss des Zehnjahresprogramms kam 1671 mit der COURAGEUX noch ein weiterer großer Dreimaster mit 1.500 Tonnen und 70 Geschütze hinzu. Insgesamt entstanden in Toulon 44 Schiffe mit 42.200 Tonnen für eine Artillerie von 2.316 Kanonen. Die Schiffstonnage zur Anzahl der Kanonen ins Verhältnis gesetzt, ergeben sich im Mittel 18,22 Tonnen pro Geschütz.

7.3.4 Le Havre

Le Havre stellte in den Jahren 1662 und 1663 je eine kleinere Einheit bis 550 Tonnen in Dienst. Erst fünf Jahre später folgte mit der LE HAVRE ein Schiff gleicher Größe, bevor wieder eine größere Pause eintrat. Schließlich vollendete die Werft 1671 ihre bislang größten Zweidecker, die HEUREUX und BRILLANT mit je 800 Tonnen und 48 Kanonen.

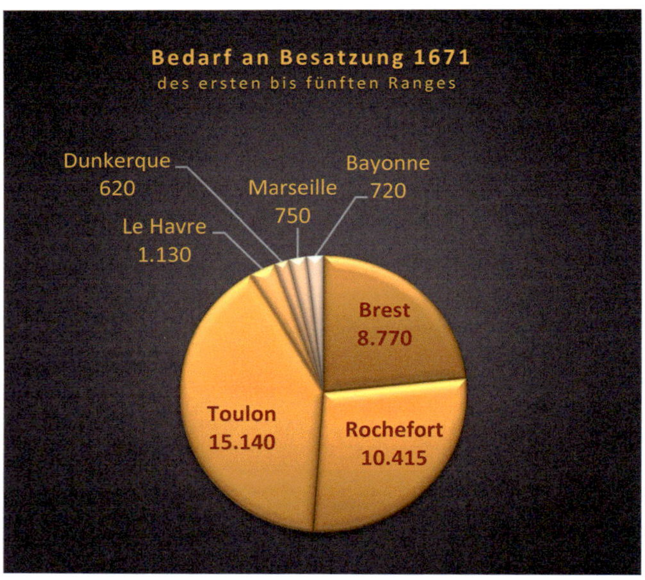

45 Statistik über die Besatzungen, auf Datengrundlage von „Les états abrégés de la marine française".

7.3.5 Dünkirchen

Erst gegen Ende des Aufbauprogramms sind 1670 neben einer kleineren Einheit noch zwei mittlere Zweidecker gleicher Größe mit 750 Tonnen und 44 Kanonen dokumentiert.

7.3.6 Marseille

An diesem Standort kam es ebenfalls erst 1670 zur Indienststellung von Schiffen: zwei identische Einheiten von 500 Tonnen und 34 Kanonen sowie die FIER mit 1.050 Tonnen und 56 Kanonen.

7.3.7 Region Bayonne

In Bayonne verließen wie in Dünkirchen und Marseille erst 1670 drei Einheiten mittlerer Größe zwischen 600 und 700 Tonnen mit bis zu 42 Kanonen die Werftanlagen.

7.4 Auswertung

An Einheiten der ersten fünf Ränge entstanden auf der Werft in Toulon während des ersten Schiffbauprogramms von 1661 bis 1671 insgesamt 44 Schiffe verschiedener Größen mit einer Gesamttonnage von 42.200 Tonnen, gefolgt von Rochefort mit 29.850 Tonnen und 34 Einheiten sowie Brest mit 25.100 Tonnen und 27 Schiffen.
Im Verhältnis der Schiffstonnagen zu den Geschützen ergaben sich bei allen drei Standorten in etwa gleiche Werte um 18 Tonnen pro Geschütz.

8. Die Veränderung von Strukturen und Zuständigkeiten

Zu dem eigentlichen Schiffbauprogramm gehörte jedoch nicht nur der Bau der Schiffe, sondern auch eine effektive Verwaltung und funktionierende Logistik zum Unterhalt der Seeverbände. Colbert veränderte zunächst die Strukturen und Zuständigkeiten dahingehend, dass die Marineverwaltung nun dem Chef d'escadre der jeweiligen Provinz unterstand und nicht wie bisher den örtlichen militärischen Behörden.
Die Verwaltungsaufgaben und technischen Angelegenheiten in jedem Flottenhafen übernahm ein zuvor ernannter Intendant und die örtliche Marineleitung war nur noch für die militärischen Angelegenheiten zuständig, was zu enormen Spannungen und Reibereien zwischen den Verantwortlichen führte.[168]

9. Das höhere Offizierskorps

1660 bestand das höhere Offizierskorps aus dem ersten Admiral von Frankreich und zwei Vizeadmiralen, wobei alle drei ausnahmslos dem Hochadel entstammten und naturgemäß über wenig Seeerfahrung verfügten.
Darüber hinaus gab es drei Generalleutnants und vier Chefs d'escadre als Stationschefs für die einzelnen Seedistrikte.[169] Ihnen unterstanden die Hauptkriegshäfen samt Versorgung und Mobilisierung der ihnen zugewiesenen Streitkräfte und sie kommandierten zudem die örtlichen Geschwader. Ihnen zur Seite standen noch ein Kommissar, ein Kapitän und mehrere Leutnants des entsprechenden Hafens.
Das unter Richelieu gegründete Offizierskorps der Schiffe, bestehend aus Kapitänen, Leutnants oder Unterleutnants war hingegen sehr dünn besetzt, sodass die Administration für Abhilfe sorgen musste.
Eine Marineschule wurde gegründet, in der sich die Kandidaten am Ende ihrer Schulung einer Prüfung unterzogen. Für die Ausbildung der Offiziere – auch aus den höheren Ständen – führte die Marine Schulschiffe ein und erließ Dienstpläne mit dem Ziel, die Aspiranten zu richtigen Seeoffizieren zu erziehen.

Der Anspruch konnte allerdings mit der Realität nicht mithalten. Nach dem Abschluss des ersten Schiffbauprogramms verfügte Frankreich zu Beginn 1672 über weitaus mehr Schiffe als Personal dafür zur Verfügung stand. Es mussten nicht für alle Einheiten komplette Besatzungen vorgehalten werden, aber selbst bei einer geplanten Ausnutzung von drei Viertel aller Schiffe, war dies mit den vorhandenen Mannschaften und Offizieren nicht zu bewerkstelligen.
Viele Planstellen für Offiziere ersetzte die Admiralität daher durch Personal von Handelsschiffen, dessen Begeisterung sich in Grenzen hielt. Bei dem Gefecht 1672 nahe Solebay[170] gab es kein einziges französisches Schiff mit mehr als 80 Kanonen.[171] Dies konnte einerseits taktische Gründe haben, andererseits erforderten jedoch gerade diese großen Schiffe zwischen 800 und 1.200 Mann Besatzung – nicht zuletzt, um die deutlich höhere Zahl an Kanonen und größeren Kalibern bedienen zu können.

Zudem besaß Frankreich nur wenige kriegserfahrene Offiziere und Mannschaften. Kaum jemand hatte Erfahrung in der Seekriegstaktik und wenn, so agierten diese bisher nur gegen die Barbaresken im Mittelmeer. Dies erklärt die auffallende Zurückhaltung der französischen Marine im zweiten und dritten Englisch-Holländischen Krieg, zumal ehemalige Landoffiziere das ein oder andere Geschwader kommandierten. Vermutlich hielt sich Ludwig XIV. möglicherweise auch bewusst zurück, damit Engländer und Holländer einander gegenseitig schwächten.[172]

Die Besetzung von Offiziersposten aus dem Adelsstand förderte nicht gerade die Disziplin, sah man sich doch gegenüber den nichtadligen Offizieren bereits von Geburt her als privilegiert an und verspürte darüber hinaus keine Notwendigkeit, an Manövern oder sonstigen militärischen Übungen teilzunehmen. Dies führte wiederum zu Unmut bei den restlichen Offizieren, die sich dadurch benachteiligt fühlten.

Ein weiterer, nicht unwesentlicher Punkt bestand in der eigenen Wahrnehmung bezüglich der unterschiedlichen Flottenteile. Die Vizeadmiräle der Atlantik- (Ponant) und Mittelmeerflotte (Levant) waren die Oberbefehlshaber der Seeverbände und Marinestützpunkte in ihren jeweiligen Gewässern. Doch das galt nicht für alle Zeiten. Die Zuständigkeiten waren ähnlich wie in England nicht immer auf die eigene Flotte bezogen. Diese führte oft ein Generalleutnant, der die Position eines Admirals einnahm, wobei die Vorhut ein Vizeadmiral und die Nachhut ein Konteradmiral befehligte. Die Chefs d'esacdre hatten die Funktion eines Konteradmirals und zugleich das Kommando über ihre Division.

46 Gemälde von Admiral Tourville, ohne Signatur, um 1690. Musée de la Marine, Paris.

Anne Hilarion de Cotentin, Comte de Tourville *war ein französischer Seeheld, Admiral und Marschall von Frankreich (1642-1701) während der Regentschaft von Ludwig XIV. Tourville kämpfte bereits in jungen Jahren gegen die Barbaresken und trat im Alter von 18 Jahren in die französische Marine ein. 1667 zum Kapitän ernannt, führte er zwischen 1672 und 1674 das Kommando auf den Linienschiffen* SANS-PAREIL, SYRENE *und* SCEPTRE *in den Kriegen gegen die Niederlande und Spanien. Ab Mitte der siebziger Jahre diente er unter Chevalier de Valbette, danach unter Duquesne.*
1676 vernichtete Tourville auf der Rückreise von Agosta kommend bei Palermo mehr als ein Dutzend holländisch-spanische Einheiten.
Zu Beginn der achtziger Jahre zum Generalleutnant aufgestiegen, nahm er an diversen Landbeschießungen gegen Algier und Genua teil. 1689 zum Vizeadmiral der Mittelmeerflotte du Levant befördert, befehligte er 1690 das Geschwader gemeinsam mit Jean II. d'Estrées zur Unterstützung Jakobs II. in Irland. Als Oberbefehlshaber der französischen Flotte errang er auf seinem Flaggschiff SOLEIL ROYAL *in dem Seegefecht bei Bévenziers (Beachy Head) seinen größten Erfolg, als er 1690 die verbündete englisch-holländische Flotte mit 112 Schiffen besiegte und 15 gegnerische Einheiten versenkte bzw. kaperte. Zur Absicherung der beabsichtigten Landung von Jacobiten an der britischen Küste musste er in den Gefechten bei Barfleur und La Hougue 1692 die aus 97 Schiffen bestehende, mehr als doppelt so große Flotte angreifen und erlitt eine schwere Niederlage. 1693 zum Marschall von Frankreich ernannt, kaperte er in dem Seegefecht bei Lagos*[173] *im gleichen Jahr zwei Dutzend Handels- und Kriegsschiffe und zerstörte weitere 45 Einheiten bei deren Verfolgung. Admiral Tourville verstarb am 23. Mai 1701.*

10. Der Aufbau eines Offiziers- und Mannschaftskorps

Bei der ab 1666 schnell ansteigenden Zahl neu gebauter Schiffe bestand nach wie vor das Problem der personellen Unterversorgung mit Seeoffizieren und Mannschaften.
Bei einem Vergleich der Personalstärke mit den Angaben anderer Seenationen fällt auf, dass die Seenation Frankreich im Verhältnis zu England und Holland in allen fünf Rängen über 10 bis 15 % mehr Besatzung auf den Schiffen verfügte.[174]

Um der notorischen Personalnot Herr zu werden, begann Colbert mit einer Rekrutierung aus der Bevölkerung aller Küstenregionen und schuf Anreize für einen Dienst in der Marine (Halbsold-, Witwen- oder Waisenpensionen). Es sollten sogar die angeworbenen Mannschaften stets auf den gleichen Schiffen ihren Dienst verrichten.

Colbert musste jedoch auch Niederlagen verkraften. Zum Beispiel gründete er sogenannte „Seesoldatenkompanien“, die er aber bald danach an den eifersüchtigen Kriegsminister Louvois abtreten musste. Diese Truppen, immerhin rund 30 % der Besatzung, warben nun die Kommandanten an, worauf Colbert keinen Einfluss hatte.

In den Schulen erhielten die Schiffskanoniere eine Ausbildung in mehrmonatigen Kursen, ausreichende Verpflegung und regelmäßige Entlohnung. Das sprach sich herum und erleichterte die Anwerbung neuer Mannschaften. Der strukturelle Aufbau eines Unteroffiziers-, Deckoffiziers- und Seeoffizierskorps ging in Frankreich einfacher von statten als in England oder Holland, da die Marineleitung von deren konzeptionellen Vorarbeit profitierte.

Zwar wurde das Schiffbauprogramm 1671 planmäßig umgesetzt, dennoch mangelte es trotz aller flankierender Maßnahmen weiterhin an Offizieren und besonders an Mannschaften. Durch die Edikte vom 22. September 1668 und 6. Oktober 1674 ließ Colbert anstelle des bisher üblichen Matrosenpressens[175] das System des *„Enrôlement maritime“*[176] einführen. Dieses verpflichtete alle Seeleute je nach ihrer Einteilung in vier Klassen dazu, alle drei, vier oder fünf Jahre für zwölf Monate in der königlichen Flotte zu dienen. 1672 führte die Administration 60.000 Mann in den Listen.[177]

Monatseinkünfte der Seeoffiziere nach Abschluss des ersten Aufbauprogramms:[178]

Vizeadmirale von Povant und Levant	1. 500 Livres
Generalleutnants	600 Livres
Chefs d'escadre	460 Livres
Kapitäne von Schiffen des ersten und zweiten Ranges	360 Livres
Kapitäne von Schiffen des dritten Ranges	300 Livres
Kapitäne von Schiffen des vierten und fünften Ranges	260 Livres
Fregattenkapitäne	100 Livres
Branderkapitäne	60 Livres

Zum Vergleich dazu: Ein Brot kostete ungefähr $^{1}/_{3}$ Livre, eine ausgiebige Mahlzeit 1 Livre.

KAPITEL 8 Die barocke Schiffsarchitektur Ludwigs XIV.

1. Die Renaissance und der Übergang zum Barock

In Frankreich veränderte sich das Kunsthandwerk nur unmerklich, nahm aber dennoch Einfluss auf die zeitgenössische Architektur. Die Renaissance prägte die Dekorationen bis etwa 1650 und erst durch den Einfluss Ludwigs XIV. kam in Frankreich der Kunststil des Barock zur Geltung als bewusstes Stilelement zur Selbstdarstellung der eigenen Person und ihrer gesellschaftlichen Bedeutung. Der Barockstil entstand zu Beginn des 17. Jahrhunderts in Italien, wobei Rom bis ca. 1680 als dessen Zentrum galt. Seine stärkste Ausprägung fand diese Kunstform jedoch unter Ludwig XIV. am französischen Hof in Versailles im letzten Drittel des Jahrhunderts und kreierte dort einen eigenen Stil, den barocken Klassizismus.[179]

Hinter dem Gedanken des Barock verbarg sich die thematische Zusammenführung einzelner Künste wie der Malerei, Bildhauerei, Architektur oder Landschaftsgestaltung. Vergleichsweise wie in einem Theaterstück arrangierte man Bühnenbild, Thema der Handlung und kostümierte Schauspieler in einem gemeinsamen Konzept und entwickelte daraus ein Gesamtkunstwerk. Die verschiedensten Themen beeinflussten die Fassadengestaltung, Dekoration, Wand- oder Deckenmalereien und fanden ihren Ausdruck innerhalb und außerhalb der Gebäude oder in Skulpturen der Parks und Gärten.

Ganz im Stil Ludwigs XIV. verkörperte der barocke Gedanke ein extrovertiertes machtbewusstes Selbstwertgefühl, das durch ein gewisses Maß an Selbstinszenierung vermittelt wurde.[180] Kein anderer Kunststil eignete sich für Ludwig XIV. dafür besser als der Barock. Es ist daher nicht verwunderlich, dass die Krone enorme Summen für die architektonische und künstlerische Ausgestaltung von Schlossanlagen und Schiffen bewilligte.

2. Die barocke Schiffsarchitektur in Frankreich

Die dekorative Schiffsarchitektur des Barock hatte primär die Aufgabe, den Namen des Schiffes in künstlerischer Weise zu versinnbildlichen und die exponierte Stellung des Herrschers hervorzuheben. Gerade bei den größten Schiffen dieser Epoche betrieben die Seenationen einen immensen Aufwand, um die Pracht und Herrlichkeit des eigenen Regenten bzw. des Landes über alle Maßen zu betonen.[181] Die barocken Skulpturen und Verzierungen an den Gebäuden werden heute noch mit großem Interesse wahrgenommen, nicht aber die dekorative Schiffsarchitektur der damaligen Zeit, obwohl meist von den gleichen Malern, Bildhauern und Architekten in nicht minderer Qualität konzipiert. Versailles ist dafür ein gutes Beispiel. An den königlichen Schiffen ROYAL LOUIS und SOLEIL ROYAL setzten die Künstler thematisch oft die gleichen bildhauerischen Arbeiten nach den Entwürfen von Le Brun wie in Versailles um. Das war eine der Aufgaben der beiden Flaggschiffe: den Glanz des Souveräns in gleicher Weise auf den Meeren zu präsentieren, als „Versailles der Meere", wovon sich der Titel dieses Buches ableitet. Bezeichnend ist in diesem Zusammenhang eine Gedenktafel, die am Fuß des Besanmastes der ROYAL LOUIS von 1668 angebracht war und in goldenen Lettern folgende Inschrift trug:[182]

JE SUIS L'UNIQUE DESSUS L'ONDE,
ET MON ROY L'EST DEDANS LE MONDE.

»ICH BIN EINZIGARTIG AUF DEM MEER,
WIE MEIN KÖNIG IN DER WELT.«

Auch wenn Ludwig XIV. diese Gedenktafel wohl kaum in Auftrag gab, so zeugt sie doch von einem gewissen Selbstverständnis für den Souverän und das eigene künstlerische Werk.

47 Zeichnung der ROYAL LOUIS von 1668. Pierre Puget, um 1670. Albertina, Wien.

Woran liegt es nun, dass Versailles große Aufmerksamkeit gewidmet wird, aber die damals zur gleichen Zeit nicht minder kunstvoll ausgeführten Arbeiten an den Schiffen wenig bekannt sind? Ein Grund besteht wohl darin, dass kaum nennenswerte Arbeiten erhalten blieben. Eine Ausnahme bildet die vor Stockholm gesunkene und 1956 wiederentdeckte VASA[183], deren Reste geborgen wurden. Es folgte eine aufwendige Präparation der Holzkonstruktion samt ihren unzähligen Skulpturen und sonstigen Schnitzereien, wodurch eine fast vollständige Rekonstruktion der Ornamentik des Schiffes gelang.

48 VASA, Vasa Museum in Stockholm. Aufnahme von I, Peter Isotalo.

Einige Marinemaler wie Willem van der Velde[184] hielten die Pracht der Dekorationen an den Schiffen in ihren Gemälden fest und vermitteln heute noch einen Eindruck von den damaligen künstlerischen Arbeiten.

Neben diesen Malern gab es auch begnadete Bildhauer und Zeichner mit einem ausgeprägten Gefühl für die dekorative Schiffsarchitektur, wie Pierre Puget.

49 Zeichnung von Pierre Puget, ohne Signatur. Le Musée des Beaux-Arts, Ville de Marseille.

Pierre Puget *war ein französischer Maler, Marinemaler und Bildhauer (1620-1694). Erste Auftragsarbeiten führte Puget in Rom und Florenz aus und war an der Ausmalung des großen Renaissance-Palastes Palazzo Pitti*[185] *im Florentiner Stadtteil Oltrarno beteiligt. Er war offizieller Stadtmaler von Toulon bzw. Marseille und kreierte in den fünfziger Jahren Altarbilder für ihre Kirchen sowie weitere Arbeiten im südfranzösischen Raum.*

In den sechziger Jahren arbeitete er wieder in Italien, überwiegend in Rom. 1668 kehrte er nach Toulon zurück und wurde dort Direktor für Schiffsdekorationen an der königlichen Werft. Puget fertigte in dieser Zeit zahlreiche Entwürfe an und skizzierte einige Schiffe der königlichen Marine, unter anderem die ROYAL LOUIS und die MONARQUE.
Nach 1670 verließ er die Werft und widmete sich danach vorwiegend Landschaftszeichnungen oder mythologischen Szenerien.

Pierre Puget starb 1694 in Marseille. Er war wie kaum ein anderer in der Lage, emotionale Gefühlsregungen in seinen Skulpturen zum Ausdruck zu bringen. Mehrere seiner Werke befinden sich heute im Louvre in Paris.
Er war einer der bedeutendsten Bildhauer in der Epoche Ludwigs XIV. und vorwiegend durch den römischen Hochbarock beeinflusst. Pierre Puget genießt als Marinemaler einen geradezu legendären Ruf, waren doch seine Zeichnungen der skizzierten barocken Schiffe von herausragender Qualität und Detailgenauigkeit. Ihm ist es vornehmlich zu verdanken, dass die Kenntnisse über das Aussehen der mit üppigen Verzierungen versehenen Segler heute noch vorhanden sind.

Es gibt kaum Dokumente, welche die Schiffe jener Epoche beschreiben und wenn, thematisierten sie meist deren konstruktive Seite und weniger ihre dekorative Schiffsarchitektur. Eine der wenigen Ausnahmen bildet die Monografie der ROYAL LOUIS von 1677 mit zwei Zeichnungen durch den damaligen Kommissar Hayet[186], von der nur ein einziges Exemplar erhalten blieb.

Neben den tragenden Bauelementen beschrieb er darin auch die bildhauerischen Arbeiten, Dekorationen und Malereien des Schiffes, ganz im Stil eines Museumsführers während seines Rundgangs. Ohne Zweifel ein glücklicher Umstand, gehörten doch die ROYAL LOUIS wie die SOLEIL ROYAL zu den prunkvollsten königlichen Schiffen ihrer Zeit, die den Flottenverbänden Levant und Ponant vorstanden.

Die ROYAL LOUIS wurde in Toulon unter der Aufsicht von Gédéon Rodolphe, einem aus Holland angeworbenen Schiffbaumeister um 1668 fertiggestellt, während die SOLEIL ROYAL unter der Leitung des französischen Baumeisters Laurent Hubac um 1669 in Brest entstand.

Beide Schiffe waren ersten Ranges, von 2.400 bzw. 2.500 Tonnen und drei durchgängigen Decks mit einem vorderen Aufbau sowie mit mehreren Hütten überbautem Achterschiff. Beide verfügten über rund 110 kunstvoll verzierte Bronzekanonen unterschiedlicher Kaliber.
Von der SOLEIL ROYAL ist keine solche Monografie überliefert, jedoch ist davon auszugehen, dass sich beide Schiffe in der Qualität ihrer dekorativen Malereien und Skulpturen in nichts nachstanden und die SOLEIL ROYAL womöglich auch eine Tafel ähnlicher Inschrift trug.

50 *Zeichnung der ROYAL LOUIS von 1668, in „Description du vaisseau le ROYAL LOUIS". Kommissar Hayet, ohne Signatur, um 1677.*

Die ausgearbeiteten Dekorationsentwürfe für die im Bau befindliche ROYAL LOUIS lagen bereits 1667 von den im Marinearsenal tätigen Bildhauern vor. Als Generalintendant von Toulon war d'Infreville aber anscheinend von deren Qualität nicht sonderlich überzeugt.

Er versuchte Pierre Puget für die Leitung der künstlerischen Arbeiten zu gewinnen, der über die Landesgrenze hinweg einen ausgezeichneten Ruf genoss und zu dieser Zeit in Italien weilte.
Puget hatte dort ein ansehnliches Auskommen und zeigte sich zwar grundsätzlich dazu bereit, verknüpfte damit allerdings eine Reihe von Bedingungen und künstlerischen Freiheiten, um seine eigenen Vorstellungen durchzusetzen.

Dieses Selbstverständnis war wohl für Colbert zu viel des Guten, sodass schließlich Le Brun Ende 1667 den Auftrag zur künstlerischen Gestaltung der *ROYAL LOUIS* erhielt und die getreue Umsetzung der Vorgaben aus Versailles gesichert war.

Charles Le Brun, *Sohn einer Bildhauerfamilie, war ein französischer Maler, Ornamentzeichner und Architekt (1619-1690), der den künstlerischen Stil von Ludwig XIV. wie kaum ein anderer dieser Epoche prägte. Sein Talent wurde in jungen Jahren schnell erkannt, als ihn sein Vater in die Grundlagen der Bildhauerei wie des Skizzierens einführte und der Sohn, insbesondere mit sehr detaillierten Zeichnungen, rasch Aufsehen erregte. Durch eine Federzeichnung mit Darstellung von Ludwig XIV. hoch zu Ross erweckte er die Aufmerksamkeit am Hof.*

Mit Unterstützung des damaligen Kanzlers Ségnier erhielt Le Brun eine entsprechende Ausbildung und studierte ab 1632 Malerei, vornehmlich die Antikensammlung und Arbeiten italienischer Meister im Schloss Fontainebleau[187]*. Auf Betreiben Ségniers und mit dessen finanzieller Zuwendung ging Le Brun 1642 nach Rom, widmete sich dort den antiken Skulpturen und wurde nachhaltig durch die italienischen Meister geprägt.*

Nach seiner Rückkehr 1646 führte er diverse Aufträge für die Kirche und Sonderarbeiten in privaten Häusern aus. Durch die Heirat mit der Tochter eines Hofmalers erschloss er sich weitere gesellschaftliche Kreise. 1648 gründete er mit anderen Künstlern die „Académie royale de peinture et de sculpture" und fand mit Nicolas Fouquet einen einflussreichen Gönner, der ihm die Leitung einer privaten Manufaktur übertrug. Ab 1658 begann er mit der Ausschmückung von Fouquets Schloss Vaux-le-Vicomte und lernte so den Architekten Louis Le Vau und den Landschaftsarchitekten André Le Nôtre kennen, mit denen er gemeinsam noch herausragende Werke erschaffen sollte. Mazarin führte Le Brun 1660 am französischen Hof ein und erhielt von Ludwig XIV. den Auftrag für eine Gemäldeserie über Alexander den Großen. Nach dem Sturz von Fouquet förderte Colbert den Künstler. Der Minister erhob Le Brun 1662 in den Adelsstand, ernannte ihn zum Premier Peintre du Roi, dem höchsten Amtsträger für Malerei, und berief ihn zum Generalintendanten der königlichen Sammlungen. Mit Unterstützung Colberts übernahm er als Direktor die Leitung der staatlichen Kunstwerkstätten und Manufakturen, die neben diversen Kunstobjekten auch Möbel und Gobelins produzierten. Le Brun fertigte unzählige Entwürfe an, deren Ausführungen er anschließend überwachte. Diese Arbeiten unterbrach er kurz, um den König 1677 auf dessen Flandernfeldzug gegen die spanischen Besitztümer zu begleiten.

51 Gemälde von Charles le Brun. Nicolas de Largillière, um 1685. Musée du Louvre, Paris.

Le Brun zeichnete für zahlreiche, hauptsächlich in Versailles ausgeführte Arbeiten verantwortlich, wie für die Apoll-Galerie 1661, die große Gesandtentreppe, das Apoll-Ensemble im großen Bassin und vor allem für die Spiegelgalerie 1679. Maler und Bildhauer realisierten auf Grundlage seiner Entwürfe die Skulpturen und Malereien, ebenso an den Schiffen. Er leitete ferner in den siebziger Jahren die Dekorationsarbeiten an Colberts Schloss Sceaux. Le Brun galt als das künstlerische Nonplusultra seiner Epoche, war aber cholerisch veranlagt und tendierte zur Herrschsucht.

Er hatte Einnahmen, die ihn vermutlich zum reichsten Künstler in Europa während des 17. Jahrhunderts werden ließen. Er besaß Residenzen in Paris und Versailles, lebte auf seinem Landsitz in Montmorency, wo der Hochadel ein- und ausging. Dieser war nicht selten überrascht von so vielen Wasserwegen, Fontänen, Wasserfällen oder Grotten und berichtete von Le Bruns harmonischem Familienleben.

Nach dem Tod seines Förderers Colbert fiel Le Brun schnell in Ungnade, denn der Marquis de Louvois als Nachfolger des Ministers hatte mit Mignard[188] *seinen eigenen Protegé. Le Brun starb mit 71 Jahren in Paris und hinterließ ein Werk, das für nachfolgende Generationen französisch-höfischer Künstler immer wieder beispielhaft war.*

Charles Le Brun (1619-1690) war der königliche Hofmaler Ludwigs XIV., der vornehmlich die künstlerische Ausgestaltung von Versailles leitete. Seine erste erwähnenswerte Arbeit an einem Schiff führte er 1662 mit einem Gemälde in der großen Messe der damaligen COURONNE aus.
Le Brun war stark beeinflusst von den italienischen Meistern wie Raffael, Renis oder Carracis. Große Symbolfiguren, die sich an den Meisterwerken der griechisch-römischen Antike orientierten, galt es in den Heckfassaden der imposanten Schiffe in Szenen anzuordnen und mit Ornamenten zu umsäumen.

Le Brun, berüchtigt für sein Streben nach Perfektion, war für Ludwig XIV. der Garant dafür, dass die künstlerische Qualität an den Schiffen gegenüber den Arbeiten in Versailles in nichts nachstand. Mit dem Apoll-Bassin gestalteten die Bildhauer thematisch oft die gleichen Arbeiten in Versailles, wie an der SOLEIL ROYAL.

52 Apoll mit Streitwagen und Pferden, Bassin in Versailles. Aufnahme von Gaudry daniel.

53 Apoll mit Streitwagen und Pferden, Heckfassade der SOLEIL ROYAL.

Jean-Baptiste Tuby schuf dieses Brunnenensemble von 1668 bis 1670 in der Gobelin-Manufaktur, also zeitgleich zum Bau des Schiffes, wo sich am oberen Ende des Heckspiegels die gleiche Szenerie mit Apoll und den vier Pferden (Pyroïs, Euos, Actéon und Phlégon) wiederfindet. In Versailles wie auf der SOLEIL ROYAL versinnbildlicht die Figur von Apoll bzw. Ludwig XIV. den Willen, über die Welt zu herrschen.

In dieser Zeit hatte Le Brun neben den Verzierungen an der ROYAL LOUIS ebenfalls die Dekoration für die SOLEIL ROYAL entworfen.[189] Galten beide doch als künftige Flaggschiffe ihrer Flottenverbände Levant und Ponant und genossen damit eine Ausnahmestellung.

Die Innenausstattung und Dekorationen von Versailles samt der großen Anzahl von Skulpturen banden Le Brun jedoch örtlich an Paris. Daher fertigte er nur die Entwürfe an, deren Umsetzung durch renommierte Bildhauer François Girardon[190] anschließend überwachte. Girardon war außerdem Professor an der *„Académie royale de peinture et de sculpture“*[191] und genoss das Vertrauen von Le Brun, da er bereits viele Arbeiten in Versailles nach dessen Entwürfen realisiert hatte.

Le Brun blieb keine Zeit, sämtliche Dekorationen für die großen Segler zu entwerfen. Er konzentrierte sich mit seinen Entwürfen vornehmlich auf die königlichen Schiffe und besuchte vermutlich ab und an die Werkstätten und dortigen Arbeiten in Toulon.

Nach seinen Entwürfen fertigte Girardon die Modelle der wichtigsten Skulpturen an,[192] während die werfteigenen Maler und Bildhauer die restlichen Vorlagen modellierten. Die eigentliche Umsetzung der Arbeiten erfolgte anschließend unter der Aufsicht von lokalen Bildhauermeistern in Toulon durch mehrere Dutzend Schnitzer, Schreiner und ihrer Gesellen. Eine Aufstellung von d'Infreville vom 20. März 1668,[193] erwähnt darin namentlich 42 dieser Handwerker, die unter den Meistern Rombaud und Tureau an den Figuren mitwirkten. Girardon arbeitete über ein Jahr an den übergroßen Skulpturen der königlichen Schiffe und leitete darüber hinaus die Arbeiten an weiteren Einheiten.

Die Vielzahl an Dekorationen galt von Anfang an als höchst umstritten und wurde von den Seeoffizieren und Schiffbaumeistern abgelehnt, da sie um die Seetüchtigkeit ihrer Schiffe bangten.

54 Heckansicht der Dauphin Royal, ohne Signatur. Die Zeichnung stammt vermutlich von Pierre Puget, um 1668.

So schrieb der Chevalier von Saint-Aubin (Chef d'escadre de la marine du Levant) am 21. April und 20. November 1668 an Colbert:

„…Diese Arbeiten [die Skulpturen an der ROYAL LOUIS*], sind eine große Unternehmung [Herausforderung]. Es dauert sehr lange, bis diese in Perfektion verwirklicht sind…“*[194]

„…Ich habe mit sehr großem Bedauern festgestellt, dass man die Arbeiten an den Skulpturen nicht in der Weise beschleunigen kann, wie ich es möchte. Uns fehlen die Arbeitskräfte und die Arbeit wird sich lange hinziehen…“[195]

Girardon verließ im Sommer 1668 Toulon. Da die Menge an fertigzustellenden Schiffen aber stetig zunahm, kam es letztlich zur Einigung mit Puget, zumal Le Brun in Versailles unabkömmlich war. Ab dem Sommer 1668 übernahm Puget die Leitung der künstlerischen Werkstätten in Toulon, entwarf unter anderem die Schiffsdekoration für die MONARQUE, anschließend für die PARIS und die ISLE DE FRANCE.
Puget war sehr geprägt durch den italienischen Barock. Seine Dekors, überladen mit Figuren teils in dramatischen, teils in gefühlsbetonten Szenen, lehnten sich ebenfalls an die griechisch-römische Mythologie an.

Er galt als Freigeist, der Krone nicht verpflichtet und in künstlerischen Dingen wenig zugänglich; daher achtete d'Infreville als Generalintendant des Arsenals persönlich darauf, dass er die Entwürfe und Vorgaben Le Bruns einhielt.
Diese hatten Ludwig XIV. und Colbert persönlich abgesegnet und bei dem cholerischen Temperament Le Bruns wäre ein Eklat unausweichlich gewesen, wenn die Umsetzung der Skulpturen und Ornamente nicht exakt den Vorgaben entsprochen hätte.

Pugets Wunsch nach Eingriff in die Schiffskonstruktion zur Befestigung der Dekors führte schnell zur Konfrontation mit Gédéon Rodolphe und d'Infreville.[196] Schließlich drohte ihm sogar die Entlassung, da man ihm vorhielt, die Schiffe aufgrund der großen Skulpturen und Ornamente zu überfrachten. Puget gab letztlich nach, verwarf seine Konzeption für die königlichen Schiffe und setzte die Arbeiten wie vorgesehen um.[197]

Die aus Toulon stammenden Bildhauer und Maler, zum Beispiel Rombaud oder Tureau, sahen dies mit einer gewissen Genugtuung. Die bisherigen Arbeiten an den Schiffen waren bereits weit fortgeschritten und hätten ansonsten einen Neuanfang mit all seinen Konsequenzen bedeutet. Das Verhältnis zwischen d'Infreville und Puget muss darüber hinaus nicht das Beste gewesen sein, denn in einem Brief vom 19. Juni 1668 schrieb der Intendant an Colbert:

„…Es würde bedeuten das Ganze zu verderben, wenn man ihn Hand anlegen ließe an die ROYAL LOUIS…"[198]

Und in der Tat gibt es keinen Beleg dafür, dass Puget an den Dekorationen der ROYAL LOUIS mitwirkte. Diese Streitereien sind vermutlich auch der Grund dafür, dass Puget die Werften in Toulon nach 1670 wieder verließ, jedoch weiterhin für die Krone tätig war, zum Beispiel mit den Marmorstatuen des Milon oder Perseus und Andromeda, die als bildhauerische Meisterwerke des 17. Jahrhunderts gelten.[199]

Da die Fertigstellung der Arbeiten zum geplanten Besuch des Arsenals von Ludwig XIV. gefährdet schien,[200] holte die Administration Girardon im Herbst 1668 wieder zurück, um die Arbeiten zu unterstützen und qualitativ zu verbessern.[201] Einige der offensichtlich viel zu schweren Figuren höhlten die Bildhauer in einem aufwendigen Prozess aus, um auf diese Weise Gewicht einzusparen.
Es gab weiterhin viele Zwistigkeiten unter den Künstlern. Im Sommer 1670 bemerkte Puget nach seiner Rückkehr von einer Italienreise, dass Tureau und Rombaud an mehreren neuen Schiffen nach ihren eigenen Entwürfen gearbeitet hatten. Puget war über alle Maßen erbost, zumal sich die Arbeiten an der ROYAL LOUIS und der MONARQUE deutlich verzögerten. Colbert erteilte danach die Anweisung, dass die beiden zunächst die ROYAL LOUIS und danach die DAUPHIN fertigstellen sollten und zwar ausdrücklich nach den Entwürfen von Le Brun, um nach Beendigung ihrer Arbeiten anschließend weitere Schiffsdekorationen unter der Leitung von Puget auszuführen.[202]
Ärger gab es auch durch den einflussreichen Guillaume d'Alméras, Marquis de Mirevaux, dem Chef d'escadre, der ähnlich wie d'Infreville und die Baumeister in Pugets und Le Bruns Schiffsskulpturen nur überflüssigen Ballast sah und damit eine Beeinträchtigung der Seetüchtigkeit dieser königlichen Schiffe.[203]
Die Platzierung der meterhohen Figuren und Hochreliefs an den Heckfassaden war extrem schwierig und ihre Befestigung oftmals Gegenstand erhitzter Debatten, galten diese Statuen doch als hinderlich und gefährdeten zudem die Segeleigenschaften bzw. die Stabilität der Dreimaster.
Ab 1670 gab es einen Trend zur Reduktion, der am unterschiedlichen Dekorationsgrad der ROYAL LOUIS und späteren SOLEIL ROYAL ablesbar ist. Schließlich kam es zur Einigung, die Skulpturen und Ornamentik zwar zu realisieren, aber ihr Gewicht so weit wie möglich zu minimieren. Ohnehin begannen die Bildhauer bereits Ende 1669 die großen Figuren in Form eines schichtweisen, scheibenartigen Aufbaus hohl zu gestalten, um das Achterschiff zu erleichtern.

Colbert fühlte sich im gleichen Jahr berufen, nochmals auf die Wichtigkeit dieser Dekorationsarbeiten hinzuweisen, denn er schrieb einen Brief an alle Intendanten der Arsenale mit folgendem Inhalt:

„…bezüglich der Ornamente, wenn die alten nicht Verwendung finden, so möchte ich, dass neue hergestellt werden und es scheint mir angebracht, die Größe des Königs und seine Macht den entlegensten Ländern nicht nur durch die Anzahl und Stärke seiner Schiffe, sondern ebenfalls durch die Pracht und Schönheit ihrer Ornamente zu vermitteln…"[204]

Im Gegensatz zu Toulon verfügten die Arsenale von Brest und Rochefort über keine renommierten Künstler. Für die Ausführung der Dekorationen an der SOLEIL ROYAL sorgte Colbert im Frühjahr 1671 für die Entsendung von anerkannten Meistern aus der Region um Paris.[205] Der Bau des Schiffes war also zu diesem Zeitpunkt noch nicht beendet![206] Es ist wahrscheinlich, dass andere bedeutende Dreidecker wie die LA REINE ebenso von dieser Anweisung profitierten. Lokale Bildhauer führten die Arbeiten an den weniger wichtigen Schiffen aus. Deren Dekorationen orientierten sich an den holländischen Einheiten, die Frankreich Mitte der sechziger Jahre zukaufte.

Da Le Brun nicht in der Lage war, auch noch diese Arbeiten zu überwachen, mangelte es im Grunde an einem übergeordneten Dekorationsstil, der für die gesamte erste Marine Ludwigs XIV. hätte prägend sein können. Nach dem Tod Colberts 1683 fiel Charles Le Brun schnell in Ungnade und fertigte bis zu seinem Tod 1690 keine weiteren Entwürfe für die Schiffe mehr an.

Bei der zweiten Marine 15 Jahre später trat Laurent Coulomb 1686 für eine Standardisierung der Verzierungen im Schiffbau ein und unterbreitete Vorschläge, um die Dekors zu vereinheitlichen und günstiger zu gestalten, fand jedoch mit seinen Konzepten kein Gehör.

Dies änderte sich erst mit Jean Bérain[207], einem Architekten, Zeichner und Graveur, der 1639 in Saint-Mihiel geboren wurde. Ab Juni 1689 übernahm er die Verantwortung für die Ornamentik der ALCION, CAPRICIEUX und BRILLIANT, dessen offizielle Ernennung als Leiter des Skulpturenprogramms mit der zweiten Erneuerung der Marine zusammenfiel.

Mit der Neudekoration der SOLEIL ROYAL und weiteren wichtigen Einheiten prägte er maßgeblich die Schiffsdekoration der zweiten Marine Ludwigs XIV. Er war in der Lage, die Heckfassade der Schiffe mit den flankierenden Balkonen über alle Galerien hinweg ohne Brüche zu verbinden und damit den Achterschiffen deutlich mehr Eleganz und Anmut zu verleihen.

Als Architekt konzipierte er die Aufteilung und Zuordnung der Räumlichkeiten und Galerien, kurze Wege mittels Zwischentüren oder die praktischen Sichtverbindungen durch Fenster im Inneren der Schiffe. Die nun deutlich leichteren Skulpturen orientierten sich analog zur ersten Marine ebenfalls an der griechisch-römischen Mythologie. Sie schienen sich nun noch harmonischer an die Wandungen ihrer Schiffe anzuschmiegen und vermittelten mit den restlichen Dekorationen, die den Namen der Segler aufnahmen, eine konzeptionelle und harmonische Schiffsarchitektur.

Das Vorschiff trug Skulpturen von Göttern und Nymphen, meist in Verbindung mit Fabeltieren. Sie wurden in symbolischen Szenen angeordnet und durch stilisierte Blumen eingefasst, während die Galionsregeln oder ihre elegant zulaufenden Spanten meist Tierköpfe wie zum Beispiel Löwen zierten.
In der künstlerischen Umsetzung blieb Toulon weiterhin führend und etablierte über die Jahre einen Stamm exzellenter Künstler, während Brest wie Rochefort nach wie vor die Unterstützung aus Versailles benötigten.

Im Moment seiner offiziellen Ernennung war Jean Bérain 50 Jahre alt und arbeitete ohne Unterbrechung bis zu seinem Lebensende 1711 in Paris an den Dekors. Seine Entwürfe zeigen eine bemerkenswerte Einheit, die den Dekorationen der königlichen Schiffe die gesuchte Homogenität in Verbindung mit einem konstanten Stil verlieh und bis zum Ende der Regentschaft Ludwigs XIV. unverändert blieb.

55 SOLEIL ROYAL 1669. Entwurf von Jean Bérain, Neugestaltung der Heckfassade, 1689.

56 SOLEIL ROYAL 1669. Modell des Autors, mit Heckgestaltung nach Jean Bérain von 1689.

Viele von den Schiffen der ersten Marine, befanden sich nicht mehr im Dienst. Nur die größten, prestigeträchtigsten Einheiten erhielten eine Generalüberholung, zum Beispiel 1689 die SOLEIL ROYAL, bei der Jean Bérain die Entwürfe für das neue Skulpturenprogramm des Schiffes gestaltete. Colbert sandte am 18. September 1689 in diesem Zusammenhang ein Schreiben an den Künstler:

„…Ich habe die Zeichnung der Skulptur für den Bereich des Vorderstevens der SOLEIL ROYAL erhalten und werde sie unverzüglich nach Brest senden. Das Relief aus Wachs ist, wie ich es gewünscht habe, wenig später dort angekommen, damit man ohne Verzögerung arbeiten kann.

Ich bitte Sie keine Zeit zu verlieren und die Arbeiten so schnell zu beenden, wie es Ihnen möglich ist…"[208]

Zur Veränderung der Innendekoration kam es allerdings nicht mehr, denn diese Arbeiten sollten erst Ende 1689 beginnen, als sich bereits ein bedeutsamer Einsatz des Schiffes abzeichnete. In der Tat war die SOLEIL ROYAL im Juli 1690 das Flaggschiff von Tourville in der Auseinandersetzung bei Béveziers (Beachy Head). Also erfuhr der Dreidecker zwar eine umfangreiche Erneuerung, aber vorerst ohne Dekorationsarbeiten im Inneren des Schiffes, deren Ausführung zu einem späteren Zeitpunkt erfolgte.

3. Die Herausforderungen barocker Schiffsarchitektur

Auch wenn sich die Qualität der Arbeiten an den Palästen, Parks und an den Schiffen kaum unterschied, so differierten sie erheblich in Materialität und konstruktiver Umsetzung. Bei den Dekorations- und Skulpturarbeiten aus Stein oder Stuck an den Gebäuden war der Eingriff in die tragenden Elemente vergleichsweise gering und zudem statisch, also ruhend. Ganz anders bei den Arbeiten an den Segelschiffen – allerlei Verzierungen dekorierten dort begehbare Seitengalerien, die am Heck über weit ausladende Balkone verfügten und die ohnehin durch dynamische Bewegungen beanspruchte Holzarchitektur zusätzlich belasteten.

Diese Vorsprünge benötigten eine entsprechende Unterkonstruktion und Abstützung, die wiederum in das Haupttragwerk der Schiffe eingriff, nicht unbedingt zu ihrem Vorteil was die Manövrierfähigkeit betraf und zu den bereits erwähnten Debatten führte.
Colberts persönliche Meinung dazu ist nicht bekannt, aber ihm schien wohl bewusst, dass die Schiffe analog zu den Gebäuden in Versailles dekorative Arbeiten in gleicher Qualität erforderten. Alles andere hätte Ludwig XIV. nie toleriert und Colbert erteilte daher an die Werft in Toulon entsprechende Anweisungen.

Der damalige Generalintendant des Arsenals von Toulon, d'Infreville[209], reagierte auf dieses Ansinnen eher reserviert. Er vertrat einen anderen Standpunkt und beklagte die immensen Kosten sowie den gewaltigen Zeitaufwand, der dafür betrieben werden musste, setzte jedoch die Anweisungen aus Versailles um.

Waren zum Beginn des 17. Jahrhunderts meist nur Wappen oder sonstige Embleme an den Schiffen angebracht, so orientierten sich die Achterpartien ab Mitte des Jahrhunderts zunehmend an den architektonischen Vorbildern der Gebäudefassaden: mit vertikaler Strukturierung, teils durch lastabtragende Skulpturen, teils durch Fensterflächen sowie einer horizontalen Gliederung durch Galerien mit ihren Balustraden, reich dekoriertem Hackbord[210] und mehreren Meter hohen begehbaren Hecklaternen.
Solche Elemente vermittelten eine zeitgenössische Schiffsarchitektur, die den Herrschaftsanspruch des Eigentümers in beeindruckender Weise auch auf See repräsentierte. Die flankierenden Seitengalerien verbreiterten die Ansicht noch und verstärkten auf diese Weise den Gesamteindruck. Diese achterliche Schiffsarchitektur folgte nicht mehr funktionalen oder konstruktiven Anforderungen, sondern war rein architektonischer Selbstzweck, der einen Zusammenhang zwischen dem Namen des Schiffes und seiner Dekoration herstellte und damit ein thematisches Gesamtkonzept des Skulpturenprogramms erforderte.

4. Die Wahl der Motive und Instrumentalisierung der Kunst

Die Künstler diskutierten in der „*Académie royale de peinture et de sculpture*" die Art und Weise, wie der König in diese Dekorationsprogramme einzubinden wäre und welche historischen Vorlagen sich für derartige Darstellungskonzepte besonders eigneten. Colbert und Ludwig XIV. institutionalisierten, protegierten und instrumentalisierten auf diese Weise die Kunst als politisches Werkzeug für ihre Zwecke.
Ein bekanntes Thema der Antike wird bearbeitet und transkribiert, dabei wiederholen Bildformeln immer wieder die gleichen Ikonografien und dienen letztlich einer Zweckentfremdung der Kunst, um eine gewünschte Botschaft zu übermitteln: Der Gleichsetzung Ludwigs XIV. mit den antiken Heroen oder Gottheiten.

Unter dem Vorsitz von Le Brun, der ab 1668 außerdem Rektor war, diskutierten die Künstler in der Akademie die zeitgenössischen Arbeiten in- und ausländischer Kollegen und besprachen deren Ausdrucksformen antiker Darstellungen. Hieraus sind unter anderem die Inspirationen von Le Brun abzuleiten.
Die Anlehnung an die griechische Mythologie wie zum Beispiel Apoll, unter anderem Gott der Künste und des Lichts, spielt als Allegorie für den Sonnenkönig darin eine wesentliche Rolle, um Ludwig XIV. gottgleich mit Apoll auf eine Stufe zu stellen.

Nachfolgend wird die barocke Schiffsarchitektur anhand von zwei großen Dreideckern unterschiedlicher Perioden beleuchtet, um die Weiterentwicklung des Dekorationsstils aufzuzeigen: von der ROYAL LOUIS von 1668, deren Verzierungen Charles Le Brun entwarf und Pierre Puget in seinen Zeichnungen festhielt sowie der SOLEIL ROYAL von 1669, deren Heckfassade Jean Bérain 1689 während ihrer Generalüberholung 20 Jahre später neu gestaltete.

5. Die Heckarchitektur der *ROYAL LOUIS* von 1668

Aus der Feder von Pierre Puget sind neben einem Entwurf für die Heckdekoration noch mindestens zwei weitere Zeichnungen des Schiffes (eine davon als „GRAND MONARQUE“[211] tituliert) erhalten geblieben.

Daneben wird als zusätzliche Quelle die Zeichnung von Kommissar Hayet aus dem Jahr 1677 einbezogen,[212] die nach der vor Anker liegenden ROYAL LOUIS in Toulon anfertigt wurde.

57 Heckdekoration der ROYAL LOUIS 1668. Entwurfszeichnung von Pierre Puget, Ecole Nationale Supérieure des Beaux-Arts, Paris.

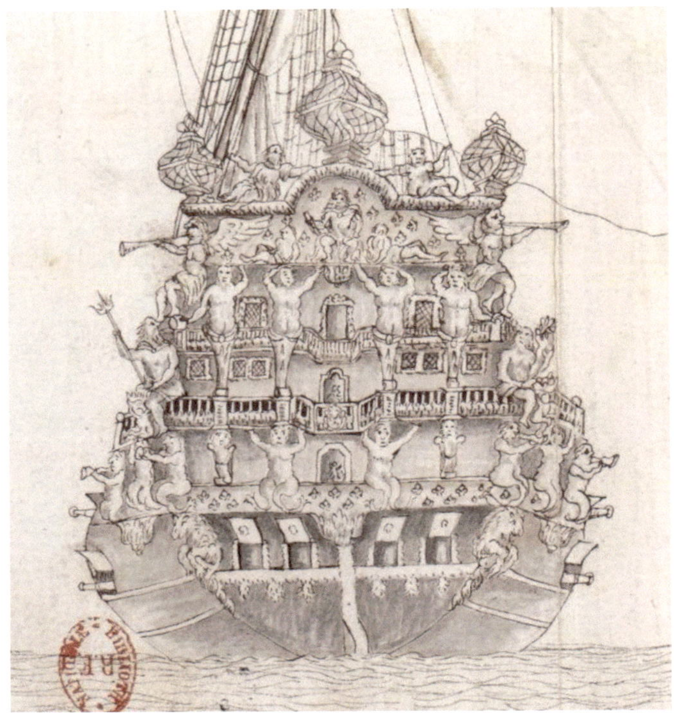

58 Zeichnung der ROYAL LOUIS von 1668, in „Description du vaisseau le ROYAL LOUIS“. Kommissar Hayet, ohne Signatur, um 1677.

Die linke Zeichnung (Abb. 57) stammt aus der Feder von Pierre Puget nach den konzeptionellen Entwürfen von Charles Le Brun als Ergebnis seiner Beratungen in der Pariser Académie.

Bei der rechten Zeichnung (Abb. 58) von Kommissar Hayet aus seiner Monografie „*Description du vaisseau le* ROYAL LOUIS“ von 1677, scheint die zeichnerische Perspektive der Heckansicht etwas unnatürlich. Diese Art der Darstellung war jedoch notwendig, um sämtliche Figuren in der Heckfassade bzw. in den Seitengalerien des Schiffes abbilden zu können.

59 Zeichnungsausschnitt der ROYAL LOUIS von 1668. Pierre Puget, um 1670. Albertina, Wien.

Ein Vergleich zwischen den Abbildungen 57 bis 59 lässt einige Unterschiede erkennen.

Die Abbildungen 57 und 58 zeigen danach Neptun auf der Backbordseite des Schiffes, während sich die Skulptur des Gottes bei der obigen Zeichnung (Abb. 59) auf der Steuerbordseite befindet.

Eine weitere Abweichung besteht darin, dass in den Skizzen nach der realen ROYAL LOUIS eine zusätzliche Figurengruppe auf Höhe der obersten Galerie platziert ist, die in der Entwurfszeichnung Abb. 57 noch fehlt.

60 Zeichnungsausschnitt der ROYAL LOUIS von 1668. Pierre Puget, um 1670. Durch kolorierte Skulpturengruppe modifiziert. Albertina, Wien.

Nach der Zeichnung von Pierre Puget besteht die Heckdekoration aus insgesamt 22 Hauptskulpturen und drei Hochreliefs, die in vier Gruppen angeordnet ausschließlich die griechisch-römische Mythologie thematisieren. Diese großen Skulpturen begleiten weitere kleine Nebenfiguren, die meist als Putten dargestellt sind.[213]

Unterhalb der ersten Heckgalerie befindet sich neben vier großen Konsolen am Übergang zu den Seitenbalkons die erste Themengruppe:
zwei große geflügelte Hippokampen (blau), die Neptuns Sohn Pegasus symbolisieren und ihr Schwesterschiff SOLEIL ROYAL ebenso als eine Galionsfigur trug.

Darüber erheben sich vier große Skulpturen mit fischähnlichem Unterkörper (grün), die scheinbar auf der Brüstung dieser Galerie sitzend den großen, oberen Balkon stützen. Je drei weitere Statuen tragen die Seitengalerien und bilden die aus zehn Figuren bestehende zweite Themengruppe. Auf Höhe der mittleren Galerie im Eckbereich, auf der Brüstung sitzend, begleiten Putten wesentlich größere und erhabenere Figuren (rot).
Es handelt sich dabei an der Steuerbordseite um Neptun und auf der Backbordseite um Thetis, als weibliches Gegenstück. Zwischen diesen beiden sind vier deutlich kleinere Halbfiguren platziert, die auf Höhe der obersten Galerie die vier bis dahin bekannten Kontinente bzw. die vier Himmelsrichtungen andeuten und die dritte Themengruppe aus sechs Statuen verkörpern.

Schließlich besteht die vierte und letzte Themengruppe (gelb) im oberen Bereich des Heckspiegels aus dem thronenden König, beiderseits flankiert von je einem Gefangenen und dazu seitlich angeordneten Fanfarenbläsern. Diese erheben je einen Arm zu den darüber befindlichen Skulpturen, die ebenfalls das gleiche Instrument in Händen tragen, sich in liegender Haltung an der mittigen Hauptlaterne anzulehnen scheinen und damit den oberen Abschluss dieser aus sechs Figuren und drei Hochreliefs bestehenden Gruppe darstellen.

Alle 22 Statuen und Reliefs der ROYAL LOUIS vermitteln in ihrer stringenten Anordnung beiderseits der Mittelachse eine perfekte Symmetrie, mit Ludwig XIV. in zentraler Position und unterstreichen dadurch dessen Bedeutung. Selbst die Figuren mit Stützfunktion wirken luftig und losgelöst. Gleiches gilt für Neptun und Thetis, die sich in entspannter Pose an die Seiten des Heckspiegels anschmiegen.

Durch die Anordnung der Fenster, Türen und Figuren erfährt die Heckpartie eine klare vertikale Gliederung, die auf sämtlichen Etagen durch die äußeren Skulpturen als belebender Rahmen eingefasst wird. Die horizontale Struktur des Heckspiegels wird vornehmlich von den Balustraden der Galerien geprägt und vermittelt dadurch einen geschossweisen Aufbau der Heckfassade, ganz im Stil einer klassischen Gebäudearchitektur.

5.1 Die Wappen des Heckspiegels

Während im Heckentwurf der SOLEIL ROYAL nur das Wappen von Ludwig XIV. zu finden ist, sind auf den Zeichnungen der ROYAL LOUIS noch zwei weitere Embleme abgebildet, die auch das Innere des Schiffes dekorieren.[214]

Diese bestanden aus den Monogrammen von François de Vendôme, Duc de Beaufort und von Louis d'Infreville. Duc de Beaufort war nicht unumstritten und konspirierte in der Vergangenheit oft gegen die Krone; dennoch war sein Wappen vertreten, d'Infrevilles Monogramm ebenso, da der Bau des königlichen Schiffes auf der Werft in Toulon unter seiner Leitung als Generalintendant stattfand und er daher die Gesamtverantwortung trug.

Das Wappen von d'Infreville war auf Höhe der Brüstung der untersten Galerie angebracht, aber es war mit deutlich weniger Verzierungen versehen als die Ausführungen des Königs oder Beauforts.

Die vertikale Anordnung der Wappen – ungefähr auf Höhe der Skulpturen – kann so verstanden werden, dass d'Infreville seine Dienste für Beaufort und den König zu leisten hatte. Das Gleiche galt wiederum für Beaufort auf der nächsthöheren Ebene mit Neptun und Thetis, die unterstützend für Apoll wirken sollten, vergleichsweise wie Beaufort für den König.

5.2 Die Hecklaternen

Gemäß dem Pariser Entwurf und den anderen Zeichnungen scheinen die Hecklaternen von außergewöhnlicher Dimension. Die Hauptlaterne hatte eine Höhe von viereinhalb Metern, während die beiden Seitenlaternen eine Höhe von dreieinhalb Metern besaßen.[215]

Ihre Größe war nicht allein von der reinen Funktion her abzuleiten, sondern trug durch ihre imposante Erscheinung zur Glorifizierung der Krone bei, die gleich Leuchtfeuern an den Sonnenkönig erinnerten.

Diese tonnenschweren Gebilde lasteten sich aus statischen Gründen direkt auf der Heckfassade ab und erlaubten keine andere Position. Analog zur Beziehung zwischen Wappen und Figuren lässt die Anordnung der verschieden großen Fanale – die Hauptlaterne oberhalb von Apoll bzw. Ludwig XIV. und die Nebenlaternen über Neptun und Thetis – wieder eine klare Hierarchie erkennen.

5.3 Die Galionsarchitektur

Kommissar Hayet beschrieb in seiner Monografie von 1677 die vordere Schiffsarchitektur wie folgt:

Am Bug dieses Schiffes gibt es zwei große Karyatiden, welche Halbfiguren von Frauen sind, deren Unterkörper in einem Blattwerk endet, das dem Verlauf der Berghölzer [216] *folgt.*

Alle Berghölzer des Bugs sind gleichermaßen ausgestattet, mit Konsolen und Krummhölzern[217] *darunter, verziert mit vergoldeten Blüten in den Zwischenräumen.*

Die Galionsfigur ist eine die Wappen des Königs tragende Allegorie des Renommees, mit einem kleinen Meeresgott darunter, der hilft, sie zu tragen, das Ganze wunderbar vergoldet.

Die Stützen der Kranbalken stellen ihrerseits zwei große vergoldete Meeresgötter dar.

An der Frontseite des Vorbaus sind unten zwei vergoldete Reliefs von Knabenfiguren angebracht. Der eine trägt einen Lorbeer-, der andere einen Palmenzweig und beide bilden einen Schild, der die Wappen des Königs trägt.

Der Bug und sogar die Galionsregeln sind mit bourbonischen Lilien und vollendet vergoldeten Monogrammen des Königs geschmückt.

61 Zeichnungsausschnitt (Galion) der ROYAL LOUIS von 1668, in „Description du vaisseau le ROYAL LOUIS". Kommissar Hayet, ohne Signatur, um 1677.

6. Die Heckarchitektur der *SOLEIL ROYAL* nach der Neugestaltung von 1689

Bei dem nachstehenden Entwurf handelt es sich um eine Zeichnung von Jean Bérain aus dem Jahr 1689, wonach die Dekoration der SOLEIL ROYAL erneuert wurde.

62 SOLEIL ROYAL, Neugestaltung der Heckfassade. Jean Bérain, 1689. Musée du Louvre département des Arts graphiques, Paris.

Der Unterspiegel zur Heckfassade wird durch vier Stückpforten dominiert, deren Innenseiten der Pfortendeckel Fleur de lys verzieren. Dazwischen befinden sich beiderseits der Mittelachse zwei Atlanten, die als Konsolen ausgebildet, scheinbar die Last der großen Balkone in die Schiffskonstruktion einleiten.

Auf Höhe der beiden Atlanten ist in der Mittelachse eine reich ornamentierte Vignette in Blattwerk eingelassen, die im Zentrum ein Puttengesicht trägt und in die dekorative Balustrade der höher liegenden Galerie einbindet. Die Heckfassade ist auf der Ebene der untersten Balkone zunächst in sechs Fenster und Türen gegliedert, wobei sich die Durchgänge zu den Seitengalerien in ihrer Formgebung und Größe an den Fenstern anpassen und somit eine augenscheinliche Gliederung in acht annähernd gleich große Felder entsteht.

Auf der Brüstung sitzen vier Karyatiden als Halbfiguren, welche die vier Jahreszeiten repräsentieren und den Eindruck vermitteln, als würden sie die mittlere Galerie abstützen. Auf der linken Seite ist eine männliche Skulptur dargestellt, die den Winter verkörpert und eine Wolke aus Eis über dem Haupt trägt. Die drei anderen weiblichen Figuren, die Frühling, Sommer und Herbst symbolisieren, halten mit je einer Hand Blumen und Früchte als Zierde über ihr Antlitz. Die Balustrade der mittleren Galerie ist mit vier Tafeln verziert, die das Monogramm des Königs beinhalten, während in der Mittelachse eine etwas größere Kartusche den Namen des Schiffes trägt. Es ist auffällig, dass im Gegensatz zur ROYAL LOUIS keinerlei Wappen anderer Persönlichkeiten zu finden sind.

63 Zeichnungsausschnitt SOLEIL ROYAL, Entwurf zur Neugestaltung der Heckfassade. Jean Bérain, 1689. Elefantenhaupt als Kopfschmuck.

Auf der Brüstung der mittleren Galerie lastet sich der höhere Balkon auf zwei Stützen ab, die beide die Häupter von Putten zieren. Anders als bei der ROYAL LOUIS sind bei diesem Entwurf an den beiden Enden der Balustrade keine weiteren Skulpturen zu finden und es wiederholt sich die Einteilung der Fenster mit den beiden Durchgängen zu den Seitengalerien, wie auf der unteren Ebene.

Auf der obersten Etage findet sich zum Abschluss der Seitengalerien erneut die gleiche Aufteilung der Fassade in sechs gleich große Fenster, deren obere Holme in Form kleiner Rundbögen gehalten sind. Die Brüstung trägt anders als die Ausführung auf der unteren Etage keine Ornamentik und erinnert stark an Balustraden, wie sie üblicherweise dekorative Gebäude dieser Epoche besitzen. Auf Höhe der Brüstung beiderseits der sich verjüngenden Heckfassade sind im Eckbereich links und rechts zwei große Skulpturen angeordnet, die sich spielerisch leicht und anmutig in Richtung der Mittelachse neigen. Auf der linken Seite stellt die Figur eine Allegorie von Amerika dar, erkennbar am Federschmuck des Kopfes und auf der rechten Seite ist die Allegorie von Afrika zu finden, mit dem Kopfschmuck eines Elefanten.

Oberhalb der beiden Skulpturen sind wieder links wie rechts zwei große Karyatiden platziert und die darüber befindlichen Seitenlaternen abstützen. Diese tragen die Häupter junger Frauen, die mit Blumen dekoriert die Sonne als Quelle der Fruchtbarkeit repräsentieren. Über der Fenstergalerie ist in der Mittelachse ein halbkreisförmiges Medaillon angebracht und das Wappen des Königs mit dessen Krone beinhaltet. Als Höhepunkt der

Heckfassade befindet sich hierüber ein die ganze Breite einnehmendes Dekor mit Ludwig XIV. als Apoll auf einem Streitwagen stehend, gezogen von vier zur Mittelachse hin symmetrisch angeordneten Pferden, die eine Ausbreitung über die vier bekannten Kontinente symbolisieren.

Diese Skulpturengruppe erinnert stark an italienische Malereien früherer Jahrhunderte, die häufig Triumphfahrten mit begleitenden Prozessionen auf ähnliche Weise darstellten. Passend dazu kann die Illustration von Apoll im Gemälde von Joseph Werner während seiner Zeit in Paris (1662-1667)[218] als Allegorie Ludwigs XIV. gesehen werden, wenn sich der Gott des Lichts im Wagen der Sonne durch die Dämmerung bewegt.

Entlang dieser gesamten Szenerie ist weiter oben ein breites Dekorationsband angebracht, das zugleich die zwölf Monate eines Jahres durch die Sternzeichen beinhaltet. Als oberster Abschluss ist erneut ein Ensemble zu finden, das von den beiden Seitenlaternen flankiert wiederum die große Hauptlaterne einrahmt und in ihrer symmetrischen Anordnung zwei Skulpturenpaare aus Mensch und Tier entstehen lässt.

Bei den beiden äußeren Skulpturen handelt es sich auf der linken Seite um ein Pferd, während auf der rechten Seite ein Kamel platziert ist. Das Pferd strahlt eine gewisse Erhabenheit aus, vergleichbar wie bei einem Reiterstandbild; rechts daneben die Allegorie des Okzidents. Die weibliche Erscheinung mit antiker Frisur, Diadem und Zepter lässt den Schluss zu, dass diese Skulptur die griechische Göttin Hera darstellt und den europäischen Kontinent repräsentiert. Auf der rechten Seite ruht ein Kamel in gleicher Anmutshaltung wie das Pferd auf der gegenüberliegenden Seite, beide mit streng symmetrisch ausgerichteter Blickrichtung hin zur großen Krone in der Mittelachse, die zugleich den Sockel für die dominante mittlere Hauptlaterne bildet. Links neben dem Tier verkörpert eine orientalisch gekleidete Frau die Allegorie des Orients, die ein Gefäß mit Weihrauch in ihrer rechten Hand hält und mit ihrer linken den Rauch aufnimmt.

Alle drei Hecklaternen sind in gleicher Weise wie bei der ROYAL LOUIS angeordnet, scheinen aber insgesamt von etwas kleinerer und leichterer Statur.

Diese Gruppe bildet den obersten Abschluss des Heckspiegels und stellt zugleich den Höhepunkt des gesamten Skulpturenprogramms der SOLEIL ROYAL an ihrer Heckfassade dar. Alle Figuren nehmen dabei eine teils anlehnende, ruhende Position ein. Das ganze Ensemble vermittelt ein Gefühl absoluter Entspannung, Harmonie und Souveränität und setzt zu dem unterhalb doch sehr agil wirkenden Apoll einen wohltuend ruhigen Akzent.

Die Skulpturen und Dekorationen sind ähnlich wie bei der ROYAL LOUIS horizontal thematisch gefasst und streng symmetrisch zur Mittelachse hin ausgerichtet. Die unterste Ebene bilden die beiden Atlanten, weiter oben die vier Skulpturen, welche die vier Jahreszeiten darstellen. Auf der nächsten Ebene befinden sich links und rechts die Allegorien der Kontinente Amerika und Afrika, die zugleich den Wirkungskreis des Schiffes symbolisieren; darüber die Szenerie mit Apoll bzw. Ludwig XIV. und oberhalb davon das abschließende Figurenensemble, das Abendland und Morgenland repräsentiert.
Beide Skulpturen als Vertreter von Okzident und Orient sind mit dem Dekorationsband und den darin abgebildeten Tierkreiszeichen als konzeptionelle Einheit zu sehen. Diese versinnbildlicht den damit verbundenen Zeitfluss durch den wiederkehrenden Sonnenlauf und weist dem König durch dessen Platzierung eine zentrale Position in diesem fortwährenden Kreislauf zu.

6.1 Die Seitengalerien

Am Fuß der Seitengalerien ist an der Backbordseite die Skulptur einer Nereïde[219] und an Steuerbord der Meeresgott Triton dargestellt. Die Brüstungen der drei Balkone nehmen wieder die Verzierungen der Heckbalustraden auf und tragen die entsprechenden Täfelungen bzw. die Monogramme des Königs.

64 Entwurf der Seitengalerie für die SOLEIL ROYAL. Ohne Signatur, um 1689, wird Jean Bérain zugeschrieben. Bibliothèque Jacques Prévert, ville de Cherbourg en Cotentin.

Oberhalb der Brüstung zur mittleren Galerie sind vier konsolenartige Stützen mit Häuptern angebracht, welche die vier Winde symbolisieren und die Lastabtragung der darüber liegenden Galerie andeuten.

Am rechten Brüstungsende der obersten Galerie lehnt sich eine Skulptur an, die den Gott Chronos verkörpert und eine Sichel in der rechten sowie eine Sanduhr in der linken Hand hält.[220] Als oberster Abschluss der Seitengalerie ist ein großes und reich verziertes Medaillon angebracht, das Gesicht des jugendlichen Königs im Zentrum trägt, vom Mittelpunkt Sonnenstrahlen radial in alle Richtungen aussendet und an den Sonnengott erinnert. Die dadurch entstehende Scheibe fassen zwei unterhalb symmetrisch angeordnete Füllhörner ein. Diese Art der Darstellung Ludwigs XIV. ist oftmals in Versailles und in der Ornamentik vieler Gebäude und Gemälde zu finden.

Die permanente Wiederholung solcher Darstellungen sollte zur Gleichsetzung Ludwigs XIV. mit den antiken Heroen oder Gottheiten animieren.[221]

6.2 Die Galionsarchitektur

Die Galionsfiguren bestehen aus einem gewaltigen Hippokampen, an dessen Hals sich beiderseits zwei weibliche Figuren festhalten und durch ihre wehende Kleidung die Dynamik des Tieres vermitteln. Bei diesen Nymphen handelt es sich um zwei Nereïden, die in typischer Haltung analog zu vielen altgriechischen Darstellungen auf Hippokampen oder Delfinen reiten. Entgegen den allgemein üblichen Abbildungen ist der Hippokamp mit Hufen statt mit Schwimmhäuten dargestellt. Die daran anschließenden Galionsregeln sind mit Fleur de lys verziert, wobei ihre Verbindungshölzer eine harfenartige Ornamentik tragen. Die Regeln werden von filigranen Galionsspanten gestützt, deren Enden mit einem Löwenkopf verziert sind, während der Kranbalken durch eine dekorierte Stütze abgefangen wird, die ein Haupt verziert.

Am linken Ende der Galionsregeln ist wieder ein Pferd bzw. Hippokamp an der Seite des Schiffes angebracht, dessen Blick auf die Stützfigur des Kranbalkens gerichtet ist. An der Seite des Tieres befindet sich analog zur vorderen Galionsgruppe eine weibliche Figur, möglicherweise ebenfalls eine Nereïde, die in ihrer geflügelten Darstellung ebenso die Interpretation der Göttin Iris zulässt, die nach der Sichtweise der antiken Griechen Winde erzeugen konnte.

In der Gesamtbetrachtung ist die hintere Skulpturengruppe ein wenig höher platziert als die vordere Galionsfigur, vermittelt aber durch ihre Anordnung jeweils an beiden Enden der Galionsregeln ein stimmiges und erhabenes Bild.

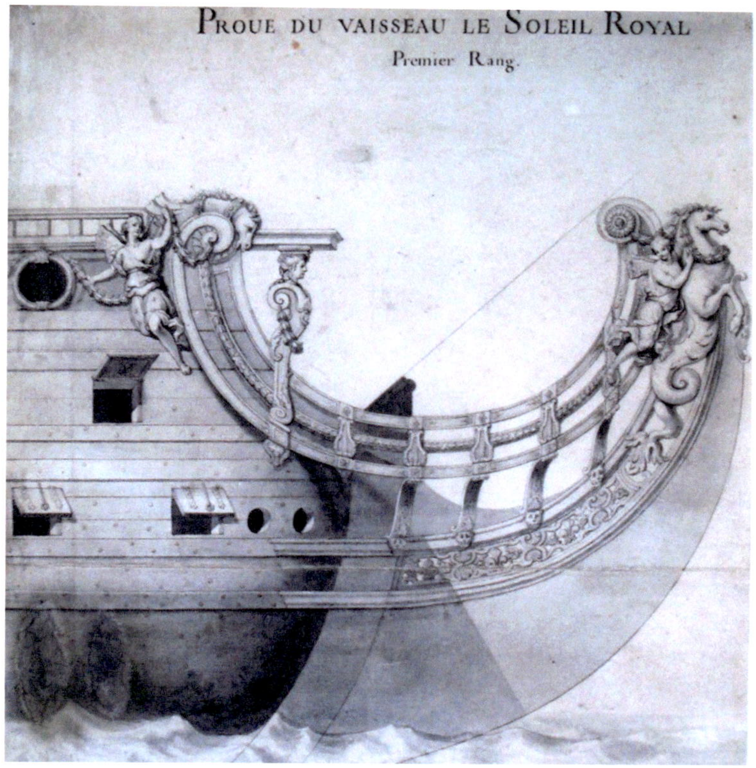

65 Entwurf der Bugsektion für die SOLEIL ROYAL. Ohne Signatur, um 1689, wird Jean Bérain zugeschrieben. Bibliothèque Jacques Prévert, ville de Cherbourg en Cotentin.

7. Vergleich der Dekorationen beider Schiffe

Vergleicht man die Heckdekorationen beider Schiffe, so sind die prinzipiellen Strukturen trotz der Zeitdifferenz von mehr als 20 Jahren im Grunde gleich. Beide verfügen über drei hintere Galerien mit flankierenden Seitengalerien. An beiden Schiffen ist das Skulpturenprogramm der gesamten Heckfassade streng symmetrisch zur Spiegelachse hin ausgerichtet, was dem typischen Baustil des Barock entsprach. En Detail sind allerdings wesentliche Unterschiede zwischen den Entwürfen festzustellen. Während die ROYAL LOUIS sechs Fenster plus mittige Tür besitzt, sind bei der größeren SOLEIL ROYAL vier Fenster mit zwei Türen auf beiden Seiten im Grundriss dargestellt.

Das Skulpturenprogramm der ROYAL LOUIS beinhaltet mit seinen 22 Figuren, drei Hochreliefs und begleitenden Putten eine geradezu entfesselnde Ornamentik, während die Dekoration an der SOLEIL ROYAL nur noch aus zwölf Statuen und einem großen Hochrelief besteht. Der Grund dafür könnte in den zuvor geschilderten Debatten über die Gewichtsreduktion zu finden sein, die Ende der sechziger bzw. Anfang der siebziger Jahre stattfanden. Die Hecklaternen erscheinen bei der SOLEIL ROYAL etwas kleiner als bei ihrem Schwesterschiff, wahrscheinlich aus Gründen der Gewichtsreduktion.

Tatsächlich verließ die SOLEIL ROYAL erst eineinhalb Jahre nach der ROYAL LOUIS die Werftanlagen. Zeit genug, um sich mit der Problematik zur Heckarchitektur auseinanderzusetzen und Verbesserungen reifen zu lassen. Colbert schrieb am 19. September 1670 an den Intendanten von Brest in diesem Zusammenhang:

„...Aber es ist nötig die Fehler zu vermeiden, die sich in den Ornamenten am Heck der ROYAL LOUIS finden...“[222]

Zugunsten ihrer Segeleigenschaften reduzierte die SOLEIL ROYAL ihr Skulpturenprogramm gegenüber dem Schwesterschiff also fast um die Hälfte. Sie galt ohnehin in Sachen Manövrierbarkeit als das eindeutig bessere Schiff. Dies war aber auch notwendig, herrschen im Atlantik doch erheblich widrigere Witterungsverhältnisse. Die unterschiedlichen Segeleigenschaften sind wohl einer der Gründe dafür, warum die SOLEIL ROYAL als Flaggschiff ihrer Verbände an mehreren Auseinandersetzungen auf See teilnahm, die ROYAL LOUIS hingegen nicht.

Thematisch orientierten sich alle Skulpturen der ROYAL LOUIS an der griechischen Mythologie, während die Bildhauer bei der SOLEIL ROYAL, mit Ausnahme von Apoll, nur bei den Seitengalerien ähnlich mythologische Figuren, wie Chronos, Nereiide oder Triton ausführten.
Statt der vier Kontinente als Repräsentanten wie an der ROYAL LOUIS, verkörpern bei der SOLEIL ROYAL nun die vier Jahreszeiten die Weite des Erdballs. Andere thematische Gruppierungen, wie Amerika und Afrika bzw. Okzident und Orient, die den Wirkungskreis des Schiffes andeuten, sind nur bei der SOLEIL ROYAL zu finden.

Bei der ROYAL LOUIS fassten die Skulpturen den gesamten Heckrahmen ein, bei der SOLEIL ROYAL verzichtete man darauf. Die Galerien der ROYAL LOUIS besaßen noch einen kleinen mittigen Vorsprung, während die *SOLEIL ROYAL* über Balkone mit durchgängiger Breite verfügte und nur einen Vorsprung andeutete.

Das Heckprogramm der ROYAL LOUIS, war wesentlich umfangreicher als bei der etwas größeren SOLEIL ROYAL, die eineinhalb Jahre nach ihrem Schwesterschiff ihren Dienst aufnahm und durch ihre geringere Dekoration und kleinere Fanale nach ihrer Generalüberholung von 1689 die Weiterentwicklung der achterlichen Schiffsarchitektur andeutet.

66 Ansichten der ROYAL LOUIS III von 1743. Jean-Jacques Caffieri, um 1750.

Die Zeichnungen der ROYAL LOUIS III von 1743 zeigen deutlich verkleinerte Seitengalerien, wesentlich geringere Dekors und gegenüber den Vorläufern erheblich kleinere Fanale, selbst wenn die Grundstruktur mit je drei Galerien und Hecklaternen Mitte des 18. Jahrhunderts beibehalten wurde. Die Reduktion der Ornamentik setzte sich also weiter fort.

8. Die Heckarchitektur der Schiffe des zweiten bis fünften Ranges

Im Vergleich zu den Schiffen des ersten Ranges trugen die Schiffe der niederen Ränge vornehmlich im Heckbereich ebenfalls Dekorationen, jedoch in deutlich reduziertem Umfang.

67 LE BON, Linienschiff 3. Ranges, von Philippe Caffieri.

68 APOLLON, Linienschiff 3. Ranges, von Jean Bérain.

9. Die Farbgestaltung der Schiffe

Die vorherrschenden Farben jener Epoche an den Schiffen waren Weiß, Blau und Gold.
Hayet beschreibt, dass die oberste verkleidete Fläche der Heckfassade (Couronnement, Hackbord) der ROYAL LOUIS in Blau gehalten war, mit einem vergoldeten Relief Ludwigs XIV. darin. Nach Hayets Monografie war ein Großteil der Schnitzereien ebenfalls vergoldet und die inneren Bordwände waren in Rot gehalten.

10. Die Schiffsdekoration zur Außendarstellung Frankreichs

Im April 1683 besuchte der englische Surveyor der Navy, Edmund Dummer, während einer Mittelmeerreise das Arsenal von Toulon und zeigte sich von der im Hafen liegenden und mit prachtvollen Verzierungen versehenen ROYAL LOUIS überaus beeindruckt, auch wenn er ihre Linien und Bauqualität bemängelte.

Derartige Besuche waren ganz im Sinne Colberts, denn er schrieb Jahre zuvor an Matharel als Nachfolger von d'Infreville, *der Ruf Toulons solle Besucher anlocken, um durch die Einmaligkeit der Schiffe und Anlagen das Leistungsvermögen Frankreichs aufzuzeigen und wenn möglich, die anderen Nationen darin zu übertreffen.*[223] Die Präsentation der Schiffe fand also nicht nur auf See statt.
Gerade solche barocken Prunkschiffe wie die ROYAL LOUIS und SOLEIL ROYAL hatten die Aufgabe, den Besuchern ähnlich wie in Versailles die Überlegenheit Frankreichs auf dem Meer wie an Land eindrucksvoll zu vermitteln. Diesen Schiffen kam damit eine besondere Rolle in repräsentativer Weise zu. Scheinbar war ihre imposante Erscheinung mit den Skulpturenprogrammen sogar teilweise wichtiger als ihre Segeleigenschaften.

Zumindest war dies bei der ROYAL LOUIS der Fall, denn bei der späteren SOLEIL ROYAL folgten die Künstler zwar prinzipiell dem gleichen themenbezogenen Aufbau, allerdings mit deutlich geringerer Hecklast.

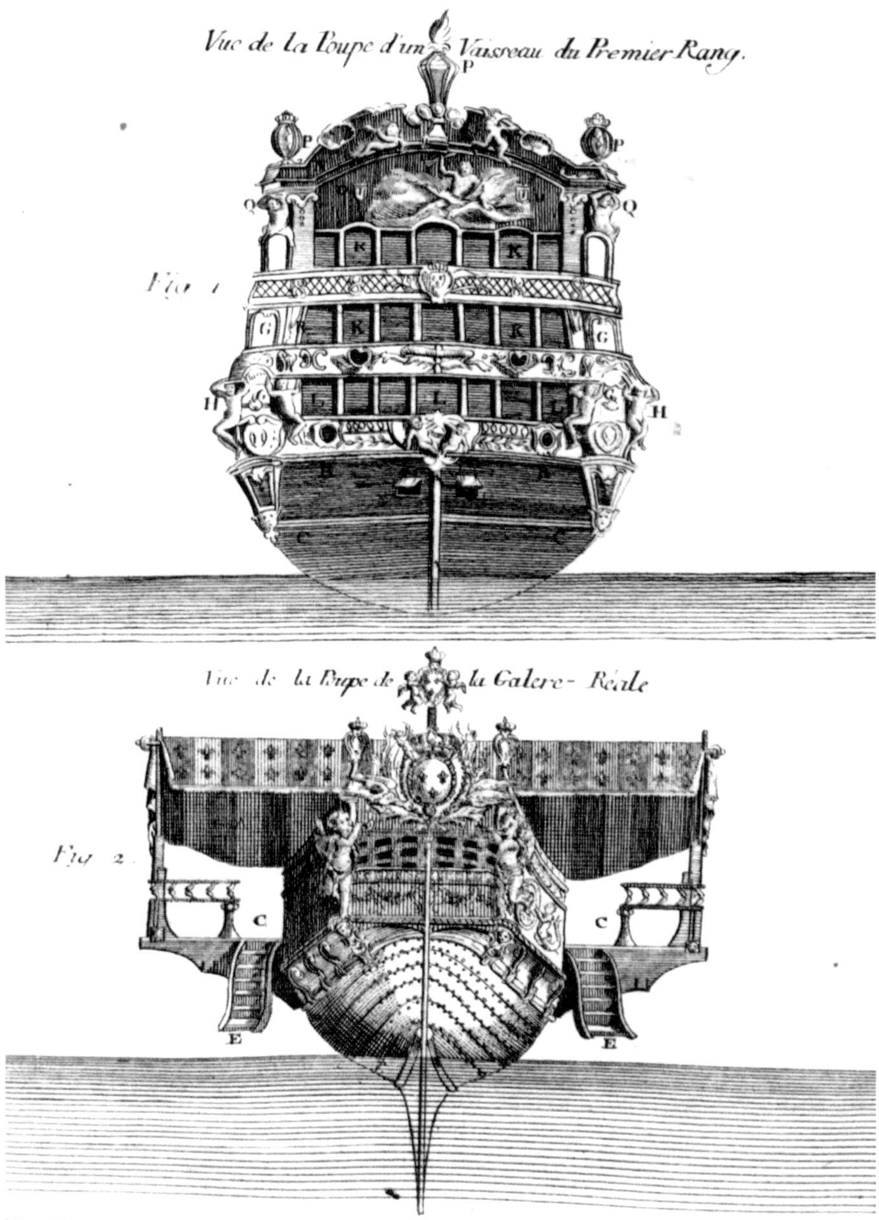

69 Gegenüberstellung der Heckarchitektur einer Galeere und eines Segelschiffes ersten Ranges. „Encyclopédie, ou Dictionnaire raisonné des sciences, des arts et des métiers." 1769. Deutsches Museum, München.

Diese schwimmenden Paläste waren außerdem exorbitant teuer und erforderten zudem um 1.000 Mann an Besatzung. Es ist daher nicht verwunderlich, wenn sich Colbert in einem Schreiben vom 14. November 1669 dahingehend gegenüber d'Infreville äußerte, dass er die größten Schiffe lieber in den Häfen als auf See sah und wenn, dann sollten diese nur im großen Flottenverband auslaufen.

Solche Schiffe waren nicht zur reinen militärischen Verwendung vorgesehen, sondern dienten gleichermaßen repräsentativen Zwecken, um die Größe Frankreichs in gleicher Weise wie in Versailles darzustellen, als Versailles der Meere.

KAPITEL 9 Die Monografie der ROYAL LOUIS von 1668 aus dem Jahr 1677

1. Die Übersetzung der Monografie: Konstruktiver Teil

BESCHREIBUNG
DES SCHIFFES
ROYAL LOUIS

Gewidmet Euer Hochwohlgeboren PIERRE ARNOUL,

Berater des Königs, Generalintendant der Marine der Levante.

Zu MARSEILLE,

bei CHARLES BREBION, Buchdrucker des Königs,

der bischöflichen Eminenz und der Stadt

M. DC. LXXVII.

1677

Gewidmet Euer Hochwohlgeboren

PIERRE ARNOUL

Berater des Königs, Generalintendant der Justiz, Polizei und Finanzen Seiner Majestät im Mittelmeer befindlicher Seestreitkräfte, Werften und Befestigungen der Provence.

Verehrter Herr,

meine endlosen Verpflichtungen Ihnen gegenüber gewähren mir die Freiheit, Euch diesen kleinen Essay über meine Beschäftigungen und den Eifer, den Ihr mir für meine Arbeit so sehr ans Herz gelegt habt, darzubieten.

Ich tue es mit umso größerer Kühnheit als ich hoffe, dass Ihr mir die tausend Fehler verzeihen werdet, die einem scharfsinnigen Geist wie dem Euren nicht verborgen bleiben können.

Wenn Ihr diese kleine Würdigung meiner Pflichten wohlwollend aufnehmt, könnte ich mithilfe einer weit bedeutenderen Arbeit in ganz Frankreich publik machen, welchen Fortschritt Offiziere wie ich machen können, wenn Sie unter einer Führung stehen, die so organisiert ist wie jene, mit der Ihr Euch den Euch vom König übertragenen Aufgaben widmet.

Dies ist für die Zukunft das ganze Bestreben,

verehrter Herr,

Eures demutsvollen,
gehorsamen und zu Dank
verpflichteten Dieners.

HAYET Kommissar

BESCHREIBUNG

DES SCHIFFES

ROYAL LOUIS

Dieses Schiff, das ebenso königlich ist wie sein Name, wurde im Jahr 1668 im Hafen von Toulon geschaffen. Unter der Regentschaft unseres unbesiegbaren Monarchen Ludwig XIV. und Seiner Eminenz des Ministers COLBERT, von Rodolphe Gedeon, Zimmermann im Dienste Seiner Majestät.

Euer Hochwohlgeboren Louis le Roux, Herr von Infreville, der den Hafen kommandiert und der den Bau dieses prächtigen Schiffes im Rahmen seiner Aufgaben überwachte, prahlt zurecht mit dem Leitspruch, den das Schiff am Fuße des Besanmastes trägt:

»ICH BIN EINZIGARTIG AUF DEM MEER,

WIE MEIN KÖNIG IN DER WELT.«

Das Schiff, dessen perfekte Proportionen ich ebenso beschreiben will wie die Pracht seiner Ornamente, mit einem Verzeichnis von allem, was in seine Konstruktion eingegangen ist und was für seine Wartung, Bewaffnung und an Ersatz benötigt wird.[224]

- 2 -

ABMESSUNGEN SEINER LÄNGEN

136 Fuß[225] (44,18 m) ihrer Kiellänge oder projizierte Länge.[226]
163 Fuß (52,95 m) vom Vordersteven bis zum Achtersteven.
150 Fuß (48,73 m) Länge in seiner zweiten Batterie.
180 Fuß (58,47 m) Länge vom Flaggenstock bis gleiche Höhe Vordersteven.[227]

SCHIFFSÜBERSTÄNDE

21 Fuß (6,82 m) am Bug.
6 Fuß (1,95 m) am Heck.

BREITE

43,5 Fuß (14,13 m) größte Breite bezogen auf die erste Batterie.
38 Fuß (12,34 m) auf Höhe der zweiten Batterie.
35 Fuß (11,37 m) auf Höhe der dritten Batterie des Schiffes.
32 Fuß (10,39 m) vom Unterspiegel (Arcasse) von außen zu außen.
28 Fuß (9,09 m) ebenso das Hackbord.
25 Fuß 1/3+1/9 (8,27 m) der Öffnung in ihren Bodenwrangen mit
14 2/3 Zoll (0,38 m) Verbindungslänge am Ende der Wrangen.

HÖHEN UND TIEFEN

26 Fuß (8,45 m) Höhe in seinem Achtersteven.
30 Fuß (9,75 m) Höhe in seinem Vordersteven.
20 2/3 Fuß (6,71 m) Raumtiefe in seinem Kielraum einschließlich Decksbalken.
6,5 Fuß Höhe (2,11 m) in seinem Orlopdeck.
7,25 Fuß (2,36 m) Höhe in seinem ersten Deck.
6,5 Fuß (2,11 m) Höhe in seiner zweiten Batterie.
6,25 Fuß (2,03 m) Höhe bei Back und Schanz.
6,5 Fuß (2,11 m) Höhe in der großen Kammer.
6,5 Fuß (2,11 m) Höhe in der ersten Hütte.
5 Fuß (1,62 m) Höhe in der letzten Hütte.
17 Fuß (5,52 m) Höhe von Schiffsmitte bis zum Wasser.
34 Fuß (11,04 m) Höhe vom Achterdeck zum Wasser.
32 Fuß (10,39 m) von der Back bis zum Wasser.
48 Fuß (15,59 m) Höhe vom Hackbord bis zum Wasser.

STÜTZEN ZWISCHEN ZWEI DECKS

21 Stützen bei der ersten Batterie.
13 Stützen bei der zweiten Batterie.
8 Stützen bei vorderem Aufbau (Back) und Achterdeck.

SAINTE BARBE[228] (Heilige Barbara), KAMMER DER KANONIERE

7 Fuß (2,27 m) Höhe.
30 Fuß (9,75 m) Breite.
32 Fuß (10,39 m) Länge.

KAMMER DER VOLONTÄRE[229]

8 Fuß (2,60 m) Höhe.
30 Fuß (9,75 m) Breite.
32 Fuß (10,39 m) Länge.

ADMIRALSKAJÜTE

8 Fuß (2,60 m) Höhe.
28 Fuß (9,10 m) Breite.
34 Fuß (11,04 m) Länge.

- 3 -

ERSTE HÜTTE

6,5 Fuß (2,11 m) Höhe.
26 Fuß (8,45 m) Breite.
24 Fuß (7,80 m) Länge.

LETZTE HÜTTE

5 Fuß (1,62 m) Höhe.
24 Fuß (7,80 m) Breite.
20 Fuß (6,50 m) Länge.

HACKBORD

3 Fuß (0,97 m) Höhe.
28 Fuß (9,10 m) Breite.

ERSTE GALERIE

5,5 Fuß (1,79 m) größte Auskragung.
3 Fuß (0,97 m) schmalste Auskragung.
3 Fuß (0,97 m) Höhe der Balustrade.

ZWEITE GALERIE

7 Fuß (2,27 m) größte Auskragung.
3,5 Fuß (1,14 m) schmalste Auskragung.
3,5 Fuß (1,14 m) Höhe der Brüstung.

DRITTE GALERIE

4 Fuß (1,30 m) größte Auskragung.
3 Fuß (0,97 m) schmalste Auskragung.
3 Fuß (0,97 m) Höhe der Brüstung.

SEITENGALERIEN

6 Fuß (1,95 m) größte Auskragung.
3 Fuß (0,97 m) schmalste Auskragung.

LATERNEN

14 Fuß (4,55 m) Höhe der großen Laterne.
11 Fuß (3,57 m) Höhe der kleinen Seitenlaternen.

GESCHÜTZPFORTEN

Die Bordwände sind durchbrochen für 110 Geschütze, zur Kenntnis:
32 in der ersten Batterie.
28 in der zweiten Batterie.
26 in der dritten Batterie.
20 auf dem Back- und Achterdeck.
4 auf der Hütte.

ABSTAND ZWISCHEN DEN GESCHÜTZPFORTEN

7 Fuß 9 Zoll (2,52 m) zwischen den Geschützpforten.

GRÖSSE DER GESCHÜTZPFORTEN

2 Fuß 8 Zoll (0,87 m) Öffnung im Quadrat.

HÖHE DER GESCHÜTZPFORTEN BIS ZUM DECK

26 Zoll (0,70 m) der Geschützpforten bis zum ersten Deck.
24 Zoll (0,65 m) zum zweiten Deck.
19 Zoll (0,51 m) zum dritten Deck.
14 Zoll (0,38 m) zum Back-und Achterdeck.

ABMESSUNGEN UND ANZAHL DER KONSTRUKTIONSTEILE BESAGTEN SCHIFFES

Der Kiel hat 5 Balken von 30 Fuß (9,75 m) Länge, 24/24 Zoll (0,65 m) mittigen Querschnitts und 18 Zoll (0,49 m) an beiden Enden.
Das Kielschwein besteht aus 4 Balken von 36 Fuß (11,69 m) Länge, 20 bis 22 Zoll (0,54-0,60 m) Breite und 20 Zoll (0,54 m) Höhe.

- 4 -

DIE SEITLICHEN VERSTÄRKUNGEN DES KIELSCHWEINS bestehen aus 12 Balken 28 Fuß (9,10 m) Länge, 11 bis 15 Zoll (0,30-0,41 m) Breite und 8 Zoll (0,22 m) Stärke.
DER VORDERSTEVEN besteht aus 4 Balken von 25 Fuß (8,12 m) Länge, jeder von 25 bis 30 Zoll (0,68 m bis 0,81 m) Breite und 15 Zoll (0,41 m) Stärke.
DER BINNENVORDERSTEVEN ist ein Knieholz von 14 Fuß (4,55 m) Länge und 15/15 Zoll (0,42/0,42 m)
DER ACHTERSTEVEN besteht aus einem Balken zwischen 28 und 30 Fuß (9,10 m und 9,75 m) Länge, 3 Fuß (0,97 m) Breite und von 15 bis 16 Zoll (0,42 m bis 0,43 m) Stärke.
DER BINNENACHTERSTEVEN ist ein Knieholz von 16 Fuß (5,20 m) Länge und 15/15 Zoll (0,41/0,41 m) Stärke.
DER HECKBALKEN hat eine Länge von 27 bis 30 Fuß (8,77 m bis 9,75 m) und 16 bis 17 Zoll (0,43-0,46 m) Stärke quadratischen Querschnitts.
Die drei Zwischenhölzer sind 25 Fuß (8,12 m) lang und 14/14 Zoll (0, 38/0,38 m) stark.
DER HECKBALKEN hat zwei Kniehölzer von 15 Fuß (4,87 m) Länge & 13 Zoll (0,35 m) Stärke.
DAS GEGENSTÜCK ZUM HECKBALKEN hat 8 Kniehölzer von 12 Fuß (3,90 m) Länge und 14 Zoll (0,38 m) Breite.
DIE RANDSOMHÖLZER sind 22,5 bis 25 Fuß lang (7,31 m bis 8,12 m), 18 bis 20 Zoll (0,49-0,54 m) breit und 14 Zoll (0,38 m) stark.
DIE GILLUNGSBALKEN DER ARCASSE sind 28 Fuß (9,10 m) lang, 14 Zoll (0,38 m) breit und 10 Zoll (0,27 m) stark.

BODENWRANGEN

60 Stück von	24 Fuß (7,80 m) Länge,	14 Fuß (4,55 m) Breite u.	12 Fuß (3,90 m) Höhe
60 Stück von	20 Fuß (6,50 m)	17 Fuß (5,52 m)	12 Fuß (3,90 m)
30 Stück von	16 Fuß (5,20 m)	12 Fuß (3,90 m)	12 Fuß (3,90 m)
14 Stück von	16 bis 22 Fuß	15 bis17 Fuß	11 bis 14 Fuß
164			

AUFLANGER

120 Stück von 14 Fuß (4,55 m) Länge und 12/12 Zoll (0,32/0,32 m)
160 Auflanger der Anfangs- u. Endspanten von 14 Fuß (4,55 m) Länge und 12/12 Zoll (0,32/0,32 m)
28 Auflanger der Katspur von 14 Fuß (4,55 m) Länge u. 14/14 Zoll (0,38/0,38 m)
308

SITZER

300 Stück von 16 Fuß (5,20 m) Länge und 11/11 Zoll (0,30/0,30 m)

200 Gegenstücke von 16 Fuß (5,20 m) Länge 14 Zoll (0,38 m) Breite und 11 Zoll (0,30 m) Stärke.

600 Sitzer der Anfangs- und Endspanten 20 Fuß (6,50 m) Länge, und 12/12 Zoll (0,30/0,30 m).

58 Sitzer der Katspur von 16 Fuß (5,20 m) Länge und 14/4 Zoll (0,36/0,36 m).

1158

KNIEHÖLZER UND KNIESTÜCKE

56 Stück	12 Fuß	(3,90 m) Länge,	14 Zoll	(0,38 m) Breite und	10 Zoll	(0,27 m) Stärke
72	12	(3,90 m)	14	(0,38 m)	10	(0,27 m)
72	10	(3,25 m)	13	(0,36 m)	9	(0,24 m)
72	6	(1,95 m)	12	(0,32 m)	8	(0,22 m)
32	5	(1,62 m)	8	(0,22 m)	6	(0,16 m)
16	5	(1,62 m)	8	(0,22 m)	6	(0,16 m)
20	4	(1,30 m)	7	(0,19 m)	7	(0,19 m)
14	4	(1,30 m)	6	(0,16 m)	6	(0,16 m)
10	14	(4,55 m)	15	(0,41 m)	12	(0,32 m)
364						

- 5 -

BUGBANDEN ODER VERBINDUNGSTEILE

15 von 14 Fuß (4,55 m) Länge, 20 Zoll (0,54 m) Breite und 12 (0,32 m) Stärke.

BALKEN UND DECKBALKEN MIT IHREN LATTEN UND HÖLZERN

28 Stück für das Orlopdeck v.	37 Fuß	(12,02 m) Länge u.	15/15 Zoll	(0,38/0,38 m)
36 Stück für erstes Deck von	44	(14,29 m)	16/16	(0,43/0,43 m)
36 Stück für zweites Deck von	40	(12,99 m)	15/15	(0,38/0,38 m)
36 Stück für drittes Deck von	39	(12,67 m)	12/12	(0,32/0,32 m)
16 Stück für corps de garde	34	(11,04 m)	8/8	(0,22/0,22 m)
8 Vorderdeck/Back von	34	(11,04 m)	8/8	(0,22/0,22 m)
10 Balken für die erste Hütte	30	(9,75 m)	7/7	(0,19/0,19 m)
7 Für die letzte Hütte von	30	(9,75 m)	6/6	(0,16/0,16 m)
177				
36 Latten für das 1. Deck v.	44 Fuß	(14,29 m) Länge u.	14/6 Zoll	(0,38/0,17 m)
36 für das zweite Deck	40	(12,99 m)	14/5	(0,38/0,14 m)
36 für das dritte Deck	31	(10,07 m)	12/5	(0,32/0,14 m)
16 für das Achterdeck	34	(11,04 m)	10/4	(0,27/0,11 m)
8 für das Vorderdeck	34	(11,04 m)	10/4	(0,27/0,11 m)
132				
20 Stück von	20	(6,50 m)	14 Zoll (ohne w. Angabe)	

UNTERBALKWEGER

10 Stück für das Orlopdeck	30 Fuß (9,75 m) Länge und	14/6 Zoll (0,38/0,16 m)
10 Stück für das erste Deck	30	15/6 (0,41/0,16 m)
10 Stück für das zweite Deck	30	15/6 (0,41/0,16 m)
10 Stück für das dritte Deck	30	15/5 (0,41/0,14 m)
40		

LIEVRES[230] (BALKWEGER)

10 Stück für das erste Deck	30 Fuß (9,75 m) Länge u.	14/5 Zoll (0,38/0,14 m)
10 Stück für das zweite Deck	30	14/4 (0,38/0,11 m)
10 Stück für das Dritte Deck	30	12/4 (0,32/0,11 m)
4 Stück für Back und Achterd.	25 (8,12 m)	10/3 (0,27/0,08 m)
34[231]		

LEIBHÖLZER (für Wassergang)

10 Stück Leibhölzer von	30 Fuß (9,75 m) Länge und	14/7 Zoll (0,38/0,19 m)
10 Stück für das zweite Deck	30	12/6 (0,32/0,16 m)
20		

BERGHÖLZER

50 für den vorderen Bereich	15 Fuß (4,87 m) Länge und	15/9 Zoll (0,41/0,24 m)
30 die drei ersten Reihen	30 (9,75 m)	15/9 (0,41/0,24 m)
30 Stück für Totes Werk	30	13/6 (0,35/0,16 m)
110		

WEGER

500 Stück von	30 Fuß (9,75 m) Länge, 15 Zoll (0,41 m) Breite u. 4 bis 5 Zoll (0,11 – 0,14 m) Stärke zur Beplankung ab dem dritten Bergholz bis zum Kiel.
400 Stück von	28 (9,10 m) 14/3 (0,38/0,08 m) für die Abdeckung vom Toten Werk.
900 Stück von	30 (9,75 m) 14/4 Zoll zur Beplankung der Innenseite bis zum 2. Deck und der beiden ersten Decks.
1.800	

- 6 -

PLANKEN ALLER ART

400 Tannendielen zur Abdeckung Totes Werk und dem letzten Deck.

300 andere Planken von 20 bis 26 Fuß (6,50 – 8,45 m) Länge zur Abdeckung der Kammern, Vorder- und Achterdeck, Hütten, Weger ab dem Großmast nach hinten bis zu den Böden der Laderäume zu den Böden von Pulver & Schotten der Segelkammer.

700

200 Tannendielen für die Wände der Kammern, Galerien, Messen, Kombüsen, Laderäume und anderen Innenausbauten.

1.800 Planken nach Art der Holländer, ebenso

20 Dutzend Kieferplanken zum Zurichten des Orlopdecks.

23 Dutzend für die Laderäume.

SPARREN ALLER SORTEN

62 Dutzend für die Laderäume von 12 Pan[232] (2.98 m) Länge.
6 Dutzend zum Zurichten des Orlopdecks.
2.000 halbe Sparren von 12 Pan (2,98 m) und welche von 14 Pan (3,47 m).

BESONDERER ZUSTAND DER HÖLZER

Welche haben Eingang in die Konstruktion jeder Kammer, mit ihren Proportionen, Qualitäten und Quantitäten, zur Kenntnis:

BETINGE UND KLEINE BETINGE[233]

4 Betinge mit Querbalken von 24 Fuß (7,80 m) Länge und 18/18 Zoll (0,49/0,49 m).
8 Kniehölzer mit Betingfüßen von 16 Fuß (5,20 m) Länge u. 8/8 Zoll (0,22/0,22 m).
4 Balken für Groß- u. Fockmast von 44 Fuß (14,29 m) Länge und 12/12 Zoll (0,32/0,32 m).
2 Querbalken mit 14 Fuß (4,55 m) Länge und 12/12 Zoll (0,32/0,32 m).
9 Querbalken der Casse-Escotte von. 10/10 Zoll (0,27/0,27 m) (keine Längenangabe).
8 Stück für den Stegreif, kleine Betinge und Querbalken der kleinen Betinge von 20 Fuß (6,50 m) Länge und 15/15 Zoll (0,41/0,41 m).
30 Kniestücke von 28 Fuß?/Zoll[234] (0,76 m) Länge und 6/6 (0,16 m) für den allgemeinen Gebrauch.

DIE RÜSTBRETTER

4 Stück Tannenbalken von 26 Fuß (8,45 m) Länge, 24 Zoll (0,65 m) Breite und 5 Zoll (0,14 m) Stärke.
30 Stück Tannenplanken von 8 Zoll (0,22 m) Breite und 4 Zoll (0,11 m) Stärke für die Besanmastrüsten.
30 kleine Kniehölzer von 4 Fuß (1,30 m) Länge und 5/5 Zoll (0,14 x 0,14 m).

NACHTHÄUSER[235]

3 Dutzend holländische Planken.

STEUERRUDER ODER RUDER

Ein Ruder von 30 Fuß (9,75 m) Länge, 4 Fuß (1,30 m) Breite und 20 Zoll (0,54 m) Stärke.
Die Ruderpinne von 28 Fuß (9,10 m) Länge und 10/10 Zoll (0,27/0,27 m).
Ein Querbalken zum Halten besagter Ruderpinne von 38 Fuß (12,34 m) Länge und 10/10 Zoll (0,27 x 0,27 m).

UNTERKONSTRUKTION FÜR STENGEWINDENREEP[236]

Jene von der Großrah von 24 Fuß (7,80 m) Länge und 20/20 Zoll (0,54/0,54 m) Stärke.
Jene von dem Vormast von 22 Fuß (7,15 m) Länge und 18/18 Zoll (0,49/0,49 m) Stärke.
4 Stück von 8 Fuß (2,60 m) und jede von 12 Zoll (0,33 m) zum Hieven vom Großmast und Besanmast.

- 7 -

GANGSPILL

Das große Gangspill ist 20 Fuß (6,50 m) lang und 30/30 Zoll (0,81/0,81 m) stark.
Das kleine Gangspill ist 15 Fuß (4,87 m) lang und 27/27 Zoll (0,73/0,73) stark.
Zwei Stück von 20 Fuß (6,50 m) Länge und 13/13 Zoll (0,35/0,35 m) für die Pallen.
150 Kniehölzer für die Klampen von 9/9 Zoll (0,24/0,24 m).

32 Handspaken[237] aus starkem Holz v. 22 Fuß (7,15 m) Länge und 5/5 Zoll (0,14/0,14 m).

PUMPENSOODE[238]

8 Fuß gerade gewachsenes Holz von 20 Fuß (6,50 m) Länge und 7/7 Zoll (0,19/ 0,19 m).
800 Fuß (259,87 m) Planken aus Eichenholz.

BILDHAUEREI

50 Stück Pappelholz von 11 Fuß (3,57 m) Länge und 27/27 Zoll (0,73/0,73 m).
2 Stück Tannenholz für das Hackbord oder ein Mast von 15 Fuß (4,87 m) Länge und 27 Zoll (0,73 m) Durchmesser.

5 Hölzer von	11 Fuß	(3,57 m) Länge und	27/27 Zoll (0,73/0,73 m)
4	7	(2,27 m)	24/24 Zoll (0,65/0,65 m)
30	12	(3,90 m)	16/16 Zoll (0,43/0,43 m)
1 Stamm	30	(9,75 m)	18 Zoll (0,49 m) Durchmesser.

ORLOPDECK

30 Balken von 46 Fuß (14,94 m) Länge und 13/13 Zoll (0,35/0,35 m) Stärke.
60 Kniehölzer von 12 Fuß (3,90 m) Länge und 14/14 Zoll (0,38/0,38 m) Stärke.
320 Fuß Hölzer von 11 Zoll (0,30 m) Breite und 6 Zoll (0,16 m) Stärke.
20 Deckstützen jede von 20 Fuß (6,50 m) Länge und 9/9 Zoll (0,24/0,24 m).
6 Dutzend Sparren.
20 Dutzend Kieferplanken.

LADERÄUME FÜR PULVER UND BROT

8 Balken von 30 Fuß (9,75 m) Länge und 11/11 Zoll (0,30/0,30 m).
60 Tannenplanken.
62 Dutzend Sparren.
56 Tannendielen.
28 Dutzend Planken aus Kiefernholz.

KAMMER DES WUNDARZTES

4 Dutzend Sparren von 12 Pan (2,98 m)
10 Dutzend Kiefernplanken.

SEGELKAMMER UND KABELGATT

Kabelgatt:
6 Balken von 34 Fuß (11,04 m) Länge und 11/11 Zoll (0,30/0,30 m) Stärke.
46 Tannendielen von 2 Zoll (5 cm) Stärke.
Segelkammer:
4 Dutzend Sparren.
8 Dutzend Kiefernplanken.
24 Preußische Planken.
320 Fuß (104 m) Kiefernbalken.

ERSTES DECK

10 Unterbalkweger von 16 Fuß (5,20 m) Länge und 7 Zoll (0,19 m) Stärke.
42 Balken von 47 Fuß (15,27 m) Länge und 15/15 Zoll (0,41/0,41 m).
82[239] Hölzer v. 23,5 Fuß (7,63 m) Länge 11 Zoll (0,30 m) Breite u. 5 Zoll (0,14 m) Stärke.
192 Fuß (62,37 m) Querhölzer von 5/5 Zoll (0,14/0,14 m).
84 Kniehölzer von 12 Fuß (3,90 m) Länge,16 Zoll (0,43 m) Breite und 13 Zoll (0,35 m) Stärke.
3 Balken oder Zwischenhölzer als Anschluss zum Heckspiegel von 30 Fuß (9,75 m) Länge und 13/13 Zoll (0,37/0,37 m).
8 Kniehölzer zur Verbindung besagter Balken mit dem Achtersteven von 12 Fuß (3,90 m) Länge, 16 Zoll (0,43 m) Breite und 13 Zoll (0,35 m) Stärke.
Hölzer mit 338 Fuß (109,80 m) Länge von 11 Zoll (0,30 m) Breite und 6 Zoll (0,16 m) Stärke.

- 8 -

338 Fuß (109,80 m) Leibhölzer von 18 Zoll (0,49 m) Breite und 6 Zoll (0,16 m) Stärke.
7.872 Fuß (2.557,14 m) Eichenplanken von 12 Zoll (0,32 m) Breite und 4 Zoll (0,11 m) Stärke.
Dazu 2.366 Fuß (768,57 m) besagter Planken zur Verkleidung zwischen zwei Decks.

HEILIGE BARBARA

7 Dutzend flandrische Planken.
8 Stützen aus Eiche, 10 Fuß (3,25 m) Länge und jede 6/6 Zoll (0,16/0,16 m).

ZWEITES DECK

84 Deckstützen von 6/6 Zoll (0,16/0,16 m).
10 Unterbalkweger von 12 Zoll (0,32 m) Breite und 5 Zoll (0,14 m) Stärke.
42 Balken von 44 Fuß (14,29 m) Länge und 13/13 Zoll (0,35/0,35 m).
82 Hölzer von 20 Fuß (6,50 m) Länge, 11 Zol (0,30 m) Breite, 4 Zoll (0,11 cm) Stärke.
198 Fuß (64,32 m) Querbalken und 4/4 Zoll (0,11/0,11 m).
84 Kniehölzer mit 10 Fuß (3,25 m) Länge, 14 Zoll (0,38 m) Breite u. 11 Zoll (0,30 m).
2 Zwischenhölzer für den Heckspiegel von 30 Fuß Länge (9,75) u.12/12 Zoll (0,32/0,32 m).
2 Kniehölzer zur Verbindung der Heckbalken mit besagten Zwischenhölzern von 14 Fuß (4,55 m) Länge, 15 Zoll (0,41 m) Breite und 14 Zoll (0,38 m) Stärke.
2 andere besagter Hölzer mit 10 Fuß (2,48 m) Länge, 14 Zoll (0,38 m) Breite und 12 Zoll (0,32 m) Stärke.
Balkweger mit 338 Fuß (109,80 m) Länge, 10 Zoll (0,27 m) Breite u. 6 Zoll (0,16 m) Stärke.
Leibhölzer mit 338 Fuß (109,80 m), 15 Zoll (0,41 m) Breite und 5 Zoll (0,14 m) Stärke.
6.760 Fuß (2.195,92 m) Planken von 3 Zoll (8 cm) Stärke für das Deck.
2.187 Fuß (710,43 m) besagter Hölzer zum Wegern[240] der beiden Seiten.
182 Fuß (59,12 m) Deckstützen, 5/5 Zoll (0,14/0,14 m).

KAMMER DER VOLONTÄRE

3 Dutzend flandrische Planken für das Schott.
20 Dutzend Planken für die Verkleidung.

DRITTES DECK

10 Unterbalkweger von 4 Zoll (0,11 m) Stärke.
42 Balken von 42 Fuß (13,64 m) Länge und 9/9 Zoll (0,24/0,24 m).

198 Fuß (64,32 m) Querhölzer von 3/3 Zoll (8/8 cm).

82 Planken von	18 Fuß (5,85 m) Länge,	10 Zoll (0,27 m) Breite	3 Zoll (8 cm).
84 Kniehölzer	9 (2,92 m)	12 (0,32 m)	9 (0,24 m).
340 Fuß Balkweger[241]	(110,45 m)	10 (0,27 m)	6 (0,16 m).
340 Fuß Leibhölzer[242]	(110,45 m)	13 (0,35 m)	4 (0,11 m).

6.767 Fuß (2.198,20 m) Planken 2 Zoll (5,4 cm) für das Deck.

2.197 Fuß (713,67 m) besagten Holzes für Schandeck[243], Vor- und Achterdeck.

MESSEN UND KOMBÜSEN

55 Dutzend Kieferplanken.

18 Dutzend Sparren.

ACHTERDECK

2.280 Fuß (740,64 m) Tannendielen.

5 Unterbalkweger von 9 Zoll (0,24 m) Breite, und 3 Zoll (8 cm) Stärke.

8 Balken von 38 Fuß (12,34 m) Länge und 8/8 Zoll (0,22/0,22 m).

100 Fuß (32,48 m) Querhölzer von 3/3 Zoll (8/8 cm) für die Grätings.

40 Planken von 16 Fuß (5,20 m) Länge, 9 Zoll (0,24 m) Breite und 3 Zoll (8 cm) Stärke.

28 Kniehölzer von 8 Fuß (2,60 m) Länge und 10 Zoll (0,27 m) Breite.

VORDERDECK

2 Unterbalkweger von 9 Zoll (0,24 m) Breite und 3 Zoll (8 cm) Stärke.

12 Balken von 38 Fuß (12,34 m) Länge und 12/12 Zoll (0,32/0,32 m) Stärke.

50 Fuß (16,24 m) Querhölzer von 3/3 Zoll (8/8 cm).

- 9 -

24 Latten von 16 Fuß (3,97 m) Länge,		9 Zoll (0,24 m) Breite und	3 Zoll (8 cm) Stärke.
24 Kniehölzer	8 (1,98 m)	10 (0,27 m)	8 (0,22 m).

1.202 Fuß (390,46 m) Tannendielen für das Deck.

8 Stützen	14 Fuß (4,55 m)	7/7 Zoll (0,19/0,19 m)

420 Fuß (136,43 m) Tannendielen zur Verkleidung.

3 Gesimse für die Brüstungen auf dem Vorder- und Achterdeck, Tannenholz von 150 Fuß (48,73 m) Länge, 9 Fuß (0,24 m) Breite und 6 Fuß (0,16 m) Stärke.

24 Kniestücke von 5 Fuß (1,62 m) Länge und 6/6 Zoll (0,16/0,16 m) Stärke.

100 Fuß (32,48 m) Tannenplanken von 3 Zoll (8 cm) zum Verbolzen.

GROSSE RATSKAMMER

90 Fuß (29,24 m) Kniestücke von 5/5 Zoll (0,14/0,14 m) für die Deckstützen.

3 Dutzend Sparren von 12 Pan (2,98 m).

25 Dutzend Planken für die Verkleidungen

8 Dutzend flandrische Planken für das Schott.

750 Fuß (243,63 m) Tannenplanken für das Deck.

HÜTTE ÜBER DER GROSSEN RATSKAMMER

8 Balken von 30 Fuß (9,75 m) Länge und 6/6 Zoll (0,16/0,16 m).
16 Kniehölzer 9 (2,92 m) 16/16 Zoll (0,43/0,43 m).
800 Fuß (259,87 m) Tannendielen 1 ½ Zoll (4 cm) Stärke.
6 Dutzend Sparren.
12 Dutzend Kieferplanken.
189 Fuß Tannendielen.
12 Dutzend Planken für die Verkleidung.

OBERSTE HÜTTE

5 Balken von 26 Fuß (8,45 m) Länge und 6/6 Zoll (0,16/0,16 m).
10 Kniehölzer 3 (0,97 m) 6 Zoll (0,16 m) Stärke.
180 Fuß Tannendielen.
600 Fuß (194,90 m) Tannendielen von 1 ½ Zoll (4 cm) Stärke.
168 Tannendielen für die Verkleidung.
16 Dutzend Kieferplanken.
200 Fuß (64,97 m) Tannenplanken 10 Zoll (0,27 m) Breite und 3 Zoll (8 cm) für die Verkleidung des Hecks.
114 Fuß (37,03 m) 9 Zoll (0,24 m) 3 (8 cm) für die Verkleidung.
80 Fuß (25,99 m) besagter Hölzer 12 (0,32 m) 3 (8 cm) für die Mitte.

AUFSTIEGE UND TREPPEN

340 Fuß (110,45 m) Planken aus Eichenholz.
72 Fuß (23,39 m) besagter Planken.
400 Fuß (129,94 m) Tannendielen.
380 Fuß (123,44 m) Ulmenhölzer.
210 Fuß (68,22 m) Balustrade aus Kiefernholz 6/6 Zoll (0,16/0,16 m).
200 Fuß (64,97 m) Eichenplanken für die Treppen zum Aufstieg auf das Vorder- und Achterdeck.

GALION

Das Galion mit 30 Fuß (9,75 m) Länge 24 Zoll (0,65 m) Breite u. 15 Zoll (0,41 m) Stärke.
Scheg 30 (9,75 m) 4 Fuß[244] 16 Zoll (0,43 m).
4 Kniehölzer 11 Fuß (3,57 m) Länge, 15/15 Zoll (0,41/0,41 m) Stärke.
Ein Knieholz zur Verbindung 11 Fuß (3,57 m) Länge u. 15/15 Zoll (0,41/0,41m).
16 Kniehölzer 9 Fuß (2,92 m) 9/9 Zoll (0,24/0,24 m).
100 Fuß (32,48 m) Eichenplanken für den Zusammenbau.
Ein vorderer Querbalken von 10/10 Zoll (0,27/0,27 m) Querschnitt.
Ein Balken für das Zwischenholz am Bugspriet mit 36 Fuß (11,69 m) Länge und 12/12 Zoll (0,32/0,32 m).
2 Kniehölzer von 8 Fuß (2,60 m) 9/9 Zoll (0,24x 0,24 m).

- 10 -

100 Fuß Berghölzer von 14 Zoll (0,38 m) Breite und 9 Zoll (0,24 m) Stärke.
4 Berghölzer aus Eichenholz für die Galionsregeln von 12 Zoll (0,32 m) Breite und 5 Zoll (0,14 m) Stärke.
60 Fuß Eichenplanken für Dollbord der Gallion.
30 Fuß (9,75 m) Hölzer von 20/20 Zoll (0,54/0,54 m) als Kranbalken.

VERWENDUNG VON HOLZ ZUR KONSTRUKTION

47.780 (Kubik) Fuß[245] (1.637,778 m^3) Eichenholz zu 14 Sols[246] der Kubikfuß.	
26.596 Kubikfuß (911,643 m^3). Holz aus Burgund zu 10 Sols.	
2.184 Kubikfuß (74,86 m^3) Holz aus der Provence zu 8 Sols.	
Zusammen:	32.363 Livres, 17 Sols

Für Stützen, Handläufe und Schnitzwerk:	
1.416 Fuß (459,97 m) Tannenholz zu 5 Sols der Kubikfuß.	
86 Fuß (27,94 m) Ulmenholz zu 22 Sols.	
5.556 Fuß (1.804,81 m) Holz aus Publier[247] zu 16 Sols.	
352 Fuß (114,34 m) Kiefernholz zu 5 Sols.	
Summe:	5.000 Livres, 13 Sols

46.252 Fuß (15.024,50 m) Eichenplanken; zur Beachtung:

8.896 Fuß von	5 Zoll	(0,14 m) Stärke zu	6 Sols 3 Deniers der Fuß.	
20.422	4	(0,11 m)	5 Sols.	
15.314	3	(0,08 m)	4 Sols 9 Deniers.	
1.620	2	(0,05 m)	2 Sols 4 Deniers.	
Summe:				11.711 Livres, 11 Sols

6 Hölzer zur Herstellung des Ankerstocks zu 15 Livres das Stück.	90 Livres
11 Masthölzer für die Herstellung des Hackbords	104 Livres
Für Holz, welches verunstaltet ist, sich fehlerhaft befindet und welches abweicht, der ganze Schätzwert auf ¼ dessen, welches man verwendet.	13.500 Livres.

PLANKEN

785 Tannenplanken nach preußischer Art zu 6 Livres das Stück.	
114 Tannenplanken minderer Qualität zu 4 Livres das Stück.	
444 Tannenplanken nach holländischer Art zu 16 Livres das Stück.	
1.608 Gedoppelte Planken aus Frejus[248] zu 3 Livres 10 Sols das Dutzend.	
120 Besagte Planken einfacher Art zu 2 Livres 10 Sols das Dutzend.	
624 Planken aus Cerentes zu 4 Livres das Dutzend.	
Summe:	6.243 Livres, 4 Sols
103 Dutzend Holzkeile von 12 Pan (2,98 m) zu 50 Sols das Dutzend,	257 Livres 10 Sols
32 Spillspaken zu 4 Livres das Stück.	128 Livres

EISEN UND SPIEKER ZUM EINSATZ IN DER KONSTRUKTION

Eisenbolzen, Beschläge und anderes Eisen zur Verwendung zu 12 Livres der Quintal[249] (Zentner)	1.267,5 Zentner
Spieker nach Gewicht, große und kleine zu 14 Livres der Zentner.	1.485,0 Zentner
Spieker verschiedener Größen zu 16 Livres pro Tonne[250]	122,25 Tonnen

TEER UND PECH

Zum Teeren des Schiffsrumpfs u. sonstiger Teile	60 Zentner
Pech zum Dichten der Nähte und Stöße	100 Zentner

WERG[251]

Weißes Werg für die oberen Enden der Bodenwrangen	30 Zentner
Schwarzes Werg für die Wasserbereiche	130 Zentner

BLEI

Zum Abdecken der Stöße an den Galerien und der Zündlöcher an den Kanonen	20 Zentner

- 11 -

PUMPEN UND ANDERE UNTENSILIEN AUS HOLZ

Sind eingebaut in die Konstruktion besagten Schiffes:
4 großen Pumpen versehen mit ihren Gerätschaften.
150 Bolzen für die Stiele.
150 Handspaken aus Holz zur Bedienung durch die Werker und Kanoniere.
20 Dutzend Körbe zu 50 Sols das Dutzend.
8 Dutzend Pütze/Eimer zu 5 Livres.
2 große Schöpfeimer und zwei Dutzend kleine.
30 Seilzüge
60 Pfund Segelgarn.

ANDERE WAREN

Zum Einsatz in der Konstruktion besagten Schiffes.
12 Dutzend Wetzsteine als Hilfsmittel zu 3 Livres das Stück.
12 Föhrenhölzer zum Reinigen der Pumpenhübe und des Ballastes.
80 Schafsleder zur Herstellung der Lanade zum Pechen und Teeren.
40 Zentner Talg oder Tran zum Einsatz auf See.

FENSTER

Die Fenster mit Beschlägen werden geschätzt zu	1.700 Livres

BLÖCKE

40 Metallscheiben[252] für die Stengen, Fallen und Blöcke zusammen veranschlagt mit	40 Zentner.

1.200 Holzblöcke, große und kleine
12 Rackklotjes.
6 Dutzend Bolzen für den allgemeinen Gebrauch.

BARKASSEN UND BEIBOOTE

Eine Barkasse von	45 Pan	(11,16 m)	Länge
Eine andere von	38	(9,42 m)	
Ein Beiboot von	22	(5,46 m)	

100 Ruder
3 Dregganker, 2 Zentner schwer.
6 Leuchter aus Eisen für die Barkassen.

3 Rackklotjes	I		
6 Bootshaken.	I	Diese drei Artikel zusammen	400 Livres
36 Schöpfeimer	I		

AUSGABEN FÜR DIE KONSTRUKTION BESAGTEN SCHIFFES	
Für die Zimmerleute	27.000 Livres
Für die Handwerker, welche die Löcher bohren.	3.500 Livres
Für die Brettschneider	3.000 Livres
Für die Kalfaterer	2.000 Livres
Für die Tischler bzw. Schreiner	2.000 Livres
Für die Tagelöhner	2.500 Livres
Für die Bildhauer und Schnitzer	10.000 Livres
Für die Maler, Farbe und Öl	10.000 Livres
Zum Versorgen besagten Schiffes mit Wasser	800 Livres
Für den Meister und Verzierer	2.000 Livres
Zum Kielholen, Ballast laden u. entladen bes. Schiffes	3.000 Livres
Gesamt:	65.800 Livres

- 12 -

MASTWERK SEGEL UND RAHEN

Geschätzt mit	18.000 Livres.
Länge des Großmastes	104 Fuß (33,78 m)
Mastdurchmesser	40 Zoll (1,10 m)
Masttopp	11 Fuß (3,57 m)
Mars-Rundungslänge	44 Fuß (14,29 m)

Die Salinge sind 15 Fuß (4,87 m) lang, 12 Zoll (0,33 m) breit und 6 Zoll (0,16 m) stark.
Das Eselshaupt ist 5,5 Fuß (1,79 m) lang, 5 Fuß (1,62 m) breit u. 2,5 Fuß (0,81 m) stark.

GROSSMARSSTENGE

Die Marsstenge des Großmastes hat die Länge von	68 Fuß (22,09 m)
Durchmesser	19,5 Zoll (0,53 m)

GROSSBRAMSTENGE

Die Bramstenge des Großmastes hat die Länge von	34 Fuß (11,04 m)
Durchmesser	9 Zoll (0,24 m)

FLAGGENSTOCK VOM GROSSMAST

Hat die Länge von	13 Fuß (4,22 m)
Durchmesser	6 Zoll (0,16 m)

FOCKMAST

Hat die Länge von	94 Fuß (30,54 m)
Durchmesser in der Mitte	36 Zoll (0,97 m)
Durchmesser am kleinen Ende	24 Zoll (0,65 m)
Masttopp	10,5 Fuß (3,41 m)
Mars Rundungslänge	38 Fuß (12,34 m)
Die Salinge haben eine Länge von	13 Fuß (4,22 m)

Das Eselshaupt hat eine Länge von 5 Fuß (1,62 m), 4 Fuß (1,30 m) Breite und 2 Fuß (0,65 m) Stärke.

VORMARSSTENGE

Hat die Länge	59 Fuß (19,17 m)
Durchmesser von	17 ½ Zoll (0,47 m)

VORBRAMSSTENGE

Hat die Länge	30 Fuß (9,75 m)
Durchmesser von	8 Zoll (0,22 m)

BUGSPRIET

Mastlänge	70 Fuß (22,74 m)
Durchmesser	36 Zoll (0,97 m)
Mars Rundungslänge	22 Fuß (7,15 m)

Die Salinge sind 7,5 Fuß (2,44 m) lang, 6 Zoll (0,16 m breit und 4 Zoll (0,11 m) stark.

Das Eselshaupt hat die Länge von	3 Fuß (0,97 m)

SPRIETMAST DES BUGSPRIETS

Mastlänge	24 Fuß (7,80 m)
Durchmesser	9 Zoll (0,24 m)

BESANMAST

Mastlänge	70 Fuß (22,74 m)
Durchmesser	20 Zoll (0,54 m)
Mars Rundungslänge	22 Fuß (7,15 m)

Die Salinge sind 7,5 Fuß (2,44 m) lang, 6 Zoll (0,16 m) breit und 4 Fuß (0,11 m) stark.

Das Eselshaupt hat die Länge von	3 Fuß (0,97 m)

BESANBRAMSTENGE

Mastlänge	34 Fuß (11,04 m)
Durchmesser	9 Zoll (0,24 m)

- 13 -

FLAGGENSTOCK

Der Stock hat die Länge von	34 Fuß (11.04 m)
Durchmesser	9 Zoll (0,24 m)

RAHEN VOM GROSSMAST

Die Großrah hat die Länge von	96 Fuß (31,18 m)
Durchmesser in der Mitte	22 Zoll (0,60 m)
Durchmesser an beiden Enden	7 1/3 Zoll (0,20m)
Die Großmarsrah hat die Länge von	56 Fuß (18,19 m)

Durchmesser in der Mitte	14 Zoll (0,38 m)
Durchmesser an beiden Enden	6 Zoll (0,16 m)
Die Großbramrah hat die Länge von	29 Fuß (9,42 m)
Durchmesser in der Mitte	8 Zoll (0,22 m)
Durchmesser an beiden Enden	3 Zoll (0,08 m)
VOM FOCKMAST	
Die Fockrah hat eine Länge von	88 Fuß (28,58 m)
Durchmesser in der Mitte	21 Zoll (0,57 m)
Durchmesser an beiden Enden	7 Zoll (0,19 m)
Die Vormarsrah hat eine Länge von	51 Fuß (16,57 m)
Durchmesser in der Mitte	13 Zoll (0,35 m)
Durchmesser an beiden Enden	4 1/3 Zoll (0,12 m)
VOM BUGSPRIET	
Die Blinderah hat eine Länge von	66 Fuß (21,44 m)
Durchmesser in der Mitte	16 Zoll (0,38 m)
Durchmesser an beiden Enden	6 Zoll (0,16) m)
Die Rah der Sturmfock hat die Länge von	36 Fuß (11,69 m)
Durchmesser in der Mitte	8 Zoll (0,22 m)
Durchmesser an beiden Enden	2 2/3 Zoll (0,07 m)
VOM BESANMAST	
Die Besanrute hat die Länge von	91 Fuß (29,56 m)
Durchmesser in der Mitte	14 Zoll (0,38 m)
Durchmesser an beiden Enden	4 2/3 Zoll (0,13 m)
Die Bagienrah hat die Länge von	53 Fuß (17,22 m)
Durchmesser in der Mitte	9 Zoll (0,24 m)
Durchmesser an beiden Enden	3 Zoll (0,08 m)
Die Kreuzrah hat eine Länge von	29 Fuß (9,42 m)
Durchmesser in der Mitte	8 Zoll (0,22 m)
Durchmesser an beiden Enden	2 2/3 Zoll (0,07 m)

ZUSTAND DER MASTE FÜR DEN GEBRAUCH

Das Mastwerk für das jetzige Schiff, zur Beachtung:

Es braucht zur Herstellung des GROSSMASTES:

Ein Mast von	104 Fuß (33,78 m) Länge &	28 Zoll (0,76 m) Durchmesser als Herzstück.
5 andere von	75 Fuß (24,36 m)	20 (0,54 m) zur Schalung.
FOCKMAST		
Ein Mast von	90 Fuß (29,24 m) Länge &	26 Zoll (0,70 m) Durchmesser als Herzstück.
5 andere von	70 Fuß (22,74 m)	18 Zoll (0,49 m) zur Schalung.
BUGSPRIET		
Ein Mast von	70 Fuß (22,74 m) Länge &	33 Zoll (0,89 m) Durchmesser.
BESANMAST		
Mast von	70 Fuß (22,74 m) Länge &	20 Zoll (0,54 m) Durchmesser.

MARSSTENGEN

Großmarsstenge 68 Fuß (22,09 m) Länge & 20 Zoll (0,54m) Durchmesser.
Vormarsstenge 60 Fuß (19,49 m) Länge & 18 Zoll (0,49 m) Durchmesser.

-14 -

BRAMSTENGEN

1 Mast von 34 Fuß (11,04 m) Länge, 9 Zoll (0,24 m) Durchmesser für die Großbramstenge.
1 Mast von 30 Fuß (9,75 m) Länge, 8 Zoll (0,22 m) Durchmesser für die Vorbramstenge.
1 Sprietmast von 24 Fuß (.7,80 m) Länge, 9 Zoll (0,24 m) Durchmesser für den Bugspriet.
1 Mast von 30 Fuß (.9,75 m) Länge, 9 Zoll (0,24 m) Durchmesser für den Besanmast.
Dazu:
8 Flaggenstöcke und Maste für die Barkassen.
30 Holzstangen für die Anfertigung der Mars
10 Eselshäupter aus Nussbaumholz.
2 Marsstengen zum Auswechseln.
4 Spiere zum Auswechseln.

MARSE

Jene für den Großmast Rundungslänge	zu 44 Fuß	(14,29 m)
Jene für den Fockmast	zu 38	(12,34 m)
Jene für den Besanmast	zu 22	(7,15 m)
Jene für den Bugspriet	zu 22	(7,15 m)
Jene für das Großmarssegel o. Stenge	zu 19	(6,17 m)

HÖLZER FÜR DIE MARSE

Am Großmast	15 Fuß	(4,87 m) Länge,	12 Zoll	(0,32 m) Breite u.	6,5 Zoll	(0,18 m) Stärke
Am Fockmast	13	(4,22 m)	11	(0,30 m)	6	(0,16 m)
Am Besanmast	7,5	(2,27 m)	6	(0,16 m)	4	(0,11 m)
Am Bugspriet	wie vor					
Am großen Marssegel	5	(1,62 m)	4,25	(0,12 m)	3	(0,08 m)
Jene am kleinen Marssegel	4	(1,30 m)	3,5	(0,10 m)	2,5	(0,07 m)

Der Flaggenstock hat die Länge von 34 Fuß (11,04 m) und 3 Zoll (0,08 m) Durchmesser.

ZUSTAND DER MASTTEILE, WELCHE EINGANG FINDEN IN DIE RAHEN DIESES SCHIFFES

GROSSE RAHEN				
1 von	96 Fuß	(31,18 m) Länge und	30 Zoll	(0,81 m) Durchmesser für die Großrah.
1 von	88	(28,58 m)	28	(0,76 m)
1 von	81	(26,31 m)	20	(0,54 m)
1 von	65	(21,11 m)	18	(0,49 m)
MARSRAHEN				
1 von	55	(17,87 m)	17	(0,46 m)
1 von	51	(16,57 m)	16	(0,43 m)

BRAMRAHEN

1 von	29	(9,42 m)	10	(0,27 m)
1 von	25	(8,12 m)	9	(0,24 m)
1 von	32	(10,39 m)	10	(0,27 m)
1 von	36	(11,69 m)	für die Rah des Baumsegels.	
1 von	53	(17,21 m)	12	(0,32 m) als Bagienrah.

Dazu 2 Marsrahen zum Auswechseln.

ESELSHAUPT

Jenes vom Großmast hat	5,5 Fuß	(1,79 m) Länge,	5 Fuß	(1,62m) Breite &	30 Zoll	Stärke
Vom Fockmast	5	(1,62 m)	4,5	(1,46 m)	24	(0,65 m)
Vom großen Marssegel	3	(0,97 m)	1,5	(0,49 m)	10	(0,27 m)
Vom kleinen Marssegel	2	(0,65 m)	1,25	(0,41 m)	9	(0,24 m)

SEGEL

Die Stellsegel umfassen 6.200 Doppelellen[253] (4.557 m) Segeltuch, nicht enthalten sind 4 Bramsegel, 6 Leesegel und 4 Stagsegel.

- 15 -

GROSSSEGEL

Ihr Großsegel hat 48 Segeltuchbahnen mit 22 Doppelellen (28,60 m) Breite und der Höhe von elf Doppelellen (14,30 m) einschließlich der Leesegel sind 242 Doppelellen (314,60 m).

Ihr Focksegel hat die Breite von 44 Segeltuchbahnen mit 21 Doppelellen (27,30 m) und der Höhe von 10 Doppelellen (13,00 m) einschließlich ihrer Leesegel sind 210 Doppelellen (273,00 m).

Die Blinde hat die Breite von 30 Segeltuchbahnen mit 14 ¾ Doppelellen (19,18 m) und der Höhe von 6 Doppelellen (7,80 m), gesamt 38,5 Doppelellen (50,05 m).

Das Besansegel hat 28 Segeltücher mit 19,5 Doppelellen (25,35 m) Breite und der Höhe von 14 Doppelellen (18,20 m) einschließlich ihrer Leesegel, gesamt 273 Doppelellen (354,90 m).

MARSSEGEL

Das Großmarssegel hat 26 Segeltuchbahnen für das obere und 45 Segeltücher für das untere und 15 Doppelellen (19,50 m) Höhe, gesamt 180 Doppelellen (234,00 m).
Das kleine Marssegel hat 24 Segeltuchbahnen Breite, 11 ¾ Doppelellen (15,28 m) oben, 13 Doppelellen (16,90 m) unten und 6 Doppelellen (7,80 m) in der Höhe, gesamt 78 Doppelellen (101,40 m).

BRAMSEGEL

Das große Bramsegel hat eine Breite von 13 Segeltuchbahnen, 25 Bahnen für unten und 7,5 Doppelellen (9,10 m) in der Höhe, gesamt 49 Doppelellen (63,70 m).
Das kleine Bramsegel hat 12 Segeltuchbahnen oben und 23 Bahnen unten, in der Höhe 6 2/3 Doppelellen (8,67 m), gesamt 36 Doppelellen (46,80 m).

Das Fockstagsegel hat 16 Segeltuchbahnen oben, 29 Bahnen unten und 8 2/3 Doppelellen (11,27 m) in der Höhe, gesamt 64 Doppelellen (83,20 m).
Das Baumsegel hat 13 Segeltuchbahnen oben, 25 Bahnen unten u. 7,5 Doppelellen (9,75 m) in der Höhe, gesamt 43 Doppelellen (55,90 m).

STAGSEGEL

Das große Stagsegel hat 21 Segeltuchbahnen in der Breite u. 11 Doppelellen (14,30 m) in der Höhe, gesamt 176 Doppelellen (228,80 m).
Das Besanstagsegel hat 20 Segeltuchbahnen in der Breite und 10,5 Doppelellen (13,65 m) in der Höhe, gesamt 150 Doppelellen (195 m).
Das Großstengestagsegel hat 18 Segeltuchbahnen in der Breite und 9 ¼ (12,03 m) in der Höhe, gesamt 117 Doppelellen (152,10 m).
Das Fockstengestagsegel hat 15 Segeltuchbahnen in der Breite und 7 ¾ Doppelellen (10,08 m) in der Höhe, gesamt 78 Doppelellen (101,40 m).

LEESEGEL

Jenes vom Großsegel hat 2,5 Segeltuchbahnen oben in der Breite, & 20 Segeltuchbahnen unten, mit 12 Doppelellen (15,60 m) Höhe, gesamt 120 Doppelellen (156,00 m).
Jenes vom Großmarssegel hat 2 Segeltuchbahnen oben in der Breite, 18 Segeltuchbahnen unten, mit 15 ¾ Doppelellen (20,48 m) Höhe, gesamt 120 Doppelellen (156,00 m).
Jenes vom Vormarssegel hat 2 Segeltuchbahnen oben in der Breite, 17 Bahnen unten und 13 ¾ Doppelellen (17,88 m) Höhe, gesamt 104 Doppelellen (135,20 m).

SCHANZKLEIDER / GEFECHTSTÜCHER

Für die Herstellung der Schanzkleider des Schiffskörpers, den 4 Marsen und den Stirnbalken braucht es 143 Klafter[254] (große Elle, 283,14 m) Wollstoff oder Ratiné[255], mit gelben Bourbonischen Lilien, wie man es seit kurzem ausführt an den Schiffen Seiner Majestät,[256] gesamt 143 Klafter (283,14 m).

FLAGGEN

Für zwei Nationalflaggen weiß und rot für das Heck und 3 Flammen braucht es 200 Flaggentücher.
Die Nationalflagge am Heck hat 39 Fuß (12,67 m) Breite oder[257] 9 ¾ Doppelellen mit 60 Fuß (19,50 m) Höhe oder 15 Doppelellen, gesamt 135 Doppelellen (175,50 m).
Die Flagge für den Bugspriet hat 18 Fuß (5,85 m) Breite, welche besteht aus 4 ½ Doppelellen und einer Höhe von 27 Fuß (8,77 m) oder 6 ¾ Doppelellen, gesamt 25 Doppelellen (32,50 m).

- 16 -

Die Flagge für den Großmast hat 18 Fuß (5,85 m) Breite, welche besteht aus 4 ½ und einer Höhe von 27 Fuß (8,77 m) oder 6 ¾ Doppelellen, gesamt 26 Doppelellen (33,80 m).

ANKER

Drei Anker von je	50 Quintaux	2.447,55 kg[258]	
Drei Anker von je	45	2.202,80 kg	
Ein Anker von	12	587,41 kg	
Ein Anker von	10	489,51 kg	
8 wiegen zusammen 307 Quintaux			15.027,97 kg.

KABEL

8 Ankertaue/kabel der Größe von 23 bis 24 Zoll[259] (0,62 - 0,65 m) wiegen mit 120 Faden[260] (194,90 m) Länge 1.200 q	58.741,20 kg.
3 Ankertaue von 10 Zoll (0,27 m) Dicke und 120 Faden (194,90)	3.181,82 kg.
2 Ankertaue von 10 Zoll (0,27 m) Dicke und 120 Faden (194,90)	2.153,83 kg.
Ein Kabelar von 9 Zoll (0,24 m) Dicke und 40 Faden (64,97 m)	734,27 kg.

TAUWERK DER MASTE UND GESCHÜTZE

Die gewöhnliche Takelage wiegt zusammen 1.324 quintaux	64.811,12 kg
Die Ausstattung der Geschütze mit Takelung und Brooktaue 213 q	10.426,56 kg
Das gesamte Tauwerk zusammen 1.324 quintaux	75.237,68 kg[261]

TAUWERK FÜR DEN BESANMAST

2 Stück von 6 Zoll (0,16 m) u. 60 Faden (97,45m) Länge Für die Wanten wiegen 9 quintaux	440,56 kg.
Die Stage von 8 Zoll (0,22 m) und 16 Faden (25,99 m) Länge wiegt 2 quintaux	97,90 kg.
Ein Stück von 3 Zoll (0,08 m) für die Taljen und 70 Faden Länge (113,69 m) wiegt 1,5 quintaux	73,43 kg.
Ein Stück von 4 Zoll (0,11 m) u. 70 Faden (113,69 m) für Fall und Rack wiegt 2,5 quintaux	122,38 kg.
Halbe Taustärke von 4 Zoll (0,11 m) für die Schoten wiegen	34,27 kg.
Zwei Stücke von 2,5 Zoll (0,07m) für die Gordings wiegen 2q	97,90 kg.
Eins von 3 Zoll (0,08m) und 70 Faden (113,69 m) Länge zum Ziehen der Wanten wiegen 1,5 quintaux	73,43 kg.
8 Taue Webleinen zum Ausweben wiegen 5 quintaux	244,76 kg.

FÜR DIE BAGIENRAH UND DAS KREUZSEGEL

6 Taue von 2,5 Zoll (0,07 m) für die gesamte Ausrüstung betragen 6 quintaux	293,71 kg.

TAUWERK FÜR DEN GROSSMAST

Das Großstag von 18 Zoll (0,49 m) Stärke und 40 Faden (64,97m) Länge wiegt 30 quintaux	1.468,53 kg.
4 Stück für die Wanten von 9 Zoll (0,24m) und 80 Faden (129,93 m) wiegen 80 quintaux	3.916,08 kg.
24 Stück für die Webleinen zum Ausweben 12 quintaux	587,41 kg.

4 Seile von 4,5 Zoll (0,12 m) u. 80 Faden (129,93 m) Länge zum Ziehen 12 quintaux	587,41 kg.
25 Schnüre zum Bekleiden der Stage wiegen 7,5 quintaux	367,13 kg.
Ein Drehreep von 12 Zoll (0,32 m) und 35 Faden (56,85 m) wiegt 12 quintaux	587,41 kg.
Zwei Kardeele der Großrah von 7 Zoll (0,19 m) Dicke und 120 Faden Länge (194,90 m) wiegen 18 quintaux	881,12 kg.
2 Stück von 5 Zoll (0,14 m) u. 80 Faden (129,93 m) zum Sichern der Seitentakel wiegen 10 quintaux	489,51 kg.
2 Stück v. 4 Zoll (0,11 m) u. 80 Faden (129,93 m) zum Sichern der Talje wiegen 5 quintaux	244,76 kg.
Ein Stück von 6 Zoll (0,16m) und 70 Faden (113,69 m) für das Drehreep besagter Takel/Talje wiegen 6 quintaux	293,71 kg.

- 17 -

Ein Stück für große Schoten von 7 Zoll (0,19 mm) und 48 Faden (77,96 m) wiegen 8 quintaux	391,61 kg.
Ein Stück für Schoten von 9 Zoll (0,24 m) und 25 Faden (40,60 m) wiegen 5 quintaux	244,76 kg.
Ein Stück von 6 Zoll (0,16 mm) und 60 Faden (97,45 m) für Bulins wiegen 5 quintaux	244,76 kg.
Andere von 4 Zoll (0,11 m) und 100 Faden (162,42m) für die Toppnanten wiegen 4 quintaux	195,80 kg.
Ein Stück von 4 Zoll (0,11 m) für große Brassen 4 q.	195,80 kg.
Ein anderes von 4 Zoll (0,11 m) für Geitaue 2 q.	97,90 kg.
Zwei Stück von 3 ½ Zoll (0,09 m) und 70 Faden(113,69 m) für Bauchgordings und Nockgordings 4 quintaux	195,80 kg.
Zwei Stück von 2 ½ Zoll für Niederholer u. Schwichtings der großen Wanten wiegen 2,5 quintaux	122,38 kg.

TAUWERK DES GROSSEN MARSSEGELS

Zwei Stück von 6 (0,16 m) Zoll und 80 Faden (129,93 m) für die Wanten wiegen 12 quintaux	587,41 kg.
Drei andere v. 6 Zoll (0,16 m) u. 100 Faden (162,42 m) für das Backstag wiegen 15 quintaux	734,27 kg.
Ein Stück von 7 ½ Zoll (0,20 m) u. 100 Faden (162,42 m) für das Stengewindenreep vom Mast zum Sichern wiegen 18 q.	881,12 kg.
Ein Stück von 9 Zoll (0,24 m) und 80 Faden (129,93 m) für Schoten wiegen 20 quintaux	979,02 kg.
Ein Stück von 7 Zoll (0,19 m) und 8 Faden für das Drehreep wiegen 7 ½ quintaux	367,13 kg.
Ein Stück von 4 ½ Zoll (0,12 m) u. 80 Faden (129,93 m) für Fallen und Kardeele wiegen 2 ½ quintaux	122,38 kg.

Ein Stück von 3 ½ Zoll (0,12 m) u. 80 Faden (129,93 m) für kleine Taljen wiegen 1 ½ quintaux	73,43 kg.
Zwei Webleinen zum Einweben wiegen 5 quintaux	244,76 kg.
Ein Stück v. 3 Zoll (0,08 m) u 7 Faden (11,37 m) für Taljereeps der Wanten	keine Angabe
Ein Stag von 7 Zoll (0,19 m) und 30 Faden (48,73 m) wiegt 4 quintaux	195,80 kg.
Ein Stück von 4 ½ Zoll (0,12 m) und 80 Faden (129,93 m) für Geitaue wiegt 3 quintaux	146,85 kg.
Drei Stück von 3 Zoll (0,08m) und 80 Faden (129,93 m) für die Brassen, Toppnanten und Geitaue wiegen 6 quintaux	293,71 kg.
Ein Stück von 4 Zoll (0,11m) u. 50 Faden (81,21 m) für Racks und Stropp der Blöcke wiegen 2 ½ quintaux	122,38 kg.
Ein Stück von 3 Zoll (0,08 m) für Nockgordings wiegen 1 ½ q.	73,43 kg.
Ein Stück v. 4 Zoll (0,11 m) u. 70 Faden (113,69 m) f. Bulins 2,5 q.	122,38 kg.

TAUWERK VOM GROSSEN BRAMSEGEL

Ein Stück von 3 ½ Zoll (0,09 m) und 80 Faden (129,93 m) für Wanten und Stag wiegen 2 quintaux	97,90 kg.
Sieben Stück von 2 Zoll (0,05 m) und 80 Faden (129,93 m) für die ganze Ausrüstung besagten Mastes wiegen 7 q.	342,66 kg.

TAUWERK VOM FOCKMAST

Drei Stück von 8 Zoll (0,22 m) und 80 Faden (129,93 m) für die Wanten wiegen 50 quintaux	2.447,55 kg.
Ein Stag von 14 Zoll (0,38 m) und 20 Faden (32,48 m) 20 q.	979,02 kg.
Drei Teile von 4 Zoll (0,11m) für Ansetzen der Wanten 7 q.	342,66 kg.
18 Teile Webleinen zum einweben wiegen 9 quintaux	440,56 kg.
Zwei Teile von 4 Zoll (0,11 m) und 70 Faden (113,69 m) für Vorseitentakel wiegen 4 quintaux	195,80 kg.
Ein Teil von 5 Zoll (0,14 m) und 50 Faden (81,21 m) für Fall der Seitentakel, wiegen 3 quintaux	146,85 kg.
Zwei Teile von 5 Zoll (0,14 m) und 70 Faden (113,69 m) für die Sicherung der Seitentakel wiegen 7 quintaux	342,66 kg.
Zwei Teile von 2 Zoll (5,4 cm) und 80 Faden (129,93 m) für die Gordings wiegen 1 quintal	48,95 kg.
Ein Teil von 6 Zoll (0,16 m) und 70 Faden (113,69 m) für Racks und Stropps der Blöcke wiegen 6 quintaux	293,71 kg.
Ein Fall von 11 Zoll (0,30 m) und 35 Faden (56,85 m) wiegen 11 q.	538,46 kg.
Ein Teil von 6 ½ Zoll (0,18 m) und 80 Faden (129,93 m) f. Fall 8 q.	391,61 kg.

- 18 -

Ein Teil von 6 Zoll (0,16 m) und 80 Faden (129,93 m) für die Schoten, wiegen 7 quintaux	342,66 kg.

Ein Teil von 8 Zoll (0,22 m) und 25 Faden (40,60 m) zum Halsen wiegen 3 ½ quintqaux	171,33 kg.
Ein Teil von 4 Zoll (0,11 m) und 70 Faden (113,69 m für die Geitaue wiegen 2 quintaux	97,90 kg.
Zwei Teile von 3 ½ Zoll (0,09 m) und 80 Faden (129,93 m) für Brassen und Toppnanten wiegen 4 quintqaux	195,80 kg.
Zwei Teile von 3 ½ Zoll (0,09 m) und 80 Faden (129,93 m) für Bauchgordings und Nockgordings wiegen 4 quintaux	195,80 kg.
Ein Teil von 4 Zoll (0,11 m) und 60 Faden (97,45 m) für die Bulins wiegen 3 quintaux	146,85 kg.

TAUWERK FÜR DAS FOCKMARSSEGEL

Zwei Taue von 5 Zoll (0,14 m) und 70 Faden (113,69 m) für die Wanten wiegen 9 quintaux	440,56 kg.
Zwei Teile besagter Taue für die Pardunen wiegen 9 quintaux	440,56 kg.
Eins von 3 Zoll (0,08 m) zum Ansetzen der Wanten 1 ½ quintaux	73,43 kg.
Zwei Teile von 3 Zoll (0,08 m) und 70 Faden (113,69 m) für kleine Taljen wiegen 3 quintaux	146,85 kg.
Ein Stag von 6 Zoll (0,16 m) und 20 Faden (32,48 m) 1 ½ q.	73,43 kg.
Fünf Teile Webleinen zum Einweben wiegen 2 ½ quintaux	122,38 kg.
Ein Teil von 6 ½ Zoll (0,18 m) und 70 Faden (113,59 m) für das Stengewindenreep wiegt 8 quintaux	391,61 kg.
Ein Teil von 8 ½ Zoll (0,23 m) und 70 Faden (113,69 m) für die Schoten wiegen 14 quintqaux	685,31 kg.
Ein Fall von 8 ½ Zoll (0,23 m) und 25 Faden (40,60 m) 2 q.	97,90 kg.
Ein Teil von 3 ½ Zoll (0,09 m) und 70 Faden (113,69 m) für Fall wiegen 2 quintaux	97,90 kg.
Ein Teil von 3 ½ Zoll (0,09 m) und 80 Faden (129,93 m) für Geitaue wiegen 2 quintaux	97,90 kg.
Ein Teil von 3 Zoll (0,08 m) und 80 Faden (129,93 m) für Bauchgordings wiegen 1 ½ quintaux	73,43 kg.
Zwei Teile von 3 Zoll (0,08 m) und 80 Faden (129,93 m) für Brassen u. Toppnanten wiegen 3 quintaux	146,85 kg.
Ein Teil von 2 ½ Zoll (0,07 m) für Nockgording wiegt 1 q.	48,95 kg.
Ein Teil von 3 Zoll (0,08 m) und 70 Faden[262] (113,69 m) für Bulins wiegen 1 ½ quintaux	73,43 kg.

TAUWERK FÜR DAS VOR-BRAMSEGEL

Ein Teil von 3 Zoll (0,08 m) und 80 Faden (129,93 m) für Fall und Wanten wiegen 2 quintaux	97,90 kg.
5 Teile von 2 Zoll (0,05 m) und 80 Faden (129,93 m) für die gesamte Ausrüstung wiegen 7 quintaux	342,66 kg.

TAUWERK FÜR DEN BUGSPRIET

15 Faden (24,36 m) von 6 Zoll (0,16 m) für Drehreep der Rahen wiegen 1 ¼ Quintaux	61,45 kg.
4 Teile von 3 Zoll (0,08 m) und 70 Faden (113,69 m) für Fall, Brassen und Toppnanten wiegen 6 quintaux	293,71 kg.
Zwei andere von 3 Zoll (0,08 m) für Geitaue und Bauchgordings wiegen 3 quintaux	146,85 kg.
Ein Teil von 6 Zoll (0,16 m) und 36 Faden (58,47 m) für stehendes Gut wiegen 3 quintaux	146,85 kg.
Ein Teil von 4 Zoll (0,11 m) und 70 Faden (113,69 m) für die Schoten wiegen 2 quintaux	97,90 kg.

TAUWERK FÜR BUGSPRIETSEGEL

Ein Teil von 3 Zoll (0,08 m) und 70 Faden (113,69 m) für Fall und Wanten wiegen 1 ½ quintaux	73,43 kg.
3 Teile von 2 Zoll (0,05 m) für Geitaue, Brassen, Fall und Toppnanten wiegen 2 quintaux	97,90 kg.
2 Teile Webleinen für die Parten des Hahnepoots 1 q.	48,95 kg.

SONSTIGES TAUWERK

60 Linien[263] für das Kleiden der Takelage wiegen 60 quintaux	2.937,06 kg.
Marleinen, Leikgarn und Hüsing wiegen 6 quintaux	293,71 kg.
Schiemannsgarn[264] wiegt 12 quintaux	587,41 kg.
Ein Teil von 9 Zoll (0,24 m) und 50 Klafter f. Fangleinen 8 q.	391,61 kg.

- 19 -

BLÖCKE ZUR AUSSTATTUNG VON BESAGTEM SCHIFF
FÜR DEN BESANMAST

Zur Beachtung: Es braucht 45 Blöcke
3 für die Refftaljen
2 für dieTaljen
2. Für Takel und Fall
2. Für das Luven
4. Für Piekfall
4. An zwei Taljen des Segels
8. An den Gordings
1. Für Stagsegelfall
2. Zum Brassen der Bagienrah
4. An den Enden besagter Rah
1. Für Stag der Bramstenge
2. Für Drehreep und Fall der Bramstenge
2. An zwei Brassen der Bramrah
2. An zwei Toppnanten besagter Rah
2. An den Bulins der Bramsegel
2. An den Gordings
2. Für Toppnanten an Bramstenge

Gesamt 45

FÜR DEN GROSSMAST

Zur Beachtung: Es braucht 100

3. Für die Taljen an Steuerbord
2. Besagte an Backbord
2. Für die Stage
3. Für Fall & Talje der Stage
2. Für das Rack
2. Für das Drehreep der Rah
4. Für die Brassen
4. Für die Toppnanten
8. Für die Schoten
2. Für die Bulins
4. Für Bauchgordings u. Nockgordings
1. Zum Hissen und Ziehen des großen Bulin
4. Für Toppnanten der Großmarsstenge
4. Für das Marsstengewindenreep
2. Für die Stage der Marsstenge
6. Für Brassen besagter Stenge

4. Für Toppnanten
4. Für Schoten
4. Für Bulins
4. Für Bauchgordings
2. Für Nockgordings
4. Für Geitaue
2. Talje & Fall der Großbramrah
2. Für Brassen besagter Rah
4. Für die Toppnanten
2. Für Geitaue
4. Für Bulins
1. Zum Hissen des Großstagsegels
1. Eine andere fürStengestagsegel
1. Für die Schoten
10 Für die Blöcke der Leesegel

Gesamt: 100

Ohne Zählung der 4 Blöcke an den Enden der Rahen, den Blöcken der Taljereeps, und Kanonentakel.

FÜR DEN FOCKMAST

Zur Beachtung: Es braucht 96

12. Für die Taljen
2. Für die Stage
2. Für Talje und Fall
4. Für die Brassen.
2. Für die Toppnanten
2. Große für die Schoten
4. An den Geitauen
4. An den Bauchgordings u. Nockgordings
2. An den Nockgordings
1. An der Stag der Bramstenge
1. Für Fall und Talje

4. An den Bulins.
2. Für die Taljen am Fockmarssegel
2. Für Fall und Talje
6. Für die Brassen
4. Für die Toppnanten
4. Für die Schoten
4. An den Geitauen
4. An den Bauchgordings
2. An den Bulins
2. An den Geitauen
2. An den Bulins.

- 20 -

8. An den Brassen
4. An den Toppnanten

8. An den Stagsegeln
4. Zum Arbeiten an den Ankern

Gesamt: 96

FÜR DEN BUGSPRIET

Zur Beachtung: Es braucht 48

1. Unter dem Mast, zum Beiziehen eines feindlichen Schiffes
2. An dem Stagsegel
8. An den Toppnanten
2. An den anderen Refftaljen unterhalb des Bugspriets
6. An den Brassen.
6. An den Toppnanten

2. An den Schoten
1. An den Bauchgordings
4. An der Stag der Bramstenge
6. An den Brassen besagter Stenge
4. An den Toppnanten
2. Für Fall und Talje
4. Für die Geitaue.

Gesamt: 48

RESERVEGUT DES SCHIFFES

9790 kg[265] Tauwerk nach Wahl
6 Teile Segeltuch aus Noyale[266] macht 240 aunes 312 m
2 Teile Segeltuch 150 cannes 297 m
100 Pfund Segelgarn
8 Dutzend Segelnadeln
10 Dutzend Blöcke von jeder Sorte.
2 Dutzend Cat-moutons
100 kg Leikgarn und Hüsing
36 Spleißhörner, Marlspieker

60 Beile zum Holz spalten.
200 Kauschen
200 Krampen
400 Splinte
4 Splithämmer / Klauhämmer
489,51 kg Talg
391,61 kg Talgkerzen für 4 Monate
12. Teerfässer
12. Spillspaken
6. Dutzend Spieren (Sparren)

RESERVEGUT DES STEUERMANNS

4 Milleroles[267] Öl (256 Liter)
4 Pfund Segelgarn aus Baumwolle.
2 Glocken aus Bronze
24 Steuerkompasse.

36 Sanduhren inkl. 2 für die Wachhabenden
10 Lotleinen
4 Lampen für die Kompasshäuser
3 q. (146,85 kg) Kerzen für die Laternen.

RESERVEGUT DES KALFATERERS

Ein Pott zum Verpechen.
12 Püttings der Wanten
12 Püttingbolzen
12 Marspüttings
2 Fäustel
2 Splithämmer
4 Stiche aus Eisen
4 Stempelbolzen
200 Splinte
100? Nicht lesbar
3 Ketten zum Greifen der Rahen
2 Scheerhaken

2 Handhaken mit ihren Ketten
195,80 kg Nägel/Spieker
3.000 sehr große Flachkopfnägel
3.000 große Flachkopfnägel
3.000 mittlere Flachkopfnägel
3.000 normale Flachkopfnägel
4.000 kleine Nägel
4.000 kleinere Nägel
10.000. Speigatnägel
10.000 Persenning Spieker
6.000 Pumpenspieker mit ihren Ketten
6 Pumpenstangen

3 Pumpenhaken
6 Bänder für besagte Pumpe
2 Sätze Unterlegscheiben, Bolzen, Pumpenschuhe und Eimer
4. Lagen festes Leder
6. Rohe Häute

10 q. 489,51 kg Pechfett
15 q. 734,27 kg geteertes Werg
2 q. 97,90 kg ungeteertes Werg
6 q. 293,71 kg Blei
8 Dutzend Schläuche aus Rindsleder
12 Schaafshäute

RESERVEGUT DES ZIMMERMANNS

4 Satz Beplankung aus Eiche
8 Dutzend Planken
12 Dutzend Sparren
6 Dutzend kleine Sparren
24 Sparren für die Spills
2 Verschalungen
2 Marsstengen zur Auswechslung

2 Marsrahen
4 große Spierbäume für die Brander
-
24 große Sparren für die Druckverbände
-
12 Dachsbeile
2. Schleifsteine

ARTILLERIE

KANONEN AUS BRONZE[268]

12 Kanonen		36-Pfünder, wiegen	60 quintaux, das Stück	2.937,060 kg
18	von	24	50[269]	2.447,550 kg
30	von	18	40	1.958,040 kg
30	von	12	27	1.321,677 kg
20	von	8	18	881,118 kg
110			~~195 quintaux~~[270]	9.545,445 kg
Gesamtgewicht für 110 Kanonen				195.312,894 kg[271]

6 Drehbassen aus Bronze je 3 ½ quintaux (171,33 kg) 1.027,963 kg

LAFETTEN

110 Lafetten, versehen mit Sturmhaken, Bolzen, Geschützbänder, Schildzapfengurte, den nachfolgenden Proportionsangaben entsprechend:

JENE VON 36 PFUND

Die Lafettenwände haben eine Höhe von 22 Zoll (0,60 m) und 5 Zoll (0,14 m) Stärke.
Das Bodenstück hat eine Länge von 5 Fuß 4 Zoll (1,73 m) und 4 Zoll (0,11 m) Stärke.
Die vordere Radachse hat 5 Zoll (0,14 m) Stärke.
Die Vorderräder haben 19 Zoll (0,51 m) Höhe.
Die Hinterachse hat 4 ½ Zoll (0,12 m) Stärke.
Die Hinterräder haben 16 ½ Zoll (0,45 m) Höhe.
Die vordere Öffnung beträgt 15 ½ Zoll (0,42 m).
Die Öffnung auf Höhe des Schildzapfens 18 ½ Zoll (0,50 m).

JENE VON 24 PFUND

Die Lafettenwände haben eine Höhe von 22 Zoll (0,60 m) und 4 Zoll (0,11 m) Stärke.
Das Bodenstück hat eine Länge von 8 Fuß 8 Zoll (2,82 m?)[272] und 4 Zoll (0,11 m) Stärke.
Die vordere Radachse hat 5 Zoll (0,14 m) Stärke.
Die Vorderräder haben 19 Zoll (0,51 m) Höhe.
Die Hinterachse hat 4 ½ Zoll (0,12 m) Stärke.
Die Hinterräder haben 16 ½ Zoll (0,45 m) Höhe.
Die vordere Öffnung der Lafette beträgt 14 Zoll (0,38 m) und auf Höhe des Schildzapfens 17 ½ Zoll (0,47 m).

JENE VON 18 PFUND

Die Lafettenwände haben eine Höhe von 22 Zoll (0,60 m) und 4 ½ Zoll (0,12 m) Stärke.
Das Bodenstück hat eine Länge von 4 ½ Fuß (1,46 m) und 4 Zoll (0,11 m) Stärke.
Die vordere Radachse hat 4 ½ Zoll (0,12 m) Stärke.

- 22 -

Die Vorderräder haben 16 ½ Zoll (0,45 m) Höhe.
Die Hinterachse hat 4 Zoll (0,10 m) Stärke.
Die Hinterräder haben 14 Zoll (0,38 m) Höhe.
Die vordere Öffnung beträgt 13 Zoll (0,35 m) und bei den Delphinen 15 ½ Zoll (0,42 m).

JENE VON 12 PFUND

Die Lafettenwände haben eine Höhe von 17 Zoll (0,46 m) und 4 Zoll (0,11 m) Stärke.
Das Bodenstück hat eine Länge von 4 ½ Fuß (1,46 m) und 3 Zoll (0,08 m) Stärke.
Die vordere Radachse hat 4 Zoll (0,11 m) Stärke.
Die Vorderräder haben 14 Zoll (0,38 m) Höhe.
Die Hinterachse hat 3 Zoll (0,08 m) Stärke.
Die Hinterräder haben 11 Zoll (0,30 m) Höhe.
Die vordere Öffnung beträgt 11 ½ Zoll (0,31 m).
An den Schildzapfen 14 Zoll (0,38 m).

JENE VON 8 PFUND

Die Lafettenwände haben eine Höhe von 12 Zoll (0,33 m) und 3 Zoll (0,08 m) Stärke.
Das Bodenstück hat eine Länge von 3 Fuß 10 Zoll (1,25 m) und 2 ½ Zoll (0,07 m) Stärke.
Die vordere Radachse hat 3 Zoll (0,08 m) Stärke.
Die Vorderräder haben 11 Zoll (0,30 m) Höhe.
Die Hinterachse hat 3 Zoll (0,08 m) Stärke.
Die Hinterräder haben 9 Zoll (0,24 m) Höhe.
Die vordere Öffnung beträgt 10 Zoll (0,27 m).
An den Schildzapfen 12 ½ Zoll (0,34 m).

AUSSTATTUNG DER GESCHÜTZE

110 Brecheisen
4 Winden
250 Kartuschen
200 Kartätschen[273]
300 Pfund Lunten

200 Dutzend Pergamenthäute
150 Stampfstöcke, versehen mit ihren Trauben und Kugelziehern
25 Kanonenlöffel
30 Gefechtslaternen
16 Laternen
8 Signallaternen
6 Blendlaternen
8 Messwerkzeuge
500 Pfund Blei für das Plattlot
490 kg Alteisen für die Kanone
3 Dutzend Schaafshäute
6. Pfund Kartuschengarn
50 Feuertöpfe für ihre Granaten
200 Granaten mit ihren Schläuchen

KANONENKUGELN

600 Kugeln von	36 Pfund wiegen	10.573,416 kg
900	24	10.573,416 kg
1.500	18	13.216,770 kg
1.500	12	8.811,180 kg
1.000	8	3.916,080 kg
5.500[274]		47.090,862 kg
1.000 Doppelkugeln mit Kette wiegen		8.811,180 kg

- 23 -

BEWAFFNUNG

24,45 Tonnen[275] Geschützpulver
2,45 Tonnen Feinpulver
26,90
300 Musketen
150 Karabinerhaken
500 Schulterriemen
100 Pistolen
150 Spieße
8 Hellebarden
70 Stichlanzen
110 Enterbeile
150 Säbel
8 Kratzer mit ihren Schäften
1.000 weiße Holzstäbe
2.000 Feuersteine zum Schießen
8 Meter Weißblech
1.469 kg Kugeln für die Musketen
Ein Panzerstecher und Werkzeuge des Waffenschmieds wie Feile etc.
2 Trommeln

FÄSSER UND ANDERE UTENSILIEN DER KOMBÜSE

128 m³ Wasser in Fässern bereift mit Eisen
128 m³ Wein in Fässern bereift mit Eisen
60 Fässer zum Transport des Wassers
3 Dutzend Holzeimer
12 Eimer aus Leder
2 Dutzend Fässer
2 Kessel mit ihren Gedecken
2. Transportbeschläge
49 kg Kork
4 Dutzend Tragekörbe
2 Dutzend Peles
2 Lederschläuche für das Füllen der Fässer mit Wasser u. Wein.

UTENSILIEN DER SCHMIEDE

1 Blasebalg	2 Gewindebohrer
1 Amboss	2 Feuerstellen
1 Schraubstock	4 Öfen
3 Paar Beißzangen	6 Ahle
1 Kleine Zange	1 Wanne
24 Feile	49 kg Eisen
6 Hohlmeißel	10 kg Stahl
4 Hämmer	1 Pfund Messingdraht
1 Sprossenleiter	6 Bogen Weißblech

UTENSILIEN DER WAFFENSCHMIEDE

1 Panzerstecher	12 Achsen/Pinnen
1 Beißzange	12 Vierkantachsen/Pinnen
1 Kurbel	12 Guichets
1 Fillieu	12 Klammern
2 Gewindebohrer	12 Schraubverschlüsse
2 Eisenbeitel	1 Pfund Messingdraht
2 Dicke Ahlen	Altes Tuch
6 Deckenhaken	Olivenöl
12 Verkleidete Wannen	Schläuche

WERZEUGE DES TISCHLERS/SCHREINERS

1 Hobel	1 Beil
1 Hobel mit Griff	1 Polierholz
1 Schmaler Hobel	1 Beitel
1 Dechsel	1 Stemmeisen
1 Hobel	1 Schreinerwinkel
1 Nuthobel	1 Zimmermannshammer
1 Breiter Hobel	1 Maßfixierer wie eine Schieblehre
1 Säge	1 Zwinge

- 24 -

1 Handbohrer	1 Kieleisen
1 Schürze	1 Schloss

TRUHE DES ZIMMERMANNS

1 Handsäge	1 Schnur
1 Große Säge	1 Zimmermannshammer
6 Beitel	6 Hobel
2 Hacken	Weiße Kreide oder roter Lack
3 Äxte	

TRUHE DES BÖTTCHERS

1 Wiegemesser
1 Axt mit Halbmondblatt
1 Massole
1 Jutte
1 Schlaghebel

TRUHE DES KALFATERERS

2 Beitel
6 eisenbeschlagene Holzhämmer
6 Moker aus Holz
3 Schreinerwinkel

UTENSILIEN FÜR DIE KAPITÄNSKOMBÜSE

1 Kochtopf
1 Bratpfanne
1 Küchensieb
1 Feuerzange
1 Fischkessel
1 Fettpfanne
1 Dreifuß
2 Drehspieße
3 Kocher
2 Kaminböcke
2 Runde Pastetenforme
1 Kupferofen

TRUHE FÜR ARZNEIMITTEL

METALLSÄTZE
1 Spritze
1 Mörser aus Marmor oder Kupfer mit seinem Stößel
1 Feinwaage mit ihren Kupfereinsätzen
Paletten, Kocher, Kessel, Tonschalen
Schalen
Sägen
Nadeln
Schrauben
Kugelzieher für tief sitzende Kugeln
Entenschnabelzange
Storchschnabelzange
Schnabelzange
Platines-Platten
Schrauben rund und eckig
Nadeln, gerade und gebogene
Carrelets-Schneider/Säge
Draht, Faden, Seide
Arznei,
Puder, Wundschließer
Poil de Lievre.
Schale

1 Gewöhnliche Schale
1 Schale
1 Totenschädel
Salben und Salbenverbände
Basilicum Apostolorum.
Mundicative
Aureacum
Album-Rasis.
Pompholae
Aegyptiaque, & c.

ÖLE
Aus Lilien
Aus Rosen
Aus Kamille
Aus Flachs
Aus Blaubeeren etc.

Wässer
Distel-Weihwasser
Von Rosen
Kräutermischung (Plantin)
Crozophora tinctoria (Maurelle)
Skabiosen

ZUSAMMENSTELLUNG
Theriak (Kräutermischung)
Mitridat[276] Universalmedizin
Zubereitung von Mischungen
Hyazinthe
De la Casse
Catholicum (Abführmittel)
Diaphoenix (pflanzl. Heilmittel)
Pugierende Lattwerge
Dia Turgagan
HONIG
Bingelkraut
Rosal
Wandpflanze.
Pulver gegen Kopfschmerzen
Myrrhe
Spachtelmasse, Kitt
Weihrauch
Zitrone etc.

FÜR HEILKUNDE
Rhabarber
Sennespflanze
Turbi
Fliegenpilz
Scamonea
Präpariertes Scammonium
Anissamen
Fenchel
De Fenugra etc.
ANDERES FÜR ARZNEIEN
Harz
Olivenöl
(Bienen)Wachs, gelb und weiß
Schwarzes Pech
Salbe gegen Erfrierungen
Terpentin
Pulver (zum Ausbrennen)
Pflaumen, Trauben, Zucker, etc.

VERZIERUNG DER KAPELLE

Ein mit Holz bekleidetes Steinkreuz
Der Kelch und Friedenssymbol aus Silber
Messgewand/Leibchen
Stola
Manipel (liturgisches Gewand)
Vor dem Altar
das Messbuch
Holzgestell für das Messbuch
Schaufel
L'Ami… (nicht lesbar)
Gürtel/Ring
Zwei Altartücher von 1,98 m Länge & 4 Bahnen Breite

Das Altartuch
Das Reinigungstuch
Le Tegiteur
Das silberne Kreuz
Ein weißes Stofftuch
4 Leuchter
Eine silberne Dose für die Hostien
-
10 Pfund weiße Kerzen
Zwei silberne Messkännchen
kleines silbernes Bassin zum Reinigen
All dies in der Truhe

2. Die Übersetzung der Monografie: Künstlerischer Teil

Zur Monografie gehören zwei Zeichnungen mit der Seiten- und Heckansicht des Schiffes, jedoch sind keine Längs- und Querschnitte vorhanden. Zum besseren Verständnis der nachfolgenden Beschreibungen wird zur hilfsweisen Orientierung die Abbildung Nr. 92 (Seite 213) aus dem Album von Colbert herangezogen, die im Wesentlichen die beschriebenen Segmente beispielhaft illustriert.[277]

DIE BILDHAUEREI UND MALEREI

Man kann sagen, dass noch nie ein Schiff so reich mit Malerei, Bildhauerei und Schnitzwerk verziert worden ist wie dieses, das nach den Entwürfen des Herrn Le Brun gebaut wurde, der - im Dienste seiner Majestät stehend - einer der hervorragendsten Vertreter seiner Kunst in Europa ist.

Die allgemeine Farbe des Schiffes ist Gold und Weiß,[278] sowohl von außen an den Balken als auch am Heck, alles bedeckt mit goldenen bourbonischen Lilien[279].

AUF DEM ERSTEN DECK

Man sieht die Wand der Heiligen Barbara,[280] reich dekoriert mit bourbonischen Lilien und vergoldeten Leisten.

Man findet danach eine Treppe mit zwei Aufstiegen und ihren Geländern, alle reich bemalt, die auf das zweite Deck führt.[281]

ZWEITES DECK

Man sieht drei Kajüten an jeder Seite, verziert mit reichlich schönen Malereien.[282]

- 26 -

DIE GROßE KAMMER

Im hinteren Teil findet man die große Kammer,[283] welche man gemeinhin als die Kammer der Volontäre bezeichnet, deren Wand in vier Sektionen unterteilt sich öffnen lässt und im Falle des Gefechtes einen Blick über das ganze Deck vom Heck bis zum Vorschiff erlaubt, mit einer Tür an Steuerbord zum Betreten besagter Kammer.

Diese Wand ist außen mit mehreren kleinen bemalten Tafeln verziert, umgeben von vergoldeten Zierleisten, und trägt innen ein großes Gemälde, das das vergoldete Wappen des Königs zeigt, getragen von gemalten Meeresgöttern in feinem Grisaille[284], dazu das Wappen Seiner Eminenz Herzog von Vendôme zur Rechten und jenes Seiner Eminenz des Herzog von Beaufort zur Linken, angereichert mit Trophäen erbeuteter Waffen in einem sehr schön vergoldeten Rahmen gefasst.

Neben besagtem Bild befinden sich weitere Malereien zweier Renommée-Allegorien, die in einem azurblauen Oval die vergoldeten Monogramme des Königs tragen und dazu ein Cupido[285], der ihre Trompeten trägt. Im Hintergrund ist eine Balustrade dargestellt mit einem fernen Terrain am Horizont.

An Backbord befindet sich in einem Rahmen, der fast die gesamte Länge der besagten Kammer einnimmt, die gemalte Darstellung der Begegnung Apolls mit Amor, der auf einer Wolke sitzend nach dem Sieg über die Pythonschlange seinen Bogen spannt.[286]

An Steuerbord sieht man ein Gemälde gleicher Größe, das Apoll bei der Verfolgung Daphnes zeigt, die in einen Lorbeerbaum verwandelt worden ist,[287] mit einer Nymphe in jeder Ecke beider Rahmen, die einen blauen Vorhang zurückschlägt.

Im hinteren Teil dieser Kammer, die von der Wand an der Galerie bis zum Heck reicht, gibt es an jeder Seite eine Tür mit drei Fenstern, verziert mit sehr schönem Blattwerk und vergoldeten Leisten; im unteren Bereich befinden sich wiederum jeweils Bilder von Bauwerken und marmorne Platten.
Der Deckenhimmel der Kammer ist azurblau gestrichen und wird von sechs Deckbalken mit gerundeten Randleisten getragen, die Flechtwerke[288] zieren, die ebenso golden sind wie die besagten Deckbalken mit ihren Meeresgöttern, dem reichen Blattwerk, den ineinander verschlungenen Sonnen sowie Deckbalken mit Meeresgöttern, von denen die einen bourbonische Lilien und die anderen die Initialen des Königs tragen.

Beim Hinaustreten aus dieser Kammer führt eine Stufe oder Visette zu zwei gegenüberliegenden oval zueinander liegenden Treppenläufen,[289] die auf das dritte Deck führen, geschmückt von ihren Stützen und einem Geländer, das mit einer Malerei von Blattwerk reich verziert ist. Ihre Ein- und Austritte sind umgeben von einem Bogengang, gestützt von zwei Säulen mit ihren Kapitellen, die gänzlich aufs Kunstvollste in der Farbe des Jaspis[290] bemalt sind.
Das Parkett der besagten Kammer scheint mit dem übrigen Zierrat wetteifern zu wollen, ja, diesen sogar zu übertreffen, so großzügig wie Olivenholz , Ebenholz und Elfenbein dafür verwendet worden sind.

DRITTES DECK

Wenn man während des Aufstiegs an jenem Zwischenpodest anlangt, an dem sich die beiden Treppenläufe wiedertreffen, findet man am Fuß des Besanmastes eine Tafel, die in goldenen Lettern auf azurblauem Grund folgende unübertreffliche und wahre Inschrift trägt:

»JE SUIS L'UNIQUE DESSUS L'ONDE.
ET MON ROY L'EST DEDANS LE MONDE«

»ICH BIN EINZIGARTIG AUF DEM MEER,
WIE MEIN KÖNIG IN DER WELT.«

Die ganze Wand, an welcher der zu den höheren Decks führende Treppenlauf verläuft, ist geschmückt mit Ballustraden und marmorfarbenen Ovalen mit allgegenwärtigem Blattwerk und Goldgeflecht.

- 27 -

UNTERHALB DES ACHTERDECKS
(Corps de Garde)[291]

An den Stirnbalken[292] über dem Eingang ist ein Sims angebracht mit einer Brüstung[293], die Pfosten in Abschnitte von vier Fuß unterteilen und dekoriert ist von Zierleisten und einem Monogramm des Königs. Auf jeder der besagten vier Säulen befindet sich ein vergoldeter Globus oder eine vergoldete Kugel.

Der ganze Deckenhimmel ist bemalt mit bourbonischen Lilien, Kronen und vergoldeten Monogrammen mit verschlungenem Blattwerk in feiner Grisaille. Sämtliche Balken sind von gerundeten, vergoldeten Randleisten begrenzt und von allen Seiten mit schönen mehrfarbig gemalten Friesen geschmückt.

In der Mitte befindet sich der Länge nach eine Plattform mit acht Säulen und Kapitellen die sie tragen, bemalt in der Farbe von Jaspis; dazu an jeder Seite vier Geschützpforten, geschmückt von Kartuschen[294] die Kinder zieren; all das gemalt in sehr feinem Grisaille. In der Mitte einer der besagten Kartuschen sieht man gemalte falsche Fensterscheiben.

Zwischen den Geschützpforten gibt es große Gemälde, auf denen Sümpfe, Seestücke und Landschaften darstellt sind. Zwischen ihnen befinden sich Kniehölzer, die das Achterdeck abstützen und deren gerundete Randleisten über und über mit goldenen Geflechten verziert sind. Die Seiten tragen Malereien von maskierten Kindern, begleitet von einer Menge schönen Blattwerks.

Die Rückseite des Aufgangs ist reicher verziert als dessen übrige Teile.

Der Besanmast[295] ist bis zum Achterdeck mit einer goldenen Kannelüre auf azurblauem Grund geschmückt.
Ganz in der Nähe befindet sich die Wand der Ratskammer[296] mit einigen anderen Kammern für die Offiziere. Sie ist außen in vier vergoldete Kassetten gegliedert, auf denen in naiver Art Mitglieder der Wachmannschaft dargestellt sind, die einen rauchend, die anderen würfelnd oder Karten spielend - alles in prächtiger Malerei.

Die Kammern sind dreigeteilt. Jene des Rates und eine an jeder Seite, dazwischen ein Flur[297], in den man Türken gemalt hat, welche Vorhänge hochheben und scheinbar vor den Eintretenden salutieren. Die Türen und Fenster sind sehr schön gearbeitet. Ihre Läden sind bemalt mit bourbonischen Lilien, Sonnen und Monogrammen des Königs, verziert mit vergoldeten Geflechten und sehr schönem Blattwerk.

In der Kammer an Steuerbord befinden sich an der Außenwand zwei Tafeln. Das näher am Heck gelegene trägt in einem runden vergoldeten Ornament die Abbildungen von Midas, Pan und Apoll, letzterer auf seiner Violine spielend. Die Tafel wird von schönen Nymphen gestützt, welche Vorhänge zurückschlagen. In der Kammer an Backbord ist, ebenfalls an der Außenwand, Apoll dargestellt, wie er den Satyr Martias häutet,[298] mit dem gleichen Dekor wie an Steuerbord.
Auf der Innenwand gibt es neben den azurblauen Tafeln, den schönen goldenen Ornamenten, Geflechten und vergleichbaren Gesimsen eine schöne runde Tafel, die ein sehr seltenes Portrait unseres unbezwingbaren Monarchen von der Hand des Herrn Fauchier[299] sowie eines seiner Eminenz des Thronfolgers in sich birgt. Auf der anderen Seite befinden sich ein Portrait der Königin und ein Bildnis des einzigen Bruders des Königs. Diese vier Tafeln sind von gleicher Größe und haben die gleichen vergoldeten Zierelemente. Jeder wird von zwei Kindern gestützt und ruht auf großen marmorfarbenen Kapitellen.

- 28 -

Die Decke der Kammer unterteilen sechs vergoldete Balken mit abgerundeten Kanten, gemalten Sonnen, goldenen bourbonischen Lilien und golden unterlegten Friesen in Grisaille, dazu Meeresgötter, welche die Initialen des Königs tragen.
Die beiden seitlichen Kammern sind von gleicher Größe und haben mit sehr schönem Blattwerk bemalte Decken. Die Balken, die sie durchqueren und der Gang zwischen ihnen [den Kammern] sind mit einem goldenen Fries verziert und die Außenwände tragen Tafeln von Seestücken und Landschaften.

DAS ACHTERDECK

Es gibt eine Treppe mit zwei Aufgängen die zum Achterdeck führt.[300] Sie ist außen wie innen marmorfarben bemalt und hat an jeder Seite sieben Säulen, die überall mit gerundeten Leisten und von einem goldenen Geflecht bedeckten Leisten geschmückt sind. Die Felder der Stufen sind in der Farbe von Olivenholz gehalten. Der nach oben führende Treppenlauf wird von einer Balustrade in der Farbe von Jaspis mit vergoldeten Zierleisten eingefasst.
Auf dem ziemlich geräumigen Achterdeck[301] sind die Dollborde bis zu den Heckbalken stilistisch verziert.
Angekommen im hinteren Teil gibt es einen Aufstieg,[302] mit einem schönen verzierten Fries darüber und gestützt von sechs Figuren vergoldeter Männer und Frauen, umhüllt in den Farben Gold und Azurblau.

DIE HÜTTE[303]

Die Vorderwand[304] auf dem Achterdeck wird durch sechs Wandpfeiler und ihren Zierleisten gegliedert, mit einem Band von Girlanden dazwischen und einem vergoldeten Sims, der die Wand einfasst. Zwischen den beschriebenen Wandpfeilern gibt es in der Mitte eine zweiflüglige Tür,[305] die Zutritt zur Hütte gewährt. An jeder Seite befindet sich ein Fenster[306] mit Fensterläden, die mit goldenen Sonnen auf Auzurblau dekoriert sind, umgeben von vergoldetem Blattwerk und an allen Seiten bemalt. Neben diesen Fenstern sind zwei Kinder auf marmoriert bemalten Kapitellen dargestellt. Dazwischen gibt es in der Mitte ein ovales Bild der Kavallerie, auf zwei anderen Ausfachungen und neben den Fenstern sind in einem großen Oval schöne Trophäen gemalt.

Auf jeder Seite des Flures befinden sich nebeneinander zwei Kammern, deren Türen mit Blattwerk und verschiedenfarbigen Friesen bemalt sind. Den Eingangsbereich des Korridors schmücken Malereien von Sümpfen und Landschaften sowie Architekturdarstellungen in feiner Grisaille. Die Balken haben ihre abgerundeten und vergoldeten Leisten und sind wie die Kniehölzer in verschiedenen Farben bemalt. Die Kammern sind verziert mit einer Menge Blattwerk, bourbonischen Lilien und vergoldeten Monogrammen des Königs. Die größte ziert ein umlaufendes vergoldetes Sims. An Backbord gibt es ein großes Bild einer sehr schönen Landschaft mit der Darstellung von zwei Armeen auf einer Brücke, die einen Fluss überspannt. An den Seiten hängen zusammengefasste blaue Vorhänge.

An Steuerbord ist eine vom Meer und von Land aus belagerte Stadt dargestellt. An den Seiten befinden sich ebenfalls gemalte Vorhänge. Jedes der beiden Bilder wird von zwei Nymphen getragen, die sich auf ein großes vergoldetes und marmoriertes Kapitell stützen.

Die Innenwand dieser Kammer ziert an Steuerbord ein Gemälde mit der Darstellung einer Seeschlacht. An Backbord findet sich ein anderes Bild, das die Landung eines Geschwaders von Segelschiffen und Galeeren an einer Küste zeigt.[307]

- 29 -

Die beiden Gemälde befinden sich über drei Kapitellen in feiner Grisaille mit Tafeln in Jaspis dazwischen, alle in vergoldeten Rahmen. Der Deckenhimmel ist azurblau verziert mit bourbonischen Lilien, Sonnen und Monogrammen des Königs.
Am hinteren Ausgang der Kammer gibt es sechs Fenster mit einer Tür in der Mitte, die zu den Galerien führt. Alles ist mit Tafeln beschlagen, die mit goldenen Geflechten verziert sind, in die sich mehrfarbige Blätterranken verschlungen haben. Unter den Fenstern befinden sich in der Kammer genauso wie in der Galerie sechs Bilder mit Darstellungen von Schlachten und all dem Gleichen außen auf der Galerie.

ZWEITE HÜTTE[308]

Über einen marmorfarben bemalten Aufstieg mit zwei Treppenläufen gelangt man in acht kleine, schön bemalte Kammern. Ihre Wände sind außen ebenfalls bemalt – in der Farbe von Marmor und Olivenholz. Draußen sind die Geschützpforten im hinteren Bereich mit einer Kartusche auf einem Kapitell in feiner Grisaille verziert. Eine darüber liegende, weitere Kartusche trägt ein azurblaues Oval, bemalt mit einer Sonne in der Mitte, den Wappen des Königs, dessen gekrönte Initialen und eine große Zahl an Flaggen in allen Farben.

ÜBER DIE SKULPTUREN

Vorstellung des Heckspiegels der *ROYAL LOUIS*

Der große Heckbalken ist außen reich verziert mit Lorbeerblättern, Girlanden und Muscheln darunter, das Ganze in vollendeter Vergoldung. Darüber befinden sich ein Seepferd an jeder Seite und vier große Konsolen, welche die erste Batterie stützen.[309]
Darunter gibt es einen sehr schönen mit Blattwerk verzierten Abhängling.
Die erste Galerie in Höhe der Abstützung ist übersät von vergoldeten bourbonischen Lilien. Auf ihr [der Galerie] sitzen vier Sirenen, die zur Unterstützung der zweiten Galerie dienen. An den Seiten befinden sich drei Meeresgötter und zwei Konsolen sowie ein alles umspannendes Fries. Darauf sieht man die Wappen seiner Eminenz des Herzogs von Beaufort, die ebenfalls von zwei Meeresgöttern mit einem Anker in der Hand gestützt werden. Daneben sitzen Neptun an Steuerbord und Thetis[310] zur Linken mit einem Amor zu ihren Füßen, der den vorgenannten Gottheiten die Kostbarkeiten des Meeres und der Erde darbietet. Diese bieten sie wiederum der oberhalb der dritten Galerie auf dem Thron der Gerechtigkeit sitzenden Figur des Königs dar. Im gleichen goldenen Relief gehalten ist das gesamte Heck mit einem Sklaven an jeder Seite und einem vergoldeten Sims, der über die ganze Länge des Schiffes führt. Zusammen mit Trophäen fügt sich alles zu den vorgenannten Göttern.

An jeder Ecke befindet sich oben eine Allegorie des Renommees mit einer Trompete.

Über dem zweiten Sims am Hackbord, welcher den gleichen Eindruck vermittelt wie der andere, sitzen zwei Figuren, die in ihren Händen von einer Seite einen Lorbeerkranz und von der anderen Seite eine Olivenzweig über das Haupt des Königs halten.

Auf der dritten Galerie gibt es einen Balkon mit einem Vorsprung von zwei Fuß, wo die Wappen des Königs in einem Medaillon eingefasst sind. Darauf befinden sich vier Kapitelle mit vier vergoldeten Halbfiguren, welche die vier Erdteile repräsentieren.

- 30 -

Alle Verschlussdeckel der Geschützpforten sind verziert mit vergoldeten bourbonischen Lilien, Monogrammen des Königs, Leiern und Sonnen. Und im Abstand zu dieser Anordnung oberhalb beschriebener Verschlüsse befindet sich zwischen den Berghölzern ein vergoldeter Fries, der über die ganze Länge des Schiffes verläuft mit ebenfalls vergoldeten ineinander verschlungenen bourbonischen Lilien.

Zwischen den Geschützpforten der zweiten Batterie sind vergoldete Trophäen der Marine zu sehen, in die sogar Flunkern und Anker eingeflochten sind.
Jene von der dritten Batterie sind verziert mit Rahmen aus Blattwerk mit Greifen[311] an den Seiten, das Ganze vollendet vergoldet.
An dem höchsten Bergholz befinden sich Konsolen, deren Zwischenräume goldene Girlanden überbrücken. Die Seiten des Schiffes sind an den Balken mit vergoldeten bourbonischen Lilien und Zierleisten reich geschmückt.

Der gesamte Spiegel - anders gesagt, der Schutzpatron dieses Schiffes - ist in Blau gehalten und von goldenen bourbonischen Lilien übersät. Die Halsklampen der Schoten sind an den Enden reich vergoldet und die Einfassungen in gleicher Weise ebenso prächtig.

DER BUG

Am Bug dieses Schiffes gibt es zwei große Karyatiden, welche Halbfiguren von Frauen sind, deren Unterkörper in einem Blattwerk endet, das dem Verlauf der Berghölzer folgt.
Alle Berghölzer des Bugs sind gleichermaßen ausgestattet, mit Konsolen und Krummhölzern darunter, verziert mit vergoldeten Blüten in den Zwischenräumen.
Die Galionsfigur ist eine die Wappen des Königs tragende Allegorie des Renommees, mit einem kleinen Meeresgott darunter, der hilft, sie zu tragen, das Ganze wunderbar vergoldet.
Die Stützen der Kranbalken stellen ihrerseits zwei große vergoldete Meeresgötter dar.

An der Frontseite des Vorbaus sind unten zwei vergoldete Reliefs von Knabenfiguren angebracht. Der eine trägt einen Lorbeer-, der andere einen Palmenzweig und beide bilden einen Schild, der die Wappen des Königs trägt.

Der Bug und sogar die Galionsregeln sind mit bourbonischen Lilien und vollendet vergoldeten Monogrammen des Königs geschmückt.

ENDE

3. Kommentar zur Monografie

Der Scan des Originals ist zu finden in der Bibliothèque nationale de France (BnF) unter:

http://gallica.bnf.fr/ark:/12148/btv1b86069950/f13.image.r=ROYAL+LOUIS.langFR

Diese Monografie des Schiffes wurde durch den damaligen Kommissar des Hafens in Toulon Hayet, rund neun Jahre nach der Indienststellung der ROYAL LOUIS angefertigt. Sie enthält auf 31 Seiten und zwei Zeichnungen eine detaillierte Erläuterung technischer Konstruktionsdetails sowie eine Schilderung der Dekorationen, Gemälde und sonstigen Malereien des königlichen Schiffes.

Bereits im Vorwort lässt Hayet erkennen, dass seine Absicht auch darin bestand, sich mit dieser Ausarbeitung unter anderem für höhere Aufgaben zu empfehlen. Gewidmet ist diese Monografie Pierre Arnoul, dem damaligen Generalintendanten der Marine von Levant (Mittelmeer). Die Widmung ist einerseits in überschwänglichen Worten gehalten mit demutsvoller Endformel. Andererseits war dies zu jener Zeit nicht unüblich, wie die ähnliche Formulierung von Georges Fournier in seinem 1667 erschienenen Buch „*Hydrographie, contenant la théorie et la pratique de toutes les parties de la navigation*“ zeigt.

Von diesem in Marseille gedruckten Buch ist nur noch eine einzige Ausgabe vorhanden, was den Schluss nahe legt, dass nur eine vergleichsweise geringe Auflage gedruckt wurde. Hayet konnte sich damit ein Stück weit in Szene setzen und eine solche Widmung wird ihre Wirkung auf den Intendanten kaum verfehlt haben.

Bei der Textanalyse fällt auf, dass mehrere Wörter in verschiedener Schreibweise vorhanden sind. Zum Beispiel Ballustrade wie Balustrade oder mal in Klein- oder in Großschreibung wie Baux oder baux. Vermutlich stammt der Gesamttext nicht ausschließlich von Hayet allein, sondern lässt den Schluss zu, dass mehrere Personen daran mitgewirkt haben, zumindest bei der Bauteilbeschreibung des Schiffes.

Die technische Erläuterung enthält mehrere Auffälligkeiten. Hayet spricht bei der Dimension der Ankerkabel und Wanten von Größen, die darauf hindeuten, dass mit der „Stärke“ der Taue eher der Umfang gemeint ist. Ansonsten hätten die Ankertaue einen Durchmesser von über 60 cm und die Wanten von 24 cm besessen, was unwahrscheinlich ist, aber dennoch zu seiner Gewichtsangabe passt. Fournier gibt in seinem Buch das große Ankerkabel der Couronne mit „*24 poulces de grosseur*“ und den Großmast mit „*12 pieds de grosseur au franc Tillac*“ an.[312]

Spätestens bei der Dimensionsangabe des Mastes ist klar, dass mit diesen Maßzahlen nur der Umfang gemeint sein kann, sonst hätte der Mast einen Durchmesser von 3,90 m besessen.

Edmond Paris hatte allerdings ebenfalls Fournier zitierend von einer Taustärke von knapp 50, teils 60 cm gesprochen. Wenn sich Fourniers Angaben für den Umfang definiert, so besaß das große Ankertau einen Durchmesser von 21 cm und eine Maststärke von 1,24 m. Die Begrifflichkeit „*pouces de grosseur*“ ist bei Fournier und Hayet die gleiche, sodass Hayets Maßangaben zumindest für die großen Kabel und sonstigen Taue, Wanten etc. eher als Angaben für den Umfang zu interpretieren sind.

Ähnlich verhält es sich mit der Angabe zum Einzelgewicht der großen Anker, die laut Hayets Erklärung jeweils der Last eines 24-Pfünders (rund 2.500 kg) entsprechen würden.
Edmond Paris kommt hier zu weitaus höheren Gewichten und benennt für die großen Schiffe 5.433 kg und im Mittel 4.010 kg.[313] Andererseits gibt die Verordnung von 1689 6.000 Livres (3.000 kg) als Ankergröße für die Schiffe des ersten Ranges vor,[314] was ungefähr den Angaben von Hayet entspricht. Georges Fournier gibt für das Eisen des Hauptankers 4.855 Livres und für den Ankerstock aus Holz 1.500 Livres an. Damit wog der Hauptanker der Couronne insgesamt 6.355 Livres (3.110,81 kg).[315]

Die Gewichtsermittlung der Kanonen ist nicht korrekt – deren Gesamtlast hätte sonst mehr als 1.000 Tonnen betragen.

Ab und zu werden Begrifflichkeiten vertauscht, wenn bei der Schilderung des Hecks die Batterie erwähnt wird, jedoch die Plattform der Heckgalerie gemeint ist.

Ungeachtet dessen birgt die technische Beschreibung eine Fülle höchst interessanter Details, zum Beispiel die detaillierten Angaben zur Anzahl und Größe der Beiboote, zu den Geschützgrößen, den Drehbassen oder detaillierte Abmessungen aller Bauteile für die Lafetten. Die gesamte Ausstattung für den Wundarzt ist ebenso akribisch aufgeführt wie die Ausrüstung für den Schmied, Kalfaterer oder andere Handwerker, was einen tiefen Einblick in die damalige Ausstattung der Schiffe jener Epoche erlaubt.

Es ist auffällig, dass sich die Erläuterung zur Dekoration des Schiffes erst am Ende der Monografie wiederfindet. Hayet beschreibt dort seine Eindrücke, ganz im Stil eines Museumsbesuchers. Höchst interessant sind seine Schilderungen über die einzelnen Gemälde und sonstigen Malereien, die entweder aus der griechisch-römischen Mythologie entlehnt sind oder an tatsächliche geschichtliche Ereignisse erinnern, wie zum Beispiel die Mission nach Gigeri.

Die technischen wie künstlerischen Erläuterungen umfassen leider nicht alle Details, insbesondere die Dekoration des Schiffes, da beispielsweise die Hecklaternen bis auf ihre Abmessungen nicht näher beschrieben werden.

Trotz einiger Unstimmigkeiten – vorwiegend in der technischen Beschreibung des Schiffes – stellt diese Ausarbeitung eine äußerst wertvolle Informationsquelle über die Schiffsarchitektur, Dekoration und Ausstattung von königlichen Schiffen dar, die für diese Epoche in Frankreich Alleinstellungsmerkmal genießt.

KAPITEL 10 Die königlichen Reglements von 1670 bis 1673

1. Die Notwendigkeit von Verordnungen und ein Standardisierungsversuch

Eine abgestimmte und einheitliche Regelung gab es für den Schiffbau bis dato nicht. Dies betraf nicht nur die Konstruktion, sondern begann schon mit der Bemaßung der Bauteile, wie nachstehendes Beispiel belegt:

Die *„Canna"* (große Elle, Klafter) war ein Längenmaß in Italien, Frankreich, Spanien und an der Nordküste Afrikas. Das Maß wurde auch mit *„Canne"* bezeichnet und galt als Klafter oder die große Elle. Die Länge einer Doppelelle unterlag enormen Schwankungen. In Italien war die *„Mezza Canna"* das halbe Maß, also die einfache Elle.

- Im französischen Departement Ardeche entsprach eine *„Canna"* 881,7 Pariser Linien und damit 1,985 m.
- Im Département Tarn und Garonne galt für eine *„Canna"* 790,2 Pariser Linien, was 1,783 m entsprach.
- Das Département Gard wiederum legte eine *„Canna"* mit 878 Pariser Linien fest und für 1,98 m galt.
- In Marseille und der Provence hingegen rechnete man mit einer *„Canna"* gleich 8 Pans, gleich 72 Pouces, gleich 892,333 Pariser Linien und damit 2,0127 m.
- In Montpellier galt für eine *„Canna"* wie in Uzès gleich 8 Pans = 878,06 Pariser Linien = 1,9807 Meter.[316]

Zu Beginn dieser Epoche war Europa noch weit von einer einheitlichen Maßregelung entfernt. Die regional unterschiedlich interpretierten Maßeinheiten führen jedoch die praktischen Schwierigkeiten vor Augen, wenn aus unterschiedlichen Regionen Handwerker zusammen kamen, um gemeinsam an einem Schiff zu arbeiten. Dies erklärt, warum die Baumeister gerne bei den Proportionen die Maße (z.B. Länge zur größten Breite eines Schiffes) ins Verhältnis setzten, war man so unabhängig von regional unterschiedlichen Maßeinheiten.
Aber das galt noch als eins der kleineren Probleme. Auch zu Beginn des 17. Jahrhunderts bestand in Frankreich der Zunftzwang. Dies bedeutete, dass bestimmte Berufe nur Mitglieder einer entsprechenden Zunft ausüben durften. Dieser Zunftzwang diente einerseits dazu, die Anzahl von Meistern und Gesellen regional zu sichern bzw. zu begrenzen und zugleich als Schutz vor Konkurrenz. Und gerade der Schiffbau war im Grunde genommen Staats- oder Regionalgeheimnis. Dies führte zu Missbräuchen, insbesondere zu einer gezielten Beschränkung des Nachwuchses.
Jedes Handwerk behielt seine Arbeitsweise eifersüchtig innerhalb der Zunft für sich und von einigen hundert Zimmerleuten kannten lediglich die Schiffbaumeister die richtigen Maßverhältnisse der Schiffe. Die Ausbildung von Lehrlingen beschränkte sich in der Regel auf die Herstellung einzelner Baugruppen, beinhaltete allerdings nicht das Wissen um die konstruktiven Zusammenhänge eines Schiffes. Dies blieb, wenn überhaupt, vornehmlich den eigenen Söhnen oder sonstigen Familienmitgliedern vorbehalten – sehr zum Leidwesen der Obrigkeit, die für eine Vereinheitlichung der Maßsysteme bzw. Konstruktionsvorgaben eintrat und einen überregionalen Wissensaustausch befürwortete, wovon alle nur hätten profitieren können.

Darüber hinaus gab es noch Kompetenzgerangel zwischen den Werften und Arsenalen untereinander. Und wenn es denn einmal zum Gedankenaustausch kam, beharrte meist jede Seite auf der eigenen Denkweise. Rochefort sprach sich beispielsweise dafür aus, Dreidecker nur noch ab einer deutlich höheren Kanonenanzahl als bisher zu konstruieren, während Brest eine Beibehaltung der jetzigen Praxis befürwortete, was eher der holländischen Bauweise entsprach. Diese trugen um die 66 Kanonen und waren als Dreiecker mit teils eingeschobenem dritten Deck konzipiert, verfügten also im Verhältnis zu ihrer Kanonenanzahl über wenig Länge, aber einen vergleichsweisen hohen Aufbau. Segeltechnisch war dies von Nachteil, jedoch hatte diese

Bauweise ihre Vorteile, denn im Melée konnte von einer höheren Position aus der Gegner besser unter Feuer genommen werden.

So konstruierte im Prinzip jede Werft die Schiffe nach ihrer eigenen Fasson als Folge einer nicht reglementierten Arbeitsweise.

Erst durch die anfängliche Allianz mit Holland – später bei der kurzzeitigen Annäherung an England – entstand die Gelegenheit, die unterschiedlichen Bauweisen ausländischer Werften kennenzulernen.[317] Auf diese Weise informierte sich der junge Hubac, der intensiv die Konstruktionen der Nachbarländer studierte.

Vergleiche mit den eigenen Schiffen wurden durchgeführt, nicht immer zum Vorteil der eigenen Bestände. Als die Administration dies erkannte, profitierte Frankreich von den diplomatischen Beziehungen zwischen den Botschaften, hochstehenden Offizieren, Intendanten, Aufsehern, Verwaltern und selbst Schiffbauer wie Hubac versuchten, Verbesserungen zu sondieren. Man stahl, was man konnte und analysierte zugleich die konstruktiven Fehler anderer Nationen, wie zum Beispiel zu tief sitzende Geschützpforten bei den untersten Batterien.

Die Auswertung aller Informationen im Hinblick auf den eigenen Schiffbau führte zum gleichen Ergebnis. Die französischen Schiffe besaßen zu starken Tiefgang und verfügten über zu voluminöse bzw. zu hohe Aufbauten. Dadurch entstand zu viel Totes Werk bei den Schiffen, was ihre Stabilität und Manövrierbarkeit beeinträchtigte und die Handhabung erschwerte.

Darüber hinaus wären die Achterschiffe durch zu große Skulpturen überladen.

Hieraus zog die Admiralität teilweise die richtigen Schlussfolgerungen. Man reduzierte beispielsweise die Decks bei den in Dänemark georderten Schiffen, begann Ende der sechziger Jahre damit, die Ornamentik leichter zu gestalten oder reduzierte das Tote Werk.

Nach dem Einsatz bei Candia ließ das Ministerium zumindest bei der in Toulon gebauten MONARQUE die vorderen Aufbauten beseitigen. Die Manövrierfähigkeit des Schiffes wies große Defizite auf und die Schiffsleitung kam nicht umhin, dies offiziell im Logbuch und sonstigen Berichten zu erwähnen.[318] Die Präsenz dieses Aufbaus hatte die MONARQUE so sehr in Verlegenheit gebracht, dass man vorschlug, mit Ausnahme der SOLEIL ROYAL und der ROYAL LOUIS, solche Vorbauten bei allen anderen Dreideckern zu entfernen.

Diese Vorgabe findet sich in der Verordnung vom 4. Juli 1670 wieder. Tatsächlich erfolgte der Abriss des vorderen Aufbaus nur bei der MONARQUE. Bei den anderen Schiffen wurde er ansonsten belassen und stillschweigend toleriert.

2. Übersetzung der ersten königlichen Verordnung vom 4. Juli 1670

VERORDNUNG
Welche der König möchte und befiehlt, ist zu beachten bei der Konstruktion
der Schiffe
Seiner Majestät.
4. Juli 1670 zu S. Germain en Laye.

ERSTENS.

Die Schiffe des 1. Ranges, welche 70 Geschütze tragen und darüber bis 120, werden drei durchgehende, nicht unterbrochene Decks besitzen und in ihrem hinteren Aufbau übereinander zwei Kammern, die der Volontäre und die des Kapitäns, dazu die Heilige Barbara und die Hütte, die dem Hackbord und dem Decksprung[319] *des besagten Schiffes folgt.*

Es ist zu beachten, dass die Kammern der Schiffe vorschriftsmäßig durchbrochen werden, um dort so viele Kanonen zu führen, wie angemessen sind, um das Heck und dessen Seiten gut zu bewaffnen.

Die Geschützpforten werden groß durchbrochen und die Öffnungen passen sich im Besonderen dem Schiffsbug und dem Heck an; der Abstand untereinander wird dabei sieben Fuß betragen.[320]

Die ROYAL LOUIS und die SOLEIL ROYAL werden als einzige Schiffe einen Aufbau auf ihrem vorderen dritten Deck besitzen. In Bezug auf alle anderen Schiffe verbietet es Seine Majestät, dort solche einzubauen. Der Bereich unter dem Achterdeck[321] *kann sich bei allen Schiffen bis zum Spill verlängern.*

Die Schiffe des 2. Ranges von 56 bis 70 Kanonen sollen drei durchgehende Decks oder das dritte unterbrochen haben und in ihrem hinteren Aufbau die gleichen Kammern, dazu die Heilige Barbara und die Hütte, die Längen proportional zur Größe des Schiffes. Für die Aufbauten und Geschützpforten gilt das in den vorangegangenen Absätzen gesagte.

Die Schiffe des 3. Ranges von 40 bis 50[322] *Kanonen werden zukünftig nur mit zwei Decks konstruiert und in ihrem hinteren Aufbau die Kammer des Kapitäns und darüber die Hütte besitzen, die dem Decksprung des Schiffes folgt, so wie weiter oben gesagt. Der Bereich unter dem Achterdeck wird bis zum Spill verlaufen, mit einem Gang an den Seiten, um zur Hütte hinaufsteigen zu können und um im Falle des Gefechtes die Soldaten aufzunehmen. Sie tragen auch einen Aufbau über ihrem zweiten Vorderdeck, unter dem die Kombüsen so unterzubringen sind, dass sie keinesfalls die Bedienung der Kanonen oder die Manöver des Schiffes behindern.*

Die Schiffe des 4. Ranges von 30 bis 40 Kanonen werden zwei durchgehende Decks von vorne nach hinten besitzen, dazu ihre vorderen und hinteren Aufbauten, wie es im vorangegangenen Absatz gesagt wurde.

Die Schiffe vom letzten Rang von 18 bis 28 Kanonen werden zwei durchgehende Decks von vorne nach hinten besitzen. In ihrem hinteren Aufbau die Kammer des Kapitäns, den Bereich unter dem Achterdeck und die Hütte, proportional zur Größe des Schiffes, ohne jeglichen Aufbau über dem Vorderdeck. Die Kombüsen sitzen zwischen zwei Decks an der Stelle, die am besten geeignet ist um Brände zu verhindern und wo sie keinesfalls das Bedienen der Kanonen stören.

Die leichten Fregatten von 8 bis 16 Kanonen werden nur ein Deck besitzen. Die größten können einen kleinen Aufbau über dem Vorderdeck vorsehen, um ihre Kombüsen abzudecken. Der Bereich unter dem Achterdeck verlängert sich, wie es angemessen ist.

Es ist auf allen Schiffen zu beachten, die Geländer und Aufbauten von solcher Art auszuführen, dass die Musketiere[323] *gut von oben schießen können, um so ihren nützlichen Dienst zu tun.*

Vor den Hütten oder anderswo dürfen keine mit Balken verstärkten Zelte oder Schutzdächer errichtet werden. Wenn es aber des Schutzes der Mannschaft gegen die glühende Hitze der Sonne bedarf, dann wird man sich mit Zelten behelfen, die von Tauen gespannt werden und nicht anders.

Seine Majestät lässt all seinen Offizieren der Marine, die seine Schiffe kommandieren, anweisen, mit Bedacht auf ihre eigenen Annehmlichkeiten in den Aufbauten und Hütten nichts zu zerstören, abzureißen oder irgendwelche Änderungen in den Magazinen, Seilkammern oder an den Wänden des Kielraums vorzunehmen, welche für die Versorgung der Seestreitkräfte und die notwendigen Einrichtungen zum Unterhalt seiner Schiffe vorgesehen sind. All das, was sich entgegen dieser Verordnung auf den Schiffen Seiner Majestät befindet, soll zerstört, beseitigt und entsprechend der oben ausgeführten Ordnung wiederhergestellt werden.

Mitgeteilt und aufgetragen von Seiner Majestät an Seine Eminenz, den Grafen von Vermondois, Admiral von Frankreich und den Vizeadmirälen, allgemeinen Leutnants, Quartiermeistern, Kommissaren und Offizieren der Marine deren, Aufgabe es sein wird, die Umsetzung der heutigen Anordnung zu überwachen. Geschehen zu St. Germain en Laye am vierten Juli, 1670.

Gezeichnet LOUIS. Und darunter COLBERT.

2.1. Kommentar zur ersten königlichen Verordnung

Die zweifellos wichtigste inhaltliche Vorgabe dieser Verordnung besteht in der klaren Einteilung des Schiffbestandes in fünf Ränge mit der Kanonenanzahl als ausschlaggebenden Faktor.
Danach galt, dass Schiffe des ersten Ranges mindestens über 70 Kanonen und drei durchgehende Decks verfügen mussten.
Bemerkenswert ist der Hinweis, dass es ausschließlich der ROYAL LOUIS und der SOLEIL ROYAL gestattet war, einen vorderen Aufbau über dem Oberdeck zu besitzen. Damit wurde die exponierte Stellung der beiden Flaggschiffe der Verbände von Ponant und Levant besonders betont.

Nach den Vorgaben dieser Verordnung mussten die Schiffe des zweiten Ranges ebenso über drei Decks verfügen: entweder wie bei den Einheiten des ersten Ranges alle drei durchgängig oder mit unterbrochenem Oberdeck. Darüber hinaus sollten sie mindestens 56 Kanonen tragen, um in diesen Rang Aufnahme zu finden.

Dies war eine äußerst einschneidende Entscheidung, denn dadurch schloss die Marineleitung im Prinzip sämtliche Zweidecker gleich welcher Größe oder Armierung aus den ersten beiden Rängen aus. Solche Schiffe konnten maximal noch den dritten Rang bekleiden, selbst wenn auf dem zweiten Deck ein vorderer Aufbau zur Unterbringung der Kombüsen und eine Hütte über dem Achterdeck wie bei den höheren Rängen erlaubt waren.

Dreidecker waren demnach in dieser Zeit die privilegierte Bauweise großer Linienschiffe der ersten beiden Ränge.

Eine weitere Abgrenzung zum nächsten Rang geschah ausschließlich über die Kanonenanzahl. Ansonsten erlaubte die Verordnung den Schiffen des vierten Ranges ebenfalls vordere und hintere Aufbauten zu besitzen.

Bei dem fünften und letzten Rang erfolgte die Abgrenzung nicht allein durch die Kanonenzahl, sondern durch die Maßgabe, dass bei Einheiten dieses Ranges keinerlei vordere Aufbauten gestattet waren und damit eine Platzierung der Kombüse zwangsläufig zwischen den Decks erforderte.
Darüber hinaus galt, dass die Verordnung nicht nur Vorgaben für die ersten fünf Ränge beinhaltete, sondern die leichten Fregatten mit einschloss.
Eine hohe Aussagekraft lassen nicht nur die in der Verordnung enthaltenen Vorgaben zu. Auch die darin enthaltenen Verbote bzw. Untersagungen erlauben Rückschlüsse auf die bisherigen Praktiken auf den Schiffen. Beispielsweise ist die enthaltene Passage, dass für persönliche Annehmlichkeiten keinerlei bauliche Änderungen durchzuführen sind, ein Hinweis darauf, dass sich die Schiffsleitung wohl des Öfteren bemüßigt sah, Teile des Schiffsinneren nach eigenen Vorstellungen anders zu gestalten, als es die Schiffbaumeister im Allgemeinen vorsahen. Die Verordnung war nicht nur auf die neu zu bauenden Schiffe anzuwenden, sondern bezog mit ihrer Forderung nach Abriss und Rückbau veränderter Konstruktionen die bereits im Dienst befindlichen Schiffe ausdrücklich mit ein.

Erst am Ende der Verordnung sind die zuvor genannten konstruktiven Hinweise zu finden, daher kommt der Aussage gleich im zweiten Absatz des Reglements – in den Kammern vorschriftsmäßig für Geschützpforten zu sorgen und die Aufstellung von Kanonen zu ermöglichen – besondere Bedeutung zu.
Gern gesehen wurde diese Anweisung gewiss nicht, schränkte sie doch den Komfort in den Kammern für ihre Bewohner deutlich ein. Normalerweise hätte sich dieser Hinweis am Ende zusammen mit den anderen konstruktiv-baulichen Vorgaben finden müssen, aber die Platzierung fast am Beginn der Verordnung zeigt ihren besonderen Stellenwert.

3. Übersetzung der zweiten königlichen Verordnung vom 22. März 1671

Verordnung über den Rat von Schiffbauten

22. März 1671, zu S. Germain en Laye.

Der König, der sich fortwährend der Wiederherstellung seiner maritimen Streitkräfte widmet und dabei berücksichtigt, dass der wichtigste Punkt im Bau seiner Schiffe liegt, in der tagtäglich erworbenen Erfahrung und dem Wissen um die Schwächen sowie um die Mittel, mit deren Hilfe die Schiffe noch vollkommener werden, sei es durch ein Verstärken, sei es durch das Reduzieren ihres Gewichtes.
Seine Majestät ordnet an, in jedem seiner wichtigsten Häfen und Arsenale der Marine eine Versammlung einzurichten, der Rat für Schiffbauten genannt wird, um während der Entwaffnung der Schiffe unverzüglich die Logbücher eines jeden Schiffes zu prüfen. Dieser berät und beschließt die Instandsetzung und Umbau bestehender oder die Proportionen und Statur der neuen Schiffe, die nun auf den Werften überholt oder neu gebaut werden.

ERSTENS.

Seine Majestät wünscht, dass in seinen wichtigsten Häfen und Arsenalen der Marine, wo es dauerhafte Werften für den Bau seiner Schiffe gibt, jede Woche an zwei Tagen, die noch zu bestimmen sind, der Rat für Schiffbauten tagt. Die Offiziere, welche die Berechtigung für den Eintritt in den Rat haben, sind der Admiral, die Vizeadmiräle, die Generalleutnants, die Intendanten und Generalkommissare, die Kommandanten der Geschwader und die Kapitäne der Häfen. Der Kontrolleur jedes Hafens wird Beamter des besagten Rates sein.
An dem Standort wo der Rat tagt, sind dem Intendanten oder Generalkommissar die Abmessungen, Proportionen oder Staturen von allen Kriegs- oder Handelsschiffen gewissenhaft zu beschreiben – die der Engländer, Holländer und anderer Ausländer, wie von den Schiffen Seiner Majestät.

Im Fall, dass besagte wichtige Offiziere es für notwendig erachten, einige der erfahrensten Kapitäne oder Kommissare der Marine in den Rat zu berufen, erteilt ihnen Seine Majestät die Erlaubnis dazu, unter der Auflage, dass sie es vermeiden eine übergroße Anzahl anzusprechen, die sonst Unruhe verursachen könnte.

Genannter Rat wird sich sofort nach Eintreffen dieser Anordnung in den Häfen konstituieren und wird seine Arbeit mit dem Besuch und der Untersuchung aller in dem jeweiligen Hafen liegenden Schiffe beginnen. Die Mitglieder des Rates werden sich bei den Offizieren informieren, die ihren Dienst auf diesen Schiffen verrichten: von ihrer Stärke und Schwäche, Leichtigkeit oder Schwerfälligkeit, von ihrer Veranlagung und allgemein von allem, was Aufschluss geben könnte über die gute oder schlechte Bauweise. Aus all dem werden sie ihre Beurteilung der Schwächen eines jeden Schiffes formulieren und in das Register des besagten Rates eintragen.

Aus diesen Erkenntnissen und der Erfahrung der Offiziere werden sie gemeinsam einen Bericht über die Abmessungen, Proportionen und Staturen eines jeden Schiffes verfassen, das sie gewissenhaft untersucht haben. Darin werden sie genau untersuchen, mit welchen Mitteln all die Schwachstellen, die sie auf den Schiffen gefunden haben, vermieden werden können.

Seine Majestät möchte, dass sich in jedem Hafen umgehend nach Erhalt dieser Anordnungen die Offiziere versammeln und den Baumeistern Anweisungen zu Anzahl und Qualität der in jedem Jahr zu bauenden Schiffe geben, auf dass diese ihre Kostenvoranschläge aufstellen. Diese sind daraufhin zu prüfen und nach Anhörung des Baumeisters entsprechend der Ansicht des besagten Rates abzuändern.

Nach der Beschlussfassung soll der Kostenvoranschlag ins Reine geschrieben und vom Vorsitzenden des Rates sowie vom Baumeister unterzeichnet werden. Dem Baumeister ist eine Kopie des Beschlusses zuzustellen, damit er ihn entsprechend befolgen und ausführen kann.

Auf jedem Schiff wird ein Zimmermann eingesetzt, der die Anweisung hat all dies gewissenhaft zu beobachten, was sein Metier in der Seefahrt betrifft, ein genaues Tagebuch ab der Entwaffnung des Schiffes zu führen und eine Abschrift an den Beamten des besagten Rates zu übergeben.

Die Kapitäne haben die Anweisung, die Seetüchtigkeit der von ihnen kommandierten Schiffe zu beobachten, ein genaues Tagebuch zu führen und eine Abschrift anzufertigen, die im Rahmen der Entwaffnung an den besagten Beamten zu übergeben ist.

Falls es der Rat für notwendig erachtet, die Kapitäne, Zimmermannsleute und andere Offiziere des Schiffes nach ihrer Rückfahrt anzuhören, hat er dazu die Erlaubnis und aus all dem entwickelt er Konzepte, um die Eigenschaften der Schiffe zu korrigieren und diese immer weiter zu verbessern.

Genannte Kommission wird besonders beachten, dass die Kriegsschiffe länger und weniger breit sind als jene in der Vergangenheit und dass die ersten Batterien höher platziert sind, damit man in stürmischen Zeiten die untere Geschützbatterie bedienen kann. Jene haben sich oft unter Wasser befunden, da sie nicht hoch genug angebracht waren. Die Abstände zwischen den Decks sind zu verkleinern, um eine zu große Erhebung der Schiffe zu verhindern.

Die Schiffe von 70 Kanonen und darüber werden drei Decks haben und jene darunter nur zwei.

Die Geschützpforten werden mit einem Abstand von ungefähr sieben Fuß durchbrochen.

Die genannten Schiffe sollen von dem Toten Holz soweit wie möglich entlastet werden.

Man wird außerdem beobachten, ob die Böden der zurückgekehrten Schiffe stark genug sind, um ohne Gefahr auf Grund laufen zu können, ausreichend flache Bauchstücke haben, um so wenig Wasser wie möglich zu verdrängen. Damit sie leichter in die Reeden, Häfen und Flussmündungen einlaufen können, sollen sie von ihren Erhebungen entlastet werden. So sind sie auch leichter zu segeln.

Man wird auch mit großer Sorgfalt untersuchen, ob es vorteilhafter ist in den Schiffbauten die Verbolzungen aus Eisen oder Holz auszuführen – die Verfahrensweise der Engländer und Holländer unterscheidet sich in diesem Punkt.

Ausgefertigt in Saint Germain en Laye, der 22. März 1671. Gezeichnet LOUIS. Und darunter, COLBERT

3.1 Kommentar zur zweiten königlichen Verordnung

Die wichtigste Vorgabe dieser Verordnung besteht in der Einführung eines sogenannten Schiffbaurates, der künftig über Umbau, Überholung oder den Neubau von Schiffen entschied und gegenüber den Schiffbaumeistern weisungsbefugt war.

Die Bedeutsamkeit dieser Kommission ist ferner daran zu erkennen, dass diese Verordnung ihren Namen trägt. Bereits in der Einleitung beschreibt sie den Schiffbaurat ausführlich: wie er sich zu konstituieren hatte und welche Aufgaben dem Rat oblagen.

Ein weiterer Schwerpunkt dieser Verordnung lag in der Beschaffung von Informationen. So musste jeder im Hafen befindliche Segler, ob Handels- oder Kriegsschiff, in- oder ausländischer Herkunft, sorgfältig inspiziert, vermessen und sämtliche Angaben in einem Register dokumentiert werden, um an Informationen zu gelangen, welche die Entwicklung des eigenen Schiffbaus förderten.

Dieser Schiffbaurat bildete den ersten Schritt hin zu einer Vereinheitlichung der verschiedenen Arten von Schiffen innerhalb der französischen Marine, deren Berichte auch Ludwig XIV. sichtete.[324]

Eine zusätzliche Informationsquelle war durch den Schiffbaurat dadurch zu erschließen, dass die Offiziere der heimkehrenden Schiffe über ihre Erfahrungen mit dem Schiff befragt werden mussten und alles zu dokumentieren war.

Neben den Aussagen der Offiziere musste nach dieser Verordnung jeder Kapitän über den Verlauf der Seereise, die Segeleigenschaften, Stärken und Schwächen des Schiffes ein genaues Tagebuch führen und dem Baurat eine Abschrift während der Entwaffnung des Schiffes als Grundlage für dessen Befragung übergeben.

Die Verordnung enthält zudem Verfahrensabläufe für den Umbau oder die Überholung bzw. den Neubau eines Schiffes. Dazu hatte der Schiffbaumeister ein ebensolches Tagebuch ab der Entwaffnung des Schiffes anzulegen, eine Abschrift an den Baurat zu übergeben und die Ereignisse darin lückenlos zu dokumentieren.

Der Schiffbaurat war außerdem mit den Kommissaren der Häfen, Werftleitern und Schiffbaumeistern für die Aufstellung der jährlichen Zielvorgaben und damit verbundenen Bedarfslisten verantwortlich, die protokolliert und von der Administration sowie den Baumeistern gegengezeichnet werden mussten – einerseits, um Planungssicherheit zu erhalten und andererseits, um Verantwortlichkeiten zu definieren und für eine strikte Umsetzung der beschlossenen Vorgaben zu sorgen.
Darüber hinaus findet sich in der Verordnung erstmals der Hinweis, dass die Schiffe künftig schlanker als in der Vergangenheit auszuführen sind, ohne jedoch darin konkret zu werden.

Gleiches gilt für eine höhere Anordnung des ersten Batteriedecks, um seitlichen Wassereindrang zu vermeiden, dies ebenfalls ohne nähere Vorgaben zu definieren. Hier war Frankreich konstruktiv schon weiter fortgeschritten als die Engländer, die den französischen Schiffbau anscheinend lobten und ihn zeitweise als Vorbild für eigene Verbesserungen ansahen.[325]

Eine der bedeutsamsten Vorgaben dieser Verordnung besteht in der Aussage, dass Schiffe mit weniger als 70 Kanonen nur noch über zwei Decks verfügen durften. Das bedeutet im Umkehrschluss, dass der erste Rang nur noch Dreidecker erlaubte und alle Schiffe unterhalb des ersten Ranges maximal als Zweidecker auszuführen waren, um die Stabilität dieser kleineren Einheiten zu verbessern.

Gerade die Expedition von Candia 1669 zeigte die Probleme bezüglich der Stabilität derartiger Einheiten auf, die große Schwierigkeiten hatten den vorgegebenen Seemanövern zu folgen und teils ihren vorderen Aufbau wieder entfernen mussten, um die Manövrierfähigkeit zu erhöhen.

Der Zusammenhang zwischen dem Toten Holz und der Stabilität der Schiffe war hinlänglich bekannt, aber die Erfahrungen von Candia zeigten erstmals die ganze Tragweite überladener Schiffe auf, ob nun durch ihre Ornamentik verursacht oder durch viel zu hohe Aufbauten.

Die bisherigen Dreidecker mit weniger als 70 Kanonen hatten im Verhältnis zu ihrer Länge oberhalb des Wasserspiegels zu viel Konstruktion, was die Segeleigenschaften dieser Einheiten stark beeinträchtigte. Ein Blick nach England und Holland zeigt, dass Schiffe dieser Größe und Armierung in den seltensten Fällen als Dreidecker ausgeführt wurden. Mit den Vorgaben dieser Verordnung – Schiffe mit weniger als 70 Kanonen nur noch als Zweidecker auszuführen – übernahm die Admiralität im Grunde die Haltung anderer Seenationen.

Diese Vorgabe würde den Schiffbau verändern und den Zusammenhang zwischen Schiffslängen und Oberbau aufnehmen. Die Einheiten der ersten drei Ränge gliederten sich danach in zwei Gruppen:

- Schiffe des 1. Ranges von 70 bis 120 Kanonen als Dreidecker und
- Schiffe des 2. und 3. Ranges von 40 bis 70 Kanonen als Zweidecker.

Schließlich enthält die Verordnung den Hinweis, die Verbolzungen der Schiffe im Hinblick auf den Einsatz von Holz und Eisen zu überprüfen, was Engländer und Niederländer unterschiedlich handhabten. Darüber erhoffte sich die Marineleitung tiefergehenden Aufschluss durch weitere Reisen nach England und Holland.

Zusammenfassend ist festzustellen, dass die zweite Verordnung mit der Implementierung des Schiffbaurates einerseits einen administrativen Schwerpunkt setzte und andererseits eine klare Abgrenzung zwischen den Schiffstypen zugunsten der Dreidecker schuf.

4. Übersetzung der dritten königlichen Verordnung vom 13. September 1673

VERORDNUNG

Was der König zukünftig in den Häfen und Arsenalen der Marine beim Bau seiner Kriegsschiffe zu beachten wünscht und befiehlt.

13. September 1673 zu Nancy.

ERSTENS.

Seine Majestät möchte die unterschiedlichen Maße festlegen, die zukünftig beim Bau seiner Kriegsschiffe zu beachten sind, damit diese in allen Arsenalen der Marine einheitlich gehandhabt und Abweichungen vermieden werden, die aufgrund der unterschiedlichen Maße, mit denen die Zimmerleute gearbeitet haben, bis heute zu finden sind.

Seine Majestät möchte, dass die Schiffe mit drei Decks in Zukunft eine Breite von Außenwand zu Außenwand von einem Viertel der Länge vom Vordersteven bis zum Achtersteven haben und dazu 1 Fuß mehr, das heißt, dass ein Schiff mit 148 Fuß Länge vom Vorder- bis zum Achtersteven an der Stelle seiner größten Breite 38 Fuß haben wird.

Die Fregatten mit zwei Decks sollen an der Stelle ihrer größten Breite ein Viertel der Länge vom Vorder- bis zum Achtersteven ohne Zugabe haben.[326] *Der Überhang des Vorderstevens wird ein Fuß weniger haben als der fünfte Teil der Kiellänge und der Fall*[327] *des Achterstevens wird ein Viertel von dem vorstehenden Vordersteven betragen; das heißt, dass ein Schiff von 100 Fuß Kiellänge über Wasser 19 Fuß von dem vorstehenden Vordersteven und $4^3/_4$ Fuß Neigung des Achterstevens haben wird.*

Die Höhe des Vorderstevens sei $1^1/_2$ Fuß über dem zweiten Deck und die Höhe vom Achtersteven $2^1/_2$ Fuß weniger als die vom Vordersteven.

Das größte flache Bauchstück wird die halbe Länge der größten Breite haben und wird in der Weise verlegt sein, dass es den Kiel in sechs gleiche Teile gliedert, zwei für die Form des Achterschiffs, eines für das Vorschiff; die drei anderen befinden sich in der Mitte.

Die Wrange des Achterschiffs wird $^2/_3$ des größten flachen Bauchstücks entsprechen und in den Dritteln des Kiels platziert, an der Stelle, wo die Form des Achterschiffs beginnt.

Die Wrange des Vorschiffs wird $^3/_4$ des größten flachen Bauchstücks entsprechen und im Sechstel des Kiels platziert, an der Stelle, wo das Vorschiff beginnt.

Die Raumtiefe des Schiffes wird mit der Hälfte der größten Schiffsbreite bestimmt, zu berechnen ab dem Kiel bis Balken des ersten Decks in gerader Linie und in der Weise, das bei einem Schiff von 100 Fuß Kiellänge die Raumtiefe 15 Fuß beträgt.

Der Heckbalken oder Arcassenbalken soll $^2/_3$ der größten Schiffsbreite lang sein und sich $2^1/_2$ Fuß über der Höhe vom Achtersteven in Höhe des Drempels zur Geschützpforte der Heiligen Barbara befinden.

Seine Majestät möchte, dass künftig das Heck seiner Schiffe unter dem Heckbalken gerundet ist und nicht viereckig sowie es bis jetzt angewandt wurde.

Hinsichtlich der Breite oder Größe des Schiffes möchte Seine Majestät, dass sich die größte Breite des Schiffes künftig direkt an der Wasserlinie befindet und wie diese Breite soll sie vom Vor- bis zum Achterschiff verlaufen. Die Proportionen können ausschließlich von diesem Reglement bestimmt werden.

Seine Majestät möchte und weist an, dass gemeinsam mit den Kapitänen und Baumeistern in jedem seiner Marinearsenale ein Modell gebaut werden soll, das künftig als Vorlage für alle nachstehenden Konstruktionen dient.

Die Berghölzer sind in der Weise zu führen, dass sie nur von zwei Stückpforten geschnitten werden und für die sichere Führung besagter Berghölzer, der Kimmung[328] *oder der Form des Vor- und Achterschiffs möchte Seine Majestät, dass nach Ansicht des Schiffbaurates in jedem Hafen ein Schiff in Größe einer Schaluppe zu bauen ist, welches als Modell für die Schiffe dient, die künftig dort gebaut werden.*

Die Einrichtung des Kielraums hat so zu erfolgen wie bisher üblich. Es soll nur im Heck eine Trennung in der Größe einer Brotkammer für die Verpflegung des Kapitäns geben.

Die Schiffe von 70 Kanonen und darüber haben unter ihrem ersten Deck Balken von sechs Fuß (1,95 m), um die Böden des Schiffes zu verstärken. Es soll ferner ein umlaufender Seitengang von drei Fuß (0,98 m) Breite eingebaut werden, als Durchgang für die Zimmerleute im Falle eines Unglücks durch Kanonenschüsse oder Schiffslecks.

Die Schiffe von 50 bis 70 Geschützen haben lediglich einen Seitengang von drei Fuß Breite, ohne die Deckbalken.

Und die Schiffe mit weniger als 50 Kanonen haben weder Plattformen noch Seitengänge.

Die Distanz von der ein zur anderen Stückpforte wird sechseinhalb Fuß (2,11 m) betragen und es wird zu beachten sein, dass nicht eine Pforte über der anderen liegt, damit der Pulverqualm von der unteren Batterie nicht durch die Stückpforten in die zweite Batterie eindringt.

Seine Majestät möchte, dass beachtet wird, dass die Höhe zwischen zwei Decks – zu messen von der Planke bis zum Balken, künftig bei Schiffen mit 80 Geschützen und darüber nicht mehr als fünfeinhalb Fuß (1,79 m) betragen soll, bei den Schiffen mit 50 bis 80 Geschützen fünf Fuß vier Zoll (1,73 m) und bei jenen mit 50 Geschützen und darunter fünf Fuß (1,62 m).

Die Schiffe werden in den wichtigsten Elementen mit Eisenbolzen verbunden sein und aus Holz sonst nur überall unter Wasser; über Wasser haben sie Eisenbolzen an den üblichen Stellen.

Bei der Konstruktion der Schiffe ist zu beachten, sie von der Stelle ihrer größten Weite ganz allmählich in der Höhe bis zum Dollbord in der Weise auszuführen, dass sie dort schmaler sind als an ihrer breitesten Stelle.

Das Heck des Schiffes wird in der Weise von dem Heckbalken bis zum Hackbord geführt, dass der Balken unterhalb des Hackbords zwei Drittel des Heckbalkens hat.

In Bezug auf die Ornamente des Hecks vertritt Seine Majestät die Auffassung, dort Relieffiguren zu platzieren so wie es bis jetzt üblich ist, aber nur leichte Ornamente, die das Schiff nicht träge machen.

Die Schiffe von 50 und weniger Geschützen sollen weder hintere Galerien noch Balkone tragen.

Die Schiffe mit zwei Decks, die mehr als 50 Kanonen tragen, sollen einen leichten Balkon an der großen Ratskammer[329] *haben und die Schiffe mit drei Decks und mit 70 oder mehr Geschützen sollen zwei Balkone haben, einen an der Kammer der Volontäre und den anderen an der großen Ratskammer.*

Seine Majestät möchte, dass die üblichen Seitengalerien völlig abgeschafft werden und dass sie selbst bei den Schiffen, die derzeit welche besitzen, zurückgebaut werden, wenn sich das leicht bewerkstelligen lässt. Seine Majestät erlaubt lediglich Vorsprünge an den Seiten anzubringen, Seitengalerien genannt, welche zweieinhalb Fuß (0,81 m) in der größten Breite messen. Diese sind von den Stückpforten der Heiligen Barbara bis unter das Hackbord zu führen und sollen zum Inneren der Kammern offen sein.[330]

Der hintere Aufbau reicht bis zwischen Spill und Großmast und hat die Höhe von fünfeinhalb Fuß (1,79 m) von der Planke bis zum Balken.

Der vordere Aufbau hat fünf Fuß (1,62 m) und wird bis zu den Stützen geführt.

Die Kombüsen werden zu beiden Seiten des Schiffes platziert. Dabei soll beachtet werden, dass sie leichter zu bauen sind als die bisherigen.

Der Decksprung trägt viel dazu bei, die Schiffe lang erscheinen zu lassen. Seine Majestät möchte, dass es künftig nur zwei Brüche auf dem Dollbord gibt und diese in der Mitte nicht so tief liegen, wie es inzwischen üblich geworden ist.

Im Hinblick auf Mastwerk, Segel und Rahen der Schiffe möchte Seine Majestät, dass dem gewöhnlichen Gebrauch gefolgt wird.

Befohlen und verordnet von Seiner Majestät an Seine Eminenz des Grafen von Vermandois, Admiral von Frankreich und an die Vizeadmiräle, Generalleutnants, Intendanten, Führer der Geschwader und Generalkommissare der Marine. Mögen sie sorgfältig auf die genaue Befolgung dieser Anordnung achten. Ausgefertigt in Nancy, der 13. September 1673.

Gezeichnet LOUIS. Und darunter COLBERT.

4.1 Kommentar zur dritten königlichen Verordnung

Im Gegensatz zur vorhergehenden Verordnung, die eher administrative oder allgemeine schiffbautechnische Angelegenheiten thematisierte und auf genaue Maßangaben verzichtete, konkretisierte die dritte Verordnung einige Vorgaben mit realen Maßen oder klaren Definitionen. Bereits der erste Absatz des Erlasses deutet das Bemühen an, durch eine Maßregelung eine Vereinheitlichung an allen Standorten zu erreichen.
Im zweiten Absatz des Erlasses wird auf die Bedeutsamkeit des Seitenverhältnisses Länge zur Breite mit 4:1 plus 1 Fuß bei den Dreideckern hingewiesen und dies durch ein Zahlenbeispiel erläutert.

Auffällig ist der Hinweis, dass „Fregatten" mit zwei Decks ebenfalls ein Seitenverhältnis von 4:1 (ohne 1 Fuß zusätzlicher Breite) haben sollten. Es ist anzunehmen, dass hier nicht nur Fregatten in unserem Verständnis, sondern alle Schiffe unterhalb des ersten Ranges gemeint waren, die nicht über drei Decks verfügten.

Konkrete Maßangaben für den zulässigen Überhang und Fall des Vorder- und Achterstevens sind darin ebenso enthalten, wie Anzahl und Ausführung der Bauchstücke, Wrangen, oder wichtige Hauptmaße wie zum Beispiel die Raumtiefe bei den Schiffen. Die Vorgaben zur Gestaltung der Heckform oder zum Querschnitt der Schiffe sind eher allgemein beschrieben jedoch in einer Weise, die den Interpretationsspielraum zwar begrenzt, aber dennoch konstruktive Freiräume lässt. Elementare Konstruktionsangaben sind in exakter Weise enthalten – beispielsweise, dass die größte Breite eines Schiffes direkt auf Höhe der Wasserlinie auszuführen ist. Die Seitengänge werden ferner auf die Schiffe ab 50 Kanonen begrenzt und die Distanz der Stückpforten im Gegensatz zur zweiten Verordnung nun mit 6,5 Fuß genau festgelegt.
Die Verordnung regelt auch erstmals konkret die Deckhöhen und unterschied dabei nach Schiffen ab 80, bis 80 und bis 50 Kanonen, ohne eine weitere Abstufung vorzunehmen. Der Hinweis, dass der Balken des Hackbords $^2/_3$ der Länge des Heckbalkens besitzt, entspricht übrigens exakt dem Maß in der Entwurfszeichnung von Jean Bérain zur Überarbeitung der Heckdekoration an der SOLEIL ROYAL, die 1689 ausgeführt wurde.

Während die Administration in der zweiten Verordnung noch zur Prüfung der Sinnhaftigkeit von Verbindungselementen aus Eisen oder Holz aufforderte, werden in der dritten Verordnung die inzwischen gewonnenen Erkenntnisse in konkrete Vorgaben zum Einsatz von Eisen- oder Holzdübeln umgesetzt.

Auf die Schiffsstabilität wird ebenfalls in der Weise eingegangen, dass für eine leichtere Ornamentik zu sorgen ist, um die Segeleigenschaften der Schiffe zu verbessern. Gleiches trifft auf die Seitengalerien und Balkone zu. Diese entweder in der Breite zu begrenzen oder komplett zu entfernen. Darüber hinaus bestimmte die

Kanonenanzahl, bei welchen Einheiten noch Balkone und in welcher Anzahl erlaubt waren. Die Verordnung enthält außerdem Längenbegrenzungen für das Achter- und Backdeck sowie Vorgaben zur Platzierung der Kombüsen, verbunden mit der Aufforderung, diese zwecks Gewichtsreduktion leichter zu gestalten.

Neben diesen maßlichen Vorgaben enthält die Verordnung Hinweise, dass an den einzelnen Standorten Schnittmodelle bzw. Modelle in der Größe einer Schaluppe auszuführen waren, an denen sich der dortige Schiffbau künftig zu orientieren hatte.

Zusammenfassend ist zu beobachten, dass im Gegensatz zu früheren Reglements die dritte königliche Verordnung eine Fülle konkreter Maßangaben und klarer Direktiven mit wenig Interpretationsspielraum enthält, die auf zwischenzeitlichen Erkenntnissen beruhten.

KAPITEL 11 Kunstwerke aus Bronze

1. Die Entwicklung der Artillerie ab 1661

Da Frankreich über keine nennenswerten Manufakturen zur Herstellung von Kanonen verfügte, bezog die Krone diese vornehmlich von den Schweden, die eine langjährige Erfahrung besaßen und deren Erzeugnisse einen ausgezeichneten Ruf genossen. Weitere Zukäufe kamen in begrenztem Umfang aus Holland oder Deutschland.

Die Größenangabe der Kanonen ergab sich traditionell aus dem Gewicht ihrer Geschosse und wurde in Pfund ausgedrückt.[331] Eine Kanone mit dem Kaliber eines 18-Pfünders verschoss demnach Eisenkugeln mit einem Gewicht von ca. 9 kg. Da es in den Arsenalen diverse Kalibergrößen gab, führte die Administration zu Beginn des Schiffbauprogramms auch bei den Kanonen eine Standardisierung nach englischem Muster durch und klassifizierte sie umgerechnet in Größen von 36, 24, 18, 12, 8, 6 und 4 Pfund.

Frankreich verfügte 1661 lediglich über ein Dutzend 36-Pfünder, 100 24- und 150 18-Pfünder. Damit ließen sich nur eine Handvoll Linienschiffe bestücken. Die Kanonen bestanden aus *„Fonte verte"* (Bronze), nicht zuletzt aus Gründen ihrer guten Gießeigenschaften und der Stabilität des Materials. Bronze war allerdings im 17. Jahrhundert sehr teuer; aus diesem Grund produzierten die Gießereien wenn möglich die Kaliber bis 18 Pfund aus Eisen. Die Technologie zur Herstellung von Eisenkanonen war in Frankreich zu dieser Zeit alles andere als ausgereift. Die Geschütze mussten enormen Belastungen standhalten und für ihre Stabilität waren Phosphor- und Schwefelgehalt der Schmelze außerordentlich wichtig. Da die Kanonen aus Eisen gegenüber den Bronzegeschützen jedoch eine geringere Festigkeit besaßen, explodierten sie ein ums andere Mal; darum mussten sie bei gleichem Kaliber deutlich massiver sein.[332]

Dies bedeutete ein höheres Gewicht und erforderte mehr Bedienungspersonal, um die Geschütze rangieren zu können. All dies führte bei den Seeleuten zu gewissen Vorbehalten und mancher Kapitän weigerte sich, sein Schiff mit Eisenkanonen zu bestücken. Darüber hinaus war eine Gießerei in den sechziger Jahren technologisch noch nicht in der Lage, so wichtige Kalibergrößen wie 36- oder 24-Pfünder aus Eisen zu produzieren.

2. Bronze oder Eisen?

Für die ersten fünf Ränge bestand 1671 ein Bedarf von rund 5.900 Kanonen aller Kalibergrößen.[333] Nahm man die Fregatten und Fleuten[334] noch hinzu, waren es fast 6.500 Stück, um sämtliche Schiffe gleichzeitig auszustatten. Eine Aufgabe, die nicht minder ambitioniert war wie die Herstellung der Schiffe selbst.

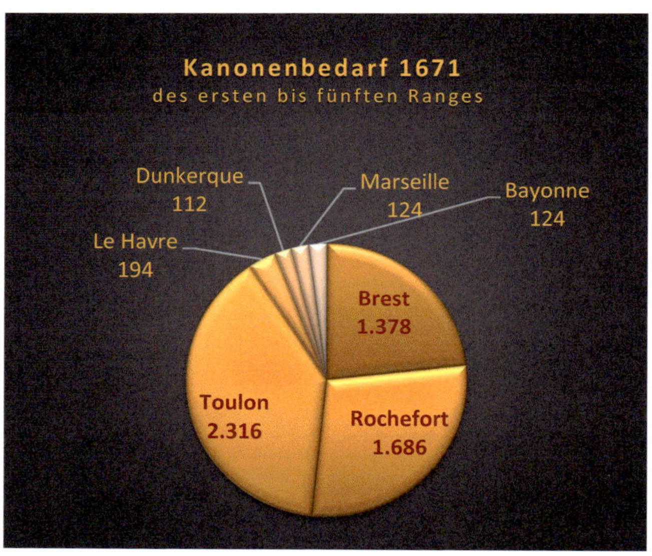

70 Statistik über den Kanonenbedarf, auf Datengrundlage von „Les états abrégés de la marine française".

Frankreich besaß zwar Eisenerz, verfügte allerdings nicht über ausreichend metallurgische Kenntnisse, um Kanonen größeren Kalibers herzustellen. Andererseits benötigten die Schmieden für den Guss von Bronzekanonen viel Kupfer und Zinn, das Frankreich von den Nachbarn importieren musste.

Eine solche Kanone war damals zehnmal teurer als ein Eisengeschütz; daher trieb man die Forschung zur Herstellung größerer Kaliber aus Eisen extrem an.

Die immensen Kosten für die Bronzekanonen galten als Ursache dafür, dass die Marineleitung nur die größten Schiffe des ersten Ranges damit ausstattete und die Einheiten der anderen Ränge – zum Ärger ihrer Besatzungen – mit einem Mix an Kanonen beider Materialien versah.[335]

Warum aber Bronzekanonen ausgerechnet auf den größten Schiffen?

Da sich die Gießereien gut auf den Bronzeguss verstanden war man in der Lage, die kostbaren Kanonen mit feinsten Reliefs, Ornamenten und Inschriften zu versehen, ja deren Verschlüsse sogar als feine Skulpturen auszubilden, die natürlich das Prestige des Schiffes und des darauf stationierten Befehlshabers beträchtlich erhöhten.

Kunstvoll dekorierte Kanonen stellten ein Statussymbol dar und dokumentierten zugleich die eigene Bedeutung. Solche Dekorationen waren an Eisengeschützen kaum möglich und nicht gestattet.[336] Analog zum Streit über die Sinnhaftigkeit dekorativer Schiffsarchitektur zwischen Seeleuten und Künstlern sahen die Kanoniere solche Ornamentik auch alles andere als gerne.
Diese empfanden die kunstvollen Verzierungen mit Satyren, Faunen oder Widdern ebenfalls nur als unnützes und lästiges Beiwerk, die ein Rangieren und Zielen mit den Kanonen unnötig erschwerte.
Um die Debatten darüber zu beenden, ließ Ludwig XIV. 1669 eine Verordnung zur Verteilung von Bronze- und Eisenkanonen auf den Schiffen erstellen. Danach sollte auf einem Schiff ersten Ranges, das ein Admiral oder einen Vizeadmiral kommandierte, die Artillerie vollständig aus Bronze bestehen.
Die Schiffe des ersten und zweiten Ranges, die Seeoffiziere niederer Ränge befehligten, erhielten eine Artillerie, die zu ²/₃ aus Bronze und zu ¹/₃ aus Eisen bestand. Die Schiffe des dritten Ranges besaßen eine ausgeglichene Verteilung, die vom vierten Rang nur noch ¹/₃ Bronze und ²/₃ Eisen, schließlich die Einheiten des fünften Ranges, die nur über Eisengeschütze verfügten.[337]

Nach späteren königlichen Verordnungen bezüglich der Quantität von Waffen, Munition und sonstigen Utensilien änderte sich diese Verteilung für die einzelnen Ränge erneut. Von wenigen Ausnahmen abgesehen, sah die Admiralität nun auf fast allen Schiffen des ersten Ranges ¹/₃ Eisenkanonen vor und bei den weiteren Rängen wurde der Anteil der Bronzegeschütze zugunsten der Artillerie aus Eisen deutlich reduziert. Wahrscheinlich war diese Vorgehensweise auf die hohen Kosten zur Herstellung der Bronzekanonen zurückzuführen.

3. Das Für und Wider großer Kaliber

Der zuständige Kommissar der Artillerie in Toulon, Sieur Lempereur, beschrieb 1671 einige Gründe, warum die 36-Pfünder nicht immer die sinnvollste Wahl darstellten. Nach seiner Erfahrung hätten die bisherigen Belagerungen an Land mittels Artillerie gezeigt, dass

„…24-Pfünder genauso viel Wirkung entfalten wie 36-Pfünder, obwohl das Gewicht der Kugeln deutlich differiert. Die 24-Pfünder sind leichter, benötigen daher einen kleineren Bedienungstrupp, verbrauchen weniger Pulver und ermöglichen dazu, ein Drittel mehr an Geschossen zu transportieren. Das Gleiche würde auch für mehr Effizienz gelten, kleinere Mannschaften, einfacher zu laden und schnellere Feuerrate. Selbst die Spanier in Flandern haben keine größeren Kaliber mitgeführt…"[338].

Der Einsatz von 36-Pfündern auf Linienschiffen führte demnach nicht unbedingt zu einer sofortigen Überlegenheit, denn die Kadenz[339] nahm in der Tat von 24 auf 36 Pfund deutlich ab.

Die Verwendung kleinerer Kaliber konnte sogar von Vorteil sein, vorausgesetzt, man traf mit höherer Feuerrate die beabsichtigten Ziele.

Die Krone kam in Versailles wohl zur gleichen Einschätzung, denn eine Verordnung von 1674 ermöglichte bereits auf der unteren Batterie der Linienschiffe ersten Ranges, einen Mix aus 24- und einigen 18-Pfündern aufzustellen. Diese Kombination setzte sich in den anderen Schiffsrängen mit kleineren Kalibern weiter fort. So gab es auf den Schiffen des zweiten Ranges mit 64 Kanonen eine ähnliche Mischung mit 12-Pfündern und schließlich auf der unteren Batterie der Schiffe dritten Ranges je zur Hälfte 18- und 12-Pfünder.

4. Die Herstellung der Kanonen

Die große Verordnung von 1689 relativierte diese Veränderungen dahingehend, dass alle Schiffe des ersten Ranges mit 36-Pfündern nun ausschließlich über Bronzekanonen verfügen sollten. Letztlich war dies darauf zurückzuführen, dass eine Gießerei ohnehin nur in der Lage war, Geschützgrößen aus diesem Material herzustellen.
Die ersten Exemplare dieses Kalibers schmolzen die Gießereien von Saintes für den Atlantikraum und von Toulon für den Mittelmeerraum, allerdings von Anfang an in unzureichender Stückzahl. Die Gießerei von Saintes stammte noch aus den Anfängen des 17. Jahrhunderts und war in ihren Möglichkeiten sehr eingeschränkt. Um das Defizit auszugleichen, agierte die Krone wie zu früheren Zeiten und stockte die Bestände durch Zukäufe aus Deutschland, Holland und insbesondere aus Schweden auf.
Ende der sechziger Jahre war auch Rochefort in der Lage, Bronzekanonen zu gießen und die Abhängigkeit von fremdländischen Zukäufen damit zu reduzieren. Der Erwerb ausländischer Bronzegeschütze war aber weiterhin notwendig, dabei äußerst kostspielig und selbst für Colbert galten finanzielle Grenzen. Umso mehr setzte das Ministerium während der Regentschaft Ludwigs XIV. alles daran, so schnell wie möglich ebenfalls großkalibrige Eisengeschütze zu produzieren, ob dies nun den Seeleuten gefiel oder nicht.

Entgegen der eigenen politischen Doktrin handelte es sich bei den Gießereien der Kanonen nicht um staatseigene Betriebe, sondern um privaten Manufakturen, die jedoch den Bedarf an solchen Kanonen nicht decken konnten. Für die Versorgung vornehmlich der Atlantikflotte förderte die Krone daher den Aufbau bzw. die Weiterentwicklung lokaler Schmieden, da hier der größte Nachholbedarf bestand. Die Administration ließ Gießereien unter anderem in Nivernais, Périgord oder der Bourgogne und für den Mittelmeerraum in der Provinz Dauphiné errichten.
Ausländische Fachkräfte wie das Brüderpaar de Besche, das in Schweden unter Louis de Geer bereits in Finspång bzw. in Norrköping in der dortigen Eisenindustrie arbeitete, holte man nach Frankreich, um den Aufbau eigener Schmelzereien zu beschleunigen. Ab Mitte des 17. bis 19. Jahrhunderts war Finspångs Styckebruk der größte schwedische Exporteur von Kanonen, der sich auf die Verarbeitung von Guss- und Roheisen verstand. Frankreich war zu dieser Zeit technologisch meilenweit davon entfernt und es kam zu einer Reihe von Unfällen bei der Herstellung bzw. dem Einsatz von Eisenkanonen.
Dies führte zu erheblicher Unruhe und Missmut unter den Seeoffizieren, die ihre ablehnende Haltung gegenüber den Eisengeschützen bestätigt sahen. Hinzu kam noch Kompetenzgerangel unter den Gießereien, sodass von einer gemeinsamen und zielgerichteten Arbeitsweise kaum zu sprechen war.
Die neue Verordnung von 1674 trug erst mit Beginn der achtziger Jahre zur Besserung bei. Nach dem Ende des ersten Schiffbauprogramms 1671 verfügten die Arsenale trotz allem über knapp 5.300 Kanonen, davon rund $^2/_3$ aus Eisen, was 90 % des tatsächlichen Bedarfs entsprach. Jedoch benötigten die Schiffe an großen

Kalibern allein schon mehr als 4.000 Stück, was weder durch die vorhandenen Kapazitäten noch durch Zukäufe zu leisten war. Der gesamte Schiffsbestand musste zwar nicht zur gleichen Zeit bestückt werden, trotzdem war die Administration nicht in der Lage, ein Großteil der Linienschiffe mit den ursprünglich vorgesehenen Kalibern auszurüsten.

Colbert war sich wohl bewusst darüber, denn er trieb die Gießereien ohne Unterlass an, größere Kanonen wie zum Beispiel 24-Pfünder herzustellen. Zu Recht, da der Mangel an Großkalibern bei den Auseinandersetzungen mit Holland und England offenkundig zu Tage trat und die Offiziere diesen Umstand beklagten.[340]

Die Verordnung, die ja eigentlich die richtige Zuteilung und Ausstattung zu den einzelnen Schiffsrängen regelte, war so nicht einzuhalten. Eine entsprechende Ausstattung war nur möglich, wenn sich ein größerer Teil der Verbände nicht auf See befand und die Marineleitung den Fehlbestand an Geschützen durch den Ausbau auf anderen Schiffen kompensierte.

Dies entsprach aber keineswegs der ursprünglichen Denkweise. Fakt war, dass der vorhandene Schiffsbestand bis zum Ende der achtziger Jahre nicht zeitgleich mit den erforderlichen Kalibern bestückt werden konnte. Bei den 24-Pfündern verfügte Frankreich über $^3/_4$ der benötigten Anzahl, bei den 36-Pfündern gerade einmal über $^1/_3$ des Bedarfs. Lediglich bei den 18-Pfündern wurde das Soll mit etwa 90 % der benötigten Stückzahl erreicht. Dies änderte sich erst 1691, als die Gießereien nun auch 24-Pfünder aus Eisen herstellen konnten. Mit den Auseinandersetzungen bei Béveziers (Beachy Head), Barfleur und La Hougue stieg allerdings der Bedarf sprunghaft an, denn nun sollten die untersten Batterien sämtlicher Linienschiffe des ersten Ranges mit 36-Pfündern aus Bronze, der zweite Rang mit einem Mix und der dritte Rang immerhin noch komplett mit 24-Pfündern – meist aus Eisen – ausgestattet werden. Dies war darauf zurückzuführen, dass die schwersten gegnerischen Einheiten inzwischen immer weniger Wirkung auf die 18-Pfünder zeigten.

Der Bedarf allein an 24-Pfündern wuchs quasi über Nacht um 100 %, bei den 36-Pfündern aus Bronze sogar um das Dreifache.

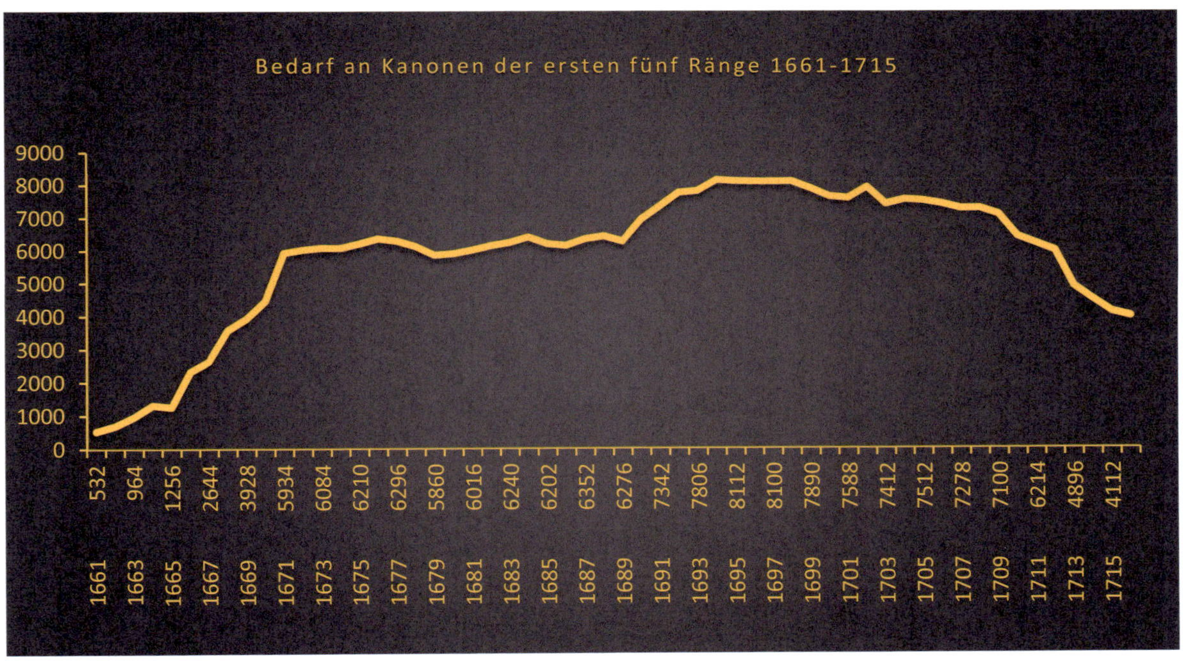

71 Statistik über den Kanonenbedarf 1671, auf Datengrundlage von „Les états abrégés de la marine française“.

1692 war man endlich in der Lage, auch 36-Pfünder aus Eisen herzustellen und diese Kaliber in größeren Stückzahlen zu produzieren. Jedoch stieg in den neunziger Jahren der Schiffsbestand sprunghaft an und damit auch erneut der Bedarf an Kanonen. Bei den Schiffen der ersten fünf Ränge benötigte die Marine nun über 7.700 Stück und um den gesamten Bestand auszurüsten sogar mehr als 9.000 Kanonen. In den Folgejahren erhöhte sich der Bestand an Eisengeschützen, während die Gießereien in gleichem Maße die Anzahl der Bronzekanonen reduzierten. Bis ca. 1710 bestanden ³/₄ aller großen Kaliber nun aus Eisen; bei den 36-Pfündern war es immerhin die Hälfte aller Geschütze.

5. Der Fund von Le Croisic

In einer kleinen Hafenstadt namens Le Croisic, im Arrondissement von Nantes, lebte ein gewisser Hummerfischer namens Jean Quilgars, dem im Jahr 1955 mit Unterstützung seiner Tauchfreunde die Entdeckung seines Lebens gelang. Sie bargen eine 24-Pfünder Bronzekanone aus dem Meer, die auf dem Flaggschiff SOLEIL ROYAL III [341] während dem Seegefecht in der Bucht von Quiberon (Bataille de Cardinaux) 1759 zum Einsatz kam. Die SOLEIL ROYAL III versuchte damals, in die Sicherheit der heimatlichen Kanonenbatterien zu gelangen, als die englische HMS ESSEX sie verfolgte. Beide Schiffe erlitten jedoch Schiffbruch; die SOLEIL ROYAL III geriet dabei in Brand und musste aufgegeben werden.

72 Geborgene und restaurierte 24-Pfünder Kanone, heute auf dem Hafenplatz von Le Croisic aufgestellt.

Bei dieser Bronzekanone von Le Croisic handelt es sich neben einem weiteren Fund[342] um das einzige originale Schiffsteil, das von der ursprünglichen SOLEIL ROYAL I von 1669 erhalten blieb und später auch auf ihren beiden Nachfolgerinnen zum Einsatz kam. Die Kanone wurde von Jean Baubé gegossen, der zuvor die Werkstätte des Heeres in Narbonne leitete, bevor er 1669 in der Gießerei in Toulon begann, zeitgleich zum Bau der SOLEIL ROYAL in Brest. Baubé bewies wohl außerordentliches Geschick, denn am 2. Oktober 1672 übernahm er bereits als *„Maître Fondeur"* bis zu seinem Tod 1681 die Führung der Marineartillerie des Arsenals in Toulon. Zwischen 1669 und 1673 wurden unter seiner Leitung 256 Bronzekanonen gegossen, bis zu seinem Tod mehr als 500 Exemplare. Er war zwar bekannt für die ausgezeichnete Qualität seiner Arbeit, kümmerte sich jedoch nicht um die Vorgaben königlicher Verordnungen. Auch in künstlerischer Hinsicht verfügte Baubé über ein außergewöhnliches Talent, was der Fund in Le Croisic offenbart. Der Verschluss der Bronzekanone wurde in Form einer Büste mit dem Oberkörper eines Fauns gegossen und stellt in Formgebung, Plastizität und Detailreichtum ein Meisterwerk der damaligen Bronzekunst dar.

73 Faunskopf am Verschluss des 24-Pfünders, Le Croisic.

Der Boden der Skulptur trägt die Inschrift: *„faict par Jean Baubé, fondeur général de la Marine de France à Toulon - 1670"* (Hergestellt von Jean Baubé, Leiter der Metallgießerei der französischen Marine in Toulon - 1670).

74 Verschluss des 24-Pfünders als ausgebildete Büste eines Fauns, Le Croisic.

Im Mündungsbereich der Bronzekanone ist ein Wappen mit einem Band von Fleur de lys und der Inschrift *ULTIMA RATIO REGUM* (Das letzte Argument des Königs) eingetragen. Fleur de lys sind ebenso seitlich an der Kanone zu finden. Unterhalb der Inschrift befindet sich der Kopf eines Delphins, der mit einem Fries von stilisierten Akanthusblättern umgeben ist.

75 Delphine als Halteanschlag des 24-Pfünders, Le Croisic.

Auf Höhe der beiden Haltebügel, als Delphine kunstvoll ausgebildet, ist ein Emblem mit einem Anker versehen, der nachfolgenden Schriftzug trägt:

LE COMTE DE VERMANDOIS
(Der Comte von Vermandois)[343]

Die Basis beider Delphine bildet das Ornament einer stilisierten Sonne mit der Devise:

NEC PLURIBUS IMPAR

(Wie kein Anderer)

Unterhalb des Sonnenemblems gibt es auf der Oberseite der Kanone ein fein gearbeitetes Relief von Ludwig XIV. im Stil der griechischen Antike, das von einem Kranz aus Eicheln und Laub umgeben ist und die verkürzte Inschrift trägt: *LVD XIIII D GRATIAE FR ET NAV REX.* (Louis XIV., durch die Anmut Gottes, König von Frankreich und Navarra).

76 Relief von Ludwig XIV. im Stil der griechischen Antike, Le Croisic.

Im Museum von Le Croisic widmete die Stadt der Bronzekanone anlässlich ihrer Restauration in 2009 eigens eine Ausstellung:

Kaliber:	24 (15 âme)
Länge:	329,5 cm (ca. 10 Fuß)
Länge bis zu den Zapfen:	140 cm
Gewicht:	2.305 kg

6. Die Verteilung der Artillerie auf den Decks

Naturgemäß sollten die allergrößten Einheiten über die stärkste Armierung verfügen und auf den unteren Batterien weitestgehend mit 36- und 24-Pfündern bestückt sein.
Mitte der siebziger Jahre handelte es sich bei diesen Schiffen um die ROYAL LOUIS, die SOLEIL ROYAL und die ROYAL DAUPHIN, die als königliche Flaggschiffe zugleich die Einheiten des Admirals, des Konter- und des Vizeadmirals darstellten.

Hier ist eine Unstimmigkeit zu verzeichnen, denn in der Monografie von Kommissar Hayet werden insgesamt lediglich 12 36-Pfünder und nur 18 24-Pfünder für die ROYAL LOUIS aufgelistet.[344] Daraus ist abzuleiten, dass die Administration nicht in der Lage oder gewillt war eine maximale Bestückung vorzunehmen. Die 36-Pfünder galten außerdem im Handling als problematisch, jedoch war die tatsächliche Anzahl der 24-Pfünder ebenso geringer und wohl ein Indiz dafür, dass zu diesem Zeitpunkt anscheinend keine ausreichende Zahl an Großkalibern zur Verfügung stand.

Dies hatte zur Konsequenz, dass die genaue Verteilung der Geschütze auf den Decks geplant werden musste, wenn eine Batterie verschiedene Kaliber besaß. Nicht zuletzt aus Gründen der Stabilität der Schiffe ist davon auszugehen, dass sich die größten Kanonen in der Schiffsmitte der untersten Batterie befanden und von dort aus die Größe der Artillerie in Richtung Bug und Heck abnahm.

7. Die königliche Verordnung vom 1. Dezember 1669 zur Armierung der Schiffe

Um die Verteilung der spezifischen Armierung auf die fünf Ränge zu regeln, erließ die Marineleitung am 1. Dezember 1669 eine separate Verordnung, die zusätzlich nach Bronze- und Eisengeschützen unterschied.

Diese Verordnung von 1669 – kombiniert mit dem Reglement von 1670, das bekanntlich die Rangeinteilung der Schiffe anhand der Kanonenzahl definierte – erlaubt eine Verteilung der jeweiligen Kaliber in Bronze und Eisen auf die einzelnen Decks.

Da die Anzahl der Kanonen innerhalb eines Ranges aufgrund der Bauweise der Schiffe erheblich differierte, bezieht sich die nachfolgende Zuordnung beispielhaft auf die genannten Schiffe.

77 Armierung des ersten bis fünften Ranges während der ersten Marine Ludwigs XIV.[345]

Verteilung der Bronze- und Eisenkaliber auf den Schiffen des 1. bis 5. Ranges nach der Verordnung von 1669 sowie dem Reglement zur Rangeinteilung von 1670										
Rang	**1. Rang** 70-120 Kanonen		**2. Rang** ab 56 Kanonen		**3. Rang** ab 40 Kanonen		**4. Rang** ab 30 Kanonen		**5. Rang** ab 18 Kanonen	
Beispiel	*Royal Louis* bzw. *Soleil Royal* (110 Kanonen)		*Le Fort* (68 Kanonen)		*Furieux* (56 Kanonen)		*Basque* (40 Kanonen)		*Tourbillon* (28 Kanonen)	
Geschützpforten	15 (16)		12 (13)		12 (11)		10		9	
1. Batterie	30	12 x 36-lb Bronze 18 x 24-lb Bronze - -	24	10 x 24 lb Bronze 12 x 18 lb Eisen 2 x 12 lb Bronze	22	12 x 18 lb Bronze 6 x 12 lb Bronze 4 x 12 lb Eisen	20	12 x 12 lb Bronze 4 x 12 lb Eisen 4 x 8 lb Eisen	14	8 x 8 lb Eisen 6 x 6 lb Eisen -
2. Batterie	30	30 x 18 lb Bronze	24	18 x 12 lb Bronze 6 x 12 lb Eisen	20	12 x 12 lb Bronze 8 x 8 lb Eisen	20	12 x 6 lb Eisen 8 x 6 lb Eisen	14	8 x 6 lb Eisen 6 x 4 lb Eisen
3. Batterie	30	30 x 12 lb Bronze	16	16 x 6 lb Bronze		-		-		-
Backdeck **Achterdeck**	16	6 x 8 lb Bronze 10 x 8 lb Bronze	4	- 4 x 4 lb Eisen	14	4 x 4 lb Eisen 10 x 6 lb Eisen		-		-
Hütte	4	4 x 8 lb Bronze		-		-		-		-

8. Die königliche Verordnung vom 6. Oktober 1674

In der Realität hielten die Werkstätten zwar die Kalibervorgaben ein, aber die Kanonen wiesen untereinander erhebliche Längendifferenzen auf, denn jede Gießerei hatte ihre eigenen Vorstellungen von geeigneten Längen, Wandstärken, Positionen der Zapfen oder Verstärkungsringen.

Generell hatte ein längeres Geschützrohr seine Vorteile, denn die Wirkung der Treibladung war auf eine längere Strecke wirkungsvoller. Solche Kanonen erlaubten eine bessere Kontrolle, der Schuss war platzierter, aber das Geschütz schwieriger zu manövrieren. Ihr Einsatz in der Batterie war langsamer und erforderte mehr Männer.

Im Laufe der Zeit verkürzte sich dennoch die Artillerie bis zum Ende der Regentschaft Ludwigs XIV., wenn auch nicht in starkem Maße. Die Eisengeschütze waren ohnehin etwas kürzer als die Ausfertigungen in Bronze.

Um bei der Dimensionierung von Bronze- und Eisenkanonen eine Vereinheitlichung zu erzielen, beinhaltete die Verordnung vom 6. Oktober 1674 neben einer Fülle administrativer Regelungen exakte Maßangaben für die Längen der einzelnen Kaliber sowie für die Querschnitte im Bereich der Mündung, auf Höhe der Zapfen und am Verschlussende der Kanonen.

78 Abmessungen von Bronze- und Eisenkanonen während ersten Marine Ludwigs XIV.[346]

Dimensionierung der Kanonen gemäß der Verordnung vom 6. Oktober 1674								
Kaliber		**36**	**24**	**18**	**12**	**8**	**6**	**4**
Bronze	**Länge der Kanonen**	9 Fuß	9 Fuß	9 Fuß	8 Fuß	8 Fuß	7 Fuß	5,5 Fuß
		2,92 m	2,92 m	2,92 m	2,60 m	2,60 m	2,27 m	1,79 m
	Querschnitt am Zündloch	16,33 Zoll	16 Zoll	15 Zoll	12,83 Zoll	11,5 Zoll	10,5 Zoll	9,33 Zoll
		44,21 cm	43,31 cm	40,61 cm	34,73 cm	31,13 cm	28,42 cm	25,26 cm
Eisen	**Länge der Kanonen**	-	-	8,5 Fuß	8 Fuß	7,5 Fuß	7 Fuß	5,5 Fuß
		-	-	2,76 m	2,60 m	2,44 m	2,27 m	1,79 m
	Querschnitt am Zündloch	-	-	16,5 Zoll	14,66 Zoll	12,66 Zoll	11,5 Zoll	10,25 Zoll
		-	-	44,67 cm	39,68 cm	34,27 cm	31,13 cm	27,75 cm

Es ist bemerkenswert, dass nach dieser Vorgabe die Bronzekanonen der 36- bis 18-Pfünder alle die gleiche Länge besaßen! Ebenso die 12- und 8-Pfünder, während sich die Kleinkaliber stärker voneinander unterschieden. Der Querschnitt der Eisengeschütze war gegenüber den Ausfertigungen aus Bronze um ca. 10 % größer und auf die geringere Festigkeit des Eisens zurückzuführen, das deutlich massivere Wandstärken erforderte.

9. Die Verteilung der Artillerie von 1689

Nach dieser Verteilung sind zugunsten niederer Ränge keine 24-Pfünder mehr auf den Schiffen des ersten Ranges zu finden.

79 Armierung des ersten bis fünften Ranges während der zweiten Marine Ludwigs XIV.[347]

Verteilung der Bronze- und Eisenkaliber auf den Schiffen des 1. bis 5. Ranges gemäß der Verordnung von 1689										
Rang		**1. Rang** 100 Kanonen		**2. Rang** 80 Kanonen		**3. Rang** 60 Kanonen		**4. Rang** 44 Kanonen		**5. Rang** 36 Kanonen
1. Batterie	28	28 x 36 lb Bronze	26	12 x 24 lb Bronze	22	6 x 24 lb Bronze	20	4 x 18 lb Bronze	18	6 x 8 lb Bronze
				14 x 18 lb Eisen		16 x 18 lb Eisen		16 x 12 lb Eisen		12 x 8 lb Eisen
				-		-		-		-
2. Batterie	26	26 x 18 lb Bronze	26	14 x 12 lb Bronze	24	14 x 12 lb Bronze	20	8 x 8 lb Bronze	18	6 x 6 lb Bronze
				12 x 12 lb Eisen		10 x 12 lb Eisen		12 x 8 lb Eisen		12 x 4 lb Eisen
3. Batterie	24	24 x 12 lb Bronze	22	22 x 6 lb Bronze		-		-		-
Backdeck	16	6 x 6 lb Bronze	6	-	14	4 x 4 lb Eisen	4	-		-
Achterdeck		10 x 6 lb Bronze		6 x 4 lb Bronze		10 x 6 lb Bronze		4 x 4 lb Bronze		
Hütte	6	6 x 6 lb Bronze		-		-		-		-

Weiterhin definierte diese Verordnung, das pro Geschütz über 50 Geschosse auf einem Schiff vorhanden sein mussten,[348] dazu 1.000 Kugeln von einem Pfund, 500 Hanteln als Doppelkugeln, 300 Kugeln mit Kette, 200 Eisenpakete und weitere 200 Traubengeschosse. Nicht aufgeführt sind die Kleinstgeschosse von ½ Pfund für die Drehbassen.

Da man ab 1692 in der Lage war, sowohl 24-Pfünder als auch 36-Pfünder in Eisen und damit um den Faktor zehn günstiger als in Bronze herzustellen, sollten ungeachtet der drei Jahre älteren Verordnung nun sämtliche Schiffe der ersten drei Ränge mit diesem Großkaliber bestückt werden.
Dies führte fast zu einer Verdopplung der Feuerkraft solcher Linienschiffe, im Vergleich zu den Beständen von 1674. In den siebziger Jahren, als die Großkaliber knapp waren, hatte die Admiralität die Linienschiffe meist mit einzelnen 24-Pfündern, einem Gros an 18-Pfündern und 12-Pfündern ausgestattet. Mitte der neunziger Jahre hingegen war aufgrund der Verfügbarkeit eine breitere Aufstellung der 24 und 36-Pfünder möglich, die das Geschossgewicht wesentlich erhöhten.

10. Die verschiedenen Kaliber

Aufgrund diverser Kanonengrößen war eine Standardisierung erforderlich und die Administration teilte sie zu Beginn des Schiffbauprogramms in die Geschützgrößen von 4 bis 36 Pfund ein.

10.1 Vor- und Nachteile unterschiedlicher Geschützgrößen

10.1.1 Die Kaliber von 4 bis 12 Pfund

Kleinere Kaliber wie 8-Pfünder waren in ihrer Wirkungsweise begrenzt und zum Beispiel für einen Beschuss gegnerischer Bordwände ungeeignet, da die Ladungen deren Wandungen nicht durchdrangen und sie zudem über eine geringere Reichweite verfügten.
Eine große Pulverladung konnte aufgrund ihrer geringen Wandstärken nicht verwendet werden, mit Auswirkungen auf die Tragweite der Geschosse. Ebenso war es nicht möglich, mit diesen Geschützen spezielle Ladungen wie Doppelkugeln oder Kugeltrauben (Mitraille)[349] zu versenden und auf den kleinen Querschnitt der Kanonen zurückzuführen. Sie kamen mehr auf der mittleren bis nahen Distanz gegen Takelagen oder Besatzungen gegnerischer Schiffe zum Einsatz.

Solche Geschütze besaßen enorme Vorteile, denn zur Bedienung benötigte man eine viel kleinere Mannschaft. 8-Pfünder erforderten zum Rangieren lediglich sieben und die noch kleineren 4-Pfünder sogar nur 4 Seeleute. Die Pulverladungen samt den Geschossen waren wesentlich kleiner und ermöglichten bei gleichem Vorrat eine größere Schusszahl. Die Feuerrate war wesentlich höher als bei den großen Kanonen und schränkte zudem ihren Aufstellungsort auf den Schiffen nicht ein.
Allerdings war die Handhabung dieser Geschütze problematisch, denn das geringere Gewicht erhöhte den Rückstoß trotz reduzierter Pulverladungen immens und verursachte Schäden an Decks und Lafetten, da die Kanonen zum Ausbruch aus den Gestellen neigten.

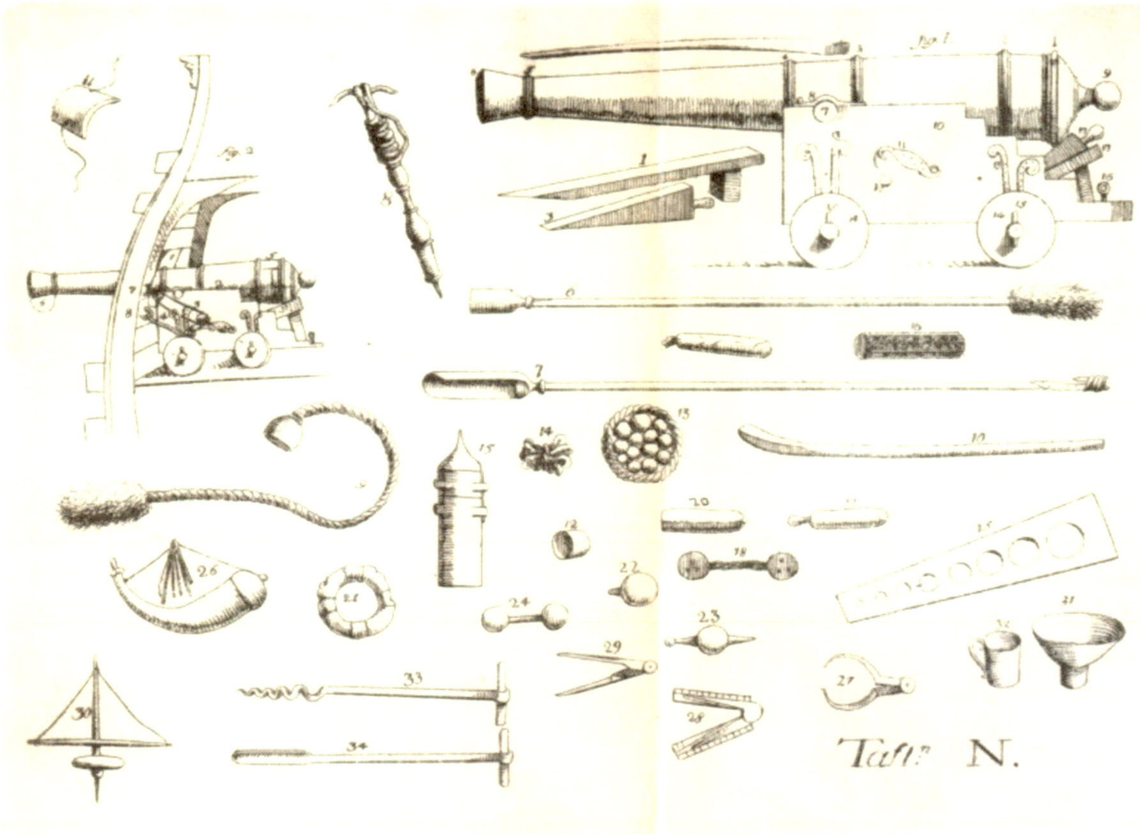

80 Zeichnung aus einem schwedischen Buch für Schiffbau, um 1691. Åke Rålamb.

10.1.2 Das Kaliber von 18 Pfund

Die 18-Pfünder bildeten eine wichtige Zwischengröße. Es war das größte Kaliber, das während des ersten Aufbauprogramms aus Eisen hergestellt werden konnte und dazu wesentlich günstiger als die Ausführungen in Bronze. 18-Pfünder galten zudem als die kleinste Geschützgröße, um die gegnerischen Bordwände durchschlagen zu können.

Dieses Kaliber stellte damit die Mindestgröße auf einem Segler dar, um als Linienschiff in Frage zu kommen. 18-Pfünder aus Bronze wie aus Eisen waren während der gesamten Regentschaft Ludwigs XIV. eine konstant wichtige Geschützgröße, die Vor- und Nachteile der kleineren wie größeren Kanonen auf sich vereinigte. Ab den neunziger Jahren verloren sie ein Stück weit an Bedeutung, als die Administration nach den Gefechten bei Béveziers (Beachy Head), Barfleur und La Hougue erkannte, dass große gegnerische Einheiten auf dieses Kaliber zunehmend weniger Wirkung zeigten.

10.1.3 Die Kaliber von 24 bis 36 Pfund

Für die großen Kaliber traf das genaue Gegenteil wie auf die kleineren Geschützgrößen zu. Ladungen jeder Größe und Art waren möglich, ferner der Einsatz auf größere Distanz, was nicht unwichtig war. Befand sich

das eigene Schiff außerhalb der Reichweite des Gegners, konnte diesen aber durch die eigenen Geschütze erreichen, war man eindeutig im Vorteil.
Diese Kaliber setzten die Schiffe gegen jegliche Ziele ein, benötigten jedoch aufgrund ihrer Größe wesentlich mehr Treibmittel, was den Verbrauch an Pulver deutlich erhöhte. Ein weiterer Nachteil war das Rangieren dieser großen Geschütze.
So wurden für die 36-Pfünder immerhin 13, bei den 24-Pfündern 12 und bei den 18-Pfündern noch 9 Seeleute für die Bedienung benötigt.
Die Rückstoßeffekte hielten sich dagegen aufgrund ihres großen Gewichtes in Grenzen, zumal die Wölbung der Decks diese teilweise kompensierte.[350] Zum Beispiel wog ein 24-Pfünder aus Bronze immerhin rund zweieinhalb Tonnen, beanspruchte aufgrund des hohen Gewichts aber die Batteriedecks in stärkerem Maße. Stabilitätsgründe beschränkten den Aufstellungsort auf die unteren Decks.

10.1.4 Drehbassen

Die ROYAL LOUIS verfügte über insgesamt sechs Drehbassen[351], mit einem Einzelgewicht von 171 kg.[352] Wahrscheinlich waren auch die SOLEIL ROYAL, die MONARQUE und alle anderen Linienschiffe mindestens des ersten Ranges ebenso damit bestückt.
Ihre Anordnung folgte den konstruktiven Randbedingungen des Schiffes (z.B. Wanten), was die Positionierung der Drehbassen deutlich eingeschränkte. Vermutlich gab es zwei Drehbassen auf dem Back-, zwei auf dem Achter- und zwei auf dem Hüttendeck. Als Ladungen kamen ½ Pfundgeschosse oder Eisenteile zum Einsatz.

10.2 Die Lafetten

An kaum einem anderen Ausrüstungsgegenstand lässt sich die Sinnhaftigkeit einer Standardisierung besser erläutern, als an den Lafetten der Geschütze. Lag ein Schiff längere Zeit vor Anker, stand eine Überholung bevor oder sollte der Rumpf gereinigt werden, so wurde das Schiff entwaffnet.

Die Marineleitung lagerte die Kanonen in das betreffende Arsenal des Hafens ein und beließ die Lafetten an Bord, denn ein Ausbau der Gestelle war nur mit einigem Aufwand aus den unteren Batteriedecks möglich.

Jedes Geschütz hatte seine eigene, dem Kaliber zugeordnete Lafette, die ihren Abmessungen angepasst war, das heißt sechs Kaliber, damit sechs verschiedene Lafetten. Darüber hinaus folgten die Gestelle den spezifischen konstruktiven Bedingungen eines jeden Schiffes (z.B. unterschiedliche Schwellen oder verschiedene Höhen). Dies war ein weiterer Grund, sie auf den Schiffen zu belassen, denn die Höhenlage der Stückpforten zu den Decks war bei allen Schiffen nicht einheitlich und die Lafetten nicht wahllos einsetzbar.

Jede Kanone war auf ihrer eigenen Lafette ausgerichtet und justiert, sodass der Kanoniermeister bei der Einlagerung ihre Zuordnung zum Untergestell ebenfalls vermerkte und nach der Wiederbewaffnung eine Neujustierung an den Geschützen vornahm.
Es bestand also eine Abhängigkeit zwischen Schiff, Lafette und Kanone, so dass in der Regel nur die Kanonen unter den Schiffen austauschbar waren, nicht jedoch ihre Lafetten. Eine weitgehende Standardisierung an den Schiffen hätte letztlich eine viel größere Flexibilität zwischen den einzelnen Beständen ermöglicht, war aber in dieser Epoche noch nicht zu leisten.

Die Abmessungen einer Lafette für einen 36-Pfünder betrugen um 1677:[353]

Lafettenwände:	60 cm Höhe und 14 cm Stärke
Bodenstück:	1,73 m Länge und 11 cm Stärke
Vordere Radachse:	14 cm Durchmesser
Hintere Radachse:	12 cm Durchmesser
Vorderräder:	51 cm Durchmesser
Hinterräder:	45 cm Durchmesser
Vordere Öffnung:	42 cm
- Auf Höhe des Schildzapfens:	50 cm

KAPITEL 12 Die Linienschiffe der ersten Marine von 1661 bis 1671

1. Der Schiffsbestand von 1661 bis 1671 und dessen Einteilung

Die Verordnungen von 1670 bzw. 1671 legten zunächst die Kriterien fest, nach denen die Einteilung der Schiffe erfolgen sollte. Danach waren Einheiten ab 70 Kanonen dem 1. Rang, Schiffe bis 70 Kanonen dem zweiten, Einheiten bis 55 Kanonen dem dritten, bis 40 Kanonen dem vierten und bis 28 Kanonen dem fünften Rang zugeordnet.

Um sich als Linienschiff zu qualifizieren, musste der Segler auf den unteren Batterien über ein Mindestkaliber von 18 Pfund verfügen, teils durch 12-Pfünder ergänzt.

Dieses Kriterium schloss praktisch die Schiffe des vierten und fünften Ranges aus, die in der Regel kleinere Geschütze auf ihren Decks trugen.

81 Zeichnung eines Linienschiffs mit 40 Kanonen. Pierre Puget, um 1670. Musée Bonnet.

Die Einheiten der ersten drei Ränge definierten damit die regulären Linienschiffe der französischen Seeverbände mit einer Artillerie von mindestens 18-Pfündern auf ihren unteren Batterien.

Da die Schiffe des dritten Ranges gemäß der Verordnung von 1670 nur noch über zwei Decks verfügen durften, bedeutete dies im Umkehrschluss, dass alle Zweidecker nicht mehr als Linienschiffe der ersten beiden Ränge in Frage kamen. Ein Linienschiff der ersten beiden Ränge verlangte nach drei übereinanderliegenden Decks mit drei Batterien, mindestens 18-Pfündern und stellte die bevorzugte Bauweise großer Linienschiffe in der ersten Marine Frankreichs zu dieser Zeit dar.

Nach diesen Kriterien verfügte Frankreich zum Ende des ersten Schiffbauprogramms im Jahr 1671 über folgenden Bestand:

1. Rang 16 Schiffe
2. Rang 16 Schiffe
3. Rang 33 Schiffe
4. Rang 25 Schiffe
5. Rang 29 Schiffe

Gesamt: 119 Schiffe

Hinzu kamen noch kleinere Einheiten wie leichte Fregatten, Fleuten, Korvetten und Brander.

Es gab nur eine Handvoll allergrößte Dreidecker, die mehr als hundert Kanonen trugen. Die große Mehrheit wurde durch Linienschiffe des dritten Ranges mit ca. 54 Kanonen gebildet.

Sie verkörperten das klassische Linienschiff dieser Zeit und nicht etwa die königlichen Prunkschiffe, wie zu vermuten war. Die Unterschiede innerhalb der Ränge waren allerdings gewaltig, denn die Anzahl der Geschütze des zweiten Ranges variierte konstruktionsbedingt zwischen 56 und 70 Stück. Bei den Schiffen des ersten Ranges waren die Unterschiede noch eklatanter, betrug die Bandbreite zwischen 70 und 120 Kanonen.

Dies war im Wesentlichen auf die Größe der Schiffe zurückzuführen. Die größten Einheiten mit 100 Kanonen maßen mehr als 2.000 Tonnen, während Schiffe mit 70 Geschützen eine deutlich geringere Tonnage aufwiesen. Diese Schiffe waren kürzer und konnten zwangsläufig weniger Artillerie auf einem Deck tragen, was über drei Batterien gesehen (vor der Zeit der Verordnung von 1670) zu dieser großen Bandbreite an aufstellbaren Kanonen führte.

2. Die Schiffe des dritten Ranges

Die typischen Einheiten des dritten Ranges um die 54 Kanonen verteilten diese bis zur Verordnung von 1670 ebenfalls auf drei Decks und besaßen zudem ein Achter- jedoch kein Backdeck.

Das dritte Deck war nach dem Vorbild niederländischer Schiffe vermutlich in Kombination mit einer beweglichen Ausführung unterbrochen.[354] Jede Seite war mit zehn Geschützen auf dem unteren und mittleren sowie mit fünf zusätzlichen Kanonen auf dem dritten Deck versehen. Bei solchen Schiffen wurde die Anzahl der Kanonen auf dem oberen dritten Deck variiert.

Den dritten Rang ergänzte die Marineleitung um einen weiteren Zukauf aus Dänemark, die *Sophie,* spätere *Port,* mit 1.000 Tonnen und 54 Kanonen.

Eine Besonderheit weisen übrigens die meisten größeren Schiffe dieser Epoche auf. Die vorderste Geschützpforte wurde beiderseits nicht mit einer Kanone der jeweiligen Batterie bestückt, sondern blieb frei und diente zum Schusswechsel mit leichter Artillerie. Es handelte sich dabei um die sogenannten Jagdgeschützpforten „*En chasse*“[355], die Marinemaler des Öfteren auf den Gemälden fälschlicherweise mit Kanonen darstellten.

Im Jahr 1671 verfügte die französische Marine über 33 dieser Schiffe und stellte damit über 50 % des Gesamtbestandes aller Linienschiffe der ersten drei Ränge mit teils sehr unterschiedlicher Bauweise. Die Tonnage differierte zwischen 800 bis knapp 1.100 Tonnen. Dennoch kann man zu dieser Zeit von einem typischen französischen Linienschiff bis zur Verordnung von 1670 sprechen.

In alphabetischer Reihenfolge waren dies:

ALSACE, ANJOU, ARDENT, BOURBON, BRAVE, BRETON, BRILLANT, CESAR, COMTE, DAUPHIN, DIAMANT, EMERILLON, FIDELE, FIER, FLEURON, FURIEUX, GLORIEUX, HEUREUX, INDIEN, LOUVRE, LYS, MORE, NAVARRE, NAVARROIS, ORIFLAMME, PRINCESSE, REINE, ROCHEFORT, ROYALE, ST-LOUIS, SOPHIE, TRIDENT und WALLON (jeweils unter ihrem Erstnamen aufgeführt, Folgenamen siehe Tabellenwerke Kapitel 18).

3. Die Schiffe des zweiten Ranges

Ebenfalls mit drei Decks versehen, trug solch ein Linienschiff in der Regel um die 64 Kanonen, pro Seite 12 auf dem unteren, 11 auf dem mittleren und 8 auf dem Oberdeck. Diese Schiffe besaßen noch ein Achterdeck, das sich vom Spill bis zum Heck erstreckte und eine kleine Hütte. Auf diesem Deck existierten meist noch zwei weitere Kanonen kleineren Kalibers, was in Summe 64 Kanonen ergab und 1671 das Gros der Schiffe des zweiten Ranges bildete.

Die Aufstellung von Geschützen auf dem Achterdeck war beliebt, konnte man auf diese Weise doch auf dem darunter liegenden Deck die Platzierung von Kanonen vermeiden, die ansonsten in den Kammern hätten untergebracht werden müssen. In den späteren Reglements wurde aber genau dies vorgeben.
Im Laufe der Zeit stieg die Anzahl der Kanonen teils auf 70 Geschütze, die sich auf dem Ober- und Achterdeck sowie in den hinteren Kammern verteilten.

Der zweite Rang verfügte 1671 über insgesamt 16 Einheiten zwischen 1.100 bis 1.300 Tonnen und 62 bis 68 Geschütze.

Eine Besonderheit dieses Ranges bestand darin, dass 1666 sechs Schiffe mit 64 Kanonen aus Holland und ein Dreidecker aus Dänemark hinzu kamen. Die CONQUÉRANT, MAGNIFIQUE ehemals COURTISAN, GRAND, ehemals INTRÉPIDE, L'ILLUSTRE ehemals LE NEPTUNE, INVINCIBLE und LE ST-LOUIS ehemals LE NORMAND, alle von gleicher Größe mit 1.000 Tonnen. Hinzu kam die ADMIRABLE ehemals FREDERIC mit gleicher Tonnage und Armierung.

Diese Schiffe verfügten nach typisch holländischer Bauweise über drei Decks, wobei ein beweglicher Einschub das dritte Deck unterbrach. Mitte der siebziger Jahre erhöhte sich ihre Artillerie auf 70, teils auf 72 Kanonen.

In alphabetischer Reihenfolge umfasste dieser Rang 1671:

CHARENTE, CONQUERANT, COURTISAN, FAUCON, FORT, FRANÇOIS, FREDERIC, INTREPIDE, INVINCIBLE, NEPTUNE, NORMAND, PRINCE, ROYALE THERESE, TERRIBLE, TONNANT, die VERMANDOIS als Repräsentationsschiff nicht mitgerechnet (alle unter ihrem Erstnamen aufgeführt, Folgenamen siehe Tabellenwerke Kapitel 18).

4. Die Schiffe des ersten Ranges

Die Größe der Schiffe dieses Ranges differierte erheblich bis zu 50 %, während die Bandbreite der Kanonenzahl um fast 60% schwankte. Zum Ende des ersten Schiffbauprogramms verfügte die Marine 1671 über insgesamt 16 Einheiten dieses Ranges, davon vier Schiffe ab 100 Kanonen, während die restlichen 12 Dreimaster zwischen 66 und 84 Kanonen trugen.
Wie alle Dreidecker von weniger als 100 Kanonen verfügten sie offiziell nicht über einen vorderen Aufbau, besaßen allerdings ein Achterdeck und eine Hütte.

Die MONARQUE mit 84 Geschützen scheint übrigens im Album von Colbert als Referenzschiff abgebildet, in dem schrittweise die Konstruktion eines solchen Schiffes anhand von 50 Zeichnungen illustriert wurde.
Die größten Schiffe ab 100 Kanonen hatten in der Regel 16 Stückpforten inklusive vorderer Jagdgeschützpforte, trugen pro Seite 15 Kanonen über alle drei Batterien, dazu meist sechs zusätzliche auf dem Achter- und Backdeck. Die ROYAL LOUIS und die SOLEIL ROYAL verfügten darüber hinaus über weitere Geschütze auf den Decks ihrer Hütten.

Gemäß der Verordnung von 1670 war es nur der ROYAL LOUIS und der SOLEIL ROYAL gestattet, vordere Aufbauten mit einem Backdeck zu besitzen. Die Mehrheit der größeren Neubauten befand sich 1669 allerdings bereits im Dienst und trug daher ebenso wie die beiden königlichen Schiffe einen derartigen Aufbau. Lediglich auf der MONARQUE wurde der Vorbau entsprechend den späteren Reglements entfernt,[356] bei allen anderen Schiffen hingegen so belassen und stillschweigend geduldet.

Bei den restlichen zwölf Einheiten zwischen 66 und 84 Geschützen gab es auf drei Batteriedecks verteilt je 26 Kanonen. Hinzu kamen noch drei auf dem Achterdeck und in Summe ohne Backdeck eine maximale Gesamtzahl von 84 Stück erlaubte. Die COURONNE mit 82 und die SCEPTRE mit 80 stationierten entsprechend weniger Geschütze auf ihren Achterdecks.

Im Frontschott und Heckspiegel der Schiffe gab es Stückpforten, die man aber nicht kontinuierlich mit Kanonen belegte. Diese wurden bei Bedarf aus den seitlichen Batterien umgestellt. Zum einen ersparte dies Kanonen, zum anderen wäre es aus Platzgründen fast unmöglich gewesen, im Gefechtsfall beide Schussachsen in diesen Eckbereichen gleichzeitig bedienen zu können.

Bei den restlichen Einheiten mit 70 bzw. bei der HENRY, späteren SOUVERAIN, mit 74 Geschützen, handelte es sich im Grunde um die gleiche Verteilung von je 13 Kanonen auf den beiden unteren Decks, jedoch ohne durchgehende Batteriekette auf dem Oberdeck.

Es bleibt die Frage zu klären, warum sie nicht durchgängig bestückt wurden. Diese Schiffe waren im Mittel 300 Tonnen leichter als die Einheiten mit 80 Kanonen und die Reduktion stand wahrscheinlich in Verbindung mit ihren Segeleigenschaften. Hinzu kamen zwei kleinere Geschütze auf dem Achterdeck, um die höhere Schussposition ausnutzen zu können.

Die Bandbreite der Schiffstonnagen des ersten Ranges reichte 1671 von der 1.400 Tonnen großen ST-PHILIPPE bis zur 2.500 Tonnen großen SOLEIL ROYAL. Die insgesamt 16 Einheiten des ersten Ranges verfügten über 70 (die VENDOME ausgenommen) bis 110 Geschütze, die vier großen Dreidecker ab 100 Kanonen darin eingeschlossen.

In alphabetischer Reihenfolge waren dies zum Ende des ersten Schiffbauprogramms 1671:

COURAGEUX, COURONNE, DAUPHIN ROYAL, HENRY, ILE DE FRANCE, MADAME, MONARQUE, PARIS, POMPEUX, ROYAL DUC, ROYAL LOUIS, RUBIS, SCEPTRE, SOLEIL ROYAL, ST-PHILIPPE und VENDOME.

Mindestens die ROYAL LOUIS und die SOLEIL ROYAL verfügten neben der zuvor geschilderten Artillerie noch über sechs weitere Drehbassen.

82 Zeichnung der ROYAL LOUIS von 1668. Pierre Puget, um 1670.

5. Die Architektur eines großen Dreideckers

5.1 Erläuterung einer beispielhaften Raumeinteilung

Die nachfolgende Großaufnahme stellt eine Modellversion der SOLEIL ROYAL von 1669 nach ihrer Überholung 1689 dar.

Die Raumaufteilung bei solchen Schiffen jener Epoche erfolgte prinzipiell nach dem gleichen Schema. Zur Veranschaulichung wurde daher der 1870 im Musée national de la marine aufgefundene Längsschnitt der ROYAL LOUIS/LOUIS XV. eingeblendet, der vermutlich aus dem Jahr 1692 datiert, zumindest handschriftliche Eintragungen aus diesem Jahr enthält.[357]

5.2 Modell mit Risszeichnung der SOLEIL ROYAL

83 Le SOLEIL ROYAL 1669.
Im Bau befindliches Modell des Autors mit eingeblendetem Längsschnitt nach dem Fund im Musée national de la Marine. Berücksichtigt man die hinteren Hütten, so waren nach Dassié (L'architekture navale. Paris 1695, Seite 110) auf teilweise sechs Etagen bis zu 1.200 Seeleute auf diesem Schiff untergebracht.

84 Le SOLEIL ROYAL 1669.

5.3 Charakteristische Schiffselemente und Räumlichkeiten

Auf Grundlage dieses Längsschnitts ergibt sich die Raumeinteilung eines großen Dreideckers über 2.000 Tonnen für einige beispielhafte Sektionen wie folgt:

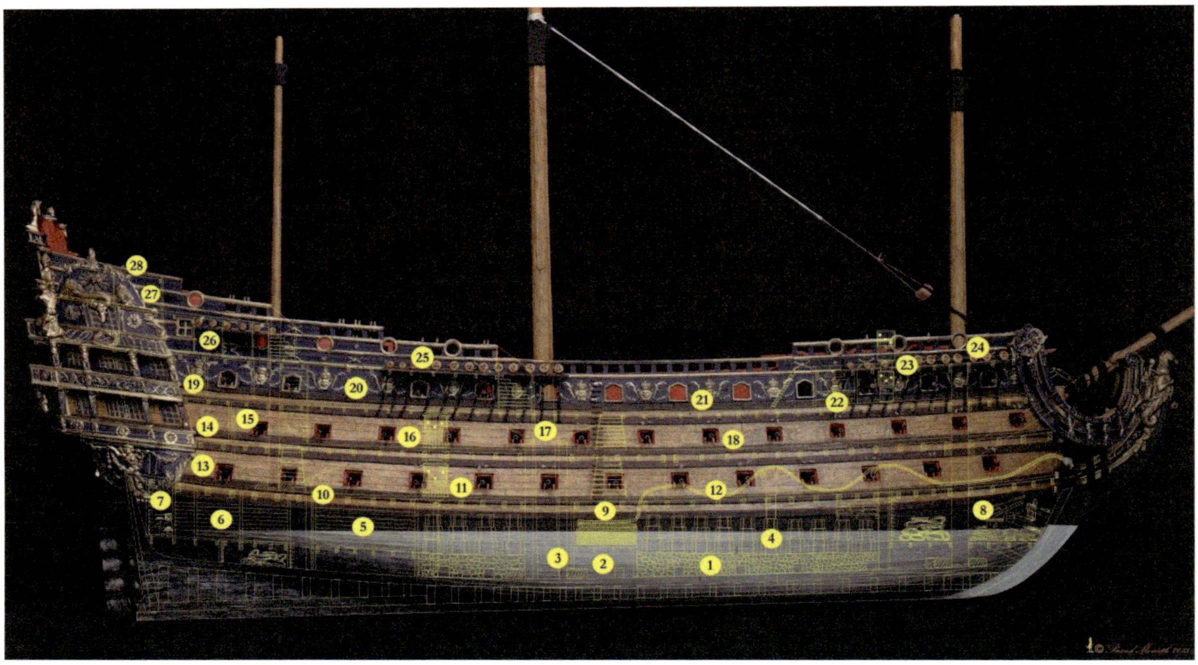

85 Im Bau befindliches Modell des Autors, mit eingeblendetem Längsschnitt nach dem Fund im Musée national de la Marine.

[1] Ballaststeine, [2] Geschosskammer, [3] Pumpensoot mit Saugrohren, [4] Wein- und Wasserlast, je circa 128.000 Liter,[358] sowie ca. 60 Fässer zum weiteren Transport, [5] Kielraum, [6] Zwiebackkammern, [7] Stückmeistergatt, [8] Magazin für Tauwerk, Blöcke etc., [9] Kabelgatt, [10] Besanmast-Pumpensoot mit Pumpenkörper, Schwengel und Saugrohr, [11] großes Gangspill, [12] erstes Batteriedeck (Orlopdeck), [13] St. Barbara (Kammer der Kanoniere, Konstabelskammer), darüber die Pinnenklampe, [14] große Kajüte, [15] Kolderstock[359] zum Steuern des Schiffes, [16] oberer Spillkopf, [17] Hauptmast-Pumpenkörper mit Schwengel, [18] mittleres Batteriedeck, [19] Kammer der Volontäre, [20] Corps de Garde (Bereich unter dem Achterdeck), [21] Oberdeck, [22] Kombüse, [23] kleines Gangspill, [24] Backdeck, [25] Achterdeck, [26] obere Hütte mit den Offizierskammern, [27] oberste Hütte, [28] Poopdeck

5.4 Die einzelnen Schiffsebenen

Ein Schiff wie die SOLEIL ROYAL hatte bis zu 1.200 Seeleute auf sieben Etagen an Bord. Unter Berücksichtigung der hinteren Hütten bestand solch ein Dreidecker von oben nach unten betrachtet aus folgenden Ebenen:

86 Im Bau befindliches Modell des Autors, mit farbig eingeblendeten Schiffsektionen.

1. Oberste Hütte

2. Obere Hütte mit den Offizierskammern, davor Achterdeck und vorderem Backdeck

3. Kammer der Volontäre, davor Corps de Garde, Oberdeck mit 3. Batterie und vorderem Aufbau

4. Große Kajüte mit 2. Batteriedeck

5. St. Barbara (Konstabelskammer/Kammer der Kanoniere) und 1. Batteriedeck (Orlopdeck)

6. Kielraum

5.5 Die Bezeichnung der Decks

Von oben nach unten betrachtet:

7. Poopdeck, 6. Oberes Hüttendeck, 5. Achterdeck und Backdeck, 4. Oberdeck, 3. Mittleres Batteriedeck, 2. Erstes Batteriedeck (Orlopdeck), 1. Kielraum.

5.6 Impressionen eines großen Dreideckers

Normalerweise ankerten diese großen Dreimaster nicht direkt an den Kaianlagen, sondern in Flussmitte bzw. an der Küste ein Stück entfernt vom Ufer. Die nachfolgende Aufnahme erlaubt jedoch in dieser Anordnung einen direkten Größenvergleich zwischen Mensch und Schiff.

87 Im Bau befindliches Modell des Autors, Blickwinkel in etwa aus Augenhöhe der Modellfiguren.

88 Modell der SOLEIL ROYAL des Autors. Blick auf die Heckpartie aus Sicht einer kleineren Fregatte.

Die nebenstehende Aufnahme erlaubt einen Blick auf die nächtlich beleuchtete Heckpartie der SOLEIL ROYAL.

Unten auf der Ebene des zweiten Batteriedecks die große beleuchtete Ratskammer, darüber die Kammer der Volontäre und oben auf Höhe des Achterdecks die Offizierskammern – aus Blickrichtung in etwa auf Höhe einer deutlich kleineren Fregatte.

89 Modell der SOLEIL ROYAL des Autors, Blick auf die Heckpartie bei Sonnenuntergang.

90 Modell der SOLEIL ROYAL des Autors, Blick auf die Heckpartie bei nächtlicher Szenerie.

5.7 Die Verpflegung an Bord

Eine solche Besatzungsstärke erforderte enorme Mengen an Nahrungsmitteln, die eine Versorgung für sechs Monate gewährleisten musste.[360] Nach Hayet betrug die Wasser- und Weinlast jeweils 128.000 Liter. Die Menge an alkoholischen Getränken mag auf den ersten Blick verblüffen, allerdings wurde Wasser an Bord schnell faulig, während Wein auf einer mehrmonatigen Reise genießbar blieb und zur Freude der Besatzung die Versorgung mit Getränken sicherstellte.

Die einfachen Mannschaften lebten, schliefen und aßen neben ihren Geschützen auf den einzelnen Batteriedecks. Die Offiziere teilten sich die Kammern im Heck der Schiffe.

Außer Hartbrot, wie Schiffszwieback damals bezeichnet wurde, bestand die Hauptnahrung vorwiegend aus Pökelfleisch mit Hülsenfrüchten wie Erbsen, die ein Segler getrocknet mitgeführte. Diese gaben die Köche wie Pökelfleisch meist gekocht aus, solange das Wetter ein Feuer in der Kombüse gestattete. Wenn ein Sturm aufzog und noch Zeit war, kochte man die Erbsen auf Vorrat zu einem Brei, den es dann später kalt zu essen gab. Zu Beginn der Reise kam oft noch Lebendverpflegung an Bord, die nach und nach verzehrt wurde.

Zwieback, gepökeltes Fleisch und Sardinen konnten tödlich sein, vorausgesetzt, sie stellten die einzigen Nahrungsmittel dar. Millionen von Seeleuten fielen einer unheimlichen Krankheit zum Opfer, bis Beschreibungen ihrer Heilung eine Wende in der Medizin einleiteten, Skorbut.

Gegen Skorbut führten die Schiffe Zitronen bzw. Zitronensaft oder Sauerkraut mit. Der Zeitpunkt dieser Praxis ist umstritten. Es gibt erste Aufzeichnungen zu Beginn des 17. Jahrhunderts, die Skorbut als Vitaminmangelkrankheit beschrieben, aber erst Mitte des 18. Jahrhunderts bekam man die Krankheit in den Griff, die damit ihre Schrecken verlor.

91 Album von Colbert, Plan Nr. 42, ohne Signatur. Ancre Verlag, Nizza.

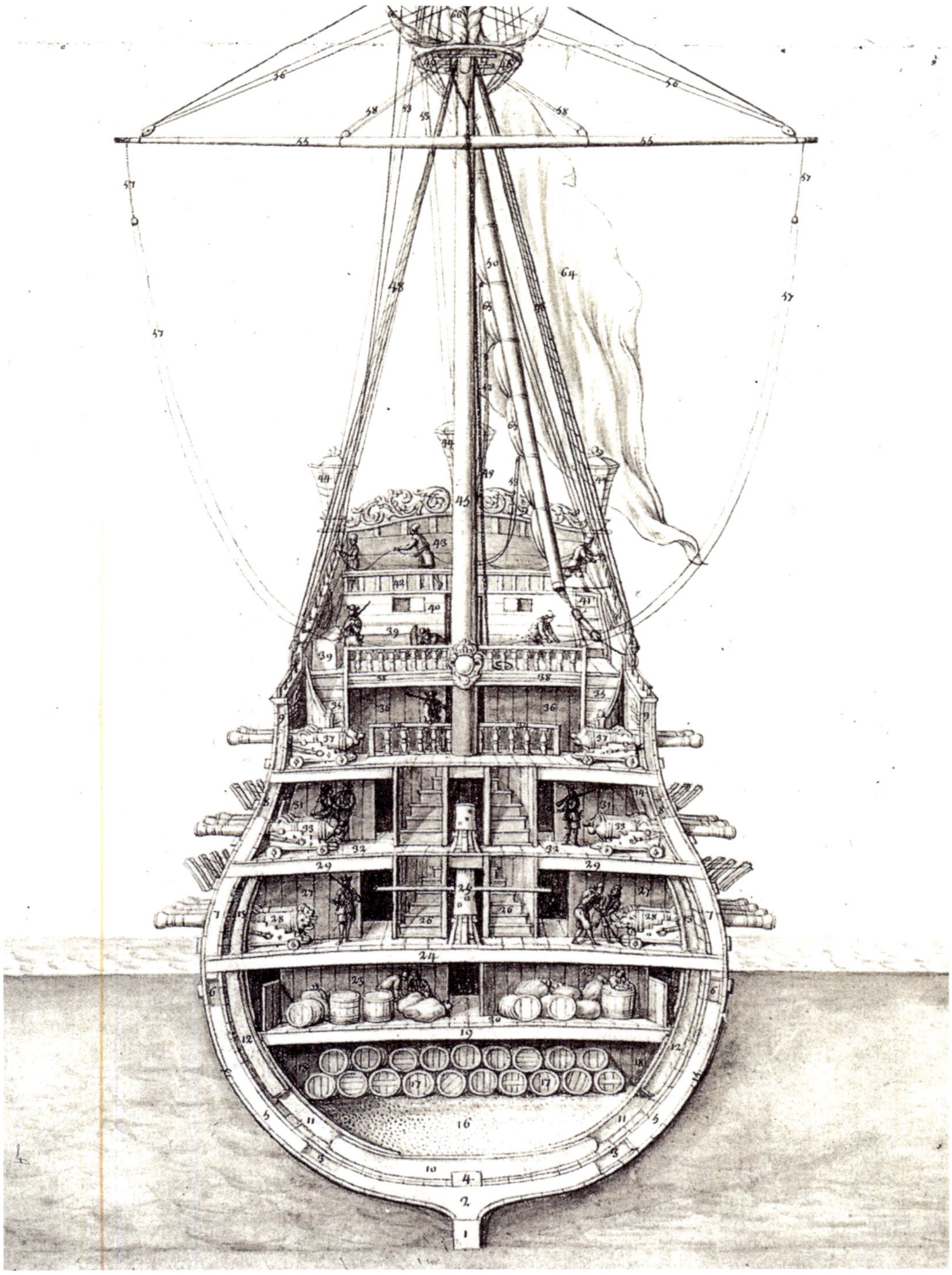

92 Album von Colbert, Plan Nr. 43, ohne Signatur. Ancre Verlag, Nizza.

Dargestellt sind die Ballaststeine auf der untersten Ebene,[16] mit darüber gelagerter Wasser- und Weinlast.[17] Ebenso die hinteren Treppenanlagen mit je zwei Aufgängen auf die höheren Decks[26] und davor platziertem großen Gangspill[25]. Darüber das Corps de Garde (Bereich unter dem Achterdeck)[36] mit dem Achterdeck als oberen Abschluss.[39] Schließlich die Vorderwand der Hütte mit oberem Poopdeck.[40] Es ist gut zu erkennen, dass sich die größte Breite des Schiffes exakt auf Höhe der Wasserlinie befindet, wie in der königlichen Verordnung vom 13. September 1673 vorgegeben.

6. Die Namen der Schiffe

6.1 Zur allgemeinen Namensgebung

Frankreich stellte in der Marine im Zeitraum von Ludwig XIV. bis Napoleon I. (1661-1815) insgesamt 1.376 Schiffe in Dienst und belegte sie mit 969 unterschiedlichen Namen.[361]

Manche dieser Schiffsnamen wurden entweder verändert oder gar zurückgenommen; von Namen, Mythologien oder Eigenschaften entlehnt und in vier große Themenkomplexe gegliedert.

- Namen mit Bezug zum Meer oder allgemein zur Natur

- Namen mit Bezug zu militärischen Aktionen oder bestimmten Eigenschaften

- Namen mit Bezug zur Geographie

- Namen mit Bezug zum Souverän des eigenen Landes

Die Namensgebung jeder einzelnen Gruppe erlaubte eine weitere Spezifizierung nach Substantiven, substantivierten Verben, Adjektiven, Adverbien, sonstigen Partizipien und dem Geschlecht.

Das Flottenaufbauprogramm von 1661 führte in einer verhältnismäßig kurzen Zeit zur Indienststellung von rund 120 Schiffen. Eine Namensgebung mit direktem Bezug zum Souverän blieb meist den größten Einheiten vorbehalten. Neben ihrer Funktion als Flaggenträger des Admirals und zentraler Einheit eines Verbandes nahmen sie darüber hinaus repräsentative Aufgaben wahr. Als Beispiele gelten hier die MONARQUE, ROYAL DAUPHIN, ROYAL LOUIS oder SOLEIL ROYAL.

Es gab 535 größere Schiffe und 327 Fregatten,[362] deren Namensgebung sich vornehmlich auf substantivierten Adjektiven gründete, dazu mit wechselnden Geschlechtern. Man findet FRANÇOIS wie FRANÇOISE, BELLIQUEUX wie BELLIQUEUSE, FOUDROYANT wie FOUDROYANTE, FULMINANT wie FULMINANTE um einige Beispiele zu nennen.

Die Schiffe des ersten Aufbauprogramms belegte die Krone anfangs vorwiegend mit meeresbezogenen Namen, Thematik des Krieges oder Benennung nach anderen Elementen. Die größten Einheiten gegen Ende des Programms trugen meist Namen der Königsfamilie (ROYAL, REINE oder DAUPHIN), oft mit dem Beiwort König oder königlich versehen. Auch aus der griechisch-römischen Mythologie wurden Namen entlehnt. APOLLON, HERCULES, TRITON, VENUS, JASON, MERCURE, EUROPE sind Beispiele dafür. Der Aspekt der Gefahr resultierte aus den Eigenschaften, die man den Schiffen zuschrieb, wie FOUDROYANT, TERRIBLE oder FURIEUX und zeigte unmissverständlich die von dem Schiff ausgehende Bedrohung auf. EMERILLON, ORAGE oder TOURBILLON standen dagegen für Gefahren, die sich aus dem Spiel der Natur und den Witterungsbedingungen ergaben.
Neben dem ersten großen Namenskomplex des Meeres und seiner Naturkräfte folgte die zweite Gruppe, deren Namen Kampf und Konfrontationen prägten, gerne auch von Tiernamen entlehnte. FAUCON, DRAGON, LION ROUGE, oder OISEAU sind typische Beispiele für die Epoche Ludwigs XIV., während im 18. Jahrhundert als dritte Gruppe vermehrt geographische Bezeichnungen für Schiffe Verwendung fanden, wie INDIEN, ROCHEFORT, BRETAGNE oder VILLE DE PARIS.
Schließlich folgte als vierte Gruppe die Übertragung königlich-repräsentativer Namen wie ROYAL LOUIS oder SOLEIL ROYAL, die zwischen 1661 und 1735 ausschließlich den beiden größten und prestigeträchtigsten Flaggschiffen von Ponant und Levant vorbehalten waren.

6.2 Die Namensänderung der Schiffe

Ein gewisses Phänomen besteht in der häufigen Veränderung der Schiffsnamen während der Regentschaft von Ludwig XIV. Manche Schiffe wurden im Laufe ihres Dienstlebens einmal, andere bis zu fünfmal umbenannt. Zum Beispiel der Name CONSTANT, den die Administration innerhalb von 20 Jahren an fünf verschiedene Schiffe vergab.
Die Übertragung von Schiffsnamen hatte im Grunde bei allen Seeverbänden der Länder eine lange Tradition, aber es ist gleichwohl Gegenläufiges zu beobachten.
Beispielsweise trug ein Schiff zuerst den Namen DAUPHIN ROYAL, erfuhr danach eine Umbenennung in ROYAL DAUPHIN, nur um anschließend einen erneuten Namenswechsel in DAUPHIN ROYAL zu erleben.

Bei manchen Schiffsnamen ist auffällig – insbesondere bei den königlichen Schiffen wie der ROYAL LOUIS oder dem etwas größeren Pendant, der SOLEIL ROYAL – dass nach ihren Ausfällen in besonders kurzer Zeit adäquate Nachfolger gleichen Namens folgten. Die erste SOLEIL ROYAL wurde 1692 zerstört, jedoch im gleichen Jahr ein Schiff dieses Namens wieder in Dienst genommen. Auf diese Weise wurde die exponierte Stellung dieser Einheiten betont und zugleich die maritime königliche Präsenz stets sichergestellt.[363]

Anlässlich einer Neuklassifizierung der Bestände entschied sich Ludwig XIV. 1671 bei den meisten Einheiten für umfangreiche Namensänderungen.

Was bewirkten diese Änderungen, worauf waren sie zurückzuführen und welche Schiffe behielten ihre Namen?

Schiffe mit königlichem Bezug und die Größe und Stärke der Krone repräsentierten, wie die COURONNE, DAUPHIN ROYAL, MONARQUE, ROYAL LOUIS, SCEPTRE oder SOLEIL ROYAL, erfuhren keine Veränderungen.
Auch die kleineren Einheiten mit weniger als 40 Kanonen wurden nicht umbenannt, dafür war ihre Rolle in der Flotte zu unbedeutend.
Einige behielten den Schiffsnamen bis zum Ende ihrer Laufbahn, die im Laufe ihrer Dienstzeit die Anzahl der Kanonen steigerten. Schließlich folgten die Schiffe der sehr wirksamen *„Belle force"* (64 bis 72 Kanonen), wie die CONQUÉRANT, INVINCIBLE, TERRIBLE und TONNANT und die Krone ihre Schiffsnamen in gleicher Weise beließ.

Die Veränderung der Namen bei den restlichen Schiffen hatte 1671 mehrere Gründe. Durch eine verschobene Rangzuordnung eines Schiffes folgte manchmal die Notwendigkeit für eine Namensänderung, denn der Schiffsname war oft an den Rang gekoppelt. Königliche Schiffsnamen wie ROYAL LOUIS waren ausschließlich für Schiffe des ersten Ranges reserviert. Wechselte ein Schiff seinen Rang, war damit in der Regel eine Namensänderung verbunden.
Geographische Veränderungen führten ebenso zu neuen Namensgebungen. Aus Flamand wurde beispielsweise Arc en Ciel, aus Rochefort wurde Sage oder aus Charente wurde Belliqueux.

Einer der wichtigsten Gründe bestand zweifellos in dem Bestreben Ludwigs XIV. nach einer stärkeren Fokussierung der Flotte auf seine Person und zugleich um eine Entpersonalisierung der teils privat organisierten Verbände des obersten Adels von Beaufort, César de Vendôme oder Mazarin. Anhaltspunkte dafür bieten die BEAUFORT spätere NEPTUNE, MAZARIN spätere LE BON oder CÉSAR spätere RUBIS.

Bei ca. 80 % aller Schiffe erfolgten so seit 1671 Namensänderungen; nicht zuletzt, um auch eine neue Ära innerhalb der französischen Marine anzudeuten und den königlichen Bezug mehr zu betonen.

KAPITEL 13 Die zweite Marine Ludwigs XIV. 1672 bis 1715

1. Der Entwicklungsprozess nach den Verordnungen

Die Diskussionen zur Verbesserungen der Schiffbautechnik fanden nicht nur zwischen den Baumeistern und den Seeoffizieren statt, auch Colbert nahm regen Anteil daran, wie seine zahlreiche Korrespondenz mit den Werften belegt.
In einem Schreiben vom 20. Oktober 1673 an den damaligen Intendanten in Toulon Arnoul monierte der Minister,[364] dass aufgrund der Erfahrungen aus dem Seegefecht bei Texel die französischen Schiffe einen viel größeren Tiefgang als die holländischen Einheiten hätten. In direkter Küstennähe wären die eigenen Schiffe gegenüber holländischen Verbänden dadurch eindeutig im Nachteil, was Colbert verständlicherweise beunruhigte.[365]
Als Folge dieses Schreibens wurde einiger Aktionismus betrieben und Untersuchungen dazu angestellt, die im Grunde alle im Sande verliefen.

Ohnehin zeigten sich die Werften und Arsenale solchen Interventionen der Administration samt ihren Verordnungen nicht sehr aufgeschlossen gegenüber. Colbert, der mit den Intendanten über weitere unabhängige Informationsquellen verfügte, misstraute dem Frieden und ließ im Frühjahr 1677 in Brest nachfragen, ob denn die Verordnungen wirklich eingehalten werden. Hubac hatte bis zu diesem Zeitpunkt das Reglement von 1673 praktisch ignoriert und baute seine Schiffe in größerer Breite, als in den Verordnungen vorgegeben. Bei dem Bau seiner Schiffe behielt er sein bewährtes Konzept bei und ignorierte die Direktiven aus Versailles.

Als Colbert davon erfuhr, verlangte er von Seuil eine Stellungnahme, mit welcher Begründung sich Hubac über die Verordnungen des Königs hinwegsetzen würde. Der Schiffbaumeister verfasste daraufhin einen Bericht, der auch zu Ludwig XIV. gelangte.
Nach der Sichtung des Berichtes erteilte Colbert daraufhin an Hubac die Order, künftig die Reglements zu beachten. Diese Anweisung stieß jedoch ins Leere, da Ludwig XIV. zwischenzeitlich selbst bereits zu Gunsten Hubacs entschieden hatte und Colbert düpierte.[366] Die Entscheidung des Königs unterlief die eigenen Verordnungen und hatte gravierende Auswirkungen zur Folge.
Die Durchsetzung der eigenen Verordnungen zu behindern, sprach sich nämlich schnell herum und zeigte, dass diese nicht sakrosankt waren. Dies betraf unter anderem so wichtige konstruktive Details wie das Längen- und Breitenverhältnis oder die Bugform der Schiffe.

Damit galten die bisherigen Reglements weitgehend als ausgehebelt und der Versuch einer standardisierten Schiffbauweise fand auf den französischen Werften zunächst sein Ende, bevor 1689 ein neuer Anlauf zu einer einheitlichen Reglementierung erfolgte. Hinzu kam, dass die operative Marineleitung in den siebziger Jahren vor dem Hintergrund der Auseinandersetzungen mit Holland, England und Spanien[367] die Einteilungen oder Zuweisungen der Reglements nicht streng einhielt. Manches nicht taugliche Schiff fand so dennoch Aufnahme in die Verbände der Linienschiffe.

Nach wie vor stand aber Colberts berechtigter Einwand im Raum, dass die Schiffe durch den zu großen Tiefgang im Vergleich zu den holländischen Einheiten deutlich benachteiligt waren.[368] Führt man sich die Konsequenz daraus vor Augen, bedeutete dies, dass der gesamte französische Schiffsbestand an Linienschiffen gegenüber den niederländischen Verbänden im Grunde genommen überholt war.

2. Colberts Verbesserungskonzept

Die Einbindung der Verwaltung, Seeleute und Schiffbauer in ein Geflecht aus Pflichten und Bewährung, war in Colberts Augen die Grundlage für einen weiteren konsequenten Ausbau der Marine.

1678 sendete der Minister ein umfangreiches Schreiben an die Intendanten der Arsenale in Brest, Rochefort und Toulon.[369] Er kündigte darin ein ambitioniertes Projekt an mit dem Ziel, Unterlagen erstellen zu lassen, aus denen die Proportionen aller Bauteile der Schiffe hervorgehen sollten und forderte dazu detaillierte Zuarbeit an.
Dies offensichtlich wieder mit Rückendeckung Ludwigs XIV., denn Colbert informierte Arnoul, dass der König eine Zusammenkunft mit den erfahrensten Seeoffizieren und Schiffbaumeistern wünscht, um notwendige Regeln gemeinsam festzulegen und diesbezügliche Maßnahmen zu besprechen.[370] In seinem Antwortschreiben vom 27. September 1678 auf Colberts Ankündigung beklagte Arnould zuvor die damit verbundenen zeitlichen Probleme.[371]

Am 12. Oktober 1678 wurde Duquesne aufgefordert, ebenfalls ein solches Konzept auszuarbeiten.[372] Der Chevalier – durch seinen Freund, den Schiffbaumeister Gédéon Rodolphe beraten – schlug daraufhin vor, anhand von Modellen Versuche durchzuführen und sich auf diese Weise den Ideen für eine Verbesserung vorsichtig zu nähern. Die Konzepte der bisherigen Bauweise sollten beibehalten werden, bis neue gesicherte Erkenntnisse eine konstruktive Veränderung rechtfertigten. Alles andere hätte entweder einen Stillstand im Schiffbau oder enorme konstruktive Risiken bedeutet.
Dieser Vorschlag stieß bei Seeoffizieren wie Schiffbaumeistern gleichermaßen auf Zustimmung. Colbert wurde bewusst, dass dies ein langer Entwicklungsprozess sein würde, der nicht über Nacht durch eine Verordnung zu beschleunigen war. Der König erteilte letztlich seine Zustimmung für diese Vorgehensweise, band Duquesne jedoch an dessen eigene Vorschläge und forderte von ihm sich unverzüglich in diesen Prozess einzubringen.

Wenige Tage später setzte Colbert die anderen Intendanten und Verwalter darüber in Kenntnis und forderte deren Meinungen in gleicher Weise ein. Duquesne begann nun in der Tat intensiv mit dem Studium der Materie. Er ließ Modelle von Querschnitten verschiedener Einheiten beschaffen und verglich die allgemeinen Abmessungen der Schiffe.
Der Chevalier war von Hause aus Seeoffizier und kein Baumeister, selbst wenn er durch Rodolphe Unterstützung erfuhr. Er war klug genug, die Kompetenz der Baumeister nicht in Frage zu stellen, ihnen im Grunde die Suche nach Verbesserungen zu überlassen und sich weitestgehend aus diesem Findungsprozess herauszuhalten. Dieses Verhalten entsprach exakt seiner früheren Vorgehensweise, als er bereits zum Beginn des ersten Aufbauprogramms für die Inspektion der Schiffbauten zuständig war.

Ende 1678 sandte Colbert an Arnoul ein zuvor vom Schiffbaurat genehmigtes Tabellenwerk mit nummerierten Schiffbauteilen,[373] das auffallende Ähnlichkeit mit dem erwähnten Bericht von Hubac aufwies. Arnoul war wohl sehr überrascht von diesem Vorgehen, stellte diese Ausarbeitung doch die Intendanten vor vollendete Tatsachen.

Die Reaktion von Arnoul ließ daher auch nicht lange auf sich warten. In seinem Antwortschreiben vom 10. Januar 1679 brachte er höflich, aber bestimmt zum Ausdruck, dass die Seeoffiziere nicht über genug Kenntnisse im Schiffbau verfügen würden.[374] Sie wären nicht in der Lage, die Qualitäten eines Schiffes ausreichend genug beurteilen zu können, um derartige Vorgaben für die Schiffbauteile festzulegen.

Mit anderen Worten, die Fachleute in den Werften sahen dieses Tabellenwerk als reine Theorie an und sprachen dem Baurat den Schiffbautechnischen Sachverstand ab – eine Auffassung, die seit langem bekannt war, allerdings nun zum ersten Mal offen ausgesprochen wurde und zu Konsequenzen führte.

Es brauchte aber noch eineinhalb Jahre bis die Administration als Antwort darauf in Rochefort mit dem Aufbau von Schulen für Schiffbaukonstruktion, Hydrographie und Metallurgie begann und ebenso in Brest oder Toulon solche Einrichtungen gründete.[375] Die Marineoffiziere sollten in diesen Akademien mit den wichtigsten Aspekten des Schiffbaus und aller damit im Zusammenhang stehenden Disziplinen vertraut gemacht werden, um auf diese Weise mehr Sachkenntnis zu erlangen. Hier fand die theoretische Ausbildung jedoch ihre Grenzen, denn die hydrostatischen und –dynamischen Gesetze waren noch nicht weitgehend genug erforscht, um die Tonnage eines Schiffes in Verbindung mit dessen Wasserlinie hinreichend genau berechnen zu können.

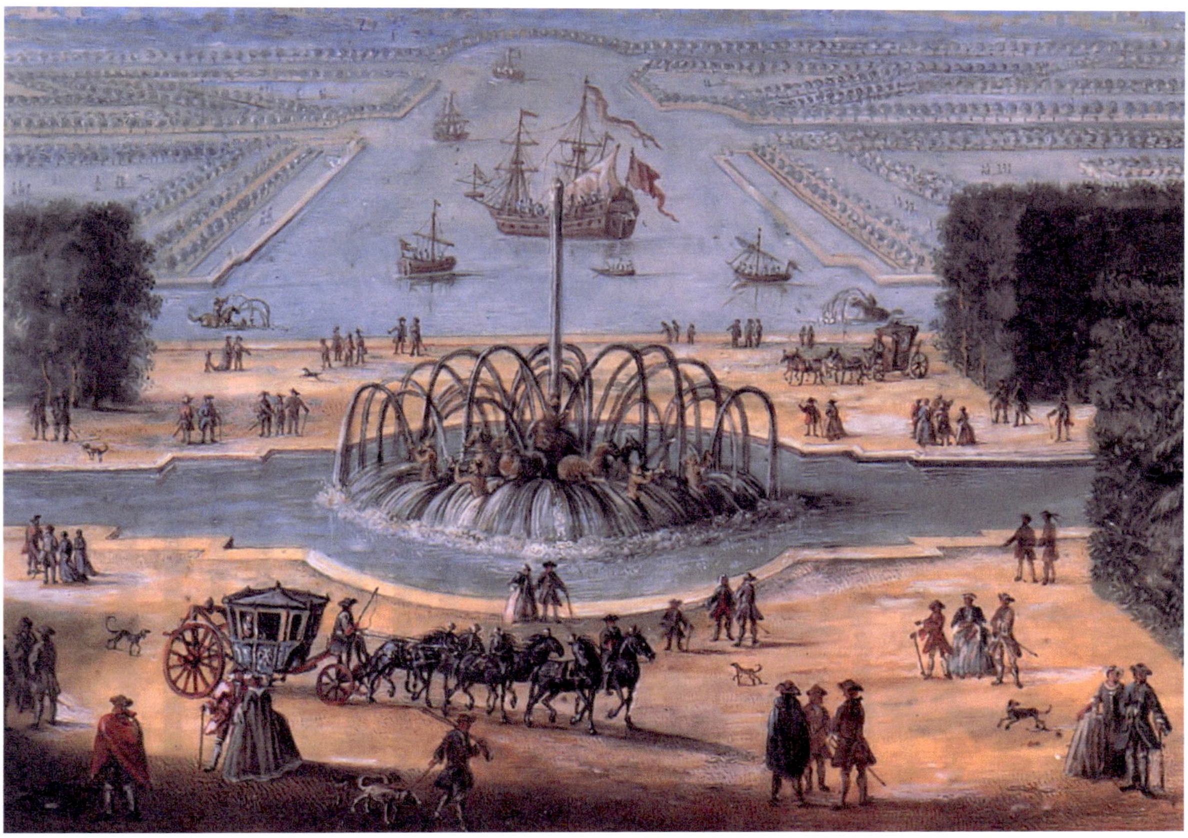

93 Gemälde des großen Apoll-Bassins. Adam Perelle, um 1680. Château de Versailles, Versailles.

Die Marineleitung war weiterhin auf die Erfahrungen der Schiffbaumeister angewiesen, die nach wie vor eine große Verantwortung trugen, was ihnen den Respekt der Offiziere und selbst des Königs einbrachte.

Anfang 1679 begann die Werft in Toulon damit, von ihren vier Schiffbaumeistern ein Modell in der Größe einer Schaluppe anfertigen zu lassen, das dem vermeintlich besten Schiff entsprach.[376] Damit ließ sich das jeweilige Verhalten des Unterwasserschiffs zu studieren, was dem ursprünglichen Konzept von Duquesne entgegenkam, der allerdings Schiffe in realer Größe experimental bauen lassen wollte.[377]

Es müssen schon kontroverse Debatten zwischen Baumeistern und Seeoffizieren stattgefunden haben, denn 1680 nahm Ludwig XIV. tatsächlich an einer Besprechung des künftigen Seehelden Tourville teil, der gemeinsam mit einigen Schiffbauern und Offizieren notwendige Veränderungen in der Marine erörterte.[378]

1681 und 1682 wurden mehrere Modelle hergestellt und nach Versailles gebracht. Oft wird die Auffassung vertreten, diese Modelle hätten nur dem Zeitvertreib des Königs gegolten. Dies war aber nicht der Fall, sondern hatte einen handfesten Hintergrund. Diese Modelle wirkten sich vermutlich langfristig auf die Evolution des Schiffbaus und der theoretischen Lehre aus, brachten die praktische Bauweise in diesen Jahren jedoch nicht weiter voran.

Mit einer unscheinbaren Zeichnung von François Coulomb ergab sich im Frühjahr 1679 in Toulon immerhin ein gewisser Fortschritt, die erstmals präzise Angaben über die Verteilung der Schiffsbalken und Stückpforten oder die Formgebung des Unterwasserschiffs enthielt und ebenfalls anderen Werften zur Verfügung stand. Bereits einige Jahre zuvor versuchte das Ministerium mittels exemplarischer Musterzeichnungen eine Standardisierung im Montageablauf der Schiffe zu erreichen, dem sogenannten „*Album de Colbert*".

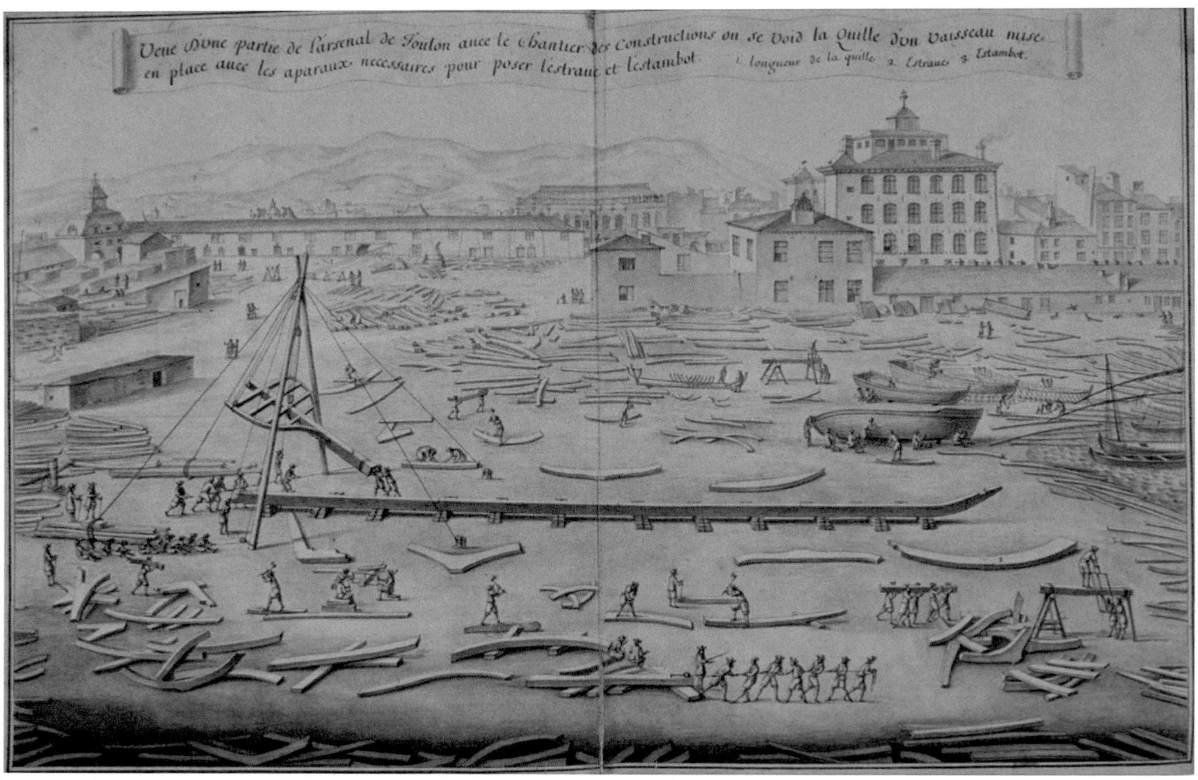

94 Arsenal von Toulon. Kupferstich ohne Signatur, um 1670.

3. Das Album von Colbert

Mit dem Bemühen nach einer Standardisierung des Schiffbaus ist neben den Reglements ein weiteres Dokument erhalten geblieben, das den Bauablauf der Schiffe in Toulon zur damaligen Zeit dokumentiert. Ein Album illustriert auf 50 Zeichnungen die wichtigsten Bauelemente und Montagefolge eines großen Dreideckers ersten

Ranges und ist nach Colbert selbst benannt. Es müssen mehrere Zeichner daran gearbeitet haben, denn bei den Darstellungen gleicher Konstruktionsteile waren diese in einem unterschiedlichen Detaillierungsgrad gezeichnet, wie die Stärke von Ankertrossen oder Wanten, was jedoch die Qualität des gesamten Plansatzes in keiner Weise mindert.

Die von Colbert damit verbundene Absicht war klar: den gesamten Bauprozess eines Schiffes ersten Ranges von der Kiellegung bis zur kompletten Fertigstellung lückenlos zu dokumentieren und ein Stück weit zu standardisieren. Das Schiff, das die Administration als Beispiel dafür auswählte, war ein großer Dreidecker ohne vordere Aufbauten. Zwischen 1663 und 1677 wurden acht Schiffe dieser Klasse auf den französischen Werften gebaut, davon vier in Toulon, mit unterschiedlicher Kanonenzahl.

- Die MONARQUE durch Rodolphe 1668 mit 84 Kanonen
- Die LYS durch Audibert 1669 mit 70 Kanonen
- Die SCEPTRE durch Coulomb 1670 mit 80 Kanonen
- Die ROYALE THÉRÈSE durch Serin 1670 mit 70 Kanonen

Die Zeichnungen sind weder signiert noch mit einer Jahreszahl versehen, andererseits enthält der Plansatz eine Illustration der Werft von Toulon auf der einige Gebäude dargestellt sind, die 1677 einem Brand zum Opfer fielen und die Erstellung der Zeichnungen vor diesem Ereignis datiert.

Das Album wäre demnach zwischen 1668 und 1677 entstanden, vermutlich Ende der sechziger Jahre.

Es gibt eine weitere Möglichkeit der zeitlichen Eingrenzung. Das Musterschiff hatten die Zeichner in den Plänen zwar anonymisiert, sprechen allerdings im Begleittext des Plans Nr. 50 von einer Einheit mit 84 Kanonen. In Toulon wurde nur ein einziges Schiff mit solch einer Kanonenzahl vor 1677 gebaut. Es handelt sich dabei um die 1668 in Dienst gestellte MONARQUE, Linienschiff ersten Ranges, mit 1.700 Tonnen Verdrängung. Das Schiff hatte zwar tatsächlich einen vorderen Aufbau, der aber auf den Zeichnungen getreu der Verordnung von 1670 nicht illustriert ist. Es stellt sich auch die Frage, wann dieser Aufbau hinzukam.

Darüber hinaus gibt es eine vermeintliche Unstimmigkeit zwischen dem Plan und dem Begleittext. Auf dieser Zeichnung Nr. 50 sind in der Ansicht insgesamt 44 Geschütze über alle Decks dargestellt, was einer Gesamtanzahl von 88 Kanonen entspricht. In den beiden unteren Batterien sind je 14 Geschützpforten mit komplett ausgerannter Artillerie zu sehen.
Wie im Kapitel 12 bereits ausgeführt, verfügten die vordersten Jagdgeschützpforten jedoch normalerweise über keine Kanonen. Bereinigt man in beiden Batterien die Gesamtzahl um diese Pforten, dann besaß dieses Schiff in der Tat 84 Geschütze.

Das *Album von Colbert* ist ein wichtiges zeichnerisches Dokument für das Verständnis der französischen Marine in den siebziger Jahren und ein Versuch, den Montageablauf der Segelschiffe zu standardisieren.

Ein ähnlicher, nicht so umfangreicher Plansatz datiert aus dem Jahr 1679 und wird zweifelsfrei Jean Jouve aus Marseille zugeschrieben.

4. Die große Verordnung vom 15. April 1689

Diese Verordnung von 1689 betraf sämtliche Seestreitkräfte und Marinearsenale und stellte im Wesentlichen eine Zusammenfassung aller bisherigen Verordnungen, Erlasse oder sonstigen Vorgaben dar. Sie besteht aus insgesamt 23 umfangreichen Kapiteln:

Gliederung der Verordnung zu den Seestreitkräften und Marinearsenalen vom 15. April 1689:

Buch I	Von den Leistungen, Aufgaben und Pflichten der Beamten der Seestreitkräfte (S. 1-44).
Buch II	Vom Rang und Kommando zwischen den Marineoffizieren (S. 45-55).
Buch III	Befehle, Grüße, Fahnen, Flammen und andere Signalisierung (S. 56-65).
Buch IV	Von Häfen, Arsenalen und Schiffen (S. 66-90).
Buch V	Versetzungen und Fahrtbewegungen (S. 91-93).
Buch VI	Schutz der Häfen, Arsenale und Schiffe (S. 94-103).
Buch VII	Küstenwache und Truppen in den Häfen und Schiffen Seiner Majestät (S. 104-124).
Buch VIII	Einschreibung, Vertrieb und Bezahlung der Marineoffiziere, Mannschaften, Unteroffiziere und anderen Seeleute auf den Schiffen Seiner Majestät (S. 125-154).
Buch IX	Bezahlung von Offizieren und restlichen Mannschaften (S. 155-166).
Buch X	Die Verpflegung (S. 167-186).
Buch XI	Von den Polizeikräften in den Häfen und Arsenalen (S. 187-204).
Buch XII	Von der Funktion der Hafenbeamten (S. 205-248).
Buch XIII	Vom Bau der Schiffe (S. 249-256).[379]
Buch XIV	Von der Bewaffnung, Ausrüstung und der Entwaffnung der Schiffe (S. 257-281).
Buch XV	Von der Instandhaltung und Überholung der Schiffe (S. 282-289).
Buch XVI	Von der Marineartillerie, ihren Offizieren und Mannschaften (S. 290-307).
Buch XVII	Die Armierung der Schiffe (S. 308-311).
Buch XVIII	Von der Lieferung der Munition und Waren in den verschiedenen Magazinen der Marinearsenale (S. 312-325).
Buch XIX	Unterricht und Übungen in den Häfen, Werften und auf dem Meer (S. 326-337).
Buch XX	Hospitale der Seestreitkräfte, Häfen und deren Verwaltung (S. 338-366).
Buch XXI	Instandhaltung, Verwaltung und Haushaltsrechnung (S. 367-392).
Buch XXII	Von den Prisen (S. 393-402).
Buch XXIII	Von der Bewirtschaftung der Wälder und Forste, zur Nutzung für die Marine (S. 403-408).

Auf den Seiten 261 bis 280 sind überdies umfangreiche Tabellenwerke mit Angaben über die Dimensionierung von Schiffbauteilen enthalten.

Das Buch XIII definierte unter anderem auch die Ränge neu und die künftigen Hauptabmessungen der Schiffe.

Die Einteilung in fünf Klassen blieb erhalten, jedoch gliederte sie die Schiffe des zweiten und dritten Ranges nochmals in eine Untergruppe erster und zweiter Ordnung, die sich in den Abmessungen unterschieden.[380]

95 Schiffsmaße während der zweiten Marine Ludwigs XIV.

Hauptabmessungen der Schiffe des 1. bis 5. Ranges umgerechnet in Metern nach der Verordnung vom 15. April 1689							
Rang	**1. Rang**	**2. Rang 1. Ordnung**	**2. Rang 2. Ordnung**	**3. Rang 1. Ordnung**	**3. Rang 2. Ordnung**	**4. Rang**	**5. Rang**
Länge	52,94 m	48,72 m	47,42 m	45,47 m	44,17 m	38,98 m	35,73 m
Breite	14,29 m	13,48 m	12,99 m	12,34 m	12,02 m	10,56 m	8,93 m
Raumtiefe	6,60 m	6,17 m	5,93 m	5,68 m	5,36 m	4,71 m	4,55 m

4.1 Kommentar zur großen Verordnung

1689 war kaum noch einer der Hauptakteure des ersten Aufbauprogramms am Leben. Der Chevalier du Quesne verstarb ein Jahr zuvor, Jean-Baptiste Colbert war bereits seit sechs Jahren tot und sein Sohn im Amt. Eine neue Generation an Baumeistern und Künstlern wie Coulomb oder Bérain war nun für den Bau der Schiffe verantwortlich.

Zunächst ist der Zeitpunkt der Veröffentlichung dieser umfangreichen Verordnung interessant. Die vorhergehenden drei Reglements traten im Grunde erst zum Ende des ersten Schiffbauprogramms in Kraft, also viel zu spät, um damit noch den Bau der Schiffe maßgeblich beeinflussen zu können.

Die große Verordnung von 1689 hingegen wurde noch im ersten Drittel des zweiten Aufbauprogramms eingeführt und ermöglichte zumindest ihre Berücksichtigung bei dem Gros der zu bauenden Schiffe. Mit der Vielzahl unterschiedlicher Schiffstypen blieb allerdings weiter ein Manko bestehen, denn die Abmessungen wichtiger Ersatzteile, wie Maste oder Rahen, standen meist in direkter Relation zur Größe eines Schiffes und waren untereinander kaum austauschbar. Dies erforderte wiederum in den Arsenalen eine große Vorhaltung verschiedenster Ersatzbauteile.

Das völlige Fehlen an Rationalisierung verursachte einen gewaltigen Aufwand in der Lagerhaltung und führte zu einer enormen Trägheit der gesamten französischen Seeverbände.

Ende der achtziger Jahre waren viele Schiffe bereits seit einem Vierteljahrhundert im Dienst. Nur die größten, repräsentativsten Einheiten erfuhren eine Erneuerung. Andere stellte die Marineleitung entweder zurück, musterte sie aus und ersetzte sie nach und nach. Die Problematik des zu großen Tiefgangs dürfte bei der vergleichsweise schnellen Ausmusterung mancher Schiffe eine nicht unerhebliche Rolle gespielt haben.

Diese Verordnung führte im Grunde genommen nicht zum gewünschten Erfolg, trotz der Bemühungen von Antoine Colbert, neue Erkenntnisse in die Baukonstruktion einfließen zu lassen und dies mit einer Standardisierung der Bauteile zu verbinden.
Nach wie vor bauten die Werften ihre Schiffe nach den Prinzipien bisheriger Erfahrungen, wenn auch mit geringfügigen Verbesserungen, wie die Verlagerung des Bugspriets, die man im Laufe der Zeit vornahm. So war mit dem Beginn der zweiten Marine um 1689 keine wirkliche Weiterentwicklung des Schiffbaus zu beobachten und sollte frühestens im ersten Drittel des nachfolgenden Jahrhunderts erfolgen.

5. Die Schiffe

5.1 Der Schiffbau nach 1671 bis 1696

Nach Abschluss des ersten Schiffbauprogramms verlangsamte sich der Bau weiterer Einheiten erheblich. 1672 verließen nur vier mittlere und bis 1675 lediglich acht kleinere Schiffe die Werften. Im Jahr darauf kam in Brest ein erstes größeres Schiff zusammen mit fünf kleinen Einheiten hinzu. 1677 vergrößerten in Brest zwei Dreidecker erneut den vorhandenen Bestand, während andere Stützpunkte ausschließlich kleinere Einheiten zu Wasser ließen.
Bis Mitte der achtziger Jahre legten die Schiffbauer auf diese Weise durchschnittlich vier bis fünf Schiffe mittlerer Größe auf Kiel, bevor in den Jahren 1687 bis 1689 eine neue Serie großer Dreimaster entstand und die Basis für die zweite Marine Ludwigs XIV. bildete.

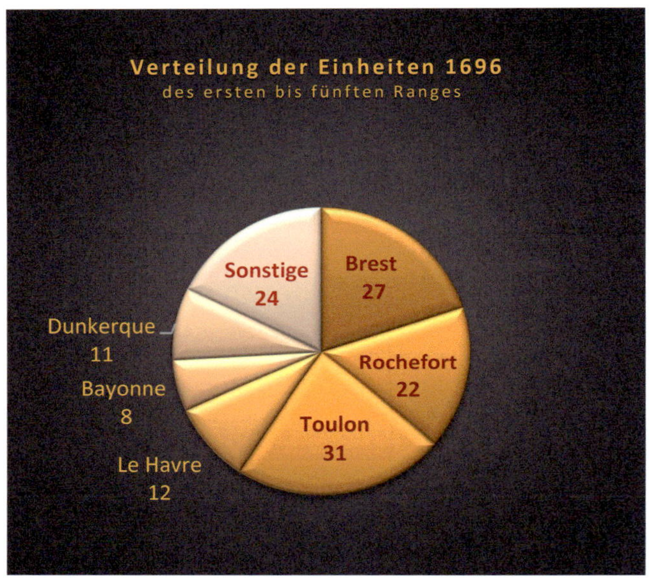

96 Statistik über die Schiffsverteilung, auf Datengrundlage von „Les états abrégés de la marine française".

In den neunziger Jahren setzte sich diese Entwicklung mit zehn Schiffen in 1691, fünfzehn Einheiten ein Jahr später, sieben Schiffen in 1693 und je acht Neuzugängen in den beiden anschließenden Jahren fort. Mit Ausnahme des Jahres 1704 – als die Admiralität neun Einheiten in Dienst nahm – sank die Zahl neu hergestellter Schiffe danach pro Jahr kontinuierlich. In den nächsten drei Jahren waren es nur noch insgesamt fünf kleinere und zwei größere Einheiten, die in Brest hinzu kamen.

Bis auf einen mittleren Dreidecker im Jahr 1714 war ab 1707 kein nennenswerter Neubau mehr bis zum Ende der Regentschaft Ludwigs XIV. zu verzeichnen. Für die nachfolgenden Ausführungen wird daher nur die Zeitspanne von 1672 bis 1696 näher beleuchtet.

5.2 Der Schiffbau an den einzelnen Standorten

Frankreich integrierte nach 1671 weiterhin Schiffe aus Holland, England und Spanien in die eigenen Seeverbände. Näheres ist den Tabellenwerken im Kapitel 18 zu entnehmen, in denen die Herkunft der einzelnen Zugänge vermerkt ist.

Vergleiche zwischen den verschiedenen Quellenangaben bezüglich Bauort, -jahr, Tonnage und Kanonenanzahl der Schiffe führen teilweise zu erheblichen Abweichungen. Für die nachfolgenden Ausführungen und Bewertungen bildeten ebenso wie im Kapitel 7 die Jahresbände *Les états abrégés de la marine française* zunächst wieder die Datengrundlage. Diese wurde anschließend mit anderen Quellen abgeglichen und harmonisiert. Es traten weiterhin Abweichungen innerhalb einer Datenquelle zu verschiedenen Jahreszahlen einiger Schiffe auf; diese wurden aber aus den zuvor genannten Gründen so belassen.

5.2.1 Brest

Nach Beendigung des ersten Zehnjahresprogramms war erwartungsgemäß im darauffolgenden Jahr kein Neubau zu verzeichnen und 1673 ergänzten lediglich vier kleinere Zweidecker um die 300 Tonnen den vorhandenen Bestand. Erst drei Jahre später sollten mit der TRIOMPHANT[381], einem 1.300 Tonnen großen Segler mit 74 Kanonen sowie der FORT[382] mit 900 Tonnen und 56 Geschützen zwei erwähnenswerte Neuzugänge die Werftanlagen verlassen.
1677 stießen zwei größere Linienschiffe hinzu: die 1.600 Tonnen große SOUVERAIN mit ihren 80 Kanonen und die BELLIQUEUX mit 1.300 Tonnen und 74 Geschützen. Ein Jahr danach kam es zur Kiellegung zweier mittlerer Dreimaster: der GLORIEUX mit 1.100 Tonnen und 62 Kanonen, zusammen mit der 800 Tonnen großen ENTREPRENANT und 60 Kanonen, begleitet von zwei kleineren Zugängen.

Ein produktiver Anstieg war 1680 zu verzeichnen, um Verluste oder Ausmusterungen auszugleichen. Den Bestand ergänzten die 1.350 Tonnen große FIER[383] und die beiden knapp 200 Tonnen kleineren TONNANT[384] und TERRIBLE[385], alles Dreidecker mit 74 Kanonen, zusammen mit der PRINCE von 900 Tonnen und 60 Geschützen.

1681 und 1682 wurde je ein Zweidecker mit zuvor genannter Tonnage in Dienst gestellt: der ARROGANT und der APOLLON mit 60 bzw. 56 Kanonen. 1683 folgten die 1.000 Tonnen große VERMONDOIS und die um 100 Tonnen kleinere BRAVE mit je 60 Kanonen. In den nächsten beiden Jahren war eine ähnliche Entwicklung festzustellen: stets eine etwas größere Einheit wie die FURIEUX mit ihren 1.000 Tonnen und 60 Kanonen sowie eine kleinere mit der GAILLARD[386] von 600 Tonnen und 48 Geschützen.

In 1685 entstand mit der 1.000 Tonnen großen SANS PAREIL und 60 Geschützen wieder ein etwas größerer Neubau, zusammen mit der MODERE von 800 Tonnen und 50 Kanonen. Während Brest im darauffolgenden Jahr keinen weiteren Zugang dokumentierte, kam 1687 die DIAMANT mit 900 Tonnen und ihren 54 Geschützen hinzu.
Nach einer längeren Pause leitete die Werft 1689 mit der 1.900 Tonnen großen MONARQUE und 90 Kanonen ihre produktivste Phase ein, denn zwei Jahre später folgte die FORMIDABLE mit 2.000 Tonnen und gleicher Geschützzahl, danach in 1692 drei der allergrößten Linienschiffe: die MERVEILLEUX und die TERRIBLE mit je 2.200 Tonnen und 98 bzw. 100 Kanonen und die SOLEIL ROYAL II mit 2.400 Tonnen und 104 Geschützen, die ihre Vorgängerin zeitnah ersetzte und außerdem eine Reaktion auf die Verluste in den Auseinandersetzungen bei Barfleur und la Hougue andeutete.[387]

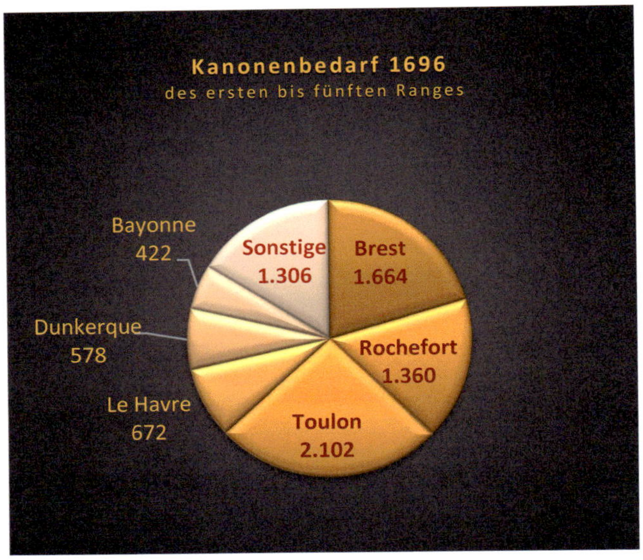

97 Statistik über den Kanonenbedarf, auf Datengrundlage von „Les états abrégés de la marine française".

Mit der BON von 800 Tonnen und 56 Geschützen entstand im Folgejahr lediglich ein kleineres Linienschiff, während in 1694 mit der FOUDROYANT ein großer Dreimaster mit 2.200 Tonnen und 104 Kanonen die Werft verließ was zugleich das letzte Schiff über 100 Kanonen darstellte, das während der Regentschaft Ludwigs XIV. seinen Dienst antrat.

1695 folgten noch fünf weitere Einheiten zwischen 300 und 850 Tonnen, ansonsten legte Brest bis zum Tod Ludwigs XIV. keine nennenswerten Einheiten mehr auf.

In der Zeit von 1672 bis 1696 entstanden in Brest insgesamt 27 Schiffe mit 29.070 Tonnen (im ersten Aufbauprogramm waren es 27 Schiffe mit 25.100 Tonnen) aller Größen, die 1.664 Geschütze (vormals 1.378) erforderten. Die Schiffstonnage zur Anzahl der Kanonen ins Verhältnis gesetzt, ergeben sich im Mittel 17,47 Tonnen (im ersten Programm waren es 18,21 Tonnen) pro Geschütz.

5.2.2 Rochefort

Es entstanden in der Zeit zwischen 1672 und 1676 insgesamt fünf kleinere Einheiten zwischen 250 und 600 Tonnen. Rochefort vollendete drei Jahre später zwei größere Linienschiffe: die EXZELLENT mit 1.030 und die COURAGEUX mit 940 Tonnen und 60 bzw. 56 Kanonen, bevor 1680 die 1.600 Tonnen große GRAND mit 88 Geschützen das bisher größte Schiff in der zweiten Marine ihren Dienst aufnahm. Erst drei Jahre später sollte mit der BOURBON und 1.140 Tonnen mit 62 Kanonen wieder ein Zweidecker mittlerer Größe den Bestand ergänzen. 1686 entstanden die ST MICHEL mit 800 Tonnen und 56 Kanonen und die 1.140 Tonnen große COURTISAN mit 64 Geschützen.

1687 nahm die AIMABLE mit 1.200 Tonnen und 70 Kanonen ihren Dienst auf, während 1688 kein weiterer Neubau zu verzeichnen ist. Neben zwei kleineren Einheiten kam 1689 die ST-ESPRIT mit 1.200 Tonnen und 76 Geschützen hinzu.

Ähnlich wie in Brest folgte 1690 die produktivste Phase dieser Werft. Nach der 1.500 Tonnen großen INTREPIDE mit 82 Kanonen, vollendete der Standort ein Jahr später die FULMINANT mit 1.900 Tonnen und 96 Geschützen, zusammen mit der 300 Tonnen kleineren VICTORIEUX und ihren 94 Kanonen.

1692 ist kein Eintrag verzeichnet, aber ein Jahr darauf entstanden größere Dreidecker wie die MAGNIFIQUE mit 1.800 Tonnen und 86 Kanonen, die AMBITIEUX mit 1.600 Tonnen und 92 Geschützen sowie die FORT mit 1.400 Tonnen und 68 Kanonen, gefolgt von der 300 Tonnen größeren FIER mit 90 Geschützen, die 1694 ihren Dienst aufnahm.

Von 1672 bis 1696 wurden insgesamt 22 Schiffe mit einer Gesamttonnage von 22.750 Tonnen (im ersten Programm waren es 34 Schiffe mit 29.850 Tonnen) in Dienst gestellt und für eine Armierung von 1.360 (im ersten Programm 1.686) Kanonen ausgelegt. Die Schiffstonnage zur Anzahl der Kanonen ins Verhältnis gesetzt, ergeben sich im Mittel 16,73 Tonnen (vormals 17,70 Tonnen) pro Geschütz.

5.2.3 Toulon

Im Gegensatz zu den anderen Werften entstanden in Toulon auch ein Jahr nach dem beendeten ersten Schiffbauprogramm kontinuierlich weitere Neubauten:
1672 die PARFAIT und die FOUGUEUX mit 1.050 bzw. 1.000 Tonnen und gleicher Kanonenzahl, zusammen mit der 100 Tonnen kleineren HARDI mit 54 Geschützen. Ein Jahr später folgten drei kleinere Einheiten, während bis 1679 kein nennenswerter Neubau dokumentiert ist. 1680 kam die ARDENT mit 1.000 Tonnen und 66 Kanonen zusammen mit der kleineren BRUSQUE hinzu und ein Jahr später die gleich große ST-LOUIS[388] und 58 Kanonen.

Während in den zwei darauf folgenden Jahren keine Zugänge dokumentiert sind, ergänzten 1684 die 1.400 Tonnen große MAGNIFIQUE[389] mit 72 Kanonen und die 900 Tonnen große MARQUIS mit ihren 58 Kanonen den vorhandenen Bestand.
Erst 1686 verließen die SERIEUX mit 1.100 Tonnen und die 100 Tonnen leichtere CONTENT zwei Dreimaster mit 66 bzw. 64 Kanonen die Werft. Durch die CONQUERANT mit 1.400 Tonnen und 80 Kanonen sowie die ECLATANT mit 1.100 Tonnen und 68 Kanonen entstanden 1687 erneut zwei größere Einheiten.

Ab 1688 folgte die produktivste Phase dieser Werft. Toulon nahm die LYS und die SCEPTRE mit je 1.900 Tonnen und 84 Kanonen in Dienst, ergänzt durch zwei kleinere Segler.
Neben einer mittleren Einheit folgten 1689 vier Neubauten gleicher Tonnage von 1.100 Tonnen, die CONSTANT, HEUREUX, INVINCIBLE und die SUPERBE. Diese Schiffe sind als eine neue Baureihe anzusehen, denn es waren alles Zweidecker, rund 46 m lang mit ca. 70 Kanonen, die über 24-Pfünder auf dem unteren und 18-Pfünder auf dem oberen Deck verfügten.
In den beiden Jahren danach ist im Gegensatz zu den anderen Werften kein Zugang verzeichnet, aber in 1692 wurden mit der 2.600 Tonnen großen ROYAL LOUIS II und ihren 110 Kanonen, gemeinsam mit der BOURBON von 1.100 Tonnen und 68 Geschützen, wieder große Linienschiffe in Dienst gestellt. Auffällig ist in diesem Zusammenhang, dass im gleichen Jahr in Brest das dortige Flaggschiff, die SOLEIL ROYAL II, fast gleicher Größe und Armierung die Werft verließ.
Ein Jahr danach kamen die ST-PHILIPPE und TONNANT, zwei große Dreidecker mit je 1.700 Tonnen und 90 Kanonen hinzu, ergänzt durch die PHOENIX mit 1.000 Tonnen und 60 Kanonen. Während 1693 keine Zugänge dokumentiert sind, folgten 1694 mit der CONTANT und TRIDENT zwei Dreimaster gleicher Tonnage mit 64 bzw. 60 Kanonen und damit das Aufbauprogramm an diesem Standort beendeten.

In Toulon entstanden innerhalb des zweiten Programms von 1672 bis 1696 insgesamt 25 Einheiten mit 27.580 Tonnen (im ersten Programm waren es 44 Schiffe mit 42.200 Tonnen) für eine Armierung von 1.638 Kanonen (vormals 2.316). Die Schiffstonnage zur Anzahl der Kanonen ins Verhältnis gesetzt, ergeben sich im Mittel 16,86 Tonnen (vormals 18,22 Tonnen) pro Geschütz.

5.2.4 Le Havre

Der Standort legte bis 1682 keine nennenswerten Einheiten auf Kiel. Erst 1683 ist durch die ARDENT mit 1.100 Tonnen und 64 Kanonen wieder ein Bau mittlerer Größe verzeichnet. 1684 und 1686 folgten mit der BRAVE und SAINT MICHEL zwei weitere Zweidecker um die 900 Tonnen und 58 Geschütze. 1687 ergänzte wieder ein etwas größerer Segler den Bestand: die JUSTE mit 1.200 Tonnen und 64 Kanonen, gemeinsam mit zwei kleineren Einheiten.

1688 verließ die BRILLIANT mit 1.100 Tonnen und 64 Kanonen zusammen mit einem Schiff mittlerer Größe die Werftanlagen. Nach einer längeren Pause bildeten 1692 die ST-LOUIS mit 1.000 Tonnen und 64 Geschützen sowie eine mittlere Einheit die zu dieser Zeit letzten Zugänge.

5.2.5 Dünkirchen

Anfang der achtziger Jahre nahm mit der EMPORTE eine kleine Einheit ihren Dienst auf. Erst sieben Jahre später sollten mit der HENRY mit 1.100 Tonnen und 64 Geschützen sowie der DIAMANT mit 800 Tonnen und 52 Kanonen zwei erwähnenswerte Zugänge folgen. In den nächsten drei Jahren sind nur drei kleinere Neubauten in den Listen verzeichnet, bevor 1690 mit der 900 Tonnen großen ENTENDU und 58 Kanonen ein weiterer Dreimaster den Bestand ergänzte.
Zwei Jahre danach kamen mit der ECUEIL mit 1.000 Tonnen und 66 Kanonen und der um 100 Tonnen kleineren PERLE mit 52 Kanonen zwei Linienschiffe in etwa gleicher Größe hinzu. In 1693 legte Dünkirchen wieder eine etwas größere Einheit auf Kiel, wie die PROMPT mit 1.200 Tonnen und die etwas kleinere CAPABLE mit 900 Tonnen und 70 bzw. 58 Kanonen.

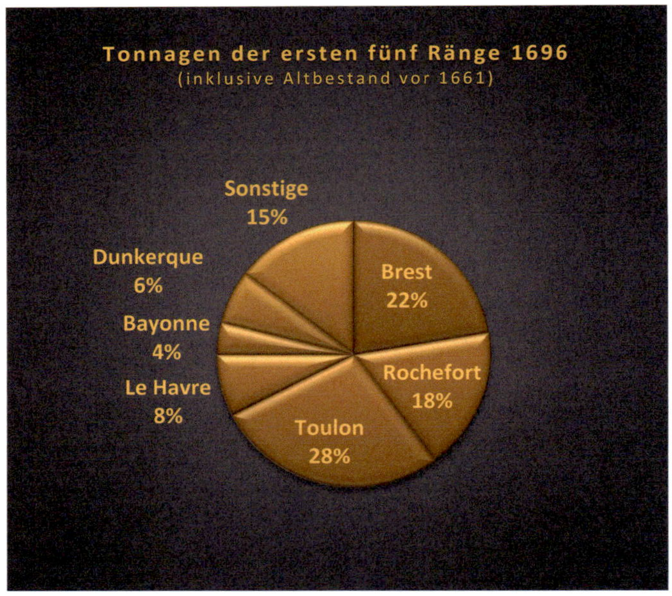

98 Statistik über die Tonnageverteilung, auf Datengrundlage von „Les états abrégés de la marine française".

5.2.6 Marseille

Im Jahr 1692 ist mit der AVENTURIER lediglich eine Einheit mit 400 Tonnen und 36 Kanonen in den Listen dokumentiert.

5.2.7 Bayonne

In den neunziger Jahren entstanden auch in Bayonne wieder Zweidecker, so die LAURIER und SIRENE mit je 900 Tonnen und 64 Kanonen in 1691. Ein Jahr später folgte mit der BIZARRE und 1.100 Tonnen mit 68 Kanonen wieder ein etwas größeres Linienschiff, zusammen mit drei kleineren Einheiten. Zuletzt kamen 1693 zwei Zugänge um die 500 Tonnen hinzu.

5.2.8 Lorient

Mit der 1.700 Tonnen großen ORGUEILLEUX und ihren 90 Kanonen begann 1689 auf dieser Werft der Bau des ersten großen Linienschiffes. Es folgte zwei Jahre später mit der INDIEN ein Zweidecker von 850 Tonnen und 52 Kanonen, bevor 1693 mit der 1.800 Tonnen großen TRIOMPHANT und ihren 94 Kanonen das bislang größte Schiff an diesem Standort entstand.

5.2.9 Port Louis

Der Standort übernahm 1691 zunächst die VAINQUEUR mit 1.600 Tonnen und 84 Kanonen und ein Jahr später die ADMIRABLE[390] mit ihren 2.000 Tonnen und 96 Geschützen in den Dienst.

5.3 Auswertung

In Brest verließen während des zweiten Schiffbauprogramms von 1672 bis 1696 erneut 27 Schiffe mit 29.070 Tonnen (vormals 25.100 Tonnen) verschiedener Größen die Werften, in Toulon waren es insgesamt 24 Einheiten mit einer Gesamttonnage von 27.580 Tonnen (vormals 42.200 Tonnen) und in Rochefort 22 Dreimaster mit 22.750 Tonnen (vormals 29.850 Tonnen).[391]

Lediglich am Stützpunkt in Toulon befanden sich 1696 noch Schiffe aus der ersten Marine (1661-1671) in Dienst. In alphabetischer Reihenfolge waren dies:

VIGILANT (1664), MAGNANIME (1666), DAUPHIN ROYAL (1668), CHEVAL MARIN (1668), POMPEUX (1669), PARFAIT (1671) und AGREABLE (1671) die den örtlichen Bestand auf 31 Schiffe ergänzten.

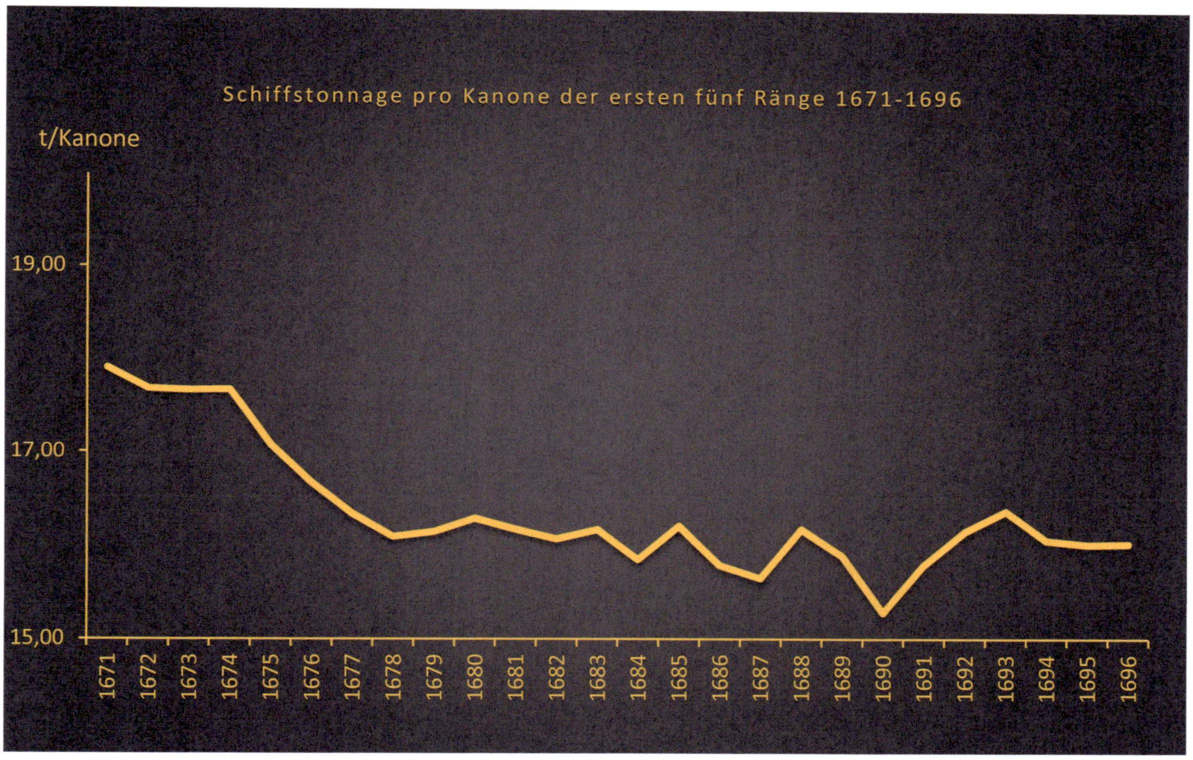

99 Statistik über die Tonnageentwicklung pro Kanone, auf Datengrundlage von „Les états abrégés de la marine française".

Im Verhältnis der Schiffstonnagen zu den Geschützen entstanden bei den Standorten Rochefort und Toulon im Mittel fast identische Werte zwischen 16,73 und 16,85 Tonnen pro Kanone. In Brest war ein höherer Wert von 17,47 Tonnen zu verzeichnen und ist unter anderem darauf zurückzuführen, dass man die dortigen Schiffe mit einer größeren Breite konstruierte und die Vorgabe des Reglements mit dem Seitenverhältnis von 4:1 nicht einhielt.

Ungeachtet der Kalibergrößen, die während der zweiten Marine Ludwigs XIV. deutlich zunahmen, verringerte sich die Schiffstonnage pro Kanone kontinuierlich, was für eine größere Effizienz des Schiffbaus im Verhältnis zur Armierung spricht.

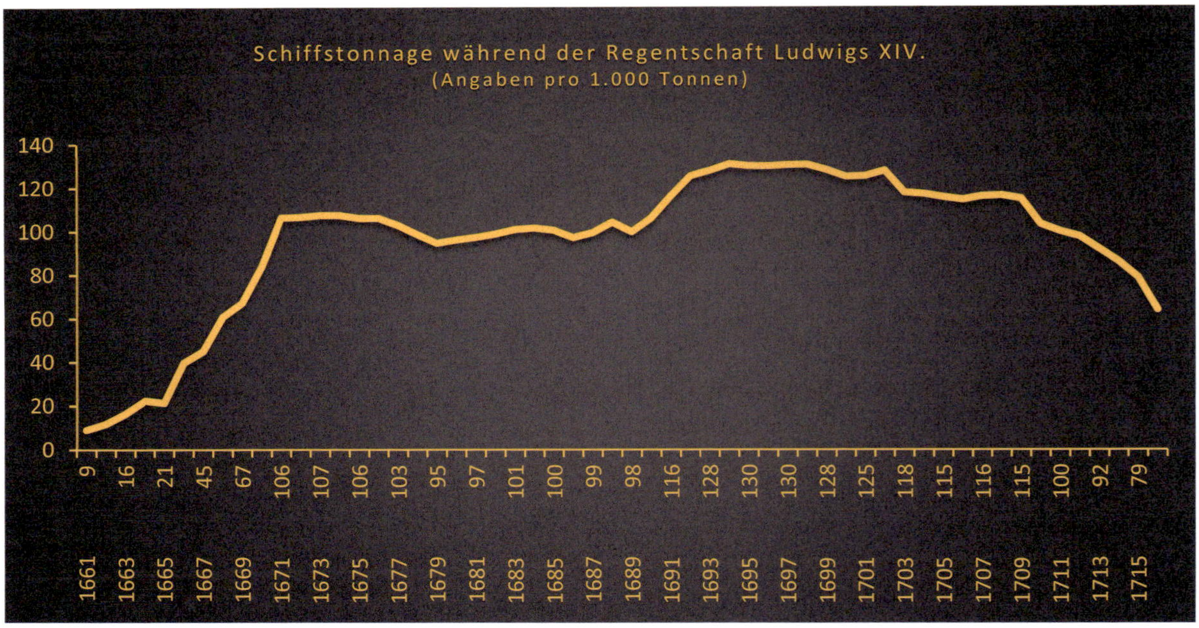

100 Statistik über die Entwicklung der Schiffstonnagen von 1661-1715, auf Datengrundlage von „Les états abrégés de la marine française".

Auch bei der Anzahl von Schiffen außerhalb der ersten fünf Ränge kam es während der Regentschaft Ludwigs XIV. zu erheblichen Schwankungen und wies ebenfalls 1696 den größten Bestand aus.

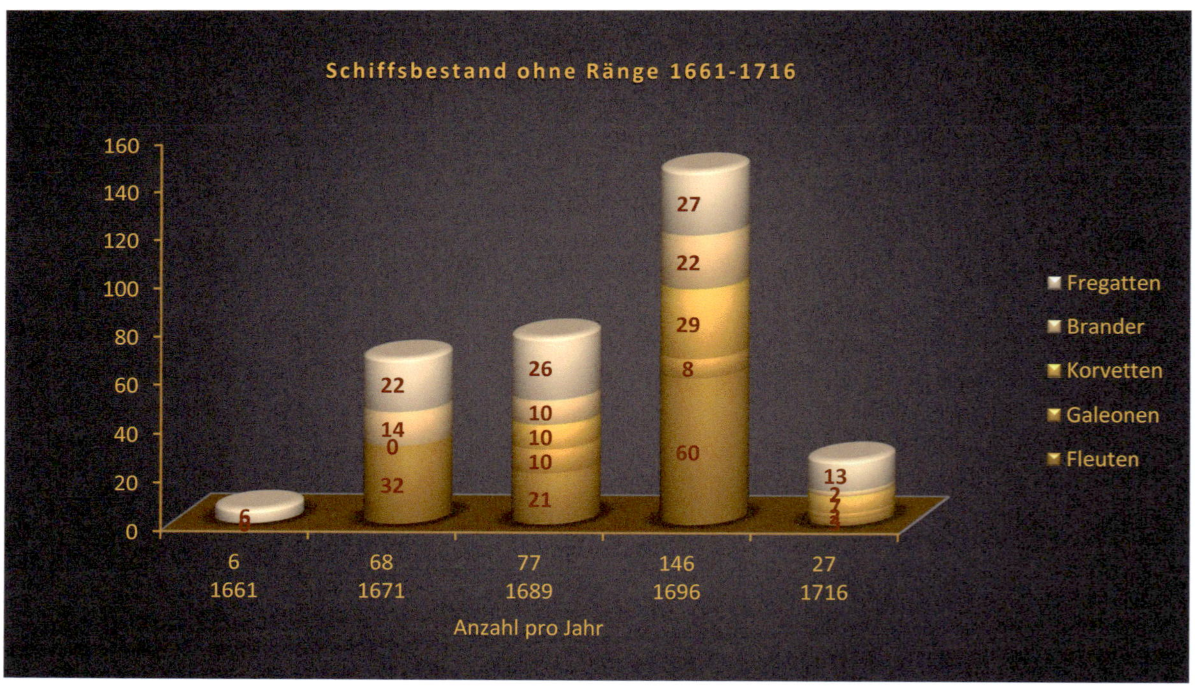

101 Statistik über die Verteilung der Schiffsbestände ohne Ränge, auf Datengrundlage von „Les états abrégés de la marine française".

KAPITEL 14 Die Schiffe verschiedener Ränge der zweiten Marine

1. Der Schiffsbestand der zweiten Marine von 1672 bis 1715 und seine Einteilung

Der Bestand aller fünf Ränge umfasste 1696 insgesamt 135 Einheiten. Hinzu kamen 27 leichte Fregatten, 29 Korvetten, 60 Fleuten, 22 Brander und 8 Galeonen, insgesamt 281 Schiffe. Die ersten drei Ränge beinhalteten dabei folgende Schiffe:

2. Die Schiffe des dritten Ranges

Der dritte Rang besaß insgesamt 46 Schiffe, die mit der 400 Tonnen großen JERZEY die kleinste Einheit und der AGREABLE, FURIEUX und PHOENIX mit je 1.000 Tonnen die größten Dreimaster bildeten. Der Rang verfügte über 16 Schiffe mit 50 Kanonen, sieben mit 52 Kanonen, zwei mit 54, fünf mit 56, 10 mit 58, fünf mit 60 und ein Schiff mit 62 Geschützen, was für eine gewisse Ausgewogenheit spricht.

Diese Schiffe des dritten Ranges ab 50 Kanonen stellten mit einem Anteil von 45 % am Gesamtbestand der ersten drei Ränge den Hauptanteil aller Linienschiffe von 102 Einheiten. In alphabetischer Reihenfolge waren dies:

AGREABLE, APOLLON, AQUILON, ARROGANT, BON, BRAVE, BRUSQUE, CAPABLE, CASTRICUM, COURAGEUX, DIAMANT, ENTENDU, ENTREPRENANT, ENVIEUX, EXCELLENT, FLEURON, FORTUNE, FOUGUEUX, FRANÇOIS, FURIEUX, GAILLARD, HARDI, INDIEN, JERZEY, MARQUIS, MAURE, MIGNON, MODERE, NEPTUN, PELICANE, PERLE, PHOENIX, PRINCE, PRINCE DE FRIZE, SAINT JEAN D'ESPAGNE, SAINT MICHEL, SANS PAREIL, SOLIDE, STADENLAND, TEMERAIRE, TRIDENT, VAILLANT, VERMANDOIS, VIGILANT, VILLE DE MELDEMBLICK und ZELANDE.

Die Schiffe um die 52 Kanonen produzierten die Werften während des zweiten Schiffbauprogramms am häufigsten und verzeichneten in den Missionen gegen Holland die meisten Einsätze.

3. Die Schiffe des zweiten Ranges

Diese Kategorie umfasste 30 Schiffe mit einer Bandbreite von 900 bis 1.300 Tonnen und 64 bis 80 Kanonen. Die Segler mit 64 Kanonen stellten fast die Hälfte aller Schiffe dieses Ranges und ein gutes Viertel mit 68 bzw. mit mehr als 70 Geschützen. Die Schiffe des zweiten Ranges verfügten mit 30 Einheiten und mindestens 64 Kanonen über einen Anteil von knapp 30 % am Gesamtbestand der ersten drei Ränge.

In alphabetischer Reihenfolge waren dies:

AIMABLE, ARDENT, BELLIQUEUX, BIZARRE, BOURBON, BRILLANT, CONSTANT, CONTENT, COURONNE, COURTISAN, ECLATANT, ECUEIL, EOLE, ESPERANCE, FORT, GLORIEUX, HENRY, HEUREUX, ILLUSTRE, INVINCIBLE, JUSTE, LAURIER, PARFAIT, POMPEUX, PROMPT, SAINT ESPRIT, SAINT LOUIS, SERIEUX, SIRENE und SUPERBE.

4. Die Schiffe des ersten Ranges

1696 findet man von insgesamt 26 Einheiten dieses Ranges allein 17 Linienschiffe ab 90 Geschütze, davon fünf Schiffe mit mindestens 100 Kanonen, was der Anzahl nach Abschluss der ersten Marine entsprach. Es gab jedoch wesentlich mehr Dreimaster großer und größter Tonnagen. Allein 19 Einheiten verdrängten mindestens 1.700 Tonnen und besaßen eine durchschnittliche Länge von 52 m. Von den großen Dreideckern der ersten Marine erfuhr nur die ROYAL DAUPHIN eine zweite Karriere bis zum Ende des 17. Jahrhunderts, denn die ROYAL LOUIS wurde 1689 ausgemustert und die SOLEIL ROYAL von 1669 wurde bei Cherbourg während den Auseinandersetzungen bei Barfleur und La Hougue 1692 zerstört.

Die Schiffe um 90 Kanonen waren also deutlich größer und nun fast ausnahmslos mit 36-Pfündern auf den unteren Batterien bestückt. Während dieses Kaliber im ersten Aufbauprogramm noch die große Ausnahme bildete, gehörten die Geschütze bei der zweiten Marine ab 1692 zur standardmäßigen Bestückung, nachdem die Gießereien in der Lage waren, auch solche Großkaliber aus Eisen herzustellen.
In diesem Jahr führten die Auseinandersetzungen bei Barfleur und La Hougue zu Verlusten,[392] die auch Dreimaster dieser Größenordnung betraf. 1696 zählte der Bestand der Marine 11 Schiffe dieses Typs, wobei die Schiffbauer erste Vertreter dieser Reihe bereits 1689 konstruierten. Mit dem Ende der Regentschaft Ludwigs XIV. besaß die Flotte davon noch sieben Einheiten, die meisten jedoch mit reduzierter Armierung.

Durch die Einführung der Schiffe von 90 bis 94 Kanonen, die gemäß der Verordnung (mit Ausnahme der ADMIRABLE, MERVEILLEUX und TERRIBLE) über keine vorderen Aufbauten verfügten, kam es zur Abstufung bei den Schiffen bis 80 Kanonen in den zweiten Rang, mit Auswirkungen auf die anderen Ränge.[393]

Die Schiffe des ersten Ranges mit mehr als 80 Kanonen, stellten rund 25 % des Gesamtbestandes aller Schiffe der ersten drei Ränge von 102 Einheiten, deren Tonnage zwischen 1.600 und 2.600 Tonnen lag und die über 82 bis 110 Kanonen verfügten. In alphabetischer Reihenfolge waren dies:

ADMIRABLE, AMBITIEUX, CONQUERANT, DAUPHIN ROYAL, FIER, FORMIDABLE, FOUDROYANT, FULMINANT, GRAND, INTREPIDE, LYS, MAGNANIME, MAGNIFIQUE, MERVEILLEUX, MONARQUE, ORGUEILLEUX, ROYAL LOUIS, ST-PHILIPPE, SCEPTRE, SOLEIL ROYAL, SOUVERAIN, TERRIBLE, TONNANT, TRIOMPHANT, VAINQUEUR und VICTORIEUX.

Die durchschnittliche Länge der Dreimaster nahm im Laufe der Zeit zu. Die ROYAL LOUIS von 1692 maß 175 Fuß vom Vorder- bis zum Achtersteven, war also 13 Fuß länger als ihre Vorgängerin aus dem Jahr 1668. Nur die ROYAL LOUIS II blieb bis zum Ende der Regentschaft erhalten. Die SOLEIL ROYAL II von 1692 wurde 1713 außer Dienst gestellt, die TERRIBLE 1714 abgerissen und die FOUDRANT ab 1713 ausgemustert.

102 Gemälde vom Hafen in Marseille. Claude Joseph Vernet, um 1754. Musée du Louvre, Paris.

KAPITEL 15 Die Veränderungen in der Schiffsarchitektur während der Regentschaft Ludwigs XIV.

1. Ausgewählte Beispiele

1.1 In der Konstruktion

1.1.1 Die Rüsten

Zwischen 1661 und 1715 veränderten die Rüstbretter im Laufe der Zeit ihre horizontale Lage. Die Fock- und Hauptmastrüsten setzten üblicherweise oberhalb der Stückpforten zur mittleren Batterie an. Bei Pugets Zeichnungen der GRAND MONARQUE[394] und der ROYAL LOUIS sind diese jedoch deutlich höher platziert: in etwa auf der Ebene des Backdecks, was ungewöhnlich ist.

103 Zeichnungsausschnitt der ROYAL LOUIS 1668, Pierre Puget, Albertina, Wien.

Diese hohe Anordnung könnte der Geometrie des Schiffes geschuldet sein. Aufgrund zu großer Außenkrümmung der Bordwand bestand die Gefahr, dass die Wanten bei einer niedrigeren Position mit der Reling kollidierten. Eine Verbreiterung der Rüstbretter hätte dies zwar kompensiert, aber da sie lotrecht zur Längsachse als Druckstäbe wirkten, hatte eine breitere Ausführung ihre Grenzen. Nach 1690 befanden sich die Rüstbretter nur noch über der zweiten Batterie, also in einer deutlich tieferen Stellung.

Die Rüsteisen bestanden im 16. Jahrhundert noch aus Ketten. Zu Beginn des 17. Jahrhunderts ersetzten die Werften sie zunehmend durch Rundeisen, die als Zugstangen mit der Bordwand verbolzt wurden. Mitte bis Ende des Jahrhunderts kamen vermehrt ineinandergreifende Rüsteisen zum Einsatz, wie in den Abbildungen 103 und 104 dargestellt.

104 Fockmastrüsten bestehend aus zwei Hauptgliedern, im Bau befindliches Modell des Autors.

1.1.2 Die Verankerung des Bugspriets

In dieser Epoche war es zumindest in Frankreich üblich, den Bugspriet auf Höhe des ersten Decks gegen den Fockmast zu gründen. Am Ende der siebziger Jahre erkannte die Marineleitung, dass die Abstützung gegen den Mast auf der Ebene des darüber liegenden Decks seetechnische Vorteile besaß.[395] Eine Umrüstung der Schiffe kam aber aus Kostengründen nicht in Frage, sondern erfolgte ab den achtziger Jahren nur bei den Neubauten.

1.1.3 Die Veränderung der Seitenverhältnisse

Die königliche Verordnung vom 13. September 1673 definierte das Verhältnis zwischen der Länge und Breite eines Schiffes neu. Danach betrug die maximale Breite eines Seglers ungefähr ¼ seiner Länge. Zuvor hatte die Administration bei den Engländern und Holländern diese Festlegung beobachtet und übernommen, da sich die Admiralität manövriertechnische Vorteile davon versprach.

Die Werften in Toulon und Rochefort befolgten diese Vorgabe, nicht so in Brest. Laurent Hubac hielt an dem bisherigen Seitenverhältnis der Schiffe fest und ignorierte den Erlass. Dennoch, die Schiffe wurden *schlanker.*

1.1.4 Beschränkung der oberen Aufbauten

Bei den großen Dreideckern des ersten Schiffbauprogramms war es üblich, das Vorschiff mit einem vorderen Aufbau auszustatten. Abgesehen von den größten Einheiten zeigte sich aber beim Einsatz dieser Schiffe, dass die Aufbauten ihre Segeleigenschaften erheblich beeinträchtigten, ja im Falle der MONARQUE sogar das gesamte Schiff gefährdeten.

Aus diesem Grund legte das Reglement von 1671 fest, dass ausschließlich die ROYAL LOUIS und die SOLEIL ROYAL über derartige vordere Aufbauten verfügen durften. Damit hätten die Werften bei allen anderen Einheiten den widerrechtlichen Überbau entfernen müssen. Tatsächlich erfolgte dieser Rückbau lediglich bei der MONARQUE und die Marineleitung tolerierte es stillschweigend bei den anderen Schiffen.
Die Stützen von solchen Vorderbauten reichten teilweise bis in die unterste Batterie hinab, gingen einen konstruktiven Verbund mit dem restlichen Tragwerk ein und waren nicht leicht zu entfernen. Das mag auch ein Argument gegen die breite Demontage bei anderen Schiffen gewesen sein.

1.1.5 Vorder- und Achtersteven

Der Stich vom Vorder- und die Neigung des Achterstevens wurden ab Mitte der siebziger Jahre bei den Schiffen verringert, was den Vorgaben der dritten Verordnung von 1673 entsprach.

1.1.6 Die Entwicklung der Schiffslängen

Im Laufe der Regentschaft Ludwigs XIV. entwickelten die Schiffe eine immer größere Länge. Dies ist nicht zuletzt auf die größeren Geschützkaliber und die veränderte Lage der Stückpforten zurückzuführen, wodurch sich zwangsläufig eine Verlängerung der Schiffe ergab. Zum Beispiel war die ROYAL LOUIS von 1692 über 4 m länger als ihre Vorgängerin von 1668.

1.1.7 Verringerte Aufbauhöhe

Im Laufe der Zeit versuchten die Werften ebenfalls das Tote Werk zu minimieren: teils durch den Entfall vorderer Aufbauten, teils durch weniger Hütten auf dem Achterdeck oder durch die Reduktion einzelner Deckshöhen.[396]

1.1.8 Verringerter Tiefgang

Mitte der siebziger Jahre stellte die Administration fest, dass die französischen Schiffe gegenüber den holländischen Einheiten über einen wesentlich größeren Tiefgang verfügten und dadurch erhebliche seetaktische Nachteile in Kauf nehmen mussten, wenn man in Küstennähe operierte.[397] Zu lösen war das Problem nur durch den Bau neuer Schiffe mit verringertem Tiefgang, was ab Mitte der siebziger Jahre auch geschah.

1.2 In der Dekoration

1.2.1 Die Veränderung des Skulpturenprogramms

Die Überfrachtung der Achterschiffe mit Dekorationen und Skulpturen beeinträchtigte die Segeleigenschaften, besonders der mittleren und etwas größeren Einheiten. Dies führte zu kontroversen Debatten zwischen den Künstlern auf der einen und den Baumeistern und Seeoffizieren auf der anderen Seite. Beide Fraktionen verständigten sich schließlich auf eine gemäßigtere Heckdekoration unter der Voraussetzung, ihr Gewicht so weit wie möglich zu reduzieren. Mehrere Meter hohe Skulpturen höhlten die Bildhauer anfangs aus. Später fertigten sie solche Figuren durch einen scheibenartigen, schichtweisen hohlen Aufbau, mit einer deutlichen Gewichtsreduktion als Folge.

Eine Minderung der Heckdekoration ist an der SOLEIL ROYAL gut zu erkennen, die 1½ Jahre nach dem Schwesterschiff die Werft verließ und eine Dekoration in deutlich geringerem Umfang besaß.

1.2.2 Die Einführung von Gefechtstüchern

Kommissar Hayet erwähnte in seiner Monografie von 1677, dass man die Gefechtstücher erst kürzlich eingeführt hatte.[398] Es ist also davon auszugehen, dass diese Tücher in Frankreich in etwa Anfang der siebziger Jahre verbreitet zum Einsatz kamen, um die Aktivitäten der Besatzung während des Gefechts dahinter zu verbergen. Bei offiziellen Anlässen hatten die Gefechtstücher zudem dekorativen Charakter.

105 Zeichnung eines Dreideckers mit Gefechtstüchern im Bereich des Achterdecks, vermutlich die LE FORT. Willem van der Velde, um 1673.

1.3 In der Armierung

1.3.1 Platzierung von Kanonen in den Offizierskammern

Nach den Verordnungen von 1670 platzierte die Marineleitung zum Leidwesen ihrer Bewohner nun auch die Geschütze in den Offizierskammern, um die Armierung im Heckbereich der Schiffe zu erhöhen.

1.3.2 Deutlich stärkere Artillerie (Erhöhung der Feuerkraft)

Anfang der neunziger Jahre waren die französischen Gießereien in der Lage, 24- und 36-Pfünder aus Eisen zu produzieren, was die Herstellungskosten gegenüber den Bronzegeschützen deutlich verringerte. Dies führte zu einer erheblichen Einsatzsteigerung der 36-Pfünder, die nun auf den untersten Batterien der Linienschiffe standardmäßig zum Einsatz kamen und damit die Feuerkraft der Schiffe wesentlich erhöhten.

2. Die Umbenennung der Schiffe

Mit der Verordnung von 1671 kam es zu umfangreichen Namensänderungen bei den Schiffen. Mit einer geschickten Wahl neuer Schiffsnamen konnte Ludwig XIV. auf diese Weise die Bedeutung der Krone noch stärker in den Vordergrund rücken. Die Namen der Schiffe banden sich meist an einen bestimmten Rang. Bezeichnungen wie ROYAL LOUIS und SOLEIL ROYAL waren nur für Einheiten des ersten Ranges reserviert. Erfolgte bei den Schiffen durch eine aufgestockte oder reduzierte Artillerie eine andere Rangzuweisung, erforderte dies nicht selten eine Veränderung des Schiffnamens. Fast alle Einheiten der ersten drei Ränge erfuhren ab 1671 auf diese Weise einen Namenswechsel.

Einige behielten ihre Namen bis zum Ende ihrer Karriere, die im Laufe der Dienstzeit ihre Artillerie verstärkten. Schließlich behielten die Schiffe der *„belle force“* (64 bis 72 Kanonen) – als sehr wirksam eingestuft – ebenfalls ihre Namen. Das waren beispielsweise die CONQUÉRANT, INVINCIBLE, TERRIBLE und TONNANT.

3. Der Einfluss der Reglements auf die Marine Ludwigs XIV.

Im Rahmen der reformierten Wirtschaftspolitik des Königs erließ Colbert zahlreiche sogenannte *„Règlements“*, die Regulierungen, Klassifizierungen oder sonstige Arbeitsanweisungen enthielten. Die Administration versuchte, die Qualität der an verschiedenen Standorten hergestellten Erzeugnisse zunächst auf einem Niveau zu standardisieren und danach weiter zu erhöhen. Diese Verfahrensweise fand ebenso im Schiffbau Anwendung.

Bis 1670 erfolgte der bisherige Aufbau der Flotte gänzlich ohne verbindliche Richtlinien, Vorgaben oder Direktiven. Jeder der sich berufen fühlte und den die Administration mit Befehlsgewalt versah, konnte den Bau der Schiffe überwachen, oder gar selbst in deren Bauabläufe eingreifen.
Die erste Verordnung von 1670 brachte zunächst Klarheit über die Zuordnung der Schiffe zu den einzelnen Rängen und schuf eine Abgrenzung zwischen Zwei- und Dreideckern. Dazu erließ die Krone verbindliche Regeln und Verhaltensweisen zum Umgang mit den Schiffen, um individuelle Veränderungen zu unterbinden.

Sie begrenzte die Nutzung vorderer Aufbauten oberhalb des dritten Decks ausschließlich auf die beiden Flaggschiffe, um dadurch die Stabilität der anderen Einheiten zu verbessern. Zudem enthielt sie wichtige elementare Vorgaben, was zum Beispiel den Abstand der Stückpforten untereinander betraf. Auch die Anordnung – in den hinteren Offizierskammern für Stückpforten zu sorgen und die Aufstellung von Kanonen zu ermöglichen – ist auf die erste Verordnung zurückzuführen.

Bei aller guten Absicht stieß dieser Erlass wie die beiden folgenden jedoch zunächst ins Leere. Der Grund dafür geht aus nachfolgender Grafik hervor.

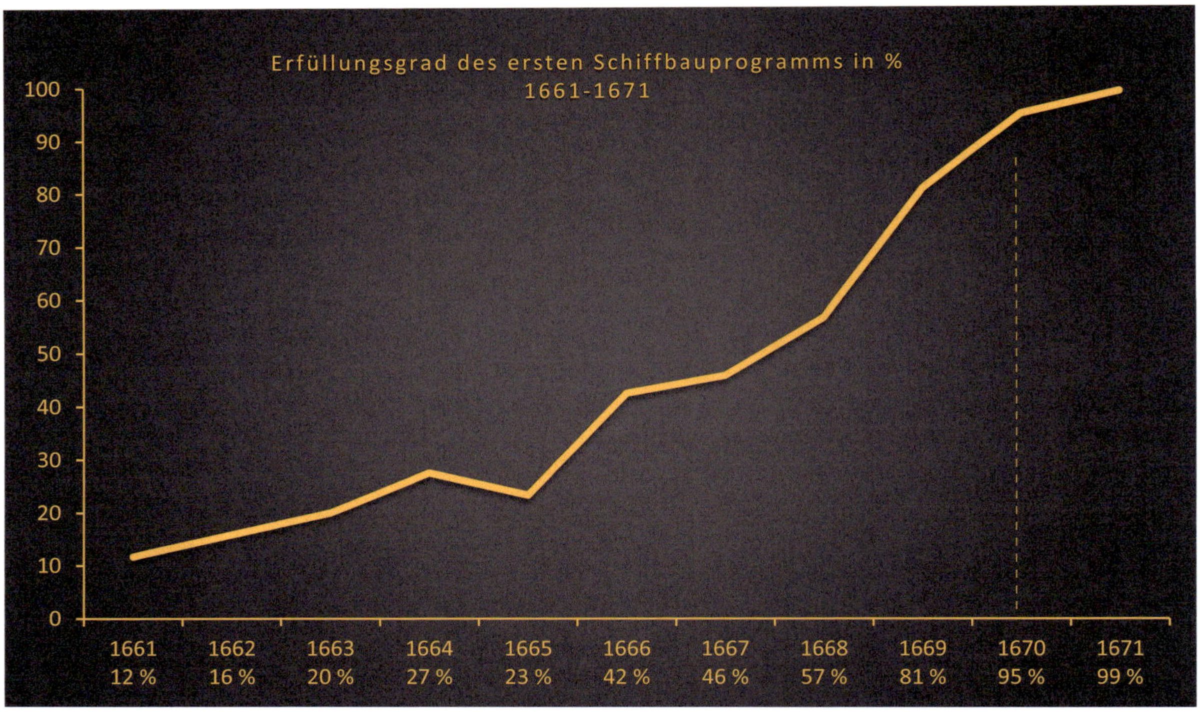

106 Statistik über den Erfüllungsgrad des ersten Schiffbauprogramms, auf Datengrundlage von „Les états abrégés de la marine française".

Zur Einführung dieser Verordnung im Jahr 1670 war das erste Schiffbauprogramm bereits so gut wie beendet.

Es erscheint auf den ersten Blick unverständlich, warum die Administration ihre Reglements zu diesem späten Zeitpunkt während des Aufbauprogramms erließ. In der Tat blieb zum Beispiel die Vorgabe, die vorderen Aufbauten nur auf die beiden Flaggschiffe zu begrenzen, wirkungslos.

Die meisten bereits fertiggestellten Schiffe verfügten ebenso wie die ROYAL LOUIS oder die SOLEIL ROYAL über ähnliche Aufbauten. In konsequenter Anwendung der Verordnung hätten die Schiffbauer diesen widerrechtlichen Überbau nun auf fast allen Einheiten entfernen müssen, was allerdings bis auf eine Ausnahme nicht geschah.

Eine konsequente Anwendung dieser Vorschrift hätte die Manövrierfähigkeit der Schiffe deutlich verbessert. Da sich die meisten der betroffenen Schiffe aber bereits im Dienst befanden, waren längst Fakten geschaffen. Die Admiralität tolerierte folglich diesen erhöhten Vorbau und nahm den damit verbundenen segeltechnischen Nachteil billigend in Kauf, während dies bei den englischen und niederländischen Schiffen konsequenter gehandhabt wurde.

Das Ministerium ging ferner davon aus, dass die Schiffbauer die Verordnungen peinlich genau einhalten würden. Dies war nicht der Fall, sondern es führte in vielen Fällen zu Streit und Verärgerung durch die Baumeister, vornehmlich in Brest.

Die Auffassungen aus Brest kollidierten oft mit den Vorschlägen aus Rochefort oder Toulon, wo sich die Werften innovativer zeigten.

Auffällig ist die rasche Aufeinanderfolge der ersten und zweiten Verordnung innerhalb von nur neun Monaten. Die zweite Verordnung, auch wenn diese ebenfalls erst zum Ende des ersten Schiffbauprogramms in Kraft trat, hatte dennoch erhebliche Auswirkungen.

Durch die Implementierung des Schiffbaurates und dem damit verbundenen Informations- und Dokumentationsbedarf war viel Arbeit zu leisten. Es führte zudem zu erhöhten Spannungen zwischen den Verantwortlichen. Denn plötzlich wurden ranghohe Offiziere mit der Überwachung der kürzlich auferlegten Verordnungen beauftragt, die gegenüber den Schiffbaumeistern weisungsbefugt waren. Mehr noch, deren Ansichten und Ratschläge mussten von den Handwerkern eingeholt werden, was jedoch die Schiffskonstruktion in den seltensten Fällen verbesserte.

Diese Schiffbauräte bildeten einen ersten Schritt zu einer Vereinheitlichung des Schiffbaus an den verschiedenen Standorten, denn die örtlich erhobenen Informationen wurden von der Administration als Ganzes gesichtet und die daraus resultierenden Erkenntnisse in spätere Verordnungen eingebracht, zum Beispiel was den Einsatz von Eisen- und Holzverbindungen betraf.

Der Baurat war außerdem gemeinsam mit den Kommissaren der Häfen, Werftleitern und Schiffbaumeistern für die Aufstellung der jährlichen Zielvorgaben und verbundenen Bedarfslisten verantwortlich.

Diese wurden protokolliert und von der Marineleitung sowie den Baumeistern gegengezeichnet – einerseits um Planungssicherheit zu erhalten und andererseits, um Verantwortlichkeiten zu definieren und so für eine strikte Umsetzung der beschlossenen Vorgaben zu sorgen.

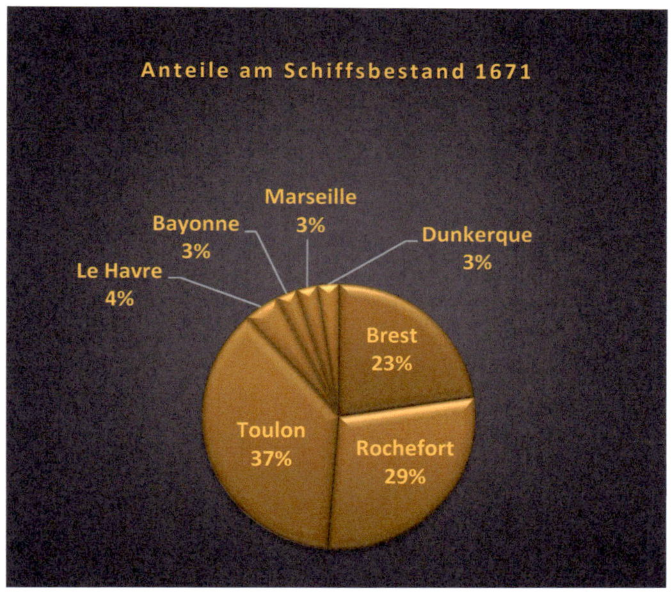

107 Statistik über den Schiffsbestand, auf Datengrundlage von „Les états abrégés de la marine française".

Die in dieser Zeit aufkommende Diskussion über eine Verschlankung der Schiffe fand zwar Eingang in die zweite Verordnung, enthielt aber keine konkreten Angaben – eine Vorgabe, die nicht unumstritten war und bei den Schiffbaumeistern in Brest auf Ablehnung stieß, die der Standort in Rochefort hingegen befürwortete. Für Ärger sorgten außerdem die Berichte von Arnoul oder Monceaux nach ihren Auslandsreisen in England und Holland, die Vorwürfe gegen die einheimische Schiffbauweise erhoben.

Danach würden die Werften in Frankreich im Vergleich zur niederländischen Bauart zu häufig Metallbolzen einsetzen und im Allgemeinen wären ausländische Baumeister den französischen Zimmerleuten überlegen.[399]

Colbert nahm dies zum Anlass, in einem Schreiben vom 19. Dezember 1672 an den Intendanten von Rochefort, seinen Cousin de Terron, darauf hinzuweisen, dass

„*…gearbeitet werden muss in der Weise, dass unsere Zimmerleute ihre Fehler korrigieren…*"[400]

Die französischen Handwerker brachten ihren Unmut darüber zum Ausdruck und waren nicht bereit, ihre unterschiedlichen Ansichten weder zu rechtfertigen, noch zu korrigieren.

Colbert war insgeheim ein stillschweigender Bewunderer der niederländischen Bauweise, was teilweise auf die Reiseberichte des jungen Arnoul oder Monceaux zurückzuführen war.[401]

Mit Einführung der dritten Verordnung vom 13. September 1673 sollte deren Einwirkungsmöglichkeit auf das zwischenzeitlich abgeschlossene Zehnjahresprogramm nur scheinbar begrenzt bleiben. Natürlich konnten Teile der erstmals konkreten maßlichen Vorgaben wie das Seitenverhältnis der Schiffe nur auf künftig zu bauende Einheiten angewandt werden.
Im Bemühen, die Stabilität der Schiffe zu erhöhen, bot diese dritte Verordnung jedoch Möglichkeiten, auf den bisherigen Bestand im positiven Sinne konstruktiv einzugehen und Stabilität wie Segeleigenschaften der Schiffe nachhaltig zu verbessern, beispielsweise durch die Verschmälerung der Seitengalerien, Reduktion der Balkone oder der Ornamentik – alles Kriterien, welche die Manövrierbarkeit der Segelschiffe positiv beeinflussen konnten.
Von daher bot diese Verordnung gleichermaßen Einwirkungsmöglichkeiten auf neu zu bauende Schiffe, wie auf den vorhandenen Bestand – wenn man denn wollte.
In letzter Konsequenz hatten die Schiffbaumeister trotz aller Verordnungen und Kommissionen nach wie vor das Sagen. Dies zeigte sich in besonderer Weise vier Jahre später anhand eines Disputes zwischen Colbert und Hubac, den Ludwig XIV. höchstpersönlich zugunsten des Baumeisters entschied und damit die Sinnhaftigkeit aller bisherigen Verordnungen gefährdete.

Es bleibt die Frage, warum die drei Verordnungen erst zu diesem späten Zeitpunkt in Kraft traten und zumindest die ersten beiden praktisch kaum mehr Einfluss auf die erste Marine Ludwigs XIV. nehmen konnten.

Verfolgt man den Verlauf der Entwicklung während des ersten Aufbauprogramms etwas genauer, so ist festzustellen, dass erst zur Mitte des Zehnjahresprogramms eine Dynamik in der Herstellung der Schiffe zu verzeichnen war. Schiffe wie die MONARQUE nahmen erst 1668 ihren Dienst auf und hatten ihren ersten Einsatz in Candia ein Jahr später, als die Schwächen ihrer Manövrierfähigkeit während des militärischen Einsatzes deutlich zu Tage traten. Setzt man innerhalb der Marineleitung noch eine mehrmonatige Zeitspanne als Auswertungs- und Diskussionsphase an, so war das Jahr 1670 schnell erreicht.
Die Admiralität war auf die Einsatzerfahrung mit den neu gebauten Schiffen angewiesen, um daraus die richtigen Schlüsse ziehen zu können. Da die größeren Einheiten aber meist erst im letzten Drittel des Zehnjahresplans aufgelegt wurden, konnten die daraus resultierenden Erkenntnisse folglich erst zu einem noch späteren Zeitpunkt in die Verordnungen einfließen. Dies erklärt die späte Auflage der Reglements erst gegen Ende des Zehnjahresplans. Es erklärt hingegen nicht, warum die beiden ersten Verordnungen so dicht aufeinander folgten und das Ministerium deren Inhalte nicht in einem gemeinsamen Erlass bündelte. Es scheint, als ob die Marineleitung die Notwendigkeit zur Einführung eines Schiffbaurates bereits unmittelbar nach Inkraftsetzung der ersten Verordnung erkannt hätte.

Möglicherweise aufgrund von Spannungen unter den Beteiligten oder trat als Schnittstellenproblem offen zu Tage, was ein rasches Handeln in Form eines weiteren Reglements erforderte.

Die nächsten Jahre von 1672 bis 1679 prägten Auseinandersetzungen mit den Holländern und lenkten den Fokus dadurch vornehmlich auf außenpolitische Themen. Auch wenn den bisherigen Verordnungen nur ein bescheidener Erfolg vergönnt war, so ließ Colbert in seinem Bemühen um eine übergreifende Standardisierung nicht nach. 1677 wandte er sich an alle Intendanten der Arsenale und kündigte eine Vorlage an, aus der die Proportionen sämtlicher Bauteile eines Schiffes hervorgehen und als präzise Vorgaben für den künftigen Schiffbau dienen sollten.

108 Französisches Linienschiff vor einer Felsenküste. Pierre Puget, um 1680.

Colbert löste mit dieser Ankündigung jahrelange kontroverse Debatten über das Für und Wider dieser oder jener Bauweise aus, was zum Beispiel die Abmessungen der Schiffe, Anzahl der Decks oder die Anordnung von Kanonen auf den Einheiten betraf und erst die zusammenführende Verordnung von 1689 klärte.

Das Ringen um Standardisierung und Rationalisierung im Schiffbau ging Mitte der achtziger Jahre weiter. Die Werften stritten trefflich über die richtige Anzahl an Kanonen, die auf einem Schiff mit drei Decks die sinnvollste Variante darstellte. Die einen sprachen sich für eine Begrenzung auf 66 Kanonen aus, wie teilweise in der Vergangenheit so umgesetzt, während Rochefort dafür plädierte, die Schiffe erst ab einer wesentlich höheren Geschützzahl als Dreidecker zu bauen.

All diese Überlegungen fasste die Administration samt den bisherigen Erlassen in der großen Verordnung von 1689 zusammen und dokumentierte damit die weitere Entwicklung im französischen Schiffbau.

Der maßgebende Unterschied zu den bisherigen Verordnungen lag darin, dass dieser Erlass nicht zum Ende, sondern bereits im ersten Drittel des zweiten Aufbauprogramms in Kraft trat – mit einer Fülle an Einzelheiten: von der Festlegung der Offiziersränge, einzuhaltende Regeln in den Häfen, Arsenalen und auf den Schiffen sowie elementare Festlegungen in der Rangeinteilung. Das Ministerium schuf so die Möglichkeit, zum Höhepunkt der produktiven Phase zwischen 1687 und 1696 auf den Schiffbau reglementierend einzuwirken.

In letzter Konsequenz sollte diese zusammenführende Verordnung von 1689 zwar eine Vielzahl von Verhaltensweisen, Regeln und nützlichen Bestimmungen beinhalten, aber die Entwicklung des Schiffbaus in Frankreich nicht wirksam voran bringen. Dies blieb dem ersten Drittel des neuen Jahrhunderts vorbehalten, als zunehmend physikalische und mathematische Gesetzmäßigkeiten gelehrt und beachtet wurden, die zu einer Weiterentwicklung des Schiffbaus in Frankreich führte.

KAPITEL 16 Eine Nachbetrachtung

1. Die Bedeutung des Schiffbaus im 17. Jahrhundert

Wie unerhört wichtig der Schiffbau zur damaligen Zeit war lässt sich auch daran erkennen, dass Peter der Große (1672-1725) in den Jahren 1697 und 1698 eine sogenannte *„Große Gesandtschaft“*[402] in verschiedene Länder des europäischen Westens entsandte, um Russland nach deren Vorbild zu reformieren.

Als Unteroffizier des Preobraschensker Leibgarde-Regiments namens Pjotr Michailow reiste Peter der Große inkognito nach Holland, da er besonders am dortigen Handwerk und Schiffbau interessiert war. Er arbeitete zunächst auf den Werften in Zaandam und anschließend in Amsterdam. Seine damalige Unterkunft in Zaandam beherbergt heute ein Museum, das an diese nette Geschichte erinnert.

Der russische Zar hatte in einem Holzhaus gewohnt und während seines Aufenthalts in der Stadt insgesamt 14 verschiedene Handwerksdisziplinen kennengelernt.

Ein Ausländer war für die Zaandamer damals alles andere als ungewöhnlich. Als wichtiges Zentrum des Schiffbaus in Holland zog es immer wieder Reisende aus aller Welt an.

Dass der russische Zar in ihrer Stadt zu Gast war und dort arbeitete sprach sich jedoch bereits nach einer Woche herum und verbreitete sich wie ein Lauffeuer. Danach war es mit dem verdeckten Schiffbaustudium vorbei, denn das Interesse der Einwohner an dem berühmten Besucher war am Ende so groß, dass Peter seine Ausbildung in der Werft bereits nach einer Woche unverrichteter Dinge abbrechen und in Amsterdam fortsetzen musste.[403]

Auch heute noch regen diese Tage die Phantasie der Einheimischen an und es ist ein Highlight unter den Stadtlegenden. Schon seit 1761 ist das Haus ein beliebtes Reiseziel. Damals erwähnte es Voltaire in seiner Biografie über Peter den Großen[404] und in der Folge besuchten es sowohl Adelige naheliegender Staaten als auch russische Bürger auf ihren Auslandsreisen.

2. Die Entscheidung zwischen den drei Seemächten

Diese fiel in den Anfängen des 18. Jahrhunderts, als Frankreich im Spanischen Erbfolgekrieg (1701-1714) gegen die Allianz zwischen England, Holland und weiteren Verbündeten den Konflikt nicht für sich entscheiden konnte. Da der französische Schiffsbestand in den ersten beiden Jahrzehnten deutlich zurückging und auf den Werften kaum noch nennenswerte Schiffe entstanden, verlor das Land als Seemacht zunehmend an Bedeutung.

Holland hatte sich bei der Konfrontation mit Frankreich vorwiegend auf landseitige Maßnahmen konzentriert und England die Gefechte mit den Franzosen auf See überlassen, das seine Flotte fortwährend aufgerüstet hatte. Nach dem Friedensschluss war England auf den Meeren die drückend überlegene Seemacht die es verstand – ihre Interessen darauf gestützt – sehr gut durchzusetzen.

Durch die Einnahme von Neufundland, Neuschottland, Gibraltar und Menorca, beherrschte England einen Großteil des europäischen Überseehandels und legte damit die Grundlage, um sich für die nächsten 200 Jahre als Weltmacht zu etablieren. Holland hatte seinen Zenit überschritten und konnte nicht an die politischen und wirtschaftlichen Erfolge vergangener Zeiten anknüpfen, auch wenn der Seehandel dank der Kolonien nur langsam zurückging.

3. Resümee

Während der Regentschaft Ludwigs XIII. war die politische Situation auf dem Kontinent extrem angespannt und als Folge der Reformation entstand ein konfessionell zergliedertes Europa. Die im vorhergehenden Jahrhundert gebildeten Allianzen führten im 17. Jahrhundert neben den ohnehin stets schwelenden Spannungen zu erheblichen Konflikten, die in rund zwei Dutzend Kriege mündeten. Die dauerhafte Konfrontation zwischen Holland und den katholischen Ländern Spanien und Frankreich mit seinem streng gläubigen König sowie England als expandierende Seenation taten dabei ihr Übriges.

Nach den Unabhängigkeitskriegen gegen Spanien entwickelte sich Holland zu einer bedeutenden Handels- und Seemacht, mit Stützpunkten in Ostasien, Indien oder Südafrika. Kein europäischer Staat konnte es sich in dieser Zeit leisten, die Niederländer zu ignorieren. So klein und doch so überreich und dominant war diese Nation mit seinen zahlreichen Kolonien und weltweiten Außenposten.

Trotz erheblicher politischer Umwälzungen ab Ende des 16. Jahrhunderts vergrößerten die Niederlande und England kontinuierlich ihre Seebestände, während diese Entwicklung in Frankreich erheblichen Schwankungen oder gar Rückschritten ausgesetzt war.

1624 arbeitete Richelieu eine Marinestrategie aus, um mit den Seestreitkräften der Niederlande und England konkurrieren zu können. Der Erfolg durch die Seeblockade bei der Belagerung von La Rochelle 1628 zeigte, wie wichtig eine Flotte als politisches Instrument sein konnte.
Mit dem Tod Richelieus 1642 und Ludwigs XIII. kurze Zeit später erfuhr das Aufbauprogramm der Schiffe jedoch ein jähes Ende, zumal es in den darauf folgenden Jahren mit der Fronde innenpolitische Probleme zu lösen galt. Für die nächsten 20 Jahre herrschte im französischen Schiffbau praktisch Stillstand, während die englische Marine selbst in Zeiten der Revolution eine permanente Weiterentwicklung erfuhr. Wollte England expandieren, setzte dies zwangsläufig entsprechende Seebestände voraus, während das kontinentale Europa seine Interessen auf land- wie auf seegestützte Ziele aufteilte.

Unter Ludwig XIV. gewann Frankreich Mitte des 17. Jahrhunderts zunehmend machtpolitisch an Bedeutung und zog gegen Holland ins Feld, das sich wiederum mit England in einer dauerhaften Konfrontation um die Seeherrschaft befand. Als Frankreich 1689 versuchte, die Pfalz einzunehmen, hatte Wilhelm III. großen Anteil an der Bildung einer europäischen Allianz, die im Spanischen Erbfolgekrieg bis 1714 ihre Fortsetzung fand.

Die zunehmende Kolonialisierung der Überseegebiete durch England und Holland führte zu einer massiven Aufrüstung der Seebestände beider Länder und setzte Frankreich unter Druck. Darüber hinaus war die absehbare Machtübernahme durch die Orangisten und damit verbundene Allianz zwischen England und Holland nur noch eine Frage der Zeit.

Aufgrund dieser Umstände beschloss Ludwig XIV., die Seebestände wieder aufbauen zu lassen. Sein Anspruch war nicht geringerer Natur, als die Dominanz auf den Meeren zu erlangen und die Interessen sowie den eigenen Handel zu sichern bzw. zu verteidigen. Mit Beginn seiner aktiven Regentschaft 1661 stieg das Budget der Marine in den folgenden Jahren um das Mehrfache und betrug zeitweise ca. 15 % des gesamten Haushaltsetats Frankreichs.

Mit der Neutralisierung so wichtiger Gegenspieler wie Nicolas Fouquet oder Duc de Beaufort stand der merkantilistischen Wirtschaftsphilosophie von Colbert und Ludwig XIV. nichts mehr im Wege. Im Gegensatz zu den anderen Seemächten verfügte Colbert jedoch über die gesamte Machtfülle einer absolutistischen Regierung und forderte dem Minister keine endlosen Debatten mit dem Parlament über notwendige Entscheidungen ab. Dieser Umstand begünstigte Frankreich, um innerhalb von nur zehn Jahren mit den Seenationen Holland und England gleichzuziehen und diese zeitweise sogar zu übertreffen.

Mitte des 17. Jahrhunderts entstand eine neue Form von Seemanövern, die sich nach der Konfrontation zwischen den Niederländern und Spaniern 1639 vor Calais langsam durchzusetzen begann. Diese veränderte Seetaktik sollte einen erheblichen Einfluss auf die Entwicklung des künftigen Schiffbaus haben und neue Anforderungen an die Schiffe stellen. Die Auseinandersetzung mit gegenseitigem Beschuss trat mehr und mehr in den Vordergrund, während die Enterung von Schiffen langsam an Bedeutung verlor. Es entwickelte sich die Formation in Kiellinie, d.h. alle Einheiten segelten im Fahrwasser des vorausfahrenden Schiffes. Dies begründete auch deren Namen: Linienschiff.

In der Karibik und in Nordamerika kam es im Laufe des 17. Jahrhunderts zur Gründung zahlreicher britischer Kolonien. Frankreich begann erst deutlich später als andere europäische Nationen mit dem Aufbau seines Kolonialismus, da das Interesse primär auf kontinentale Themen ausgerichtet war. Die ersten Kolonien wurden in der Zeit Richelieus zu Beginn des 17. Jahrhunderts vornehmlich in Amerika gegründet und umfassten das heutige Kanada, Französisch Guayana, einige Inseln in der Karibik und Teile von Indien.
Der Schiffbau nahm eine überaus wichtige Stellung in Frankreich zum Schutz der Kolonien und Besitzungen in Übersee ein, da englische Piraten und Freibeuter den Warenverkehr zwischen Québec und Frankreich bereits seit den zwanziger Jahren empfindlich störten.

Kritisch betrachtet war die merkantilistisch-administrative Kolonialpolitik Frankreichs aber nur in geringem Maß erfolgreich. Auf dem amerikanischen Festland gelang es trotz aller Bemühungen nicht, eine größere Kolonie dauerhaft anzusiedeln.
Zwischen Holland und England kam es in den neunziger Jahren zur Aufteilung der Einflusssphären. Die Niederländer mit ihrer Ostindischen Kompanie konzentrierten sich dabei auf Indonesien, während die Briten ihre Kolonialherrschaft in Indien, Bombay, Kalkutta und Madras dauerhaft festigten.

Frankreich begann während der Regentschaft Ludwigs XIV. die mit dem Schiffbau verbundenen Probleme systematisch auf physikalische und mathematische Weise hin zu erforschen und begründete – wenn auch zunächst nur theoretisch – den modernen Schiffbau in Europa. Der Jesuitenpater Georges Fournier hatte mit seinem 1643 erschienenen Buch *„Hydrographie, beinhaltend die Theorie und Praxis der Teile zur Schifffahrt"* einen nicht unerheblichen Anteil an dieser Entwicklung, das einen Meilenstein in der theoretischen Lehre des Schiffbaus darstellte. Natürlich waren Länder wie England, Dänemark und vor allem die Niederlande im Bau von Schiffen viel weiter fortgeschritten. Dieser Fortschritt basierte aber meist auf konstruktiven Erfahrungen und weniger auf physikalischen Gesetzmäßigkeiten.

Den eingeführten königlichen Reglements war bei den Schiffbauprogrammen nur geringer Erfolg beschieden. Zwar hatten die Werften die Vorgaben erfüllt und binnen zehn Jahren 120 Schiffe in Dienst gestellt, jedoch gab es trotz aller flankierender Maßnahmen ein großes Defizit an Offizieren und Mannschaften, so dass der gesamte Seebestand nicht zur gleichen Zeit über die notwendigen Besatzungen verfügte. Ebenso mangelte es bis zum Anfang der neunziger Jahre an einer ausreichenden Armierung der Schiffe und die Marineleitung konnte den Fehlbestand nur durch den Ausbau von Kanonen bei nicht auf See befindlichen Einheiten kompensieren.

Vergleiche mit den Schiffen anderer Seemächte wurden durchgeführt, nicht immer zum Vorteil französischer Bestände. Man stahl, was man konnte und analysierte zugleich die konstruktiven Fehler anderer Nationen, wie zum Beispiel zu tief sitzende Geschützpforten bei den untersten Batterien.

Die Auswertung aller Informationen im Hinblick auf den eigenen Schiffbau führte zum gleichen Ergebnis. Die französischen Schiffe besaßen zu starken Tiefgang und zu voluminöse und hohe Aufbauten, was ihre Stabilität und Manövrierbarkeit deutlich beeinträchtigte. Darüber hinaus waren die Achterschiffe durch zu große Skulpturen und Dekorationen überladen.
Hieraus zog die Administration teilweise die richtigen Schlussfolgerungen. Die Marineleitung reduzierte beispielsweise die Decks bei den in Dänemark georderten Schiffen, begann Ende der sechziger Jahre, die Ornamentik leichter zu gestalten oder das Tote Werk zu reduzieren.

Im konstruktiven Bereich der Schiffe kam es während der Regentschaft Ludwigs XIV. zu keinen gravierenden Veränderungen. Als markantestes Merkmal ist zu beobachten, dass die Schiffe im Laufe der Zeit immer länger wurden; dies war der zunehmend stärkeren Armierung in den Batterien geschuldet.

Die dekorative Schiffsarchitektur im Stil des Barock allerdings erreichte unter der Regentschaft Ludwigs XIV. ihren künstlerischen Höhepunkt während der gesamten europäischen Seegeschichte.
Ganz im Stil der Krone verkörperte der barocke Gedanke ein extrovertiertes machtbewusstes Selbstwertgefühl, das durch ein gewisses Maß an Selbstinszenierung vermittelt wurde. Kein anderer Kunststil war für Ludwig XIV. besser geeignet als der Barock. Es ist daher nicht verwunderlich, dass die Krone enorme Summen für die architektonische und künstlerische Ausgestaltung der Schiffe bewilligte.

In der Geschichte kommt es nur selten vor, dass sich politische, wirtschaftliche, technische und künstlerische Aspekte vereinen, wie bei den barocken Segelschiffen Ludwigs XIV. geschehen, mit dem Ergebnis beeindruckender Zeugnisse barocker Schiffsarchitektur, die ihresgleichen sucht und an die Inschrift am Besanmast der ROYAL LOUIS erinnert:

„Ich bin einzigartig auf dem Meer“

\- ENDE -

KAPITEL 17 Dokumente in Originalsprache

1. Die erste königliche Verordnung vom 4. Juli 1670

REGLEMENT

Que le Roi veut & ordonne être observé dans la construction des vaisseaux de Sa Majesté.

Du 4 Juillet 1670 à S. Germain en Laye.

PREMIEREMENT.

LEs navires du premier rang, qui portent soixante-dix piéces de canon & au-dessus jusqu'à six vingts, auront trois ponts entiers & non coupés, & dans leur château de poupe deux chambres l'une sur l'autre; sçavoir, celle des Volontaires & celle du Capitaine, outre la sainte barbe & la dunette, laquelle suivra le couronnement & tonture dudit navire.

Il sera observé que les navires soient régulierement percés dans les chambres, pour y tenir autant de canons qu'il convient, afin que la hanche & le derriere soient bien armés.

Les sabords seront grands & ouverts, & taillés en embrasures, particulierement à la hanche & à l'épaule des vaisseaux, & la distance de l'un à l'autre sera de sept pieds.

Les seuls vaisseaux le ROYAL LOUIS & le SOLEIL ROYAL, auront un château sur l'avant de leur troiséme pont; & à l'égard de tous les autres vaisseaux, Sa Majesté défend d'y en faire aucun. Les corps de-garde de tous les vaisseaux pourront être prolongés jusqu'à l'emplacement du cabestan.

Les navires du second rang, de cinquante-six à soixante-dix piéces de canon, auront leurs trois ponts entiers, ou le troisiéme coupé; & dans leur château de poupe les mêmes chambres, outre la sainte barbe & la dunette, des longueurs proportionnées à la grandeur du vaisseau, observant pour l'exhaussement & pour les sabords ce qui a été dit ès articles précédens.

Les navires du troisiéme rang, de quarante à cinquante piéces de canon, seront construits à l'avenir avec deux ponts seulement, & auront dans leur château de poupe la chambre du Capitaine & la dunette au-dessus, laquelle suivra la tonture du navire, ainsi qu'il est ci-dessus dit. Le corps-de-garde courra jusqu'au cabestan, avec des galeries à côté pour monter à la dunette, & pour mettre la soldatesque en occasion de combat. Ils auront aussi un château sur l'avant du second pont, sous lequel les cuisines seront placées, en sorte qu'elles n'apportent aucune incommodité au service du canon ni à la manœuvre du vaisseau.

Les navires du quatriéme rang, de trente à quarante piéces de canon, auront deux ponts courans devant arriere; leur château de poupe & un château sur l'avant, comme il a été dit en l'article précédent.

Les navires du dernier rang, de dix-huit à vingt-huit piéces de canon, auront deux ponts courans devant arriere; dans leur château de poupe, la chambre du Capitaine, corps-de-garde & dunette, proportionnés à la grandeur du vaisseau, sans aucun château sur l'avant; & les cuisines seront mises entre deux ponts, dans le lieu le plus commode, pour éviter le feu, & ne point incommoder le service du canon.

Les frégates légeres de huit à seize piéces de canon, n'auront qu'un tillac: les plus grandes pourront avoir un petit château sur l'avant, pour couvrir leurs cuisines, & le corps-de-garde prolongé comme il convienda.

Il sera observé dans tous les vaisseaux que l'élévation des lisses & plats bords soit telle, que les mousquetaires puissent tirer commodément par dessus, pour rendre leur service utile.

Il ne sera élevé aucune tuque de charpente en avant des dunettes ni ailleurs; mais quand il sera besoin de donner quelque couvert à l'équipage contre l'ardeur du soleil, on se servira de tentes soutenues par des cordages, & non autrement.

Sa Majesté fait défenses à tous ses Officiers de Marine commandant ses vaisseaux, de ne rien détruire ni démolir dans les châteaux & dunettes pour des commodités particulieres, ni de rien changer dans les soutes, chambres aux cables, & aux cloisons du fonds de cale, dans lesquelles elle veut qu'il soit donné au Munitionnaire général de ses armées navales toutes les commodités nécessaires pour la conservation de ses vivres.

Tout ce qui se trouvera dans les vaisseaux de Sa Majesté contraire à ce Règlement, sera détruit & ôté, & rétabli dans l'ordre porté ci-dessus.

Mande & ordonne Sa Majesté à Monseigneur le Comte de Vermandois, Amiral de France, & aux Vice-Amiraux, Lieutenans généraux, Intendans & Commissaires généraux, & autres Officiers de Marine qu'il appartiendra, de tenir la main à l'exécution du présent Règlement. Fait à saint Germain en Laye le quatriéme Juillet mil six cent soixante-dix. Signé LOUIS. Et plus bas, COLBERT.

2. Die zweite königliche Verordnung vom 22. März 1671

REGLEMENT SUR LE CONSEIL DE CONSTRUCTIONS.

Du 22 Mars 1671, à S. Germain en Laye.

Le Roi continuant de donner son application au rétablissement de ses forces maritimes; & considérant que le principal point consiste en la construction de ses vaisseaux, l'expérience faisant journellement connoître les défaults qui s'y rencontrent dans la navigation, & les moyens de les rendre plus parfaits, soit pour la force, soit pour la légereté: Sa Majesté a résolu d'établir en chacun de ses principaux ports & arsénaux de marine, une assemblée ordinaire, qui sera appellée Conseil de constructions, pour examiner incessamment les rapports qui seront faits de chacun vaisseau lors de leur désarmement, & délibérer & résoudre leurs radoubs & leurs proportions & gabaris des nouveaux vaisseaux que seront mis sur les chantiers pour être bâtis.

PREMIEREMENT.

Sa Majesté veut que dans ses principaux ports & arsénaux de Marine, où il y aura des atteliers établis pour la construction de ses vaisseaux, il soit tenu chacune semaine deux fois, à tels jours qu'il sera résolu, le Conseil de Constructions.

Les Officiers qui auront droit d'entrer audit Conseil, seront l'Amiral, les Vice-Amiraux, les Lieutenans généraux, les Intendans & Commissaires généraux, les Chefs d'Escadre & Capitaines de ports.

Le Contrôleur en chaque port sera Greffier dudit Conseil.

Dans le lieu où il se tiendra, seront mis, à la diligence de l'Intendant ou Commissaire général, les mesures, proportions ou gabaris de tous les vaisseaux de guerre ou de charge. Anglois, Hollandois & autres étrangers, comme aussi des vaisseaux de Sa Majesté.

En cas que lesdits Officiers principaux estiment nécessaire d'appeller audit Conseil quelques-uns des plus expérimentés Capitaines ou Commissaires de Marine, Sa Majesté le leur permet, a condition toutefois qu'ils éviteront le trop grand nombre, qui ne pourroit causer de la confusion.

Ledit Conceil s'assemblera aussi-tôt que le présent ordre sera reçû, dans les ports, & commencera son travail par la visite & l'examen de tous les vaisseaux qui se trouveront en chacun port.

S'informera des Officers qui les auront montés. de leur force, foiblesse, légereté ou pesanteur, de leur assiette, & généralement de tout ce qui pourra leur donner moyen de juger de leur bonne ou mauvaise construction; & sur le tout ils formeront leur jugement des défauts de chacun vaisseau, lequel sera transcrit dans les registre dudit Conseil.

Sur ces connoistances, & sur l'expérience desdits Officers, ils formeront de concert un devis, contenant les mesures, proportions & gabaris de chacun vaisseau, dans lequel ils examineront soigneusement les moyens d'éviter tous les défauts qu'ils auront trouvés dans les vaisseaux bâtis.

Sa Majesté veut qu'aussi tôt que ses ordres auront été reçûs en chaque port, pour le nombre & qualité des vaisseaux qu'elle voudra faire bâtir chacune année, lesdits Officiers s'assemblent, donnent ordre aux maîtres Charpentiers de dresser leurs devis; qu'ensuite ils soient examinés, & réformés, suivant l'avis dudit Conseil, après avoir entendu ledit maître Charpentier: & après que la résolution aura été prise, ledit devis sera mis au net, signé de celui qui présidera audit Conseil, & du maître Charpentier, auquel il en sera délivré une copie, pour le suivre & exécuter.

Sur chacun vaisseau il sera mis un bon Charpentier, qui aura ordre d'observer soigneusement tout ce qui concerne son métier dans la navigation, en tenir un Journal exact, duquel il mettra copie lors du désarmement ès mains du Greffier dudit Conseil.

Les Capitaines qui commandent les vaisseaux auront ordre d'observer leur navigation, d'en tenir un journal exact, copie duquel ils mettront pareillement ès mains dudit Greffier lors du désarmement.

En cas que ledit Conseil estime nécessaire d'entendre lesdits Capitaines, Charpentiers & autres Officiers des vaisseaux à leur retour, il le pourra faire, & sur le tout il formera des résultats, pour corriger les devis des vaisseaux, & les rendre toujours plus parfaits.

Ledit Conseil observera particulierement que les vaisseaux de guerre soient tenus plus longs & moins larges que par le passé: que les premieres batteries soient tenues hautes & relevées, afin que l'on puisse se servir de la batterie basse des canons dans les gros temps, laquelle s'est trouvée souvent sous l'eau, faute d'être assez élevée: que les hauteurs d'entre les ponts soient diminuées, pour empêcher la trop grande élévation des vaisseaux.

Les vaisseaux de soixante-dix piéces de canon & au-dessus, auront trois ponts, & ceux au-dessous deux seulement.

Les sabords seront bien percés, avec une distance d'environ sept pieds de l'un à l'autre.

Lesdits vaisseaux seront déchargés dans les œuvres mortes, autant qu'il se pourra.

Observeront de plus de les rendre assez forts par le fonds pour pouvoir échouer sans risque, & assez plats de varangues pour tirer le moins d'eau qu'il se pourra, & pouvoir entrer plus facilement dans les rades, ports & entrées des rivieres, en les déchargeant par les hauts, pour les rendre aussi legers de voile.

Examineront aussi avec grand soin s'il est plus avantageux de se servir dans les constructions de chevilles de fer ou de bois, l'usage des Anglois & des Hollandois étant différent sur ce point.

Fait à saint Germain en Laye le vingt-deuxiéme Mars mil six cent soixante-onze. Signé LOUIS. Et plus bas, COLBERT.

3. Die dritte königliche Verordnung vom 13. September 1673

REGLEMENT.

Que le Roi veut & ordonne être observé à l'avenir dans les ports & arsenaux de Marine, pour la construction de ses vaisseaux de guerre.

Du 13 Septembre 1673, à Nancy.

PREMIEREMENT.

Sa Majesté voulant regler les différentes mesures qu'elle veut être observées à l'avenir pour la construction de ses vaisseaux de guerre, pour les rendre uniformes dans tous ses arsenaux de Marine, & éviter les différences qui se sont trouvées jusqu'à présent, par les différentes mesures que les Charpentiers ont observées:

Sa Majesté veut qu'à l'avenir les vaisseaux à trois ponts ayent de largeur de dehors en dehors le quart de la longueur de l'estrave à l'estambot, & même un pied davantage; c'est-à-dire, qu'un vaisseau qui aura cent quarante-huit pieds de l'estrave à l'estambot, aura trente-huit pieds de large à l'endroit du maître bau.

Les frégates à deux ponts auront de largeur de dehors en dehors, à l'endroit du maître bau, le quart de la longueur de l'estrave à l'estambot, sans augmentation.

L'élancement de l'estrave sera d'un pieds moins que la cinquiéme partie de la longueur de la quille; & la quête de l'estambot sera du quart de l'élancement de l'estrave; c'est-à dire, qu'un vaisseau de cent pieds de quille portant sur terre, aura dix-neuf pieds d'élancement d'estrave, & quatre pieds neuf pouces de quête à l'estambot.

La hauteur de l'estrave sera d'un pied & demi au-dessus du second pont, & celle de l'estambot sera de deux pieds & demi moins que l'estrave.

Le plat de la maîtresse varangue aura la moitié de la longueur du maître bau, & sera posée en sorte qu'ayant divisé la quille en six parties égales, sçavoir, deux pour les façons de l'arriere, une pour celles de l'avant, elle se trouve dans le milieu des trois autres.

La varangue de l'arriere sera placée au tiers de la quille, à l'endroit où commencent les façons de l'arriere, & aura les deux tiers du plat de la maîtresse varangue.

La varangue de l'avant sera placée au demi-tiers de la quille, à l'endroit où commencent les façons de l'avant, & aura les trois quarts du plat de la maîtresse varangue.

Le creux du vaisseau sera réglé à la moitié de la largeur du maître bau, en comptant depuis la quille jusqu'au bau du permier pont en ligne droite, en sorte qu'un navire de cent-pieds de quille aura quinze pieds de creux.

La lisse de hourdy ou barre d'arcasse, aura les deux tiers du maître bau, & sera posée deux pieds & demi au-dessous du haut de l'estambot, à la hauteur du seuillet des sabords de la sainte barbe.

Sa Majesté veut qu'à l'avenir la poupe de ses vaisseaux soit ronde au-dessous de la lisse de hourdy, & non quarrée, ainsi qu'il a été pratiqué jusqu'à présent.

A l'égard du fort ou gros du vaisseau, Sa Majesté veut qu'il soit observé exactement à l'avenir de placer le fort du vaisseau directement à la ligne de l'eau; & comme ce fort doit être conduit fort juste de l'avant à l'arriere, & que les proportions n'en peuvent être décidées que par le présent Règlement, Sa Majesté veut & ordonne que de concert & avec les Capitaines & maîtres Charpentiers de chacun de ses arsenaux de Marine, il soit dressé un gabaris qui serve de modele à l'avenir dans toutes les constructions qui seront faites ci-après.

Les préceintes seront conduites en sorte qu'elles ne soient coupées que de deux sabords: & pour être plus assuré dans la conduite desdites préceintes, & des fleurs ou façons des vaisseaux, Sa Majesté veut que, de l'avis du Conseil de Constructions, il soit bâti en chaque port un vaisseau grand comme une chaloupe, qui serve à l'avenir de modele pour les vaisseaux qui y seront bâtis.

La disposition ou arrimage du fond de calle sera observée ainsi qu'il s'est pratiqué jusqu'à présent; il sera fait seulement à l'arriere une séparation de la grandeur d'une des soutes à pain, pour servir à mettre les vivres du Capitaine.

Les vaisseaux de soixante-dix piéces de canon & au-dessus, auront sous le premier tillac des faux baux de six en six pieds, pour fortifier les fonds du vaisseau: & sera fait une galerie de trois pieds de large autour, pour le passage des Charpentiers en cas d'accident de coups de canons ou de voie d'eau.

Les vaisseaux de cinquante jusqu'à soixante-dix piéces, auront la galerie de trois pieds de large seulement, sans les faux baux.

Et les vaisseaux au dessous de cinquante piéces, n'auront ni faux baux ni galeries.

Il sera donné à l'avenir six pieds & demi de distance d'un sabord à l'autre, & il sera observé de ne les mettre pas l'un sur l'autre, afin que la fumée de la batterie basse n'entre pas dans la seconde batterie par les sabords.

Sa Majesté veut qu'il soit observé à l'avenir de ne donner que cinq pieds & demi de hauteur entre deux ponts, à compter de la planche au bau, aux vaisseaux de quatre-vingts piéces de canon & au-dessus; cinq pieds quatre pouces aux vaisseaux de cinquante jusqu'à quatre-vingts; & cinq pieds à ceux de cinquante & au-dessous.

Les vaisseaux seront chevillés de fer dans les liasons des membres principaux, & de bois seulement partout ailleurs au-dessous de l'eau; & au-dessus de l'eau, ils seront chevillés de fer aux endroits accoutumés.

Dans la conduite des constructions, il sera observé de faire rentrer les vaisseaux insensiblement, depuis l'endroit du fort jusqu'au dessous du plat bord, en sorte qu'il soit plus étroit par le haut que dans l'endroit du fort du maître bau.

La poupe du vaisseau sera conduite depuis la lisse de hourdy jusqu'au couronnement, en sorte que le barrot de dessous le couronnement ait les deux tiers de la lisse de hourdy.

Et à l'égard des ornemens de la poupe, Sa Majesté défend d'y mettre des figures de relief, ainsi qu'il a été pratiqué jusqu'à présent, mais seulement des ornemens légers, qui ne puissent appesantir le vaisseau.

Les vaisseaux de cinquante piéces de canon & au-dessous, n'auront plus de galeries ni balcons derriere.

Les vaisseaux à deux ponts qui portent plus de cinquante piéces de canon, auront un balcon léger à la chambre du Conseil; & les vaisseaux à trois ponts de soixante-dix piéces de canon & au-dessus, auront deux balcons, l'un à la chambre des volontaires, & l'autre à la chambre du Conseil.

Sa Majesté veut que l'usage des galeries de côté soit entierement supprimé, & quelles soient même ôtées aux vaisseaux qui en ont à présent, en cas que cela se puisse faire facilement: Sa Majesté permet seulement d'y mettre des saillies aux côtés, appellées bouteilles, lesquelles auront deux pieds & demi en dehors dans le plus large, seront conduites depuis les sabords de la sainte barbe jusques sous le couronnement, & seront ouvertes au dedans des chambres.

Le château d'arriere sera conduit jusques entre le cabestan & le grand mât, & aura de hauteur cinq pieds & demi de la planche au bau.

Celui d'avant aura cinq pieds, & sera conduit jusqu'aux taquets d'armure.

Les cuisines seront placées aux deux côtés du vaisseau, en observant de les rendre plus légeres qu'elles n'ont été jusqu'à présent.

La tonture des vaisseaux contribuant beaucoup à les faire paroître longs, Sa Majesté veut qu'à l'avenir il ne soit fait que deux herpes ou coupures au plat bord, & que celle du milieu ne soit pas si enfoncée qu'elle a accoûtumé d'être.

A l'égard de la mâture & de l'envergûre des vaisseaux, Sa Majesté veut que l'usage ordinaire soit suivi.

Mande & ordonne Sa Majesté à Monseigneur le Comte de Vermandois, Amiral de France, & aux Vice-Amiraux, Lieutenans généraux, Intendans, Chefs d'Escadre & Commissaires généraux de Marine, de tenir soigneusement la main à l'exacte observation du présent Règlement. Fait à Nancy le treiziéme Septembre mil six cent soixante-treize. Signé LOUIS. Et plus bas, COLBERT.

4. Die Monografie aus dem Jahr 1677 zur ROYAL LOUIS von 1668

DESCRIPTION
DU
VAISSEAU
LE
ROYAL LOUIS.

Dediée â Messire PIERRE ARNOUL,
Conseiller du Roy en ses Conseils, Intendant
general de la Marine de Levant.

A MARSEILLE,
Chez CHARLES BREBION, Imprimeur du Roy,
de Monseigneur l'Evéque & de la Ville.
M. DC. LXXVII.
1677

A MESSIRE

PIERRE ARNOUL

CONSEILLER DU ROY EN SES
Conseils, Intendant general de la Justice,
Police & Finances des Armées Navales de Sa
Majesté és Mers de Levant, Reparations
& Fortifications de Provence.

Monsieur,
Les Obligations infinies que je vous ay me donnent la liberté de vous offrir ce petit essay de mes occupations, de l'application que vous m'avez tant recommandée dans la fonction de mon employ.

Je le fais avec d'autant plus d'hardiesse que j'espere que vous me pardonnerez mille fautes qui n'y peuvent estre cachées à un Esprit clair voyant comme le vostre.

Si vous recevez favorablement ce petit Hommage de mes soins, je pourray par un Ouvrage de plus grande importance publier à toute la France le progres que des Officiers de ma sorte font sous une direction si reglée, qu'est celle avec laquelle vous vous acquitez si dignement de la Charge que le Roy vous commet. Ce fera à l'avenir toute l'ambition de

MONSIEUR,

Vostre tres-humble,
tres-obeissant & tres obligé
serviteur.

HAYET Commissaire.

DESCRIPTION
Du Vaisseau Le
ROYAL LOUIS.

CE VAISSEAU aussi Royal que le nom qu'il porte a esté basty dans le Port de Toulon l'an 1668, sous le Regne de nôtre Invincible MONARQUE LOUIS XIV & le Ministere de Monseigneur de COLBERT, par Rodolphe Gedeon Charpentier entretenu par Sa Majesté.

Messire Loüis le Roux Seigneur d'Infreville ordonnant dans ce Port, dont les soins ont conduit la Construction de ce Superbe Navire, qui se vante avec justice dans la devise qu'il porte écrite au pied de son Mast d'Artimont,

D'ESTRE L'UNIQUE DESSUS L'ONDE,
COMME SON ROY L'EST DANS LE MONDE,

& duquel j'entreprends de décrire les justes Proportions, la Magnificence de ses Ornemens , avec l'Inventaire de tout ce qui est entré dans sa Construction, & de ce qui entrera dans son Radoub, Armement & Rechange.

-2-

PROPORTIONS DE SA LONGUEUR.
136 pieds de quille portant sur greuë.
163 pieds de l'estrave à l'estambord.
150 pieds de Iong dans sa seconde baterie.
180 pieds de long du baston du pavillon à la teste de l'esperon.

ESLANCEMENS.

21 pieds d'élancemens en avant.
6 pieds de queste en arriere.

LARGEUR.

43 pieds & demy de bau en son amure en sa premiere baterie.
38 pieds de large en sa seconde baterie.
35 pieds de large dans sa troisiéme baterie ou dans l'embelle du Navire.
32 pieds de lisse dourdy de dehors en dehors.
28 pieds de couronnement, idem.
25 pieds un tier & une neufiéme d'ouverture en ses plattes varangues, avec
14 pouces deux tiers d'assemblage au bout des varangues.

HAUTEUR, ET PROFONDEUR.

26 pieds d'hauteur en son estambord.
30 pieds de hauteur en son Estrave.
20 pieds deux tiers de creux en son fond de calle, compris les faux-baux.
6 pieds & demy de hauteur en son faux pont ~~qui est tillé.~~
7 pieds un quart de hauteur en son premier pont.
6 pieds & demy de hauteur en sa seconde baterie.
6 pieds un quart de hauteur entre ses gaillards.
6 pieds & demy de hauteur en sa grande chambre.
6 pieds & demy de hauteur en sa premiere dunette.
5 pieds de hauteur en sa derniere dunette.
27 pieds de hauteur par son milieu à l'eau.
34 pieds de hauteur du gaillard derriere à l'eau.
32 pieds du gaillard devant à l'eau.
48 pieds de hauteur de son couronnement à l'eau.

PONTILLES ENTRE DEUX PONTS.

21 en sa premiere baterie.
13 en sa seconde baterie.
8 aux gaillards.

SAINTE BARBE.

7 pieds de hauteur.
30 pieds de largeur.
32 pieds de longueur.

CHAMBRE DES VOLONTAIRES.

8 pieds de hauteur.
30 pieds de largeur.
32 pieds de longueur.

CHAMBRE DE L'ADMIRAL.

8 pieds de hauteur.
28 pieds de largeur.
34 pieds de longueur.

- 3 -

PREMIERE DUNETTE.

6 pieds & demy de hauteur.
26 pieds de largeur.
24 pieds de longueur.

DERNIERE DUNETTE.

5 pieds de hauteur.
24 pieds de largeur.
20 pieds de longueur.

COURONNEMENT.

3 pieds de hauteur.
28 pieds de largeur.

PREMIERE GALERIE.

5 pieds & demy de saillie au plus large.
3 pieds au plus estroit.
3 pieds de hauteur de balustrade.

SECONDE GALERIE.

7 pieds de saillie en dehors au plus large.
3 pieds & demy au plus estroit.
3 pieds & demy de hauteur de balustrade.

TROISIÉME GALERIE.

4 pieds de saillie au plus large.
3 pieds au plus estroit.
3 pieds de hauteur de balustrade.

GALERIES DES COSTEZ

6 pieds de saillie au plus large.
3 pieds au plus estroit.

FANAUX.

14 pieds de hauteur à son grand Fanal.
11 pieds de hauteur aux petis Fanaux des costez.

SABORDS.

Il est percé pou 110 pieces de canon; Sçavoir.
32 à la premiere baterie.
28 à la seconde.
26 à la troisiéme.
20 sur le Gaillards.
4 sur la Dunette.

DISTANCE DES SABORDS.

Elle est de 7 pieds 9 pouces entre chaque Sabords.

GRANDEUR DES SABORDS.

L'ouverture des feüillets est de 2 pieds 8 pouces en carré.

HAUTEUR DU PONT AUX SABORDS.

26 pouces du premier pont aux Sabords.
24 du second.
19 du troisiéme.
14 des gaillards aux sabords.

PROPORTIONS ET QUANTITÉ DES MEMBRES DUDIT VAISSEAU.

LA QUILLE contient 5 pieces de 30 pieds de long, 24 pouces en carré au milieu, & 18 pouces aux deux extremitez.

LA CARLINGUE est composée de 4 pieces de 36 pieds de long, 20 à 22 pouces de large, & 20 pousses d'épaisseur

- 4 -

SES CROCHETS; COÜETS; LIEVRES OU FAUSSES CARLINGUES sont fairs de 12 pieces de 28 pieds de long, 11 à 15 pouces de large, & 8 pouces d'épaisseur

SON ESTRAVE est composée de 4 pieces de 25 pieds de long chacune, de 25 à 30 pouces de large, & de 15 pouces d'épaisseur.

LA CONTRE ESTRAVE est une courbe de 14 pieds de long & 15 pouces en carrè.

L'ESTAMBORD est composée d'une piece de 28 à 30 pieds de long, 3 pieds de large & 15 à 16 pouces d'épaisseur.

LE CONTRE ESTAMBORD est une courbe de 16 pieds de long & 15 pouces en carré.

LA LISSE DOURDY a 27 à 30 pieds de long, & 16 à 17 pouces en carré.

Les 3 clefs sont de 25 pieds de long & 14 pouces en carré.

LA LISSE DOURDY a deux courbes de 15 pieds de long & 13 pouces d'épaisseur.

LA CONTRE LISSE DOURDY a 8 courbes de 12 pieds de long & 14 pouces de large.

LES ESTIVAS OU CORNIERES sont de 22 pieds & demy de long jusqu'à 25 pieds, 18 à 20 pouces de large & 14 pouces d'épaisseur.

LES MONTANS OU QUENOUILLES D'ARCASSES sont de 28 pieds de long chacune, 14 pouces de large & 10 pouces d'épaisseur.

VARANGUES, Scavoir.

60 Varangues plattes	de 24 pieds de long,	14 pieds de large &	12 pieds d'épaisseur.
60 Varangues aculées	de 20	17	12
30 Varangues de fourq	de 16	12	12
14 Varangues de porques	de 16 à 22	15 à 17	11 à 14
164			

GENOUX; Scavoir.

120	de 14 pieds de long &	12 pouces en carré.
160 de revers	de 14	12
28 de porques	de 14	14
308		

ALLONGES; Scavoir.

300 de 16 pieds de long & 11 pouces en carré.
200 contre allonges de 16 pieds de long, 14 pouces de large & 11 pouces d'épaisseur.
600 allonges de revers 20 pieds de long & 12 pouces en carré.
58 allonges de porques de 16 pieds de long 14 pouces en carré.
1158

COURBES ET COURBATONS.

56 pieces de	12 pieds de long,	14 pouces de large &	10 pouces d'épaisseur.
72	12	14	10

72	10	13	9
72	6	12	8
32	5	8	6
16	5	8	6
20	4	7	7
14	4	6	6
10	14	15	12
364			

- 5 -

GUIRLANDES OU PIECES DE LIAISON.

15 de 14 pieds de long, 20 pouces de large & 12 pouces d'épaisseur.

BAUX ET FAUX-BAUX AVEC LES LATTES ET BARROS.

28 baux pour le faux-Pont de	37 pieds de long &	15 pouces en carré.
36 pour le premier pont de	44	16
36 pour le second pont de	40	15
36 le troisiéme pont de	39	12
16 pour corps de garde de	34	8
8 au gaillard devant de	34	8
10 barrots pour la I Dunette de	30	7
7 pour la dernier dunette de	30	6
177		

36 Lattes pour le premier pont de 44 pieds de long, 14 pouces de large & 6 pouces d'épaisseur.

36 pour le second pont de	40		14	5
36 pour le troisiéme pont de	31		12	5
16 pour le gaillard derriere de	34		10	4
8 pour gaillard davant de	34		10	4
132				
20 pieces de	20	&	14	-

SERRE-BAUQUIERES.

10 pieces pour le faux pont de	30 pieds de long,	14 pouces de large &	6 p. d'èpaisseur.
10 pour le premier pont	30	15	6
10 pour le second pont	30	15	6
10 pour le troisiéme pont	30	15	5
40			

LIEVRES.

10 pieces pour le premier pont	30 pieds de long,	14 pouces de large &	5 p. d'èpaisseur.
10 pour le second pont de	30	14	4
10 pour le troisiéme pont de	30	12	4
4 pour les Gaillards de	25	10	3
34			

GOUTIERES.

10 pieces de	30 pieds de long,	14 pouces de large &	7 p. d'épaisseur.
10 pieces pour le second pont	30	12	6
20			

PRECEINTES.

50 pieces pour le devant de	15	15	9
30 pieces pour les 3 premiers rangs de	30	15	9
30 pieces pour l'oevre morte de	30	13	6
110			

BORDAGESET VAIGRES.

500 pieces de 30 pieds de long, 15 pouces de large & 4 à 5 pouces d'épaisseur, pour border depuis la troisiéme precinte jusqu'à la quille.

400 pieces de 28 14 3 pour border l'oeuvre morte.

900 pieces de	30	14	4 pour vaigrer le dedans
1800		jusques second pont & tiller les deux premier ponts.	

- 6 -

PLANCHES DE TOUTE SORTE.

400 planches de prusse pour border l'oeuvre morte & le dernier pont.
300 autres de 20 à 26 pieds de long, pour border les chambres, gaillards, dunettes,
vaigrer depuis le grand mast en arriere pour les fonds des soutes à poudre
& cloisons de la chambre aux voiles.
700
200 planches de sapin pour cloisons des chambres, galeries, offices, cuisines, soutes & autres ouvrages.
1.800 planches façon d'Hollande, idem.
20 douzaines planches de pin pour courroir de faux pont.
23 douzaines pour les soutes.

CHEVRONS DE TOUTE SORTE.

62 douzaines pour les soutes de 12 pans de long.
6 douzaines pour le courroir de faux pont.
2000 chevrons moitié de 12 & moitié de 14 pans.

ESTAT PARTICULIER DES BOIS.

Qui ont entrez dans la construction de chaque appartement, avec leurs proportions, qualitez & quantitez; Sçavoir,

AUX BITTES ET BITTONS.

4 Bittes avec ses traverses de 24 pieds de long & 18 pouces en carré.
8 Courbes aux pieds des Bittes de 16 pieds de long & 8 pouces en carré.
4 Casses-Escottes du grand Mast & Mizaine de 44 pieds de long & 12 pouces en carré.
2 Traverses de Bittes de 14 pieds de long & 12 pouces en carré.
9 Traverses de casse-Escottes de 10 pouces en carré.
8 pieces pour faire les Estrieux, Bittons &Traverses de Bittons de 20 pieds de long & 15 pouces en carré.
30 courbatons de 28 pieds de long & 6 pouces en carré, pour le service ordinaire des Manoeuvres.

LES PORT HAUBANS.

4 pieces de sapin de 26 pieds de long, 24 pouces de large & 5 pouces d'épaisseur.
30 pieds de sapin de 8 pouces de large & 4 pouces d'épaisseur pour port-haubans d'artimon.
30 Courbatons de 4 pieds de long & 5 pouces en carré.

LES HABITACLES.

3 douzaines planches d'Hollande.

TIMON OU GOUVERNAIL.

Un gouvernail de 30 pieds de long, 4 pieds de large & 20 p. d'épaisseur.
La barre de 28 pieds de long & 10 pouces en carrè.
Un bau pour soûtenir ladite barre nommé traverse, de 38 pieds de long & 10 pouces en carré.

GUINDERESSES.

Celle de la grande Vergue de 24 pieds de long & 20 pouces en carré.		
Celle du Mast devant	22.	18
4 pieces de 8 pieds chacune de		12 pour guinderesse du grand Mast & celuy de Mizaine.

- 7 -

CABESTANS.

Le grand cabestan de	20 pieds de long &	30 pouces en carré.
Le petit de	15	27
Deux pieces de	20	13 pour Eslinguets.
150 pieds courbans pour Taquets de		9

32 barres de Cabestan bois de faux de 22 pieds de long & 5 p. en carré.

ARCHIPOMPES.

8 pieds droits de 20 pieds de long & 7 pouces en carré.
800 pieds de bordages de chesne.

SCULPTURE.

50 pieces bois de piboulle ou d'aube de 11 pieds de long & 27 pouces en carré.
2 pieces bois de sapin pour le couronnement, ou un mast de 15 pieds de long & 27 pouces de diamettre.

5 pieces bois d'aube	de	11 pieds de long &	27 pouces en carré.
4	de	7	24
30	de	12	16
1 Mast	de	30 &	18 pouces de diamettre.

FAUX PONT.

30 Baux de 46 pieds de long & 13 pouces en carré.
60 courbes de 12 pieds de long, de 14 pouces de large & 14 p. d'épaisseur.
320 pieds de Lievres de 11 pouces de large & 6 pouces d'épaisseur.
20 pontilles de 20 pieds de long chacune & 9 pouces en carré.
6 douzaines de chevrons.
20 douzaines planches de pin.

SOUTES AUX POUDRES ET AU PAIN.

8 baux de 30 pieds de long & 11 pouces en carré.
60 planches de sapin.
62 douzaines de chevrons.
56 planches de prusse.
28 douzaines planches de pin.

CHAMBRE DU CHIRUGIEN.

4 douzaines chevrons de 12 pans.
10 douzaines planches de pin.

CHAMBRE AUX VOILES ET AUX CABLES.

Fosse aux cables:
- 6 baux de 34 pieds de long & 11 pouces en carré.
- 46 planches de sapin de 2 pouces.

Chambre aux voiles:
- 4 douzaines de chevrons.
- 8 douzaines de planches de pin.
- 24 planches de prusse.
- 320 pieds baux de pin.

PREMIER PONT.

10 serrebouquieres de 16 pouces de large & 7 pouces dèpaisseur.
42 baux de 47 pieds chacun & 15 pouces en carré.
8 latons de 23 pieds & demy, 11 pouces de large & 5 pouces d'épaisseur.
192 pieds de traversins de 5 pouces en carré.
84 courbes de 12 pieds de long, 16 pouces de large & 13 p. d'épaisseur.
3 Baux ou clef pour lier le derriere du Vaisseau de 30 pieds & 13 p. en carré.
8 courbes pour lier ledit baux avec l'estambord de 12 16 13.
338 pieds de lievres de 11 pouces de large & 6 pouces d'épaisseur.

- 8 -

338 pieds de goutieres de 18 pouces de large & 6 pouces d'épaisseur.
7.872 pieds bordages de chesne de 12 pouces de large & 4 p. d'épaisseur.
Plus 2.366 pieds dudit bordage pour doubler entre deux ponts.

LA SAINTE BARBE.

7 douzaines planches de Flandres.
8 pieds droits de chesne de 10 pieds de long & 6 pouces en carré chacune.

SECOND PONT.

84 pieds espontille de 6 pouces en carré.

10 Serrebouquieres de 12 pouces de large & 5 pouces d'épaisseur.
42 Baux de 44 pieds & 13 pouces en carré.
82 Latons de 20 pieds, 11 pouces de large & 4 pouces d'épaisseur.
198 pieds Traversins de 4 pouces en carré.
84 Courbes de 10 pieds de long chacune, 14 pouces de large & 11 pouces d'épaisseur.
2 Baux pour clefs de poupe de 30 pieds chacun & 12 pouces en carré.
2 Courbes pour lier la lisse dourdy (Heckbalken) avec lesdites clefs de 14 pieds de long, 15 pouces de large & 14 pouces d'épaisseur.
2 autres, idem de 10 14 12.
338 pieds de lievres de 10 pouces de large & 6 pouces d'épaisseur.
338 pieds goutieres de 15 5.
6.760 pieds bordage de 3 pouces pour tiller le pont.
2.187 pieds, idem, pour vaigre les 2 costes.
182 pieds pontilles de 5 pouces en carré.

CHAMBRE DE VOLONTAIRE.

3 douzaines planches de Flandres pour la cloison.
20 douzaines planches de Cerentes pour le lambris.

TROISIÉME PONT.

10 Serrebouquieres de 4 pouces d'épaisseur.
42 Baux de 42 pieds & 9 pouces en carré.
198 pieds Traversins de 3 pouces en carré.
82 Latons de 18 pieds de long, 10 p. de large & 3 pouces d'épaisseur.
84 Courbes de 9 12 9
340 pieds Lievre de 10 6
340 pieds Goutieres de 13 4
6.767 pieds bordages de 2 pouces pour tillac.
2.197 pieds idem, pour vaigrer les plats-bords & gaillards.

OFFICES ET CUISINES.

55 douzaines planches de pin.
18 douzaines chevrons.

GAILLARDS DE POUPE.

2.280 pieds bordage de prusse.
5 Serrebouquieres de 9 pouces de large & 3 pouces d'épaisseur.
8 baux de 38 pieds & 8 pouces en carré.
100 pieds Traversins de 3 pouces en carré pour caillebois.
40 Latons de 16 pieds de long, 9 pouces de large & 3 pouces d'épaisseur.
28. Courbes de 8 pieds de long & 10 pouces de large.

GAILLARD D'AVANT.

2 Serrebouquieres de 9 pouces de large & 3 pouces d'épaisseur.
12 Baux de 38 pieds & 12 pouces en carré.
50 pieds Traversins de 3 pouces en carré.

- 9 -

24 Latons de 16 pieds de long, 9 pouces de large & 3 pouces d'épaisseur.
24 Courbes 8 10 8.
1.202 pieds bordages de prusse pour tillac.
8 pieds droits de 14 pieds & 7 pouces en carré pour para-pied.
420 pieds bordages de prusse pour doubler le parapet.
3 Corniches pour balustrades sur les 2 gaillards bois de sapin de 150 pieds de long, 9 pouces de large & 6 pouces d'épaisseur.
24 Courbatons de 5 pieds de long & 6 pouces en carré.
100 pieds bordages de 3 pouces pour poser les chevilles de manoeuvres.

CHAMBRE DE CONSEIL.

90 pieds courbans de 5 pouces en carré pour pontilles.
3 douzaines chevrons de 12 pans.
25. douzaines planches de Cerentes pour doublages.
8 douzaines planches de Flandres pour la cloison.
750 pieds bordages de prusse pour tillac.

DUNETTE SUR LA CHAMBRE DU CONSEIL.

8 Baux	de 30 pieds de long & 6 pouces en carré.	
16 Courbes	9	16.

800 pieds planches de prusse d'un pouce & demy d'épaisseur.
6 Douzaines chevrons.
12 douzaines planches de pin.
189 pieds planches de prusse.
12 douzaines planches cerentes.

PETIT DUNETTE.

5 Baux de	26 pieds &	6 pouces en carré
10 Courbes	3	6

180 pieds bordage de prusse.
600 pieds planches de prusse d'un pouce & demy.
168 planches de prusses pour frontaux.
16 Douzaines planches de pin.

Lisses:

200 pieds bordages de	10 p. de large &	3 p. pour lisse de poupe.	
114	9	3	de prouë.
80 idem de	12	3	du milieu.

MONTE'ES EN ESCALIERS

340 pieds bordages de chesne.
72 pieds, idem.
400 pieds planches de prusse.
380 pieds bois d'orme.
210 balustrades de pin de 6 pouces en carré.
200 pieds bordages de chesne pour les eschelles à monter sur les gaillards.

POULAINES.

La Poulaine de	30 pieds de long,	24 pouces de large &	15 p. d'épaisseur.
Le Taille-Mer	30	4	16

Les 4 Courbes de la cuisse de 11 pieds de long & 15 pouces en carré.

Une Courbe pour lier la poulaine	11	15
16 Courbes	9	9

100 pieds bordages de chesne pour bastimer
Un bau de dix pouces en carré pour traverse de casse-escote d'avant.
Un bau pour clef de beaupré de 36 pieds de long & 12 pouces en carré.

2 Courbes de	8	9

- 10 -

100 pieds de preceintes de 14 pouces de large & 9 pouces d'épaisseur.
4 preceintes de chesne pour les herpes de 12 p. de large & 5 p. d'épaisseur.
60 pieds bordages de chesne pour plat-bord de la pouleine.
30 pieds baux de 20 pouces en carré pour gruës.

BOIS EMPLOYEZ A SA CONSTRUCTION.

47.780 pieds bois de chesne à 14 sols le pied cube l'un portant l'autre;
Sçavoir.
26.596 pieds cubes bois de Bourgogne à dix sols.
2.184 pieds cubes de Provence, à huit sols.
Font lesdites deux sommes. 32.363.I.17.s
Pour pontilles, mains courantes & sculpture:
1.416 pieds bois de sapin à 5 sols le pied cube.
86 pieds bois d'orme, à 22 sols.
5.556 pieds bois de publier à 16 sols.
352 pieds bois de pin, à 5 sols.
Sommes: 5.000.l.13.s.

46.252 pieds bordages de chesne; Sçavoir,

8.896 pieds	de	5 pouces d'épaisseur, à	6.s. 3.d. le pieds.	
20.422	de	4 po. à	5.s.	
15.314	de	3 po. à 4.s.9.d.		
1.620	de	2 po à 2.f.4.d	I	
Sommes:				11.711.l.25s

6 pieces de bois pour faire Jas d'Ancre, à 15.l.piece 90.l.

11 pieces de masts pour faire le couronnement 104.l.

Pour le bois qui se gaste & se trouve defectueux, & celuy qu'on leve en l'escarissant, le tout estime de quart de celuy qu'on employ. 13.500.l.

PLANCHES.

785 planches de sapin façon de prusse, à 6 l. piece.
114 planches moindres, à 4.l. piece.
444 planches façon d'Hollande à 16 piece.
1.608 planches de Frejus doubles, à 3.l.10.s.la douzaine.
120 planches, idem simples, à 2.l.10.s. la douzaine.
624 planches de Cerentes, à 4.l. la douzaine.
Sommes: 6.243.l.4.s.
103 douzaines de cabrions de 12. pans, à 50.s. la douzaine 257.l.10.s
32 Barres de cabestans, à 4.l. piece. 128.l.

FER ET CLOUTERIE EMPLOYEZ A SA CONSTRUCTION.

Fer en chevilles, pantures & autres ferrements en oeuvre, à 12.l. le quintal. 1.267.q.& demy.
Clous de poids grands & petits, à 14 l. le quintal. 1.485.q.
Clous tant gros que petits, à 8.l. le millier.[405] 250 milliers.

GOULDRON ET BRAY.

Pour gouldronner le corps du Vaisseau & Manoeuvres. 60 quintaux.
Bray pour passer sur les coûtures du Vaisseau 100 quintaux.

ESTOUPE.

De la blanche pour les fleurs du Vaisseau. 30 quintaux.
De la noire pour les eaux. 130 quintaux.

PLOMB EN TABLE.

Pour couvrir les coûtures des galleries & faire platines pour les canons. 20 quintaux.

- 11 -

POMPES ET AUTRES USTANCILES DE BOIS.

Ont esté employé à la contruction dudit Vaisseau:
4 grands Pompes garnies de leurs appareils.
150 Essieux pour faire des manches aux masses.
150 Leviers de bois pour le service des perceurs & Cannoniers. 20 douzaines de mannes, à 50 s. la douzaine.
8 douzaines de seilleaux, à 5 livres.
2 grand Escopes/Ecope & deux douzaines de petites.
30 pallans garnis.
60 livres fil de voile.

AUTRES MARCHANDISES.

Employées à la construction dudit Vaisseau:
12 pierres à éguiser les outils, à 3.l. piece.
12 Sapes pour nettoyer les coupeaux & le lest .
80 peaux de mouton pour faire lanades à brayer & gouldronner. 40 quinteaux suif ou huile de poisson pour le mettre en mer.

VITRES.

Les Vitres avec les ferrements sont estimé à avec les journées des Ouvriers. 1.700.l.

POULIES.

40 Roüets de fonte pour les masts de hune-drisse & poulies de consideration, pesant ensemble. 40. quinteaux.
1.200 Poulies de bois grandes & petites.
12 Racage garny de pommes.
6 douzaines de chevilles à Manoeuvres.

CHALOUPES ET CANOTS.

Une chaloupe de 45 pans de long.
Une autre de 38.
Un Canot de 22.
100 Avirons.
3 Grapins, pesant 2. quinteaux.
6 Chandeliers de fer pour les Chaloupes. I
3 Racages. I pesant les trois
6 Gaffes. I articles 400.l.
36 Escoppes.

DE'PENSES FAITES POUR LA CONSTRUCTION DUDIT NAVIRE.

Pour celles des Charpentiers.	27.000.l.
Pour les Perceurs.	3.500.l.
Pour les Scieurs.	3.000.l.
Pour les Calfats.	2.000.l.
Pour Menusiers.	2.000.l.
Pour les Journaliers.	2.500.l.
Pour les Sculpteurs.	10.000.l.
Pour les Peintres, couleurs & huile.	10.000.l.
Pour avarrer ledit Vaisseau à l'eau.	800.l
Pour le master & garnir.	2.000.l.
Pour carener, lester & delester dudit Vaisseau.	3.000.l.
	65.800.l.

- 12 -

MASTURE ET ENVERGURE.

Estimées à 18.000 Livres.

Son grand Mast a de long.	104 pieds.
De Diamettre.	40 pouces.
De Tenon.	11 pieds.
Sa Hune a de rondeur.	44 pieds.

Ses Barres ont 15 pieds de long, 12 pouces de large & 6 pouces d'épaisseur.
Son Chuquet a 5 pieds & demy de long, 5 pieds de large & 2 pieds & demy d'épaisseur.

MAST DE HUNE.

Son grand Mast de hune a de long	68 pieds.
De diamettre	19 po. & demy.

MAST DE PERROQUET.

Son grand Mast de Perroquer a de long	34 pieds.
De diamettre	9 pouces.

BASTON DE PAVILLON DU GRAND MAST.

Il a de long.	13. Pieds.
De diameter.	6. Pouces.

MAST DE MIZAINE.

A de long.	94 pieds.
De diamettre au milieu.	36 pouces.
De diamettre au petit bout.	24 pouces.
De tenon:	10. p.& demy.
Sa hune a de rondeur.	38 pieds.

Les barres ont de long.	13 pieds.
Son chuquet a 5 pieds de long, 4 pieds de large & 2 pieds d'épaisseur.	

MAST DE HUNE D'AVANT.

A de long.	59 pieds.
De diamettre.	17 ½ pouces.

PERROQUET D'AVANT.

A de long.	30. pieds.
De diamettre.	8. pouces.

BEAUPRE'.

Le mast de long.	70 pieds.
De diamettre.	36 pouces.
Sa hune a de rondeur.	22. pieds.
Ses barres ont 7. Pieds & demy de long, 6 po. de large & 4 po. d'épaisseur.	
Son chuquet a de long.	3. pieds.

PERROQUET DE BAUPRE'.

Le mast de long.	24 pieds.
De diamettre.	9 pouces.

L'ARTIMONT.

Le mast de long.	70 pieds.
De diamettre.	20 pouces.
Sa hune a de rondeur.	22 pieds.
Ses barres ont 7. pieds & demy de long, 6. po. de large & 4 po. d'épaisseur.	
Son chuquet a de long.	3 pieds.

PERROQUET D'ARTIMONT.

Le mast de long.	34 pieds.
De diamettre.	9 pouces.

- 13 -

PAVILLON DE POUPE.

Le baston de long.	34 pieds.
De diamettre.	9 pouces.

ENVERGURE DU GRAND MAST.

La grande Vergue a de long.	96 pieds.
De diamettre au milieu.	22 pouces.
De diamettre aux deux bouts.	7 pouces un tier.
Sa Vergue de grand hunier a de long.	56 pieds.
De diamettre au milieu.	14 pouces.
De diamettre aux deux bouts.	6 pouces.
La Vergue de grand Perroquet a de long.	29 pieds.
De diamettre au milieu.	8 pouces.
De diamettre aux deux bouts.	3 pouces.

DE LA MIZAINE.

La Vergue a de long.	88 pieds.
De diamettre au milieu.	21 pouces.
De diamettre aux deux bouts.	7 pouces.
La Vergue de hune d'avant a de long.	51 pieds.
De diamettre au milieu.	13 pouces.
De diamettre aux deux bouts.	4 pouces un tier.

DE BEAUPRE'.

La Vergue de Civadiere a de long.	66 pieds.
De diamettre au milieu.	16 pouces.
De diamettre aux deux bouts.	6 pouces.
La Vergue de Tormantin a de long.	36 pieds.

De diametre au milieu.	8 pouces.
De diametre aux deux bouts.	2 pouces 2 tiers.

D'ARTIMONT.

La Vergue a de long.	91 pieds.
De diametre au milieu.	14 pouces.
De diametre aux deux bouts.	4 pouces 2 tiers.
La Vergue de Fougue a de long.	53 pieds.
De diametre au milieu.	9 pouces.
De diametre aux deux bouts.	3 pouces.
La Vergue de Perroquet D'Artimont a de long.	29 pieds.
De diametre au milieu.	8 pouces.
De diametre aux deux bouts.	2 pouces 2 tiers.

ESTAT DES MATS QU'IL FAUT EMPLOYER A FAIRE.

La Masture du present Vaisseau; Scavoir.

Pour faire le grand Mast il faut:

Un Mast de 104 pieds de long &	28 pouces de diametre pour meches.
5 autres de 75 &	20 pour Jumelles.

Mast de Mizaine:

Un Mast de 90 pieds de long &	26 pouces de diametre pour meches.
5 autres de 70	18 pour jumelles.

Beaupré:

Un Mast de 70 pieds de long &	33.

Artimont:

Un Mast de 70 pieds de long &	20.

Mats de Hune:

Un Mast de 68 pieds de long &	20 grand Mast d'Hune.
Un Mast de 60 pieds de long &	18. M. d'Hune d'avant.

- 14 -

Mats de Perroquets:

Un Mast de 34 pieds de long &	9 grand Mast de Perroquer.
Un Mast de 30 pieds de long &	8 Perroquet d'avant.
Un Mast de 24 pieds de long &	9 p. de Beaupré.
Un Mast de 30 pieds de long &	9 p. d'Artimont.

8 Materaux pour Boutehors, bâtons de Pavillons & masts de Chaloupes.
30 Barres de Cabestans pour faire les Hunes.
10 Chuquets de bois de noyer.
2 Masts de Hune de rechange.
4 Boutehors de rechanche.

HUNES.

Celuy du grand Mast a	44 pieds de rondeur.
Celuy de Mizaine	38.
Celuy d'Artimont	22.
Celuy de Beaupré	idem.
Celuy du grand Hunier ou Perroquet.	19.

BARRES DE HUNES.

Ceux du grand Mast ont	15 pieds de long,	12 pouces de large &	6 p. & demy d'épaisseur.
Ceux Mizaine	13	11	6
Ceux d'Artimont	7 & demy	6	4
Ceux de Beaupré	idem		
Ceux du g. Hunier	5	4 un quart	3
Ceux du p. Hunier	4	3 & demy	2 & demy

Le Baston d'Enseigne a 34 pieds de long & 3 pouces de diametre.

ESTAT DES PIECES DE MASTS QUI ENTRENT DANS.
LES VERGUES DU PRESENT NAVIRE.

Grandes Vergues:	
1 de 96 pieds de long	30 pouce de diamettre pour grande Vergue..
1 de 88	28 pour Vergue de Mizaine.
1 de 81	20 pour Vergue d'Artimont.
1 de 65	18 pour Vergue de Civadiere.
Vergues de hune	
1 de 55	17 pour Vergue de g. Hunier.
1 de 51	16 pour Vergue de p. Hunier.
Vergues des perroquets:	
1 de 29	10 pour V. du grand Perroquet.
1 de 25	9 pour V. du Perroquet d'avant.
1 de 32	10 pour V. du Tormentin.
1 de 36	Pour V. du Tapecul.
1 de 53	12 pour Vergue de Fougue.

Plus 2 Vergues de Hune de Rechange.

CHUQUET OU TESTE DE MORE.

Celuy du grand Mast a	5 pieds & demy de long,	5 pieds de large & 30 p. d'epaisseur.	
De Mizaine	5	4 & demy	24
du grand Hunier	3	1 & demy	10
du petit Hunier	2	1 un quart	9

VOILES.

Ses deux jeux de voile contiennent 6.200 aunes de toile, non compris 4 voiles de Perroquetes, 6 bonnettes en Estuy & 4 voiles d'Estay qui sont de siette ou cotonnine.

-15-

GRANDES VOILES.

Sa Grand Voile a 48 toiles d'envergures *faisant 22 aunes, & de guindant onze aunes compris sa bonnette,* cy	242 aunes.
SA MIZAINE a de large 44 toiles faisant 21 aunes, & de hauteur dix aunes compris sa bonnette, cy	210 aunes.
LA CIVADIERE a 30 toiles d'envergure faisant 14 aunes trois quart, & de guindant 6 aunes, en tout cy	38 & demy.
L'ARTIMONT a 28 toiles d'envergure faisant 19 aunes & demy, & de hauteur 14 aunes compris sa bonnette, en tout cy	273 aunes.

HUNIERS.

La grand hunier a 26 toiles le large par haut, 45 toiles par bas, & 15 aunes de guindant, faisant en tout cy	180 aunes.
Le petit hunier a 24 toiles d'envergure par haut, faisant onze aunes 3 quart, 13 aunes de large par bas & 6 aunes de guindant, cy	78

PERROQUETS.

Le grand Perroquet a d'envergure 13 toiles, 25 toiles par bas, & sept aunes & demy de guindant, cy	49 aunes.
Le petit Perroquet douze toiles en haut, 23 en bas, de guindant six aunes deux tiers, cy	36 aunes.
Le Tormentin seize toiles par haut, 29 toiles par bas, & 8 aunes deux tiers de guindant, Cy	64 aunes.
Le Tapecul treize toiles par haut, 25 toiles par bas, & 7 aunes & demy de guindant, cy	43 aunes.

VOILES D'ESTAY.

Celle de grand Voile a 21 toiles de large & 11 aunes de hauteur.	176
Celle d'Artimont a vingt toiles de large und dix & demy de hauteur, cy	150
Celle du grand hunier a dix-huit toiles de larges & neuf aunes un quart de hauteur, cy	117
Celle de petit hunier a quinze toiles de large & sept aunes 3 quarts de hauteur, cy	78

BONNETTES EN ESTUY.

Celle de grand Voile a 2 toiles & demy de large par haut & 20 toiles par bas, avec douce aunes de hauteur, cy — 120 aunes.

Celle de grand hunier a 2 toiles de large par haut, 18 toiles par bas, avec quinze aunes trois quarts de hauteur, cy — 120 aunes.

Celle de petit hunier a 2 toiles de large par haut, 17 toiles par bas & treize aunes trois quarts de hauteur, cy — 104 aunes.

PAVOIS.

Pour faire les Pavois pour le corps du Navire, les 4 Hunes & les Frontaux faut 143 cannes de drap ou ratine rouge ou bleüe, avec de Fleurs de lys jaunes, comme on a fait aux Vaisseaux de Sa Majesté depuis peu cy — 143 cannes.

PAVILLONS.

Pour deux Pavillons blanc & un rouge pour la Poupe & 3 Flammes, faut 200 pieces d'estamine.

Le Pavillon de Poupe a 39 pieds de large ou 9 aunes 3 quarts, avec 60 pieds de hauteur ou 15 aunes, cy — 135 aunes.

Le Pavillon de Beaupre a 18 pieds de large qui fait 4 aunes & demy, & de hauteur 27 pieds ou 6 aunes trois quarts, cy — 25 aunes.

- 16 -

Le Pavillon du grand Mast a 18 pieds de large qui fait 4 aunes & demy, & de hauteur 27 pieds qui fait 6 aunes 3 quarts, cy — 26 aunes.

ANCRES.

Trois Ancres de	50 quintaux piece.
Trois	45
Une de	12
Une de	10
8 pesant en tout.	307 quintaux.

AMARRES.

8 Cables de 23 à 24 pouces de grosseur, pesant avec 120 brasses de long.			1.200 q.
3. Grélins de	10 pouces de grosseur &	120 brasses, cy	65 q.
2. Ancres de	10	120 cy	44 q.
Un Tournevire de	9	40	15 q.

FUNINS DES MASTS ET DES CANONS.

Les Manoeuvres courantes, pesant ensemble	1.324 q.
La garniture des Bragues & Canons, pesant	213 q.
Les Amarres, pesant	1.324 q.

Scavoir.

FUNINS DU MAST DE L'ARTIMONT.

2 pieces de 6 pouces & 60 brasses pour Haubans, pesant	9 q.
L'Estay de 8 pouces & 16 brasses, pesant	2 q.
Une piece de 3 p. pour Palanquins & de 70 brasses, pesant	1 q. & demy.
Une piece de 4 pouces & 70 brasses pour Drisse & Racage, pesant	2 q. & demy.
Une demie piece de 4 pouces pour Escoutes, pesant	70 livres.
Deux pieces de 2 pouces & demy pour cargues, pesant	2 q.
Une piece de 3 p. & 70 brasses pour rides d'Haubans,	1 q. & demy.
8. pieces de quaranteniers pour Enflexures, pesant	5 q.

POUR LA VERGUE DE FOUGUE ET LE PERROQUET D'ARTIMONT.

6 pieces de 2 pouces & demy pour toute la garniture, pesant — 6 q.

FUNINS DU GRAND MAST.

Le grand Estay de 18 pouces de grosseur & 40 brasses de long, pesant	30 q.
4 pieces pour les Haubans de 9 pouces & 80 brasses.	80 q.

24 pieces de quaranteniers pour Enflexures.	12 q.
4 pieces cordage de 4 pouces & demy, & 80 brasses pour Rides.	12 q.
25 Lignes pour fourrer les Estays.	7 q. & demy
Une Itague de 12 pouces & 35 brasses, pesant	12 q.
2 drisses de grand Vergue de 7 pousses de grosseur & 120 brasses de long, pesant	18 q.
2 pieces de 5 pouces & 80 brasses pour Garand de Galiorne pesant	10 q.
2 pieces de 4 pouces & 80 brasses pour Garands de Palanqs, pesant	5 q.
Une piece de six pouces & 70 brasses pour itague desdits Palanqs, pesant	6 q.

- 17 -

Une piece pour grands Escoutes de 7 pouces & 48 brasses	8 quintaux.
Une piece d'Escouets de 9 pouces & 25.brasses, pesant	5 q.
Une piece de 6 pouces & 60 brasses pour Boulines.	5 q.
Une piece de 4 pouces & 100 brasses pour Balancines.	4 q.
Une autre de 4 pouces pour Grands Bras.	4 q.
Une autre de 4 pouces pour Carguepoints.	2 q.
Deux pieces de 3 pouces & demy & 70 brasses pour Carguefonds & Cargueboulines	4 q.
2 pieces de 2 pouces & demy pour Carguebas & Trelingages de grands Haubans, pesant	2 q. & demy.

FUNINS DE GRAND HUNIER.

Deux pieces de 6 pouces & 80 brasses pour Haubans, pesant	12 q.
Trois autres de 6 pouces & 100 brasses pour Galobans.	15 q.
Une piece de 7 p. & demy & 100 brasses pour Guinderesse du Mast à deux garands, pesant	18 q.
Une piece de 9 pouces & 80 brasses pour Escoutes, pesant	20 q.
Une piece de 7 pouces & 8 brasses pour Itaques, pesant	7 q. & demy
Une piece de 4 p. & demy & 80 brasses pour Drisses, pesant	2 q. & demy
Une piece de 3 p. & demy & 80 brasses pour Palanquins & Rides	1 q. & demy
Deux Quaranteniers pour Enflexures, pesant	5 q.
Une piece de 3 pouces & 7 brasses pour Rides d'Haubans.	-
Un Estay de 7 pouces & 30 brasses, pesant	4 q.
Une piece de 4 p. & demy & 80 brasses pour Carguepoints.	3 q.
Trois piece de 3 pouces & 80 brasses pour Bras, Balancines & Carguepoints, pesant	6 q.
Une piece de 4 pouces & 50 brasses pour Racages & Herses de poulies.	2 q. & demy.
Une piece de 3 pouces pour Cargueboulines.	1 q. & demy
Une piece de 4 pouces & 70 brasses pour Boulines	2 q. & demy

FUNINS DU GRAND PERROQUET.

Une piece de 3 pouces & demy & 80 brasses pour Haubans & Estay.	2 q.
Sept pieces de 2 pouces & 80 brasses pour toute la garniture dudit Mast.	7 q.

FUNINS DE MIZAINE.

Trois pieces de 8 pouces & 80 brasses pour Haubans.	50 q.
Un Estay de 14 pouces & 20 brasses, pesant	20 q.
Trois pieces de 4 pouces pour Rides d'Haubans.	7 q.
18 pieces de quaranteniers pour Enflexures.	9 q.
Deux pieces de quatre pouces & 70 brasses pour Palanqs de Candelettes.	4 q.
Une piece de 5 p. & 50 brasses pour Itaque de Palanqs de Candelettes.	3 q.
Deux pieces de 5 p. & 70 brasses pour Garands de Palanqs de Caliornes.	7 q.
Deux pieces de 2 pouces & 80 brasses pour Carguebas	1 q.
Une piece de 6 pouces & 70 brasses pour Racage & Herses de Poulies.	6 q.

Une itague de 11 pouces & 35 brasses. 11 q.
Une piece de 6 pouces & demy & 80 brasses pour Drisse 8 q.

- 18 -

Une piece de 6 pouces & 80 brasses pour Escoutes, pesant 7 q.
Une piece de 8 pouces & 25 brasses pour Coüets. 3 q. & demy
Une piece de 4 pouces & 70 brasses pour Carguepoints. 2 q.
Deux pieces de 3 pouces & demy & 80 brasses pour Bras & Balancines. 4 q.
Deux pieces de 3 pouces & demy & 80 brasses pour Carguefons & Cargueboulines, pesant 4 q.
Une piece de 4 pouces & 60 brasses pour Boulines. 3 q.

FUNINS DU PETIT HUNIER.

Deux pieces de 5 pouces & 70 brasses pour Haubans. 9 q.
Deux pieces idem, pour Galobans. 9 q.
Une de 3 pouces pour Rides d'Haubans. 1 q. & demy
Deux pieces de 3 pouces & 70 brasses pour Palanquins. 3 q.
L'estay de 6 pouces & 20 brasses, pesant 1 q. & demy
Cinq pieces de quaranteniers pour Enflexures. 2 q. & demy
Une piece de 6 pouces & demy & 70 brasses pour Guinderesse. 8 q.
Une piece de 8 pouces & demy & 70 brasses pour Escoutes. 14 q.
Une Itague de 8 pouces & demy & 25 brasses pesant 2 q.
Une piece de 3 pouces & demy & 70. brasses pour Drisse 2.q.
Une piece de 3 pouces & demy & 80 brasses pour Carguepoints. 2 q.
Une piece de 3 pouces & 80 brasses pour Carguefons. 1 q & demy.
Deux pieces de 3 pouces & 80 brasses pour Bras & Balancines. 3 q.
Une piece de 2 pouces & demy pour Contrefanons, pesant 1 q.
Une piece de 3 pouces & 7 brasses pour Boulines.[406] 1 q & demy.

FUNINS DU PERROQUET D'AVANT.

Une piece de 3 pouces & 80 brasses pour l'Estay & Haubans, pesant 2 q.
5 pieces de 2 pouces & 80 brasses pour toute la Garniture, pesant 7 q.

FUNINS DE BEAUPRE'.

15 Brasses de 6 pouces pour Itague à la Vergue pesant 1 q.25.l.
4 pieces de 3 p. & 70 brasses pour un Drisse, Balancines & Bras, pesant 6 q.
2 autres de 3 pouces pour Carguepoints & Carguefons. 3 q.
Une piece de 6 pouces & 36 brasses pour Dorman. 3 q.
Une piece de 4 pouces & 70 brasses pour Escoutes. 2 q.

FUNINS DU PERROQUET DE BEAUPRE'.

Une piece de 3 pouces & 70 brasses pour Estay & Haubans, pesant 1 q. & demy.
3 pieces de 2 pouces pour Carguepoints, Bras, Balancines & Drisses. 2 q.
2 pieces de quaranteniers pour les Marticles. 1 q.

FUNINS SUR LE TOUT

60 Lignes pour fourrure des Manoeuvres, pesant 60 q.
Merlin & Lusin. 6 q.
Bitord. 12 q.
Une piece de 9 pouces & 50 brasses pour Bosses. 8 q.

- 19 -

POULIES POUR LA GARNITURE DUDIT VAISSEAU
AU MAST D'ARTIMONT. 45.

Il faut 45. poulies; Scavoir.
3 au Palanquinets
2 à la Trosse.
2 à la Drisse & Itague
2 aux Orses.
4 au Martinet.
2 à l'Itaque & Drisse du Mast de Perroquet.
2 aux deux bras de la Vergue de Perroquet.
2 aux deux Balancines de ladite Vergue.

4 aux deux Palanqs de la Voile.
8 aux cargues.
1 à la Drisse de l'Estay.
2 aux bras de la Vergue de Fougue.
4 aux bouts de ladite Vergue.
1 à l'Estay du Mast de Perroquet.
2 aux Boulines du Perroquet.
2 aux Cargues.
2 à la teste dudit Mast de Perroquet pour tenir les Balancines.
___
45

AU GRAND MAST 100. Scavoir

3 pour Palanqs du grand mast à Tribord.
2 à Babord, idem.
2 pour l'Estay.
3 pour Drisse & palanq de l'Estay.
2 pour le racage.
2 pour l'Itaque de la Vergue.
4 pour les Bras.
4 pour les Balancines.
8 pour Escoutes.
2 pour Boulines.
4 pour Carguefonds & Cargueboulines.
1 pour hisser & tirer la grande Bouline.
4 pour le deux Palanquins du grand Mast. d'Hune.
4 pour la Guinderesse du Mast d' Hune.
2 pour l'Estay du Mast d'Hune.
6 pour Bras dudit.
4 pour Balancines.
4 pour Escoutes.
4 pour boulines.
4 pour Carguefonds.
2 pour Cargueboulines.
4 pour Carguepoints.
2 pour Drisse & Itague de Vergue du grand Perroquet
2 pour Bras dudit.
4 pour Balancines.
2 pour Carguepoints.
4 pour Boulines.
1 pour hisser la grande Voile d'Estay.
1 autre pour la Voile d'Estay d'Hune.
1 autre pour l'Escoute de ladite.
10 Poulies pour les Bonettes en Estuy.
100

Sans compter les 4 poulies des bouts des Vergues, & les poulies de Rides, Catmoutons, & aussi pour Palanqs de Canons.

POUR LE MAST DE MIZAINE 96 Scavoir.

12 pour Palanqs.
2 pour l'Estay.
2 pour Drisse & Itaque.
4 pour Bras.
2 pour Balancines.
2 grosses pour Escoutes.
4 aux Carguepoints.
4 aux Carguefonds & Cargueboulines.
4 aux Boulines.
2 aux Palanqs du petit Hunier.
2 pour Itaque & Drisse.
6 pour Bras.
4 pour Balancines.
4 aux Escoutes.
4 Carguepoints.
4 Carguefonds.

- 20 -

2 aux Cargueboulines.
1 à l'Estay du Perroquet.
1 à Itaque & Drisse.
8 aux bras.
4 aux Balancines
2 aux Boulines.
2 aux Carguepoints.
2 aux Boulines.
8 aux Voiles en Estay.
4 à bosser les Ancres.
96

AU MAST DE BEAUPRE' 48 Scavoir.

1 sous le Mast qui sert pour dans l'occasion accrocher le Vaisseau ennemy.
2 à la Voile d'Estay.
8 aux Palanquins.
2 à l'autre Palanquinet qui s'ammarre sous le Beaupré.
6 aux Bras.
6 aux Balancines.
2 aux Escoutes.
1 aux Carguefonds.
4 à l'Estay du Perroquet.
6 aux Bras dudit.
4 aux Balancines.
2 pour Itaque & Drisse
4 pour Carguepoints.
___
48

RECHANGE DU MAISTRE.

20 milliers de cordage à sont choix.
6 pieces toiles noyales.
faisant 240 aunes.
2 pieces cotonnine,
faisant 150 cannes.
100 livres fil de voile.
8 douzaines Eguilles de voile.
10 douzaines de Poulies de toute sorte.
2 douzaines Cat-moutons.
2 quintaux Merlin & Lusin.
36 Cornes à épisser.
60 Haches à fendre bois.
200 Cosses.
200 Crampes.
400 Goupilles.
4 Marteaux à dents.
10 quintaux Suif
8 quintaux Chandelles de suif pour 4 mois.
12 barrils de Goldron.
12 barres de Cabestan.
6 douzaines Esparres.

RECHANGE DU PILOTE.

4 Milleroles d'huile.
4 livres Fil de coton.
2 Cloches de fonte.
24 Compas de route.
36 Horloges compris 2. de quart.
10 Lignes à sonder.
4 Lampes du bitacles.
3 q. Bougie pour les fanaux.

RECHANGE DU CALFAT.

Un Pot à bray.
12 Chaines d'haubans.
12 Chevilles, idem.
12 Gambes de hune.
2 Masses à boeuf.
2 Marteaux à dent.
4 Taille-fer.
4 Repoussoirs.
200 Goupilles.
100 Retanches.
3 Chaisnes à saisir les vergues.
2 Grapins d'abordage avec leurs chaines.
2 Grapins à main avec leurs chaisnes.
4 quintaux clous de poids.
3.000 clous gros bastard.
3.000 petit bastard.
3.000 clous gros barque vieille.
3.000 clous petits barques vieille.
4.000 clous double porte.
4.000 simple porte.
10.000. clous de maugeres.
10.000 clous de plompe.
6.000 clous de pompe.
6 Vergues de pompe.

- 21 -

3 Croqs de pompe.
6 Cercles, idem.
2 Garnitures de joüettes, chevilles, heuzes & chopines.
4 Costes de cuir fort.
6 Cuirs verds.
10 quintaux bray gras.
15 quintaux estoupe noire.
2 quintaux estoupe blanche.
6 quintaux plomb en table.
8 douzaines maugere de vache.
12 peaux de mouton.

RECHANGE DU CHARPENTIER.

4 Bordage de chesne.
8 Douzaines de planches.
12 douzaines de chevrons.
6 douzaines esparres petites.
24 barres de cabestans.
2 Jumelles.
2 Mast d'hune de rechange.
2 Vergues d'hune.
4 grands boutehors pour les brûlots.
24 grandes esparres pour gorrots.
12 Essieux.
2 Pierres à meule.

ARTILLERIE.
CANONS DE FONTE.

12 pieces de 36 livres, pesant 60 quintaux piece.
18 de 24 50

30. de 18 40
30. de 12 27
20 de 8 18
110 ~~195. quintaux par 110.~~ ~~21.450 q.~~
6. Pierriers de fonte. 21. quintaux.

AFFUTS.

110 Affuts garnis de croqs à bersin, chevilles, platte-bandes, suivant les proportions suivantes.

CEUX DE 36 livres.

Les Flasques ont 22 pouces de hauteur & 5 pouces d'épaisseur.
La Sole 5 pieds 4 pouces de longeur & 4 pouces d'épaisseur.
L'essieux de devant 5 pouces d'épaisseur.
Les Roües de devant 19.pouces de hauteur.
L'essieux de derriere 4 pouces & demy d'épaisseur.
Les Roües de derriere 16 pouces & demy de hauteur.
L'Ouverture du devant de 15 pouces & demy.
L'Ouverture a son torillon 18 pouces & demy.

CEUX DE 24 livres.

Les Flasques ont 22 pouces de hauteur & 4. pouces d'épaisseur.
La Sole 8 pieds 8 pouces de longeur & 4. pouces d'épaisseur.
L'essieux de devant 5 pouces d'épaisseur.
Les Roües de devant 19 pouces de hauteur.
L'essieux de derriere 4 pouces & demy d'épaisseur.
Les Roües de derriere 16 pouces & demy de hauteur.
L'Ouverture de l'affut du devant aura 14 p. au torillon 17 p. demy

CEUX DE 18. Livres.

Les Flasques auront 22 pouces de hauteur & 4,5 pouces d'épaisseur.
La Sole 4 pieds & demy de long & 4. pouces d'épaisseur.
L'essieux de devant 4 pouces & demy d'épaisseur.
Les Roües de devant 16 pouces & demy de hauteur.
L'essieux de derriere 4 pouces d'épaisseur.
Les Roües de derriere 14 pouces de hauteur.
Large en avant de 13 po. à l'ouverture & aux Dauphins 15. po. & demy

CEUX DE 12. Livres.

Les Flasques auront 17 pouces de hauteur & 4 pouces d'épaisseur.
La Sole 4 pieds & demy de long & 3 pouces d'épaisseur.
L'essieux de devant 4 pouces d'épaisseur.
Les Roües de devant 14 pouces de hauteur.
L'essieux de derriere 3 pouces d'épaisseur.
Les Roües de derriere 11 pouces de hauteur.
Ouvert en avant 11 pouces & demy.
Au Torillon 14 pouces.

CEUX DE 8. Livres.

Les Flasques auront 12 pouces de hauteur & 3 pouces d'épaisseur.
La Sole 3 pieds 10 pouces de long & 2 pouces & demy d'épaisseur.
L'essieux d'avant 3 pouces d'épaisseur.
Les Roües de d'avant 11 pouces de hauteur.
L'essieux de derriere 3 pouces d'épaisseur.
Les Roües de derriere 9 pouces de hauteur.

Ouverture en avant de 10 pouces.
Et au Torillon 12 pouces & demy.

GARNITURE DU CANON

110 Pinces de fer.
4 Criqs.
250 Portegartouches.
200 Lanternes à mitraille.
300 livres Meche.
200 douzaines Peaux de parchemins.
150 Bâtons de Reffouloirs garny de leurs boutons & Tirebourres.
25 Cuillieres garnies de Reffouloirs.
30 Fanaux plats ou de combat.
16 Lanternes.
8 Fanaux de signaux.
6 Lanternes sourdes.
8. Mesures.
500 livres Plomb en table pour platines.
10 quintaux vieille ferraille pour le Canon.
3 douzaines peaux de mouton.
6 livres fil à Gardouche.
50 Pots à feu avec leurs grenades.
200 Grenades avec leur tuyaux

BOULETS DE CANONS

600 Boulets ronds de 36 livres, pesant		216 quintaux.
900 de	24	216
1.500 de	18	270
1.500 de	12	180
1.000 de	8	80
5.500		962.
1.000 Boulets à deux testes, pesant		180. quintaux

-23 -

ARMES.

50 milliers poudre à canon.
5 milliers poudre fine.
55
-
300 Mousquets.
150 Mousquetons.
500 Bandolieres.
100 Pistolets.
150 Piques.
8 Hallebardes.
70. Pertuisannes.

110 Haches d'armes.
150 Coutelas.
8 Tirebourre avec leurs verges.
1.000 Baguettes de bois blanc.
2.000 Pierres à fusils.
8 Mesures fer blanc.
30 quintaux bales de Mousquets.
Un Estoq & outils de l'Armurier comme Limes, & c.
2 Caisses de tambour.

FUSTAILLES ET AUTRES USTANCILES DE CUISINE.

2.000 Milleroles à eau cerclées de fer
-
2.000 Milleroles à vin de méme.
60 Barriques pour aller querir de l'eau.
-
3 douzaines de seillots de bois.
12 Seillots de cuir.
2 douzaines de Barrils.

2 Chaudieres avec leurs couvert
2. Moyennes avec leurs couvert.
Un quintal de Liege.
4 douzaines de Mannes.
2 douzaines de Péles.
2 Manches de cuir pour emp lir les fustailles à eau & à vin.

USTANCILES DE FORGE.

1 Soufflet.
1 Enclume.
1 Estau.

2 Taraux.
2 Curefeu.
4 Fours.

3 paires de Tenailles.
1 Tenaillon à fiche.
24 Limes.
6 Goüies.
4 Marteaux.
1 Filiere de barreau.
6 Poinçons.
1 Bigorre.
1 quintal de Fer.
20 livres d'Acier.
1 livre Fil d'archal.
6 Feüilles de fer blanc.

USTANCILES DE L'ARMURIER.

1 Estoq.
1 Tenaille à vis.
1 Manivelle.
1 Fillieu.
2 Taraux.
2 Ciseaux à fer.
2 Poinçons ronds.
6 Tirefons.
12 Bassinets garnis.
12 Essieux
12 Pieces carrées.
12 Guichets.
12 Guipes.
12 Vis à culasse.
1 livre Fil d'archal.
Du vieux linge.
De l'huile d'Olive.
Des tuyaux de plumes.

OUTILS DE MENUISIERS.

1 Verlaque.
1 Demy Verlope.
1 Guillaume.
1 Feuilleret.
1 Rabot.
1 Mouchette.
1 Rabot rond.
1 Scie.
1 Hache.
1 Formoir.
1 Ciseau.
1 Bec d'Asne.
1 Triangle.
1 Marteau.
1 Trequin.
1. Valet.

- 24 -

1 Virebrequin.
1 Tablier.
1 Quille-bouquier.
1 Cadenat.

COFFRE DU Me. CHARPENTIER.

1 Loube ou scie à main.
1 grande Scie.
6 Ciseaux.
2 Herminettes.
3 Haches.
1 Ligne.
1 Marteau à dent.
6 Rabots.
De la craye blanche ou du laq rouge.

COFFRE DU TONNELIER.

1 Couteau à deux manches.
1 Hacherot.
1 Massole.
1 Davit.
1 Chien.

COFFRE DU CALFAT.

2 Ciseaux à fret.
6 Maillets ferrez.
6 Massoles de bois.
3 Triangles ou échaffaux.

USTANCILES DE CUISINE DU CAPITAINE.

1 Marmitte.
1 Poisle.
1 Passe de fer.
1 Pincette.
1 Poissonniere.
1 Lichefrite.
1 Trepied.
2 Broches.
3 Rechauds.
2 Landiers.
2 Tortieres.
1 Four de cuivre.

COFFRE DES MEDICAMENTS.

FERREMENTS.
1 Seringue.
1.Mortier de bronze ou de marbre
Bol commun.
Terre sigellée.
Cendre de crane humain, & c.

avec sons pilon.
1 Balance à trebuchet avec son
marc de cuivre.
Palettes, Rechauds, Bassins, Coque-
marts & pots de terre.
Scies.
Crochets.
Tirefons.
Tirebales.
Bec de cane.
Bec de gruë.
Bec de corbin.
Platines.
Boulons ronds & carrez.
Eguilles droits & courbées.
Carrelets.
Fil & foye, & c.
MEDICAMENTS.
POUDRES ASTRINGENTES.
Poil de Lievre.
Bolfin

ONGUENTS ETEMPLASTRES.
Basilicum Apostolorum.
Mundicatifs.
Aureacum
Album-Rasis.
Pompholae.
Aegyptiaque, & c.

HUILES
De Lys.
De Rose.
De Camomille.
De Lin.
De Mirtille, & c.
-
EAUX
De Chardon benit.
De Rose.
De Plantin.
De Maurelle.
De Scabieuse, & c.

- 25 -

COMPOSITIONS POUR MEDECINES.

Theriaque.
Mitridat.
Confection d'Achermes.
Hyacinthe.
De la Casse.
Catholicum.
Diaphenix.
Dia Cartami.
Dia Turgagan, & c.

Rubarbe.
Sené.
Turbi.
Agaric.
Scamonée.
Diagrec.
Semence d'Anis.
De Fenoüil.
De Fenugra, & c.

MIELS.
Mercurial.
Rosal.
Parietal, & c.
POUDRES CEPHALIQUES
Mirrhe.
Mastic.
Encens.
Limon, & c.

AUTRES POUR MEDICAMENS.
Resine.
Huile d'Olive.
Cire jaune & blanche.
Poix noire.
Aronge de Porc.
Therebentine, & c.
MUNITIONS
Prunes, Raisins, Sucre, & c.

ORNEMENS DE LA CHAPELLE.

La Pierre sacrée garnie de bois.
Le Calice & sa Paix d'argent.
Le Chasuble.
L'Estole.
Le Manipule.
Le devant d'Autel.
Le Missel.
Le Coussin de bois pour le Missel.
L'Aube.
L'Amict.
La Ceinture.
Deux napes de 8. pans & 4 toiles de large.

Le Corporal.
Le Puris(f)icatoire.
Le Tegiteur.
Le Crucifix d'argent.
Un Mouchoir de toile blanche.
4. Chandeliers.
Une Boite d'argent pour les Hosties.
-
Dix livres Cierge blanche.
Deux Burettes d'argent.
Un petit Bassin d'argent à laver.
Le tout dans un Coffre.

LA SCULPTURE ET PEINTURE.

ON peut dire que jamais aucun Navire n'a esté si Enrichy de Peinture & de Sculpture que cet incomparable Vaisseau, dont les desseins, ont esté faits par Monsieur le Brun, l'un des plus incomparables hommes de l'Europe en cet Art, & entretenu par Sa Majesté.

La couleur generale du Vaisseau est or & blanc en hors tant aux Lisses qu'à la Poupe, toute parsemée de Fleurs-de-lys d'or.

AU PREMIER PONT.

ON voit la Cloison de la sainte Barbe enrichie par dehors de Fleurs-de-Lys avec de filets d'or.

On treuve ensuite un Escalier à deux montées avec leurs soûtiens toute enrichie de peinture, qui vous meine au second Pont.

SECOND PONT.

On voit trois Offices de chaque costé ornées de peinture assés /assez agreables.

- 26 -

Sur l'arriere on treuve la grand Chambre qu'on appelle communement la Chambre des Volontaires, don't la cloison est compartie en quatre, qui s'ouvre & s'accroche en haut pour avoir la veüe du Pont de Poupe à Prouë en cas de combat avec une porte du costé de Tribord pour entrer dans ladite Chambre.

LADITE Cloison en dehors est ornée de plusieurs petits Panneaux peints & entournez de Mollures dorées, & par dedans un grand Tabelau où son peints Les Armes Du ROY dorées & soûtenueäs par des Tritons peints en grisaille fine, avec les Armes de Monseigneur le Duc de Vandosme à la droite, & celles de Monseigneur le Duc de Beaufort à la gauche, dorées & enrichies de Trophées d'Armes dans un tres beau cadre doré. A costé dudit Tableau son peintes deux Renomées qui portent dans un ovale d'azur les Chiffres du Roy en or, & un Cupidon qui soûtient leurs trompetes, derrieres lesquelles est peint un Terrain éloigne derriere une balustrade.

A BABORD est peint dans un cadre qui tient presque tout le long de ladite Chambre, le rencontre que fit Apollon de Cupidon bandant son Arc affis sur une nue aprés la deffaite du Serpent Pithon.

A TRIBORD on voit un Tableau de la mesme grandeur d'Apollon pour-suivant Daphné qui fut metarmophosée en Laurier, avec une Nimphe à chaque coin desdites deux Cadres qui retroussent un Rideau bleu.

AU FOND de ladite Chambre qui sert de cloison à la Galerie de Poupe il y a une porte avec 3.fenestres de chaque costé faites à panneau, ornées de tres beaux feüillages avec un filet d'or, dont les dessous sont aussi peints de cadres d'Architectures & de panneaux mabrez.

LE CIEL de la Chambre qui est separé en six baux est peint d'azur, avec ses quarts de ronds & silures dorées, ainsi que lesdites baux avec des tritons, accompagnez de feüillages entrelassées de Soleils, de Fleur-de-lys & de couronnes dorées, ainsi que les baux avec des tritons, portans les uns des Fleurs-de-lys & les autres les chiffres du Roy.

EN sortant de cette Chambre il y a un degré ou visettes à deux montées de face, faite en ovale, qui meine au troisiéme Pont, ornée de ses soûtiens, avec une balustrade richement peintes & ornées de feüillages, & leurs entrées & sorties sont couvertes d'une arcade soûtenuë de deux colomnes avec leurs chapiteaux, le tout artistement peint de couleur de jaspe.

LE Parquet de ladite Chambre semble le vouloir disputer au reste de ses ornemens, voire les surpasser, d'autant qu'on y a prodigué l'Olivier, l'Ebene & l'Ivoire.

TROISIE'ME PONT.

EN montant quand on est à la veüe du Reposoir où se joignent les deux montées, au pied du Mast d'Artimont on voit dans un chapiteau peint en lettre d'or sur un champ d'azur, cette incomparable & veritable devise suivante.

JE SUIS L'UNIQUE DESSUS L'ONDE.
ET MON ROY L'EST DEDANSLE MONDE.

Toute cette cloison qui forme la montée pour monter sur le Tillac ou Pont d'en haut, est ornée de balustres & ovales couleur de marbre, avec des feüillages & silures d'or par tout.

- 27 -

LE CORPS DE GARDE.

Au dessus de l'entrée le Bau du frontal est fait en corniche, avec une balustrade partagée de quatre pieds d'etail, ornées de ses emolures, & un chiffre du Roy sur chacune desdites quatre colomnes, il y a un globe ou boule dorée.

LE CIEL est tout peint de Fleur-de-lys, de couronnes, & des chiffres dorées entrelassées de feuillages de fine grisaille.

Tous les baux dudit ont des quarts de ronds doré, & de tous costez ornez de belles frizes peintes de plusieurs couleurs.

Au milieu est posée une table en long avec huit colomnes qui la soutiennent, peinte façon de jaspe avec leurs chapiteaux; à chaque costé il y a quatre sabords enjolivez de gartouches, avec des Enfans qui en soûtiennent d'autres, le tout peint d'une grisaille tres fine au milieu d'une desdites gartouches on y voit des fausses virtes peintes; entre les sabords il y a des grands tableaux, representans les uns de marecages, les autres des marines & paysages, & tous sont separez par des courbes qui soûtiennent le gaillard, avec leurs quarts de ronds ornez par tout d'unes silure d'or, aux costs sont peints des Enfans soûtenans des masques, accompagnez de quantité de beaux feuillages.
Le derriere de la montée est enrichie plus que les autres.
L'ARTIMONT jusqu' au gaillard est enjolivé d'une canelure relevée d'or sur azur.
Tout prés est la cloison de la CHAMBRE DU CONSEIL, avec quelques autres pour les Officiers, elle est en dehors separées en quatre cadres dorez, où est peint naivement la representation des corps de garde, les uns fumans, les autres joüans aux dez ou aux cartes, le tout d'une peinture admirable.
LES CHAMBRES sont comparties en trois, Sçavoir celle du Conseil, & une de chaque costé, avec un courroir entre-deux, où on a peint des Turcs qui relevent des rideaux, & qui semblent saluër ceux qui entrent, dans lesquelles les portes & fenestres sont richemont travaillez, avec leurs volets semez de Fleur-de-Lys, de Soleils & de Chiffres du Roy, & des silures dorées, accompagnez de tres beaux feüllages.

Dans la Chambre à Tribord il y a deux Tableaux contre le Platbord, celuy qui est plus à Poupe est de figure ronde & d'or hachè, où sont peint Midas, Pan & Apollon, le dernier joüant de son violon, ce Tableau est soûtenu par des belles Nimphes qui relevent des rideaux, à Babord aussi contre le Platbord est peint Apollon qui escorchoit le Satire Martias, avec les mesme supports que celuy de Tribord.
DANS la Cloison en dedans, outre les panneaux d'azur & les beaux ornemens relevez d'or, silures & corniches semblable, il y a un beau Tableau rond dans lequel il y a u n tres rare Portrait de nostre INVINCIBLE MONARQUE, fait de la main du Sieur Fauchier, avec celuy de Monseigneur le Dauphin, de l'autre costé est celuy de la Reyne, avec aussi le Portrait de Monsieur Frere Unique du Roy, ces quatre cadres sont d'une mesme grandeur & d'or haché, soûtenus chacun par deux Enfans,& posez dessus des grands chapiteaux peints de couleur de marbre.
Le Platfond de la Chambre est comparty en six Baux dorez, & accompagnez de quatt de ronds, & peints de Soleils, de Fleur-de-Lys d'or

- 28 -

avec des frises de grisaille, rechaussé d'or, ainsi que le Platfond, avec des Tritons qui portent les Chiffres du Roy.
LES deux Chambres de costé sont d'egales grandeur, & ont le Platfond peint d'un tres-beau feüllage, les baux qui les traversent & l'allée qui est entre-deux sont ornez d'une frise dorée, & les costez au platbords de tableaux de marine & de paysages.

LE GAILLARD DERRIERE.

Il y a un Escalier à deux montées qui meine audit Gaillard peint en dehors & en dedans de couleur marbre, avec sept colomnes de chaque costé ornées par tout d'un quart de rond couvert d'une silure d'or, les marches sont peintes de compartimens de couleur d'olivier, la montée en haut est close d'une balustrade de couleur de jaspe avec ses molures dorées.

Sur le Gaillard qui est assez spatieux les platsbords sont ornez d'architecture jusqu'a à la lisse.
Venant en arriere il y a un advancement couvert avec une belle frize dorée pardessus, & soûtenu par six figures d'hommes & femmes dorez, avec un Estuy or & azur.

LA DUNETTE.

La Cloison qui fait face sur le Gaillard est compartie en six pilastres faites de molures, avec un cordon de festons au milieu & une corniche dorée qui en fait le circuit: au milieu desdites pilastres il y a une porte qui s'ouvre en deux pour entrer dans la Dunette avec une fenestre de chauque costé dans un cadre doré avec leurs volets peints de Soleils d'or haché sur l'azur, entouré d'un feüllage doré & peint de tous costez près desdites fenestres il y a deux Enfans qui sont sur des chapitaux peints de marbres, au milieu dans l'entre-deux des chapitaux il y a un tableau de Cavalerie en ovale, aux deux autres compartiments & à costé des fenestres sont peints dans une grande ovale des belles Trophées d'Armes.
Il y a deux Chambres chaque costé du costé du courroir avec leurs portes peints de feüillages & frizes de plusieurs couleurs: A l'entrée du courroir sont peints de marecages, paysages & architecture de grisaille fine, le baux ont leurs quarts de ronds doréz& peints de plusieurs couleurs & les courbes aussi, les Chambres sont ornées de quantitée de feüillages, Fleurs-de-lys & Chiffres du Roy dorées, la plus grande est entourée d'une corniche dorée, & à Babord il y a un grand Tableau representant un fort beau paysage, avec une representation de deux Armées sur un Pont qui traverse une Riviere, & aux costez il y a des rideaux bleus trousses: A Tribord est peint avec les rideaux un Tableau representant une Ville assiegée par mer & par terre; ces deux Tableaux sont soûtenus chacun par deux Nimphes qui s'appuyent sur un grand chapitau doré & marbré.
A la Cloison de ladire Chambre en dedans à Tribord est peint un grand Tabelau representant un Combat naval, à Babord est un autre Tableau répresentant des Vaisseaux & Galeres qui sont une descente à

\- 29 -

terre; ces deux Tableaux sont dessus trois chapiteaux de grisaille fine avec des panneaux entre-deux façon de jaspe, le tout avec des cadres d'or haché: Le Ciel est azur orné de Fleurs-de-lys, de Soleils & des Chiffres du Roy dorez.

A Poupe de cette Chambre il y a six fenestres avec une porte au milieu qui va dans les Galeries, le tout à panneaux ornez de filet d'or par tout entrelassez de feüillages de plusieurs couleurs; bas desdites fenestres en dedans de la Chambre il y a six Tableaux representans des Batailles, & tout de mesme en dehors dans la Galerie.

SECONDE DUNETTE

Il y a une montée double peinte de marbre pour entrer dans huit petites Chambres asses bien peintes, leur cloison aussi en dehors est peinte en couleur de marbre & de bois d'olivier. En dehors sur l'arriere les Sabords sont ornez d'une Gartouche sur un chapiteau d'une grisaille fine; & un autre Gartouche au dessus avec un ovale d'azur, ou est peint un Soleil au milieu avec les Armes du Roy & ses Chiffres couronnez d'or haché, avec quantité de drapeaux de toutes couleurs.

DE LA SCULPTURE

Representation de la Poupe du ROYAL LOUIS

La Lisse Dourdy est enrichie en dehors de feüilles de lauriers avec des festons & coquillages dessous, le tout doré à perfection Par dessus il y a un Cheval marin à chaque costé & quatre grande consoles qui supportent la premiere baterie, au dessus de laquelle il y a un tres-beau cul de lampe en feüillages.

La premiere Galerie qui est à hauteur d'appuy est tout parsemée de Fleurs-de-lys dorée, sur laquelle sont assis quatre Sirenes qui servent de support a la seconde Galerie, & aux costes trois tritons & deux consoles avec une frize qui regne tout au tour, où sont les Armes de Monseigneur le Duc de Beaufort, soûtenus aussi par deux tritons qui tiennent un ancre d'une main; à coste sont assis à Tribord Neptune & Thetys à la gauche, avec un Armor à leurs pieds presentans ausdites Divinitez les Richesses de la terre & de la mer, qu'elles ensuite presentent à la Figure du Roy assis dans son Thrône de Justice au dessus de la troisiéme Galerie en relief & doré, ainsi que toute la Poupe, avec un Esclave de chaque costé & une Corniche dorée qui regne tout le long du Vaisseau, avec des Trophées tout joignant lesdites Divinitez.

Sur chaque coin d'en-haut il y a une Renommée tenant chacune une trompete.

Sur la seconde Corniche ou couronnement qui fait le mesme effet que l'autre, sont deux Figures assises tenans en leurs mains une couronne de laurier dessus la teste du Roy d'un costé, & de l'autre une branche d'olivier.

A la troisiéme il y a un Balcon saillant deux pieds où sonst les Armes du Roy dans une medaille, sur laquelle il y a quatre chapiteaux où sont

\- 30 -

posez quatre Figures à demy corps toutes dorées representants les quatre parties du Monde.

Tous les Porteaux de Sabords sont ornez de Fleurs-de-lys, de chiffres du Roy, des Lyres, & de Soleils tous dorez, & le tout mélange en sa distance desdites Porteaux en dehors dessus les Sabords entre le Preceintes il y a une Frize dorée qui regne tout de long du Vaisseau, entrelassée de Fleur-de-lys aussi d'or.

Entre les sabords de la seconde Baterie il y a des Tropees de marine soutes dorées entrelasses de péles & ancres mesme.

Ceux de la troisiéme Baterie sont ornez d'un cadre de feüillages avec des griffons aux costez, le tout doré en perfection.

A la plus haute Preceinte il y a des Consoles d'espace en espace, avec des Festons entre-deux, le tout en or.

Les Costez du Vaisseau aux Lisses sont enrichys de Fleur-de-lys dorez avec des Molures.

Tout le Miroir, autrement dit la Tutelle dudit Vaisseau est de couleur bleüe parsemée de Fleur-de-lys d'or.

Les Dogues d'Amure d'Escoutes sont enrichis de Termes dorez.

Et les Escolats pareillement & fort richement.

LA PROUE

A la Prouä dudit Vaisseau il y a deux grands Escolats, qui sont deux demie Femmes, dont les bas se termine en feüillage courant le long des Preceintes.

Tout les Preceintes de la Prouë sont de mesine, avec des Consoles par dessous les coubans & des Fleurons dorez d'espace en espace.

La Figure de Prouë est une Renomée tenant les Armes du Roy, avec un petit Triton dessous qui l'ayde à les porter, le tout excellement doré.

Les Porte-Gruës sont deux gros Tritons dorez.

A la Face du Chasteau de Prouë il y a deux Enfans en bas relief d'or qui portent l'un un Laurier & l'autre une Palme, faisans un Escusson où sont les Armes du Roy.

Toute la Prouë est ornée, mesmes les Herpes, de Fleur-de-lys & Chiffres du Roy dorez en perfection.

F I N

KAPITEL 18 Tabellenwerke

1. Währung und Kaufkraft im Ancien Régime

	Währung und Preise im Ancien Régime ab Mitte des 18. Jahrhunderts		
	WÄHRUNG	**ENTSPRICHT**	**GEGENWERT**
1	1 Louis d'or	-	24 Livres
2	Écu	Taler	3 Livres
3	1 Livre	frz. Pfund	20 Sols *(später sou)*. Der Livre wurde 1795 durch den Franc ersetzt.
4	1 Livre	frz. Pfund	240 Deniers
5	1 Sol *(sou)*	-	12 Deniers
	PREISE		
6	1 Livre	ca. 5 bis 15 €	Table d'hôte oder Mittagsmenü
7	2 bis 12 sous	ca. 0,5 bis 3 €	Brotpreis
8	2 sous	ca. 0,5 €	Café au lait
9	1 Livre	ca. 5 bis 15 €	Sitzplatz in der Comédie française
10	2 Livres 8 sous	ca. 5,20 bis 15,60 €	Sitzplatz in der Opéra
11	72 Livres	ca. 360 bis 1.080 €	Fahrt mit einer Postkutsche, *carrosse* von Bordeaux nach Paris[407]
12	2 Livres	ca. 10 bis 30 €	Verdienst eines Druckers pro Tag; bei der Produktion der Encyclopédie.
13	3 Livres	ca. 15 bis 45 €	Verdienst eines Vorarbeiters pro Tag.
14	100 Livres	ca. 500 bis 1.500 €	Kaufpreis eines Pferdes für einen Handlungsreisenden.
15	300 Livres	ca.1.500 bis 4.500 €	Kaufpreis einer neuen Druckpresse.
16	9 Livres	ca. 45 bis 135 €	Kaufpreis für ein Ries Papier.[408]
17	10 Livres	ca. 50 bis 150 €	Kaufpreis eines Bandes einer preiswerten Ausgabe der Encyclopédie.
18	60 Livres	ca. 300 bis 900 €	Kaufpreis eines Minot (ca. 39 kg) Salzes.
19	6 Deniers	ca. 0,13 bis 0,4 €	Preis für Schuhputzen.[409]
20	2 bis 20 Livres	ca. 10 bis 300 €	Dirnenentlohnung einer Prostituierten am Palais Royal.
21	12 Livres	ca. 60 bis 180 €	Jahresabonnement der La Gazette im Jahr 1774[410]

2. Maße und Gewichte im Ancien Régime

Maße und Gewichte mit Unterscheidung VOR und NACH Einführung des Metrischen Systems					
	Französisch	**Deutsch**	**BIS 1799**	**NACH 1800**	
	LÄNGEN				
1	ligne	Linie	≈ 2,256 mm *(1/12 pouce)*	-	
2	pouce	Zoll	≈ 2,707 cm *(1/12 pied)*	-	
3	pan	Fuß	≈ 24,8 cm 110 1/5 P.L.	-	Diverse lokale Varianten
4	pied	Fuß	≈ 32,48 cm (Pariser *pied de roi*: *Königsfuß*)	-	
5	Aune	frz. Elle	hier :≈ 1,30 m	-	Maß aus Hayets Vergleichsrechnung der Monografie abgeleitet
6	Brasse	Faden	≈ 1,62 m	-	
7	toise	Klafter	≈ 1,949 m *(6 pieds)*	-	Ist auf Karl den Großen (um 800) zurückzuführen.
8	Canna	große Elle (Klafter)	≈ 1,98 m *(8 pans)*	-	
9	perche	Rute	≈ 7,146 m *(22 pieds)*	-	
10	lieue de poste	Postleuge	≈ 3,898 km *(2.000 toises)*	-	
11	lieue metrique	metrische Leuge	4 km	-	
12	lieue commune	Landleuge	≈ 4,452 km *(1/25 Äquatorgrad)*	-	
				-	
	VOLUMEN				
13	1 pied cube	Pariser Kubikfuß	≈ 34,277 Liter	-	
14	Millerolle		≈ 64,364 Liter	-	
	GEWICHTE				
15	Once	Unze	30,594 g	-	
16	Livre	Pfund	489,506 g	-	
17	Quintal	Zentner	48,951 kg *(100 Pfund)*	100 Kg	Entsprach bis 1799 100 Pfund
18	Millier	Tausend	489,506 Kg *(1.000 Pfund)*	1.000 kg	

3. Besoldung der Offiziere und Mannschaften

Während in der nachstehenden Tabelle die monatliche Besoldung für einige ausgewählte Offiziere und Mannschaften aufgeführt ist, enthält die Summenzeile die vollständigen Personalkosten pro Schiff und Besatzung.

Monatliche Besoldung in Livres der Offiziere und Mannschaften auf französischen Schiffen des 1. bis 5 Ranges nach dem Reglement von 1689[411]

	Besatzung	1. Rang	2. Rang	3. Rang	4. Rang	5. Rang
1	Kapitäne	360	300	300	300	300
2	Zweite Kapitäne	300	200	-	-	-
3	Leutnant	100	100	100	100	100
4	Zweiter Leutnant	100	100	-	-	-
5	Fähnrich	50	50	50	50	50
6	Zweiter Fähnrich	50	50	50	-	-
7	Bordgeistlicher	30	30	30	30	30
8	Schiffsarzt	75	60	50	50	50
9	Schreiber	50	50	50	45	45
10	Unteroffizier	112	84	65	45	34
11	Decksoffizier	50	50	40	40	40
12	Vormann	45	40	36	-	-
13	1. Steuermann	50	45	40	40	36
14	2. Steuermann	40	36	30	30	30
15	Bootsmannsmaat	30	30	30	30	27
16	Konstabler	50	45	40	40	36
17	Konstablersmaat	36	30	30	-	-
18	Kannoniere	20	20	16	16	16
19	Zimmermannsmeister	40	36	36	36	36
20	Zweiter Zimmermann	30	24	24	-	-
21	Kalfatermeister	30	24	24	18	-
22	Waffenmeister	21	21	18	18	-
23	Segelmeister	30	24	24	21	21
24	Büchsenmacher	24	21	21	18	18
25	Zweiter Schiffsarzt	30	24	-	-	-
26	Matrosen	15	15	15	15	15
27	Feuerwerker	15	15	15	15	15
28	Soldaten	7	7	7	7	7
29	Sonstige	.	.	.	.	.
.	.	.	.	.	.	.
.	.	.	.	.	.	.
30	**Total pro Schiff**	**5.654**	**5.066**	**4.180**	**3.517**	**2.536**

4. Bestandslisten französischer Schiffe 1. bis 5. Ranges der Jahre 1671, 1689, 1696 und 1715

Die Aufzeichnungen über die tatsächlichen Schiffsbestände und deren technische Daten schwanken zum Teil erheblich in ihren Aussagen. Zum Beispiel wird bei einigen Quellen für die SOLEIL ROYAL meist eine Mannschaftsstärke von 900 Mann angegeben, während Dassié in seinen Aufzeichnungen von 1.200 Mann Besatzung spricht. Gleiches trifft auf die Kanonenstärke zu, die sich auf vielen Schiffen im Laufe der Zeit veränderte. Bei der ROYAL LOUIS von 120 im Jahr 1671, reduzierte sich 1677 auf 110 und sank 1679 erneut ab auf 104 Geschütze. Abweichungen bei den Angaben über Tonnagen, Baujahr und sogar den Standort sind den unterschiedlichen Quellen geschuldet. Die vornehmliche Datengrundlage der nachstehenden Tabellen bilden die Jahresbände „*Les états abrégés de la marine française*". Diese wurde mit weiteren Einzelquellen abgeglichen, unterschiedliche Angaben nivelliert und fehlende Daten bei den kleinen Einheiten als Ergänzung interpoliert.

Liste der französischen Schiffe 1. bis 5 Ranges bis 1671, Kanonenanzahl zum Zeitpunkt der Inbetriebnahme

Schiffe 1. Ranges

Erster Name	Neuer Name		Tonnage	Kanonen	Offiziere	Mannschaft	Soldaten	Gesamt	Baujahr	Werft
Courageux	Magnanime		1.500	70	86	274	140	500	1.671	Toulon
Couronne	-		1.600	82	92	300	158	550	1.669	Brest
Dauphin Royal	Royal Dauphin	Dauph. R.	1.800	100	85	315	200	700	1.668	Toulon
Henry	Souverain	Admir	1.500	74	72	262	166	500	1.669	Rochefort
Ile de France	Lys		1.500	70	86	274	140	500	1.669	Toulon
Madame	Pompeux		1.400	70	66	234	150	450	1.670	Toulon
Monarque	-		1.700	84	85	315	200	700	1.668	Toulon
Paris	Royal Thérèse		1.500	70	86	274	140	500	1.669	Brest
Pompeux			1.400	70	66	234	150	450	1.670	Toulon
Royal Duc	Reine		1.900	104	96	374	230	700	1.668	Brest
Royal Louis	-		2.400	110	130	450	320	900	1.668	Toulon
Rubis	Florissant		1.400	70	66	234	150	450	1.670	Toulon
Sceptre	-		1.600	80	100	303	197	600	1.670	Toulon
Soleil Royal	-		2.500	110	120	480	300	900	1.669	Brest
St Philippe	St Esprit		1.400	70	83	230	137	450	1.663	Toulon
Vendome	Victorieux		1.400	66	66	234	150	450	1.664	Brest
Gesamt			**26.500**	**1.300**	**1.385**	**4.787**	**2.928**	**9.300**		

Schiffe 2. Ranges

Erster Name	Neuer Name		Tonnage	Kanonen	Offiziere	Mannschaft	Soldaten	Gesamt	Baujahr	Werft
Charente	Belliqueux	Curt	1100	64	60	206	134	400	1667	Rochefort
Conquerant	-		1100	64	60	206	134	400	1666	R-Holland
Courtisan	Magnifique		1100	64	60	206	134	400	1666	R-Holand
Faucon	Orgeilleux		1300	68	65	220	140	425	1670	Rochefort
Fort	Foudroyant		1300	68	65	220	140	425	1669	Rochefort
Francois	Glorieux		1100	62	60	206	134	400	1669	Brest
Frederic	Admirable		1100	64	60	206	134	400	1666	R-Dänemark
Intrepide	Grand		1100	64	60	206	134	400	1666	R-Holland
Invincible	-		1100	64	60	206	134	400	1666	R-Holland
Neptune	Illustre		1100	64	60	206	134	400	1665	R-Holland
Normand	St Louis		1100	64	60	206	134	400	1666	R-Holland
Prince	Sans Parail		1100	62	60	206	134	400	1667	Rochefort
Royale Thérèse	St Esprit		1300	68	86	274	140	500	1670	Toulon
Terrible	-		1300	68	65	220	140	425	1670	Brest
Tonnant	-		1200	68	65	220	140	425	1670	Brest
Vermandois	Superbe		1300	68	65	220	140	425	1670	Rochefort
Gesamt			**18.700**	**1.044**	**1.011**	**3.434**	**2.180**	**6.625**		

Schiffe 3. Ranges Erster Name	Neuer Name		Tonnage	Kanonen	Offiziere	Mannschaft	Soldaten	Gesamt	Baujahr	Werft
Alsace	Fier		1050	56	55	180	115	350	1670	Rochefort
Anjou	Vaillant		950	50	46	154	100	300	1670	Brest
Ardent	Temeraire		1000	54	55	180	115	350	1670	Brest
Bourbon	Eclatant		1050	60	60	206	134	400	1665	Toulon
Brave	Prince		900	48	46	154	100	300	1668	Rochefort
Breton	Courtisan		800	48	42	138	90	270	1666	Brest
Brillant	Precieux		800	48	42	138	90	270	1671	Havre
Cesar	Rubis		800	48	42	138	90	270	1646	Brest
Comte	Prudent		950	50	46	154	100	300	1666	Toulon
Dauphin	Vermandois		900	48	46	154	100	300	1667	Toulon
Diamant	-		1000	54	55	180	115	350	1663	Toulon
Emerillon	Fortune		1000	54	55	180	115	350	1670	Rochefort
Fidele	-		1050	56	55	180	115	350	1670	Toulon
Fier	St Michel		1050	56	55	180	115	350	1670	Marseille
Fleuron	-		850	48	46	154	100	300	1667	Toulon
Furieux	-		1050	56	55	180	115	350	1670	Toulon
Glorieux	Agreable		1050	56	55	180	115	350	1670	Toulon
Heureux	-		800	48	42	138	90	270	1671	Havre
Indien	Parfait		1000	54	55	180	115	350	1670	Toulon
Louvre	Bourbon		850	48	46	154	100	300	1669	Brest
Lys	Assure		950	54	55	180	115	350	1666	Toulon
More	Fougueux		1000	54	55	180	115	350	1670	Toulon
Navarre	Constant		950	54	55	180	115	350	1666	Rochefort
Navarrois	Excellent		1050	56	55	180	115	350	1670	Rochefort
Oriflamme	-		850	48	46	154	100	300	1670	Brest
Princesse	Triomphant	Cons	1050	60	60	206	134	400	1667	Toulon
Reine	Brave		1000	48	55	180	115	350	1647	Brest
Rochefort	Sage		950	50	46	154	100	300	1668	Rochefort
Royale	Ferme		950	52	55	180	115	350	1661	Toulon
St Louis	Aimable		950	48	46	154	100	300	1659	Rochefort
Sophie	Port		1000	54	55	180	115	350	1666	R-Dänemark
Trident	Aquilon		850	48	46	154	100	300	1666	Rochefort
Wallon	Duc		800	48	42	138	90	270	1669	Brest
Gesamt			**31.250**	**1.714**	**1.670**	**5.522**	**3.558**	**10.750**		

Schiffe 4. Ranges Name	Tonnage	Kanonen	Offiziere	Mannschaft	Soldaten	Gesamt	Baujahr	Werft
Artois	700	42	40	126	84	250	1670	Bayonne
Assure	750	44	40	126	84	250	1670	Dunkerque
Basque	600	40	34	120	66	220	1670	Bayonne
Beaufort	600	36	34	120	66	220	1662	Toulon
Cheval Marin	750	44	40	126	84	250	1667	Toulon
Constant	750	44	40	126	84	250	1670	Dunkerque
Duc	700	42	40	126	84	250	1664	Toulon
Dunkerquois	750	44	40	126	84	250	1665	Toulon
Flamand	650	40	34	120	76	230	1667	Brest
Francoise	600	36	34	120	66	220	1656	Brest
Galland	700	40	40	126	84	250	1668	Rochefort
Graces	700	42	40	126	84	250	1670	Bayonne
Havre	600	36	34	120	66	220	1668	Havre
Hercules	700	38	40	126	84	250	1655	Brest
Infante	600	36	34	120	66	220	1665	Rochefort
Jules	700	36	40	126	84	250	1661	Brest
Mazarin	750	42	40	126	84	250	1647	Rochefort
Mercoeur	600	36	34	120	66	220	1656	Toulon
Provencal	750	44	40	126	84	250	1667	Toulon
Saint Antoine de g.	650	40	34	120	76	230	1667	Toulon
Sirene	750	44	40	126	84	250	1667	Toulon
Soleil	650	36	34	120	76	230	1640	Brest
Tigre	600	36	34	120	66	220	1666	Rochefort
Toulon	750	44	40	126	84	250	1666	Toulon
Triomphe	800	38	42	138	90	270	1661	Rochefort
Gesamt	**17.150**	**1.000**	**942**	**3.102**	**1.956**	**6.000**		

Der Bestand umfasste 1671 weitere 22 leichte Fregatten, 32 Fleuten und 14 Brander.

Schiffe 5. Ranges

Name	Tonnage	Kanonen	Offiziere	Mannschaft	Soldaten	Gesamt	Baujahr	Werft
Bayonnais	550	34	34	100	66	200	1659	Rochefort
Bouffonne	400	28	25	75	50	150	1670	Toulon
Croissant	450	32	34	100	66	200	1661	Toulon
Dragon	550	34	34	100	66	200	1646	Brest
Dur	350	24	20	60	40	120	1670	Dunkerque
Ecureuil	500	34	34	100	66	200	1659	Toulon
Etoile	450	32	34	100	66	200	1661	Toulon
Galante	500	34	34	100	66	200	1670	Marseille
Hermine	500	34	34	100	66	200	1664	Rochefort
Hirondelle	450	28	30	90	50	170	1664	Rochefort
Laurier	300	28	20	60	40	120	1669	Brest
Les Jeux	350	28	20	60	40	120	1670	Rochefort
Ligournois	400	24	25	75	50	150	1664	Rochefort
Lion d'or	350	28	20	60	40	120	1670	Rochefort
Lion rouge	450	28	30	90	50	170	1662	Havre
Mignonne	500	34	34	100	66	200	1670	Marseille
Palmier	400	24	25	75	50	150	1656	Brest
Perilleux	350	28	20	60	40	120	1670	Brest
Perle	450	32	34	100	66	200	1658	Toulon
Princesse de genes	550	34	34	100	66	200	1664	Toulon
St Agustin de genes	500	34	34	100	66	200	1662	Toulon
St Joseph	400	28	30	90	50	170	1664	Toulon
St Sebastien	350	28	20	60	40	120	1670	Rochefort
Sauveur	550	34	34	100	66	200	1663	Havre
Soleil d'afrique	450	32	34	100	66	200	1658	Toulon
Tourbillon	300	28	20	60	40	120	1669	Brest
Trompeuse	400	28	25	75	50	150	1670	Toulon
Victoire	350	28	20	60	40	120	1671	Brest
Ville de Rouen	550	34	34	100	66	200	1664	Rochefort
Gesamt	**12.650**	**876**	**826**	**2.450**	**1.594**	**4.870**		

Liste der französischen Schiffe 1. bis 5 Ranges bis 1689, Kanonenanzahl zum Zeitpunkt der Inbetriebnahme

Schiffe 1. Ranges

Erster Name	Neuer Name	Tonnage	Kanonen	Offiziere	Mannschaft	Soldaten	Gesamt	Baujahr	Werft
Grand		1.600	88	100	303	197	600	1680	Rochefort
Lys		1.500	76	86	274	140	500	1669	Toulon
Magnanime		1.500	76	86	274	140	500	1671	Toulon
Royal Dauphin		1.800	104	110	360	230	700	1668	Toulon
Royal Louis		2.400	104	130	450	320	900	1668	Toulon
Royale Thérèse		1.550	76	86	274	140	500	1669	Brest
Sceptre		1.600	76	100	303	197	600	1670	Toulon
Soleil Royal		2.500	108	130	450	320	900	1669	Brest
Souverain		1.600	80	86	274	140	500	1677	Brest
Gesamt		**16.050**	**788**	**914**	**2.962**	**1.824**	**5.700**		

Schiffe 2. Ranges

Erster Name	Neuer Name	Tonnage	Kanonen	Offiziere	Mannschaft	Soldaten	Gesamt	Baujahr	Werft
Belliqueux		1.300	74	81	200	119	400	1677	Brest
Bourbon		1.140	62	81	200	119	400	1683	Rochefort
Conquerant		1.400	76	83	230	137	450	1688	Toulon
Constant		1.100	64	81	200	119	400	1667	Toulon
Couronne		1.400	70	92	300	158	550	1668	Brest
Courtisan		1.140	64	81	200	119	400	1687	Rochefort
Eclatant		1.300	70	81	200	119	400	1688	Toulon
Fier		1.350	74	81	200	119	400	1680	Brest
Florissant		1.400	72	83	230	137	450	1671	Toulon
Foudroyant		1.200	64	81	200	119	400	1670	Brest
Glorieux		1.100	62	81	200	119	400	1678	Brest
Henry		1.100	68	81	200	119	400	1688	Dunkerque
Illustre		1.100	64	81	200	119	400	1665	Brest
Magnifique		1.400	72	81	200	119	400	1684	Toulon
Pompeux		1.400	70	83	230	137	450	1670	Toulon
St Esprit		1.400	76	83	230	137	450	1670	Toulon
St Philippe		1.400	78	83	230	137	450	1665	Toulon
Serieux		1.100	64	81	200	119	400	1686	Toulon
Terrible		1.200	74	81	200	119	400	1680	Brest
Tonnant		1.350	74	81	200	119	400	1680	Brest
Triomphant		1.300	74	81	200	119	400	1676	Brest
Gesamt		**26.580**	**1.466**	**1.722**	**4.450**	**2.628**	**8.800**		

Schiffe 3. Ranges Erster Name	Neuer Name	Tonnage	Kanonen	Offiziere	Mannschaft	Soldaten	Gesamt	Baujahr	Werft
Agreable		1.000	60	68	188	94	350	1671	Toulon
Aimable		1.000	52	68	188	94	350	1660	Toulon
Apollon		900	56	65	160	75	300	1682	Brest
Aquilon		900	52	65	160	75	300	1666	Toulon
Ardent		1.000	66	68	188	94	350	1680	Toulon
Arrogant		900	60	65	160	75	300	1681	Brest
Assure		1.000	60	68	188	94	350	1667	Toulon
Bon		800	54	65	160	75	300	1671	Brest
Brave		900	60	65	160	75	300	1683	Brest
Content		1.000	66	68	188	94	350	1686	Toulon
Courageux		940	56	65	160	75	300	1679	Rochefort
Diamant		900	54	65	160	75	300	1687	Brest
Entreprenant		800	60	65	160	75	300	1678	Brest
Excellent		1.030	60	68	188	94	350	1679	Rochefort
Fendant		800	48	65	160	75	300	1670	Rochefort
Ferme		1.050	60	68	188	94	350	1670	Toulon
Fleuron		900	56	65	160	75	300	1688	Toulon
Fort		900	56	65	160	75	300	1676	Brest
Fortune		900	56	65	160	75	300	1688	Toulon
Fougueux		1.000	60	68	188	94	350	1672	Toulon
Furieux		1.000	60	68	188	94	350	1684	Brest
Hardi		900	54	65	160	75	300	1672	Toulon
Heureux		800	52	65	160	75	300	1671	Brest
Marquis		900	58	65	160	75	300	1684	Toulon
Modere		800	50	65	160	75	300	1685	Brest
Parfait		1.050	60	68	188	94	350	1672	Toulon
Precieux		800	54	65	160	75	300	1679	Brest
Prince		900	60	65	160	75	300	1680	Brest
Prudent		900	58	65	160	75	300	1666	Toulon
Sage		900	52	65	160	75	300	1669	Brest
St Louis		1.000	58	68	188	94	350	1681	Toulon
St Michel		800	56	65	160	75	300	1686	Rochefort
Sans Parail		1.000	60	68	188	94	350	1685	Brest
Temeraire		800	50	65	160	75	300	1669	Rochefort
Vaillant		900	54	65	160	75	300	1669	Toulon
Vermandois		1.000	60	68	188	94	350	1683	Brest
Vigilant		900	54	65	160	75	300	1664	Toulon
Gesamt		**33.970**	**2.102**	**2.444**	**6.284**	**3.022**	**11.750**		

Schiffe 4. Ranges Erster Name	Neuer Name	Tonnage	Kanonen	Offiziere	Mannschaft	Soldaten	Gesamt	Baujahr	Werft
Arc en ciel		600	44	48	134	68	250	1676	Rochefort
Aventurier		600	40	48	134	68	250	1671	Toulon
Bizarre		600	42	48	134	68	250	1671	Toulon
Brusque		600	46	45	95	60	200	1680	Toulon
Capable		750	48	48	134	68	250	1665	Toulon
Cheval Marin		750	46	48	134	68	250	1664	Toulon
Comte		410	40	45	95	60	200	1677	Brest
Duc		700	50	48	134	68	250	1669	Brest
Ecueil		450	44	45	95	60	200	1678	Brest
Emporte		600	44	48	134	68	250	1680	Brest
Entendu		410	40	45	95	60	200	1664	Toulon
Eole		750	44	48	134	68	250	1673	Toulon
Etoile		410	40	45	95	60	200	1673	Toulon
Faucon		500	40	45	95	60	200	1674	Rochefort
Fidele		750	48	48	134	68	250	1665	Toulon
Francois		410	40	45	95	60	200	1687	Rochefort
Gaillard		600	48	48	134	68	250	1684	Brest
Hasardeux		500	38	45	95	60	200	1674	Rochefort
Indien		750	44	48	134	68	250	1673	Toulon
Laurier		500	40	48	114	68	230	1676	Toulon
Leger		410	40	45	95	60	200	1679	Brest
More		750	44	48	134	68	250	1688	Toulon
Neptune		450	40	45	95	60	200	1673	Brest
Oiseau		600	40	48	134	68	250	1670	Brest
Oriflamme		700	48	48	134	68	250	1670	Brest
Prompt		500	34	45	95	60	200	1667	Toulon
Solide		600	44	48	134	68	250	1680	Brest
Trident		750	44	48	134	68	250	1668	Toulon
Gesamt		**16.400**	**1.200**	**1.311**	**3.303**	**1.816**	**6.430**		

Schiffe 5. Ranges

Erster Name	Neuer Name	Tonnage	Kanonen	Offiziere	Mannschaft	Soldaten	Gesamt	Baujahr	Werft
Adroit		350	36	35	78	37	150	1676	Dunkerque
Croissant		300	40	35	78	37	150	1673	Brest
Dragon		250	30	33	60	27	120	1673	Brest
Emerillon		400	34	35	78	37	150	1671	Rochefort
Eveille		200	28	20	54	26	100	1670	Brest
Galland		350	36	35	78	37	150		Toulon
Hercules		250	30	33	60	27	120	1678	Brest
Hirondelle		300	32	35	78	37	150		Toulon
Les Jeux		250	30	33	60	27	120	1688	Dunkerque
Joli		400	34	35	78	37	150	1671	Le Havre
Lion		200	32	20	54	26	100	1673	Brest
Marin		300	28	35	78	37	150	1679	Rochefort
Mercure		350	32	35	78	37	150	1669	Toulon
Mignon		250	30	33	60	27	120	1674	Rochefort
Palmier		250	36	33	60	27	120	1676	Brest
Perle		350	32	35	78	37	150	1672	Rochefort
Petillant		200	28	20	54	26	100	1670	Brest
Poli		400	32	35	78	37	150	1664	Toulon
Serieux		300	30	35	78	37	150	1679	Toulon
Soleil d'afrique		300	30	35	78	37	150	1680	Rochefort
Tigre		400	40	35	78	37	150	1664	Brest
Triton		400	40	35	78	37	150	1670	Brest
Gesamt		**6.750**	**720**	**715**	**1.554**	**731**	**3.000**		

Der Bestand umfasste 1689 weitere 26 leichte Fregatten, 10 Galeonen, 10 Brander, 21 Fleuten u. 10 Korvetten.

Liste der französischen Schiffe 1. bis 5 Ranges bis 1696, Kanonenanzahl zum Zeitpunkt der Inbetriebnahme

Schiffe 1. Ranges

Name	Tonnage	Kanonen	Off.	Mannschaft	Soldaten	Gesamt	Baujahr	Werft
Admirable	2.000	96		720	800	1.520	1692	Port Louis
Ambitieux	1.600	92		850	650	1.500	1693	Rochefort
Conquerant	1.400	80		450	560	1.010	1687	Toulon
Dauphin Royal	1.800	100		600	780	1.380	1668	Toulon
Fier	1.700	90		600	700	1.300	1694	Rochefort
Formidable	2.000	90		650	700	1.350	1691	Brest
Foudroyant	2.200	104		400	900	1.300	1694	Brest
Fulminant	1.900	96		700	750	1.450	1691	Rochefort
Grand	1.800	84		510	650	1.160	1680	Rochefort
Intrepide	1.500	82		400	550	950	1690	Rochefort
Lys	1.900	84		500	650	1.150	1688	Toulon
Magnanime	1.600	80		460	600	1.060	1666	Toulon
Magnifique	1.800	86		550	600	1.150	1693	Rochefort
Merveilleux	2.200	98		720	800	1.520	1692	Brest
Monarque	1.900	90		650	700	1.350	1689	Brest
Orgueilleux	1.700	90		400	650	1.050	1689	Lorient
Royal Louis	2.600	110		690	1.050	1.740	1692	Toulon
St Philippe	1.700	90		870	750	1.620	1693	Toulon
Sceptre	1.900	84		500	650	1.150	1688	Toulon
Soleil Royal	2.400	104		410	900	1.310	1692	Brest
Souverain	1.600	80		460	600	1.060	1677	Brest
Terrible	2.200	100		720	800	1.520	1692	Brest
Tonnant	1.700	90		850	725	1.575	1693	Toulon
Triomphant	1.800	94		700	800	1.500	1693	Lorient
Vainqueur	1.600	84		500	630	1.130	1691	Port Louis
Victorieux	1.600	94		600	700	1.300	1691	Rochefort
Gesamt	**48.100**	**2.372**		**15.460**	**18.645**	**34.105**		

Schiffe 2. Ranges

Name	Tonnage	Kanonen	Off.	Mannschaft	Soldaten	Gesamt	Baujahr	Werft
Aimable	1.200	70		340	430	770	1687	Rochefort
Ardent	1.100	64		300	380	680	1683	Havre
Belliqueux	1.200	70		380	500	880	1677	Brest
Bizarre	1.100	68		320	400	720	1692	Bayonne
Bourbon	1.100	68		350	450	800	1692	Toulon
Brillant	1.000	64		800	380	1.180	1688	Havre
Constant	1.100	70		350	450	800	1689	Toulon
Content	1.000	64		800	380	1.180	1695	Toulon
Couronne	1.300	76		400	525	925	1681	Brest

Courtisan			1.100	64		320	380	700	1686	Rochefort
Eclatant			1.100	68		360	420	780	1687	Toulon
Ecueil			1.000	66		300	380	680	1691	Dunkerque
Eole			1.000	64		300	380	680	1692	H
Esperance d'angleterre			800	70		300	430	730		
Fort			1.400	68		350	450	800	1693	Rochefort
Glorieux			1.100	64		300	380	680	1678	Brest
Henry			1.100	64		300	380	680	1687	Dunkerque
Heureux			1.100	70		350	450	800	1689	Toulon
Illustre			1.100	68		330	420	750	1666	Hollande
Invincible			1.100	68		350	450	800	1689	Toulon
Juste			1.200	64		300	380	680	1687	Havre
Laurier			900	64		350	380	730	1691	Bayonne
Parfait			1.000	64		800	380	1.180	1671	Toulon
Pompeux			1.300	68		350	450	800	1669	Toulon
Prompt			1.200	70		380	500	880	1693	Dunkerque
Saint Esprit			1.200	76		400	490	890	1689	Rochefort
Saint Louis			1.000	64		800	380	1.180	1692	Havre
Serieux			1.000	64		800	380	1.180	1686	Toulon
Sirene			900	64		320	380	700	1691	Bayonne
Superbe			1.100	68		350	450	800	1689	Toulon
Gesamt			**32.800**	**2.014**		**12.450**	**12.585**	**25.035**		

Schiffe 3. Ranges

Name			**Tonnage**	**Kanonen**	**Off.**	**Mannschaft**	**Soldaten**	**Gesamt**	**Baujahr**	**Werft**
Agreable			1.000	56		280	350	630	1671	Toulon
Apollon			900	58		280	350	630		Brest
Aquilon			900	50		240	300	540	1666	Rochefort
Arrogant			900	58		280	350	630		Havre
Bon			800	56		260	330	590	1693	Brest
Brave			800	58		280	350	630	1684	Havre
Brusque			600	50		240	300	540	1680	Amsterdam
Capable			900	58		280	350	630	1693	Dunkerque
Castricum			750	50		240	300	540		Hollande
Courageux			800	58		280	350	630	1679	Rochefort
Diamant			800	52		280	350	630	1687	Dunkerque
Entendu			900	58		280	350	630	1690	Dunkerque
Entreprenant			900	58		280	350	630	1680	Brest
Envieux			550	50		230	280	510	1685	Hollande
Excellent			900	50		300	350	650	1679	Rochefort
Fleuron			900	56		280	350	630	1688	Toulon
Fortune			900	52		300	350	650	1689	Toulon
Fougueux			750	50		320	330	650	1695	Brest
Francois			700	52		230	280	510	1688	Havre
Furieux			1.000	60		300	350	650	1685	Brest
Gaillard			500	54		200	300	500	1692	Bayonne
Hardi			800	54		280	330	610	1672	Rochefort
Indien			850	52		260	330	590	1692	Lorient
Jerzey			400	50		230	380	610	1688	Londres
Marquis			800	60		280	350	630	1684	Toulon
Maure			700	50		250	300	550	1688	Toulon
Mignon			500	50		230	280	510	1693	Bayonne
Modere			800	52		280	350	630	1687	Havre
Neptune			600	50		240	300	540	1678	Brest
Pelican			500	50		230	280	510	1693	Bayonne
Perle			900	52		240	300	540	1691	Dunkerque
Phoenix			1.000	60		300	350	650	1693	Toulon
Prince			900	56		280	350	630	1682	Brest
Prince de Frize			590	56		240	350	590		Hollande
Saint jean d'Espagne			800	50		240	300	540		Espagne
Saint Michel			900	58		280	350	630	1686	Havre
Sans Parail			900	58		280	350	630	1687	Havre
Solide			800	50		320	330	650	1695	Brest
Stadenland			600	50		240	300	540		Hollande
Temeraire			850	50		320	330	650	1695	Brest
Trident			1.000	60		280	350	630	1695	Toulon
Vaillant			800	50		240	300	540		Angleterre
Vermandois			900	58		280	350	630	1686	Brest
Vigilant			800	52		240	300	540	1664	Toulon
Ville de Meldemblick			1.000	62		300	350	650		Hollande
Zelande			800	60		320	350	670	1688	Hollande
Gesamt			**36.640**	**2.494**	**0**	**12.340**	**15.180**	**27.520**		

Der Bestand umfasste 1696 weitere 27 leichte Fregatten, 8 Galeonen, 22 Brander, 60 Fleuten und 29 Korvetten.

Schiffe 4. Ranges

Name	Tonnage	Kanonen	Off.	Mannschaft	Soldaten	Gesamt	Baujahr	Werft
Adroit	350	44		200	250	450	1690	Havre
Alcyon	350	40		150	200	350	1689	Dunkerque
Arc en ciel	500	46		200	280	480	1676	Toulon
Cheval Marin	730	44		210	250	460	1668	Toulon
Comte	450	44		150	230	380		Brest
Emporte	600	46		210	250	460	1680	Dunkerque
Faucon anglais	330	48		160	230	390		Angleterre
Faucon francais	500	40		160	200	360	1674	Rochefort
Heureux retour	800	46		200	280	480		Angleterre
Mutine	500	40		230	250	480	1695	Brest
Opiniatre	500	40		130	150	280	1691	Rochefort
Poli	500	40		130	150	280	1691	Rochefort
Volontaire	480	44		150	220	370	1695	Toulon
Gesamt	**6.590**	**562**	**0**	**2.280**	**2.940**	**5.220**		

Schiffe 5. Ranges

Name	Tonnage	Kanonen	Off.	Mannschaft	Soldaten	Gesamt	Baujahr	Werft
Aigle	300	36		120	150	270	1692	Bayonne
Aventurier	400	36		85	120	205	1692	Marseille
Badine	300	32		110	150	260	1689	Rochefort
Croissant	400	30		100	150	250	1679	Toulon
Dragon	280	32		120	150	270	1673	Brest
Etoile	400	36		175	200	375	1675	Brest
Favori	300	36		120	150	270	1692	Bayonne
Gaillarde	200	32		124	150	274	1689	Rochefort
Hercule	340	30		150	170	320	1678	Brest
Hirondelle	300	36		110	150	260	1685	Alger
Jalouse	300	30		100	150	250	1678	Brest
Les jeux	300	36		110	150	260	1689	Dunkerque
Lutin	300	32		120	150	270	1692	Toulon
Marin	250	30		140	160	300	1680	Rochefort
Oiseau	300	30		150	170	320	1695	Brest
Palmier	200	36		175	200	375	1676	Havre
Soleil d'afrique	300	32		120	150	270	1679	Rochefort
Tigre	300	36		120	150	270	1689	Dunkerque
Weeps	290	32		120	150	270		Hollande
Zierickzee		32				0		Hollande
Gesamt	**5.760**	**662**		**2.369**	**2.970**	**5.339**		

Liste der französischen Schiffe 1. bis 5 Ranges bis 1715, Kanonenanzahl zum Zeitpunkt der Inbetriebnahme

Schiffe 1. Ranges

Erster Name	Neuer Name	Tonnage	Kanonen	Off.	Mannschaft	Soldaten	Gesamt	Baujahr	Werft
Admirable		1900	88		550	175	725	1692	Port Louis
Fulminant		1550	98		600	150	750	1691	Rochefort
Intrepide		1400	84		500	130	630	1691	Rochefort
Magnifique		1800	88		500	100	600	1693	Rochefort
Monarque		1800	84		500	120	620	1690	Brest
Orgueilleux		1500	90		500	130	630	1690	Port Louis
Royal louis		2600	110		1000	150	1.150	1692	Toulon
Sceptre		1800	88		500	150	650	1690	Toulon
Triomphant		1900	94		580	170	750	1694	Port Louis
Vainqueur		1500	86		500	130	630	1691	Port Louis
Victorieux		1350	94		550	150	700	1690	Rochefort
Gesamt		**19.100**	**1.004**	**0**	**6.280**	**1.555**	**7.835**		

Schiffe 2. Ranges

Erster Name	Neuer Name	Tonnage	Kanonen	Off.	Mannschaft	Soldaten	Gesamt	Baujahr	Werft
Bizarre		1100	68		320	80	400	1704	Bayonne
Conquerant		1400	70		340	90	430	1687	Brest
Grand		1500	76		/				
Henry		1000	64		320	90	410	1687	Dunkerque
Invincible		1200	68		320	110	430	1689	Toulon
Juste		880	64		300	80	380	1691	Havre
Lys		1400	72		350	200	550	1706	Toulon
Parfait		1400	72		450	50	500	1700	Toulon
Pompeux		1380	72		400	100	500	1707	Rochefort
Saint Esprit		1550	74		350	150	500	1691	Rochefort
Saint Michel		1400	70		450	50	500	1706	Lorient
Gesamt		**14.210**	**770**	**0**	**3.600**	**1.000**	**4.600**		

Schiffe 3. Ranges									
Erster Name	**Neuer Name**	**Tonnage**	**Kanonen**	**Off.**	**Mannschaft**	**Soldaten**	**Gesamt**	**Baujahr**	**Werft**
Achille		1000	62		360	40	400	1705	Brest
Apollon		900	56		230	100	330	1683	Brest
Auguste		1000	56		300	30	330		Dunkerque
Brillant		950	64		350	30	380	1689	Havre
Dauphine		900	60		330	20	350	1706	Havre
Diamant		800	58		280	70	350	1687	Dunkerque
Elizabeth		1100	62		360	40	400	1704	Angleterre
Entreprenant		900	58		280	70	350	1702	Brest
Furieux		1000	58		300	50	350	1684	Brest
Glorieux		1000	64		350	30	380	1678	Brest
Grafton		1000	66		360	20	380	1707	Angleterre
Hercules		900	60		330	20	350	1705	Lorient
Jason		800	58		330	20	350	1704	Brest
Mars		700	54		230	70	300	1705	Dunkerque
Mercure		900	60		330	20	350	1697	Brest
Oriflamme		900	60		300	80	380	1703	Toulon
Prince		770	56		250	100	350	1682	Brest
Rubis		800	56		280	50	330		Port Louis
Serieux		1090	58		320	60	380	1688	Toulon
Temeraire		980	50		300	50	350	1706	Brest
Toulouse		1000	62		320	30	350	1714	Toulon
Trident		950	56		300	50	350	1695	Toulon
Triton		600	50		200	100	300	1705	Bayonne
Vermandois		1000	60		280	70	350	1685	Brest
Gesamt		**21.940**	**1.404**	**0**	**7.270**	**1.220**	**8.490**		

Schiffe 4. Ranges									
Erster Name	**Neuer Name**	**Tonnage**	**Kanonen**	**Off.**	**Mannschaft**	**Soldaten**	**Gesamt**	**Baujahr**	**Werft**
Africain		460	42		150	70	220	1692	Bayonne
Alcyon		263	38		110	90	200	1696	Dunkerque
Amazone		450	42		230	20	250	1707	Brest
Argonaute		480	50		240	30	270	1700	Brest
Attalante		480	40		140	90	230	1707	Havre
Blackwall		500	52		240	30	270	1705	Angleterre
Cheval Marin		600	42		210	50	260	1668	Toulon
Francois		600	40		230	70	300	1688	Havre
Griffon		500	48		250	30	280	1705	Lorient
Heros		700	40		200	80	280	1701	Port Louis
Indien		466	44		140	90	230		Angleterre
Jerze		400	42		220	30	250	1692	Angleterre
Parfaite		400	40		200	50	250	1704	Toulon
Prothee		520	46		250	30	280		Dunkerque
Vestale		400	40		200	50	250	1705	Toulon
Gesamt		**7.219**	**646**	**0**	**3.010**	**810**	**3.820**		

Schiffe 5. Ranges									
Erster Name	**Neuer Name**	**Tonnage**	**Kanonen**	**Off.**	**Mannschaft**	**Soldaten**	**Gesamt**	**Baujahr**	**Department**
Bellone		300	38		160	40	200	1695	Brest
Fowey		300	38		/				
Ludlow		260	30		120	60	180		Angleterre
Milfort		250	28		120	30	150	1703	Angleterre
Venus		200	16		80	70	150	1706	Bayonne
Gesamt		**1.310**	**150**	**0**	**480**	**200**	**680**		

Der Bestand umfasste 1715 weitere 13 leichte Fregatten, 2 Galeonen, 2 Brander, 3 Fleuten und 7 Korvetten.

KAPITEL 19 Anhang

1. Danksagung

Solch ein Buch schreibt man nicht allein. Es sind viele, die daran mitgewirkt haben, Ideen einbrachten, lobten wie kritisierten, Tipps gaben und vieles mehr. In alphabetischer Reihenfolge bedanke ich mich insbesondere bei den nachstehend genannten Personen.

Herrn Jürgen Balke, für seine Anmerkungen rund um die Übersetzung der Monografie.

Herrn Holger Bäthies für seine Unterstützung, guten Ratschläge und dem Aufzeigen, was im Kleinen geht.

Herrn Didier Berti vom Ancre Verlag in Nizza, für seine freundliche Genehmigung zur Abbildung der beiden Zeichnungen aus dem Album de Colbert.

Madame Karine Blancher vom Musée national de la Marine für ihre wertvollen Informationen.

Herrn Jan Böttger von der bpk Bildagentur für die tatkräftige Unterstützung und wertvollen Hinweise.

Monsieur Dr. Michel Daeffler von der L'Ecole des hautes études en sciences sociales in Paris für seine Unterstützung und Bereitstellung seiner Publikation über Admiral Tourville.

Frau Dr. Regina Doppelbauer von der Albertina Wien für ihre Unterstützung bei der Bildbeschaffung.

Herrn Johann Forstner und seine LA CRÉOLE, die mich auch fototechnisch inspiriert haben.

Monsieur Philippe Fraisse für die freundliche Genehmigung zur Nutzung der Le Croisic Aufnahmen.

Madame Barbara Hirard von der Bibliothèque Jacques Prévert in Cherbourg für ihre wertvolle Unterstützung des Projektes.

Frau Dr. Ingrid Kastel von der Albertina Wien für ihre Mithilfe und Nachsicht.

Frau Ulrike Krüger für die wertvollen textlichen Hinweise und Ratschläge rund um das Buch.

Frau Astrid Matthes für Ihre Sichtung und Korrektur meiner Übersetzungen.

Mrs. Anya Perse von Thomas Williams finearts London für ihre Beharrlichkeit zur Quellenfindung.

Frau Dr. Kerstin Reimann für die Ratschläge rund um das Exposé des Buches.

Dem vielfach ausgezeichneten Autor Dr. Burkhard Spinnen für seine einleitenden Worte zum Buch.

Meiner Verlegerin Frau Dr. Karin Timme gilt mein besonderer Dank für die Publikation des Buches.

2. Quellenverzeichnis mit Anmerkungen

1 Cipolla & Borchardt: *Bevölkerungsgeschichte Europas, Mittelalter bis Neuzeit.* München 1971, S. 80 f; zit. nach: Decker, Alexander und Gudrun: *Lebensverhältnisse im 16., 17. und 18. Jahrhundert*, hrsg. von Hoffacker, H. Stuttgart 1982, S. 153.

2 Die klimatische Epoche vom 15. bis zum 18. Jahrhundert wird in Europa auch als „kleine Eiszeit" bezeichnet. Insbesondere die Zeiträume von 1570 bis 1630 und von 1675 bis 1715 gelten als besonders kalte Perioden. Am extremsten waren die Jahre 1692 bis 1694 betroffen, in denen kaum Ernten eingebracht wurden.

3 Maria de Medici, die nach der Ermordung ihres Gatten Heinrich IV. die Regentschaft für ihren Sohn übernahm, wurde von ihren Zeitgenossen als klein, untersetzt, kontaktarm, despotisch, nicht besonders lebhaft, sehr prunksüchtig und als ehrgeizig beschrieben, so zumindest die Schilderung von ihren Gegnern. Louise Boursier als Zeitgenossin von ihr, zeichnete ein anderes Bild und sprach davon, dass Marias „Freundlichkeit stets außergewöhnlich groß" war.

4 Der Westfälische Friede beendete den Dreißigjährigen Krieg, der aus einem Konglomerat miteinander verschränkter konfessioneller, verfassungs- und mächtepolitischer Konflikte bestand und in den nahezu alle europäischen Länder verstrickt waren. Bei den jahrelangen multilateralen Verhandlungen (1643-48) im katholischen Münster und evangelischen Osnabrück waren daher Gesandte fast aller europäischen Mächte und der einzelnen Reichsstände beteiligt. Der Friedensvertrag war ein völkerrechtlicher Vertrag und zugleich ein Reichsgrundgesetz. Kaiser und Papst galten danach als die Hauptverlierer, Frankreich und Schweden hingegen als Gewinner des Krieges.

5 Oliver Cromwell (1599-1658) war Lordprotektor von England, Schottland und Irland während der kurzen republikanischen Periode britischer Geschichte. Als einfacher Abgeordneter des englischen Unterhauses stieg er im Bürgerkrieg zum Anführer des Parlaments gegen König Charles I. auf und entwickelte sich während den Auseinandersetzungen zum Heerführer gegen die Krone. Mit der von ihm betriebenen Hinrichtung von Charles I. endeten alle Versuche der Monarchie, England in einen absolutistisch regierten Staat zu verwandeln. Cromwell scheiterte aber ebenso mit seinem Versuch, das Land dauerhaft in eine Republik zu verändern. Cromwell gilt als eine umstrittene Persönlichkeit, die einerseits als Königsmörder und Diktator andererseits als Freiheitsheld gesehen wird.

6 Im Pyrenäenfrieden von 1659 musste Spanien nicht nur einige Gebietsverluste hinnehmen, sondern auch in die Heirat von Maria Theresia mit dem jungen Ludwig XIV. von Frankreich zustimmen. Zusätzlich wurde festgelegt, dass Maria Theresia damit ausdrücklich auf das Erbe ihres Vaters König Philipp IV. von Spanien verzichtete. Als „Entschädigung" wurde Ludwig XIV. im Gegenzug eine großzügige Mitgift in Gold zugesichert, aber wohl nicht bezahlt. Als Philipp IV. schließlich am 17. September 1665 starb, meldete Ludwig XIV. daher umgehend Ansprüche auf Teile der Spanischen Niederlande an. Als Rechtfertigung gab Ludwig XIV. an, dass die versprochene Mitgift nicht ausbezahlt wurde und der Verzicht der Königin daher verwirkt sei.

7 Das Schicksal von Karl II., der unter dem Spitznamen „Der Verhexte" in die Geschichtsbücher eingegangen ist, wurde schon oft mit einer starken Inzucht des Herrscherhauses in Verbindung gebracht. Bis er vier war, konnte er nicht sprechen. Und auch später hatte er jede Menge Eigenheiten, die manche Biologen als Degeneration bezeichnen: Neben der berühmten Habsburgerlippe – eigentlich eine Fehlstellung des Unterkiefers – litt er unter Magen- und Darmerkrankungen, Blut im Urin, Ödemen und anderen Unannehmlichkeiten.

8 Spanien befand sich fast das gesamte 17. Jahrhundert über in einer wirtschaftlichen Depression, die die Krone durch eine veränderte Steuerpolitik und gezielte Geldentwertung zu kompensieren hoffte.

9 Der Tod der katholischen Königin Isabella, brachte ihre Tochter Johanna auf den Thron des Königreichs Kastiliens. Der Gemahl Johannas, Philipp I., Sohn des deutsch-römischen Kaisers und Mitglied der Habsburger Familie, übernahm wenig später die Macht der nicht regierungsfähigen „wahnsinnigen Johanna". So entstand die Habsburger Linie in Spanien.

10 Der Große Nordische Krieg war eine in Nord-, Mittel- und Osteuropa geführte Auseinandersetzung um die Vorherrschaft im Ostseeraum in den Jahren 1700 bis 1721. Eine Dreierallianz, bestehend aus dem Russischen Zarenreich sowie den beiden Personalunionen Sachsen-Polen und Dänemark-Norwegen, griff im März 1700 das Schwedische Reich an. Trotz der ungünstigen Ausgangslage blieb der schwedische König zunächst siegreich und erreichte, dass Dänemark-Norwegen (1700) und Sachsen-Polen (1706) aus dem Krieg ausschieden. Als er sich ab 1708 anschickte, Russland in einem letzten Feldzug zu besiegen, erlitten die Schweden in dem Gefecht bei Poltawa im Juli 1709 eine verheerende Niederlage, welche die Kriegswende einleitete. Durch diese Niederlage ihres ehemaligen Gegners ermutigt, traten Dänemark und Sachsen wieder in den Krieg gegen Schweden ein. Von da an bis zum Kriegsende behielten die Alliierten die Initiative und drängten die Schweden in die Defensive. Erst nachdem der als uneinsichtig und kriegsbesessen geltende Schwedenkönig im Herbst 1718 während einer Belagerung vor Frederikshald in Norwegen gefallen war, konnte der für sein Land aussichtslos gewordene Krieg beendet werden. Die Bedingungen der Friedensverträge von Stockholm, Frederiksborg und Nystad bedeuteten das Ende Schwedens als europäische Großmacht und den gleichzeitigen Aufstieg des 1721 von Peter I. gegründeten Russischen Kaiserreiches.

11 Potosi: Stadt im südlichen Zentralbolivien, die über reiche Silberminen verfügte und die Spanier ausgebeuteten. Offiziell wurden zwischen 1503 und 1660 180 Tonnen Gold und 16.900 Tonnen Silber nach Europa verschifft.

12 Candia: Das heutige Iraklio ist die größte Stadt der südgriechischen Insel Kreta (Anspielung auf die türkische Belagerung der Insel, die zur damaligen Zeit Venedig unterstand).

13 Von 1580 bis 1640 wurde Portugal durch die spanischen Habsburger beherrscht. Zeitgleich errang in den zum Habsburgerreich gehörenden Niederlanden der protestantische Aufstand gegen die katholische Herrschaft der spanischen Könige faktisch die Unabhängigkeit Hollands und der anderen nördlichen Provinzen, wohingegen Brabant (Antwerpen und Brüssel) und Flandern (Gent und

Brügge) unter spanischer Herrschaft und katholisch blieben. Die Niederlande (oder wie gesagt deren nördlichen Provinzen) erklärten sich im Jahre 1581 zur Republik. Beide Ereignisse – spanische Herrschaft in Portugal und Unabhängigkeit der Niederlande von Spanien – zusammen genommen resultierten in einer neuen Spannung, nun zwischen der niederländischen Republik und Portugal. Es begann ein jahrzehntelanger Krieg zwischen diesen beiden Seemächten.

14 Bei der VOC Aktie von 1606 handelt es sich um die älteste Aktie der Welt, http://www.oldest-share.com/.

15 North, Michael: *Das Goldene Zeitalter: Kunst und Kommerz in der niederländischen Malerei des 17. Jahrhunderts.* Köln 2001, S. 38.

16 Ferguson, Niall: *Empire. How Britain Made the Modern World.* London 2003, S. 62.

17 Hugenotten ist die seit 1560 gebräuchliche Bezeichnung für die französischen Protestanten. In der Regel wird der Name Hugenotten von dem deutschen Wort Eidgenossen abgeleitet (eiguenot). Diese 1520 im französischen Genf entstandene Bezeichnung galt zunächst für die Bundesgenossen der dortigen Calvinisten. Die Eidgenossen in Bern und Zürich unterstützten die Reformation in der Stadt um die Unabhängigkeit von Savoyen. In Frankreich wurden die Anhänger Calvins dann als Hugenotten verunglimpft. Der Name Hugenotte ist erstmals 1551 als Schimpfwort in einer Handschrift aus Périgueux in der Guyenne nachgewiesen.

18 Samuel de Champlain (1574-1635) war ein französischer Forschungsreisender, der einer Familie von Seefahren entstammte. Zu Beginn des 17. Jahrhunderts war er an den ersten französischen Kolonien beteiligt. 1608 gründete er am Sankt-Lorenz Strom eine Siedlung, aus der sich die Stadt Québec entwickelte. Champlain gilt allgemein als der Begründer Neufrankreichs.

19 Jacques Cartier (1491-1557) war ein französischer Seefahrer und Entdecker, der im Auftrag des französischen Königs Franz I. auf drei Expeditionen (1534–1542) erfolglos eine Passage nach Asien suchte, die Küste Neufundlands und den St.-Lorenz-Strom erforschte und für Frankreich formal Anspruch auf das heutige Kanada erhob.

20 François Lopis de Mondevergue wurde von der Krone als Gouverneur eingesetzt, zeigte sich aber der Aufgabe nicht gewachsen. In einem Schreiben von Ludwig XIV. vom 9. März 1669 rügte er dessen Regierungsstil in ungewöhnlich deutlichen Worten. Quelle: Clément 1861-1873, Bd. 3, S. 414-430 (Mémoire sur l'estat présent de la compagnie orientale de France dans l'isle Dauphine et dans les Indes, 8. März 1669).

21 Die Bewohner von Madagaskar, die Insel wurde auch als °Isle Dauphin bezeichnet, rebellierten gegen den Regierungsstil des Gouverneurs Marquis Mondevergue und beschwerten sich über die unhaltbaren Lebensbedingungen. Der Vizekönig musste von der Insel flüchten, ebenso 1674 die letzten französischen Kolonisten, womit der Kolonisierungsversuch auf der Insel vorerst sein Ende fand.

22 Jacob Blanquet de la Haye wurde auch 1699 zum Gouverneur und Generalleutnant von Madagaskar nominiert.

23 Schmieder, Ulrike: *Nach der Sklaverei.* Berlin 2014, S. 90. *Engagés* waren französische Kontraktarbeiter, ähnlich den englischen *indentured servants.* Sie verpflichteten sich meist zu drei Jahren Arbeit und erhielten danach 300 Livres. Sie konnten anschließend auf der Insel bleiben oder nach Frankreich zurückkehren. Meist handelte es sich bei den Männern um Arme oder Straftäter, während die Frauen aus französischen Waisen- oder Armenhäusern kamen.

24 400 Livres entsprachen in etwa dem monatlichen Gehalt eines Kapitäns, der ein Schiff des ersten oder zweiten Ranges kommandierte und dafür 360 Livres erhielt. Reglement vom 16. März 1673: in *Histoire generale de la marine* (Bd. 3). O.A. Amsterdam 1758. Kap. Code des armées navales, S. 151.

25 Lanctot, Gustave: *Filles de joie ou filles du roi.* Montréal 1952, S. 212.

26 Toupin, Dave: *Les Filles du Roi. Société des filles du Roi et soldats du Carignan* (Publikation). Québec 17. Nov. 2010.

27 Dies ist von ganz besonderer Bedeutung, denn ein freigelassender Sklave war demnach einem gebürtigen französischen Auswanderer gleichgestellt, mit allen Rechten und Pflichten.

28 Rittmeyer, Rudolph: *Seekriege und Seekriegswesen* (Bd. 1). Berlin 1907, Seite 89.

29 Flibustier: Zu Deutsch Freibeuter. Eine ältere französische Form davon ist *fribustier.* Leitet sich aus *frybuiter,* dem niederländischen *vrijbuiter* ab.

30 Bukanier: Dieser Name für englische Freibeuter leitet sich davon ab, dass sie anfangs auf Domingo verwilderte Rinder jagten, ihr Fleisch dörrten (bukanierten) und die Felle verarbeiteten bzw. verkauften.

31 Rittmeyer, Rudolph: *Seekriege und Seekriegswesen* (Bd. 1). Berlin 1907, Seite 93.

32 Rittmeyer, Rudolph: *Seekriege und Seekriegswesen* (Bd. 1). Berlin 1907, Seite 79.

33 Die Anfang der dreißiger Jahre des 17. Jahrhunderts von dem Hugenotten Jean le Vasseur zur Festung ausgebauten Insel Tortuga bot mehreren hundert Freibeutern Unterschlupf. 1640 kam es dort zur Bildung der Gemeinschaft *„Les frères de la côte"* (Brüder der Küste). Ihre Mitglieder verpflichteten sich untereinander auf Auseinandersetzungen zu verzichten, für eine gerechte Verteilung der Beute zu sorgen und innerhalb dieses Bundes die Treue (vermutlich auch in homosexuellen Partnerschaften) zu halten.

34 Alexandre Olivier Exquemelin (um 1645 - um 1707) ging im Auftrag der französischen Westindien-Kompagnie 1666 nach Tortuga und blieb dort einige Jahre im Dienst der Gesellschaft. Danach wurde er selbst Flibustier, heuerte als Wundarzt und Chirurg auf verschiedenen Schiffen an und berichtete als Augenzeuge unter anderem von der Eroberung der Stadt Panama durch den Piraten Henry

Morgan. Er war der Autor von „De Americaensche Zee-Rovers“, das bis heute als eine der wichtigsten Quellen zum Piratentum während des 17. Jahrhunderts gilt und in mehrere Sprachen übersetzt wurde.

35 Exquemelin, Alexandre Olivier: *Piratas de la America.* London 1684-5 Broadway Translation, S. 60: Die Freibeuter wurden danach für erlittene Versehrungen entweder mit Geld oder Sklaven entschädigt. Ein linkes Bein besaß den Gegenwert von 4 und das rechte Bein von 5 Sklaven oder den entsprechenden Gegenwert in Silber.

36 Bei dem „*Archivo General de Indias*“, dem sogenannten „Indienarchiv“, handelt es sich um ein Zentralarchiv des spanischen Staates.

37 Cruikshank, Ernest Alexander: *The Life of Sir Henry Morgan.* Toronto 1935, S. 106.

38 Lange Zeit unternahm das Königreich Großbritannien nichts gegen die Piraten. Sie waren in der Karibik aktiv und setzten vor allem Spanien und Frankreich zu. Um der Piraterie letztendlich Einhalt zu gebieten, wurden die Bahamainseln 1717 zur britischen Kronkolonie erklärt und Woodes Rogers, ein ehemaliger Pirat, zum Krongouverneur der Bahamas ernannt. Mit drei Kriegsschiffen erreichte er 1718 Nassau, wo zu dieser Zeit mehr als 2.000 Piraten lebten. Er gewährte den Piraten königliche Amnestie, sofern sie der Piraterie abschworen. Die meisten nahmen dieses Angebot an. Mehrere Kapitäne wie Charles Vane oder Blackbeard lehnten jedoch ab.

39 Michiel de Ruyter war ein bedeutender niederländischer Admiral. Die Viertageschlacht vom 11. Juni bis 14. Juni 1666 zwischen der Küste von Flandern und der Mündung der Themse gilt als einer der größten Siege de Ruyters. Während der Auseinandersetzung bei Augusta, gegen französische Verbände unter Admiral Duquesne am 22. April 1676 wurde de Ruyter verletzt. An den Folgen dieser Verwundung starb Michiel de Ruyter wenige Tage später an Bord seines Flaggschiffs Eendracht.

40 Hamersly, L. R. & Co.: *A Naval Encyclopædia 1.* „Jean Bart“. Philadelphia 1880, S. 67.

41 Johnson, Charles Captain (angebliches Pseudonym von Daniel Defoe, nach neueren Recherchen aber strittig): *A General History of the Robberies and Murders of the Most Notorious Pirates.* London 1724, S. 71-81.

42 Lee, Robert E.: *Blackbeard the pirate.* Winston-Salem, North Carolina 1974, S. 120–123.

43 Parker, Charles H.: *Global Interactions in the Early Modern Age.* New York 2010, Seite 77.

44 Le Pers, Jean-Baptiste: *Histoire de l'Isle Espagnole Ou De S. Domingue.* Amsterdam 1733, S. 56.

45 Vaissière, Pierre de: *Saint-Domingue la société et la vie créoles sous l'ancien régime (1629-1789).* Kap. 70, Brief von M. Ghoiseul-Beaupré vom 29. August 1708. Paris 1814.

46 Marley, David: *Wars of the Americas: A Chronology of Armed Conflict in the New World, 1492 to the Present.* Santa Barbara, Kalifornien 1998.

47 Siehe auch „*Histoire de l'Isle Espagnole Ou De S. Domingue*“. Jean-Baptiste Le Pers, 1733, S. 56-57. Le Pers beschreibt darin das Aufeinandertreffen von Anne Dieu-leVeut und Laurens de Graff.

48 Marley, David: *Pirates of the Americas.* Santa Barbara, Kalifornien 2010, S. 98.

49 Little, Benerson & Courtney: *The Buccaneer's Realm: Pirate Life on the Spanish Main, 1674-1688.* Dulles, Virginia 2007, S. 285 bis 295.

50 Johnson, Charles Captain (evtl. Pseudonym von Daniel Defoe, nach neueren Recherchen aber strittig): *A General History of the Robberies and Murders of the Most Notorious Pirates.* London 1724, S. 171.

51 Johnson, Charles Captain (evtl. Pseudonym von Daniel Defoe, nach neueren Recherchen aber strittig): *A General History of the Robberies and Murders of the Most Notorious Pirates.* London 1724, S. 172.

52 Johnson, Charles Captain (evtl. Pseudonym von Daniel Defoe, nach neueren Recherchen aber strittig): *A General History of the Robberies and Murders of the Most Notorious Pirates.* London 1724, S. 172.

53 Johnson, Charles Captain (evtl. Pseudonym von Daniel Defoe, nach neueren Recherchen aber strittig): *A General History of the Robberies and Murders of the Most Notorious Pirates.* London 1724, S. 146-156.

54 Johnson, Charles Captain (evtl. Pseudonym von Daniel Defoe, nach neueren Recherchen aber strittig): *A General History of the Robberies and Murders of the Most Notorious Pirates.* London 1724, S. 173.

55 Johnson, Charles Captain (evtl. Pseudonym von Daniel Defoe, nach neueren Recherchen aber strittig): *A General History of the Robberies and Murders of the Most Notorious Pirates.* London 1724, S. 173.

56 Yolen, Jane & Shannon, David: *The Ballad of the Pirate Queens.* San Diego 1995, S. 23-24.

57 Johnson, Charles Captain (evtl. Pseudonym von Daniel Defoe, nach neueren Recherchen aber strittig): *A General History of the Robberies and Murders of the Most Notorious Pirates.* London 1724, S. 160.

58 Johnson, Charles Captain (evtl. Pseudonym von Daniel Defoe, nach neueren Recherchen aber strittig): *A General History of the Robberies and Murders of the Most Notorious Pirates.* London 1724, S. 160.

59 Johnson, Charles Captain (evtl. Pseudonym von Daniel Defoe, nach neueren Recherchen aber strittig): *A General History of the Robberies and Murders of the Most Notorious Pirates.* London 1724, S. 161.

60 Johnson, Charles Captain (evtl. Pseudonym von Daniel Defoe, nach neueren Recherchen aber strittig): *A General History of the Robberies and Murders of the Most Notorious Pirates.* London 1724, S. 162.

61 Johnson, Charles Captain (evtl. Pseudonym von Daniel Defoe, nach neueren Recherchen aber strittig): *A General History of the Robberies and Murders of the Most Notorious Pirates.* London 1724, S. 172. Anne Bonny unterhielt demnach eine Liebesbeziehung zu Mary Read wie auch zu Jack Rackham.

62 Johnson, Charles Captain (evtl. Pseudonym von Daniel Defoe, nach neueren Recherchen aber strittig): *A General History of the Robberies and Murders of the Most Notorious Pirates.* London 1724, S. 165.

63 Calvinismus: Reformierte Theologie nach der Lehre von Johannes Calvin (1509-1564), der in Genf die Reformation durchführte. Als Urheber reformierter Theologie gilt Huldrych Zwingli (1484-1531). Der Calvinismus hatte hauptsächlich in der Schweiz, in Frankreich, in den Niederlanden und vereinzelt in Süddeutschland Fuß gefasst. Von der Reformation lutherischer Prägung unterschied er sich im Verständnis des Abendmahls vor allem durch den Gedanken der Prädestination (Vorsehung). Demnach war der Mensch von Gott entweder zur Seligkeit oder zur Verdammnis vorherbestimmt. Ob der Weg in den Himmel oder in die Hölle führte, ließ sich danach am ehesten am Erfolg bzw. Misserfolg eines Menschen ablesen.

64 Als Bartholomäusnacht wird in der Geschichte Frankreichs die Ermordung mehrerer Tausend Hugenotten in der Nacht zum 24. August 1572 in Paris bezeichnet. Zu dieser Zeit mündete der Versuch des französischen Königs Karl IX. und seiner Mutter Katharina von Medici, die Religionskriege zu beenden, in den Friedensvertrag von Saint-Germain-en-Laye, nach dem die Protestanten die vier befestigten Städte La Charité, Cognac, Montauban und La Rochelle erhielten und ihre Religion weiter ausüben durften. Um die Katholiken und die Protestanten enger zusammenzuführen, arrangierte Katharina von Medici die Hochzeit zwischen dem protestantischen Anführer Heinrich von Navarra und ihrer Tochter Margarete von Valois. Der Friedensvertrag und die Hochzeit blieben jedoch in großen Teilen Frankreichs äußerst unpopulär und waren darüber hinaus gegen die Interessen der katholischen Kirche und der mächtigen Adelsfamilien gerichtet, insbesondere von der Familie von de Guise, die auf den König einen enormen Druck ausübte.
Am 24. August 1572, dem Tag des Heiligen Bartholomäus, eskalierte die Situation und es kam zur massenhaften Ermordung von Protestanten, die zur Hochzeit nach Paris kamen. Eines der ersten Opfer war der protestantische Anführer und engste Berater des Königs, Admiral von Coligny. Dieser Mord löste eine unkontrollierte Welle erbarmungsloser Gewalt aus und es wurden in ganz Frankreich mehrere tausend Hugenotten ermordet. Viele Tausende verließen aus Angst um ihr Leben das Land oder traten zum Katholizismus über.

65 Jean Bodin (1529/1530-1596) gilt als der erste bedeutende französische Staatstheoretiker. Er war der Begründer des modernen Souveränitätsbegriffes und mit seiner staatstheoretischen Schrift *„Les six livres de la République"* (dt. „Sechs Bücher über den Staat") ein früher Fürsprecher des Absolutismus.
Seine Forderung nach einer höchsten Staatsgewalt in Frankreich stand in direktem Zusammenhang mit den Religionskriegen zwischen Hugenotten und Katholiken. Die sich gegenseitig ausschließenden religiösen Vorstellungen, die in ihrem Absolutheitsstreben gleichzeitig die Führung des Staates beanspruchten, mussten laut Bodin die staatliche Einheit letztlich zerstören. Seine wissenschaftliche Arbeit hatte den Anspruch diese innere Krise zu überwinden und mittels einer souveränen Staatsgewalt die Einheit des Landes zu gewährleisten.

66 Die *„Les six livres de la République"* (Sechs Bücher über den Staat) erschien 1576 und stellt die bedeutendste Schrift des Juristen Jean Bodin dar. Als wichtiges staatstheoretisches Werk in französischer Sprache gilt das Buch als Gründungstext der Politikwissenschaft. Darin wird das Staatsideal einer Monarchie definiert, das einerseits zwar reglementierend wirken soll andererseits aber dem Monarchen in letzter Konsequenz absolute Souveränität gewährt. Die Schrift war auch als Widerlegung der meist im protestantischen Lager vorherrschenden Denkweise gedacht, die aus religiösen und politischen Gründen den Alleinherrschaftsanspruch der Fürsten und ihre uneingeschränkte Souveränität in Frage stellte und für eine demokratische Staatsform anstatt der Monarchie eintrat.

67 Ordnungsmaxime: Als primäres Ziel galt für die französische absolute Monarchie die Ordnung und Harmonie im Land sicherzustellen, das Funktionieren öffentlicher Gewalt zu gewährleisten und damit eine effektive Lenkung des Staates zu ermöglichen. In dieser Weise ist die *„maxime de l'ordre"* zu verstehen. Alles was diesem Ziel diente wurde beibehalten bzw. weiter entwickelt. Alles was entgegenstand, war entweder zu beseitigen oder zu neutralisieren – dies unter den gegebenen politischen, wirtschaftlichen und sozialen Rahmenbedingungen.

68 Anna von Österreich wurde als Tochter des spanischen Königs Philipp III. im Jahre 1601 geboren. Sie entstammte dem Haus Habsburg und wurde mit Ludwig XIII. vermählt. Nach dem Tod des Königs herrschte sie für ihren minderjährigen Sohn und unter ihrer Regentschaft konnte Frankreich einige Erfolge im Krieg gegen Spanien verbuchen. Sie beendete den Krieg gegen Spanien nicht, sondern führte ihn gegen ihren Bruder Philipp IV. bis 1659 fort. Der Friedensschluss erfolgte, nachdem Spanien einige Gebiete an Frankreich abtreten musste. Anschließend wurde die Hochzeit zwischen Ludwig XIV. und Annas Nichte, der spanischen Prinzessin Maria Theresia, von Spanien arrangiert.

69 Der Conseil du Roi geht bis auf das 11. Jahrhundert zurück und hatte im 16. bzw. 17. Jahrhundert die Aufgabe den König zu beraten und Entscheidungen der Krone vorzubereiten. Seine Funktion war nur beratender Natur, sodass die Entscheidung letztlich immer durch den König getroffen wurde, der nicht an die Empfehlungen oder Ratschläge des Conseil gebunden war. Oft übertrug er die Durchsetzung von unpopulären Entscheidungen seinen Conseillers du Conseil du Roi, den Mitgliedern des königlichen Rates. Der Rat bestand zeitweise aus über hundert Mitgliedern.

70 Der Satz, der zum Sinnbild des Absolutismus wurde, *„L'État, c'est moi!"* (Der Staat bin ich), stammt allerdings nicht von ihm und ist unbekannter Herkunft.

71 Wird des Öfteren mit dem *„Conseil d'État“* (Staatsrat) verwechselt, der innenpolitische, finanzielle, juristische und kirchliche Angelegenheiten und Streitfälle (oftmals zwischen Katholiken und Protestanten) regelte.

72 Maître des requétes: Im 17. Jahrhundert mit einem hohen Stadtrat vergleichbar, der auch als vortragender Rat den eigentlichen Staatsrat unterstützte.

73 Die *„sociéte d'ordre“* war eine Form sozialer Struktur für die französische Gesellschaft während des Ancien Régime, die in Frankreich vom 16. bis 18 Jahrhundert vorherrschte und mit der französischen Revolution ihr Ende fand. Die französische Bevölkerung gliederte sich laut dieser Ordnung in den ersten Stand mit dem Klerus (alle Geistlichen innerhalb der Kirche), dem zweiten Stand der dem Adel vorbehalten war und dem dritten Stand, der die restliche Bevölkerung also Bauern, Bürgertum und Händler beinhaltete.

74 Im Gegensatz zum *„Noblesse de robe“* – wie man den französischen Amtsadel zur Zeit des Ancien Régime bezeichnete und zu denen alle adligen Angehörigen staatlicher Behörden gehörten – galt für den *„Noblesse d'épée“* der Adelsstand aufgrund des Geburtsrechts, dem sogenannten Schwertadel.

75 Clamageran, Jean-Jules: *Histoire de l'impôt en France* (Bd. 2). Paris 1867-1876, S. 588 u. 598.

76 Als Rechtswort tauchte der Begriff *„Taille“* erstmals im 11. Jahrhundert auf und bezeichnete eine Abgabe an den Grundherrn, deren Höhe von diesem willkürlich festgelegt werden konnte. Es handelte sich zunächst um einen Naturalzins, der mit zunehmender Geldzirkulation in eine Geldabgabe umgewandelt wurde.

77 Clamageran, Jean-Jules: *Histoire de l'impôt en France* (Bd. 2). Paris 1867-1876, S. 438 u. 597.

78 Clément, Pierre: *Lettres Instructions et mémoires de Colbert* (Bd. 2). Paris 1863, S. 169 und Clamageran, Jean-Jules: *Histoire de l'impôt en France* (Bd. 2). Paris 1867-1876, S. 636.

79 Clément, Pierre: Lettres *Instructions et mémoires de Colbert* (Bd. 2). Paris 1863, S. 49.

80 Die *„Académie des sciences“* ist auf Jean-Baptiste Colbert zurückzuführen der eine Einrichtung schaffen wollte, die sich ausschließlich um die Forschung und Wissenschaften bemüht. Sie fand ihre Mitglieder in verschiedenen Wissenschaftszirkeln, die sich im 17. Jahrhundert um einen Mäzen oder eine gelehrte Person scharten. Colbert wählte eine kleine Gruppe aus, die sich am 22. Dezember 1666 in der Bibliothek des Königs versammelte und sich dort alle zwei Wochen zu Arbeitssitzungen traf. Im 18. Jahrhundert trug sie mit ihren Veröffentlichungen zur Entwicklung des Wissens bei und spielte mit ihrer Nähe zur Macht auch eine politische Rolle. Zu den bedeutenden Arbeiten gehörte beispielsweise die Erdmessung, für welche die Akademie in den Jahren von 1735 bis 1740 zwei große Expeditionen nach Peru und Lappland ausrüstete.

81 Levasseur, E: *Histoire des classes ouvrières* (Bd. 2). Paris 1901, S. 149.

82 Forbonnais, François de & Véron Duverger: *Recherches et considérations sur les finances de France: depuis 1595 jusqu'en 1721* (Bd. 2). Liege 1758, Seite 222. Brandt, Alexander von: *Beiträge zur Geschichte der französischen Handelspolitik von Colbert bis zur Gegenwart.* Leipzig 1896, S. 15.

83 Clément, Pierre: Lettres *Instructions et mémoires de Colbert* (Bd. 2). Paris 1863, S.694.

84 Brandt, Alexander von: *Beiträge zur Geschichte der französischen Handelspolitik von Colbert bis zur Gegenwart.* Leipzig 1896, S. 17.

85 Toudouz, Georges G.: *Hervé de Portz-Moguer et „Marie la Cordelière“, d'après les témoins oculaires de 1512* (Publikation). o.O, o.J.

86 Richelieu: *Lettres, Instructions diplomatiques* (Bd. 2). Paris 1851, S. 163.

87 Fournier, Georges: *Hydrographie contenant la theorie et la practique de toutes les parties de la navigation.* Paris 1643, S. 55.

88 Fournier, Georges: *Hydrographie contenant la theorie et la practique de toutes les parties de la navigation.* Paris 1643, S. 56.

89 Die Lérin Inseln sind eine kleine Inselgruppe ca. 5 km vor der südfranzösischen Küste auf der Höhe von Cannes gelegen. Sie wurden 1635 von den Spaniern eingenommen und konnten trotz der zwischenzeitlich errichteten Befestigungen von Frankreich zurückerobert werden.

90 Lacour-Gayet, G.: *La marine militaire de la France* (Bd. 1). Paris 1911, S. 93.

91 Abraham Du Quesne, siehe ausführliche Beschreibung in Kapitel 7.

92 Chef's d'escadre: Generaloffiziere der französischen Marine im „Ancien Régime“. Ihr Rang war in etwa vergleichbar mit dem eines Vizeadmirals. Sie kommandierten ein Geschwader von ca. 20 Linienschiffen und galten zugleich als die Stationschefs der einzelnen Seedistrikte. Ihnen unterstanden die Hauptkriegshäfen, samt Versorgung und Mobilisierung der ihnen zugewiesenen Streitkräfte und sie führten zudem die örtlichen Geschwader. Ihnen zur Seite standen ein Kommissar, ein Kapitän und mehrere Leutnants des entsprechenden Hafens.

93 Sovereign of the seas: 1651 demontierten die Schiffbauer einige höher platzierte Decks, um die Segeleigenschaften zu verbessern. 1658 fand ein weiterer Umbau statt. Die große Hecklaterne ersetzte die Werft durch drei kleinere und entfernte die Katzengänge an den Seitengalerien. Nach den maritimen Aktionen gegen die Niederländer erfolgte 1684 die Instandsetzung des Schiffes. Bei 1696 neuerlich durchgeführten Umbauten fing das Schiff Feuer und brannte bis zur Wasserlinie ab.

94 Zysberg, André: *Les galériens. Vies et destins de 60 000 forçats sur les galères de France (1680-1748).* Paris 1987, S. 433.

95 Dwarslinie: Schiffe, die auf gleicher Höhe parallel zueinander segeln. Diese Formation ergibt sich, wenn bei Fahrt in Kiellinie die Schiffe um 90 Grad schwenken.

96 Luvstellung ist ein Begriff, der vornehmlich in der Seekriegstaktik Anwendung findet. Man hat die Luvstellung inne, wenn sich das angreifende Schiff „mit“ dem Wind auf den Gegner zubewegt und damit jederzeit die Annäherung an den Gegner bestimmen kann, während der Kontrahent zu diesem Zweck mühsam und unter Zeitverlust gegen den Wind aufkreuzen muss.

97 Melée (frz. Getümmel): Maritimer Begriff für eine ungeordnete Gefechtsordnung auf See. Zunächst waren solche Fehden zweier Flotten durch eine geordnete Gefechtsordnung bestimmt, d.h., die Schiffe segelten in Formation. Diese Ordnung löste sich bei den Auseinandersetzungen bei immer engerem Kontakt zugunsten des Meleés auf und auf kurzer Distanz bis zum Enterkampf zwischen den Schiffen führte.

98 Kiellinie: Hintereinander segelnde Schiffe, sodass sich die nachfolgende Einheit immer im Kielwasser ihres Vorgängers befand, die Segler einander nicht behinderten und ein gleichzeitiges Abfeuern von Breitseiten ermöglichten.

99 1671: DAUPHIN ROYAL, LA REINE, ROYAL LOUIS, SOLEIL ROYAL. 1689: ROYAL DAUPHIN, ROYAL LOUIS, SOLEIL ROYAL. 1696: DAUPHIN ROYAL, FOUDROYANT, ROYAL LOUIS, SOLEIL ROYAL, TERRIBLE. 1715: ROYAL LOUIS II.

100 Im maritimen Sprachgebrauch bezeichnet die *„Avantgarde“* den vorderen Teil einer in Kiellinie segelnden Flotte.

101 Im maritimen Sprachgebrauch bezeichnet das *„Corps de Bataille“* den Mittelteil einer in Kiellinie segelnden Flotte, meist durch den ranghöchsten Kommandeur auf seinem Flaggschiff befehligt.

102 Im maritimen Sprachgebrauch bezeichnet die *„Arrieregarde“* den hinteren Teil einer in Kiellinie segelnden Flotte.

103 Hoste, Paul P.: *L'art des armées navales ou traité des evolutions navales.* Lyon 1697, S. 103.

104 Der Faden leitet sich aus dem englischen *„fathom“* bzw. dem althochdeutschen *„fadam“* ab und bezeichnet damit *„beide ausgestreckte Arme“*, *„umspannende Arme“* oder *„Umarmung“*. Das französische *„brasse“* hat genau die Bedeutung unseres Wortes Faden: die Entfernung der beiden Arme (bras), wenn sie ausgestreckt sind. Der französische Faden betrug 1,62 m.

105 Paul Hoste (1652-1700) war ein französischer Theoretiker für Seekriegstaktik. Er war Jesuit und mathematisch außerordentlich begabt. Er diente als Kaplan von Marschall d'Estrees und danach Admiral Tourville. Wahrscheinlich beriet der Kaplan die Oberkommandierenden während ihrer Missionen auf See. In den späteren Jahren besaß er eine Professur am Priesterseminar in Toulon. Er schrieb mehrere Bücher, darunter das erste französische Buch über Seekriegsstrategie.

106 Jachmann, E.: *Allgemeine Flottentaktik nach der holländischen Taktik des Ritter von Kingsbergen*, Berlin 1850, S. 8-23.

107 Ollivier, Blaise Joseph: (1701-7146) war wie sein Vater Joseph Ollivier ein französischer Schiffbaumeister. Er studierte bei seinen Auslandsaufenthalten auch die Konstruktionsmethoden in England und Holland. Blaise Ollivier verfasste unter anderem 1736 das Buch *„Traité de construction“*, optimierte in vielen Bereichen den französischen Schiffbau und galt als einer der renommiertesten Experten seiner Zeit.

108 Koch, Johann Gottlob Friedrich: *Allgemeines europäisches Land- und Seekriegsrecht.* Frankfurt 1778, S. 144.

109 Korn, Gottlieb Wilhelm: *Erläuterungen zum Verstande der Schifffahrt und des Seekrieges.* Breslau 1774, S. 102.

110 Korn, Gottlieb Wilhelm: *Erläuterungen zum Verstande der Schifffahrt und des Seekrieges.* Breslau 1774, S. 102.

111 Mit dem Zweiten Frieden von Westminster endete am 19. Februar 1674 der Dritte Englisch-Niederländische Seekrieg. Danach wurde der Zustand vor dem Krieg wiederhergestellt. Die kurzzeitig wieder besetzte Kolonie Neu-Niederland, welche die Niederlande bereits im Frieden von Breda nach dem Zweiten Englisch-Niederländischen Seekrieg abgetreten hatte, fiel nun endgültig an England.

112 Paris, Edmond: *Segelkriegsschiffe des 17. Jahrhunderts* (Übersetzung aus dem Französischen). 1. Auflage. Rostock 1975, S. 56.

113 Kalfatern bedeutet bei einem damaligen Schiff die Fugen zwischen den Planken mit Werg verstopfen, mit kochendem Pech überziehen und nach dem Erkalten glatt abschmirgeln.

114 Feldscher (die Feldschere), frühere Bezeichnung für Militärärzte der untersten Stufe, auch als Handwerksarzt bezeichnet und mehr als eine Art Lazarettgehilfe oder Sanitäter anzusehen.

115 Paris, Edmond: *Segelkriegsschiffe des 17. Jahrhunderts* (Übersetzung aus dem Französischen). 1. Auflage. Rostock 1975, S. 56.

116 Hayet, Kommissar: Description du Vaisseau le ROYAL LOUIS. Marseille 1677, S. 21: Ein 36-Pfünder wog danach 60 Quintaux und entspricht 2.937 kg.

117 Hoste, Paul P.: *L'art des armées navales ou traité des evolutions navales.* Lyon 1697, S. 400.

118 Tatsächlich waren es während der ersten Marine 4 Schiffe: ROYAL LOUIS, SOLEIL ROYAL, DAUPHIN ROYAL UND ROYAL DUC (LA REINE).

119 *Ordonnance de Louis XIV. pour les armées navales et arcenaux de marine.* O.A. Paris 1689, S. 159-162. Der erste Rang umfasste z.B. eine Mannschaftsstärke von 600-800 Mann, der zweite Rang von 400-500 Mann etc.

120 *Ordonnance de Louis XIV. pour les armées navales et arcenaux de marine.* O.A. Paris 1689, S. 157. Die Kapitäne des 1. und 2. Ranges verdienten 100 Livres und die Kapitäne 3. Ranges noch 40 Livres mehr als die Kapitäne des 4. und 5. Ranges.

121 Der Niederländisch-Französische Krieg war ein gesamteuropäischer militärischer Konflikt, der von 1672 bis 1678 dauerte und zeitgleich mit dem Dritten Englisch-Niederländischen Krieg (1672-1674) begann.

122 Zwei-Tage-Seeschlacht am 16./17. September und am 21. Oktober 1639 die Seeschlacht in den Downs. In beiden Fällen siegten die Niederlande über Spanien. Danach fanden noch von März bis Oktober 1646 weitere Auseinandersetzungen zwischen den Niederlanden und Spanien auf See statt.

123 Zum Beispiel 1653 bei Scheveningen, 1665 bei Lowestoft, 1666 Viertageschlacht, 1672 bei Solebay oder 1672 bei Texel.

124 Als Orangisten oder Oranier-Partei (niedl. Oranjepartij) bzw. Statthalter-Partei oder Prinzenpartei wurden in Holland die Anhänger jener politischen Gruppierung bezeichnet, die zum Erbstatthalter aus dem Hause Oranien hielten. Die pauschale Identifikation aller Niederländer als Oranjes lässt außer Acht, dass es unter der niederländischen Bevölkerung stets Gegner der Oranier gab. Der Kampf zwischen republikanischer und absolutistischer Staatsform wurde in der Republik der Sieben Vereinigten Provinzen zu Beginn des 17. Jahrhunderts zunächst zugunsten der Provinzen entschieden. Die überwiegend vom Landadel, von der Landbevölkerung und fanatischen Calvinisten gestützte Partei des Prinzen Moritz von Nassau-Oranien stürzte 1618 die von städtischen Großbürgern getragene Staatenpartei um den Regenten Johan van Oldenbarnevelt. Nach dem Tod Wilhelms II. organisierten sich die Gegner der Oranier in der Regentenpartei um Johan de Witt, die sich bis 1672 an der Macht hielt und den jungen Prinzen Wilhelm III. von der Macht zunächst ausschloss, ehe de Witt 1672 von Orangisten gestürzt und ermordet wurde. Mit der Berufung Wilhelms III. zum König von England, Schottland und Irland begann eine enge Bindung zwischen den Orangisten und England.

125 Siehe Englisch-Niederländische Seekriege von (1) 1652-1654, (2) 1665-1667 und (3) 1672-1674.

126 Villiers, Patrick, Duteil, Jean-Pierre, Muchembled (dir.), Robert: *L'Europe, la mer et les colonies: XVIIe-XVIIIe siècle.* Paris, 1997, S. 255.

127 Die 15.000 Bände umfassende Bibliothek François Fouquets gehörte zu den größten Privatbibliotheken von ganz Paris. Im Vergleich dazu verfügte der damalige Premierminister nur über rund 7.000 Bücher.

128 Die Mitgift von Louise Fourché betrug 160.000 Livres.

129 Fronde: Aufstand des Hochadels gegen das absolutistische Königtum (1648-1653). Die Fronde (frz. Schleuder) war ein Bündnis des Adels des Parlaments und des Volkes gegen den Absolutismus in Frankreich im 17. Jahrhundert. Während der Regentschaft der Mutter Ludwigs XIV. Anna von Österreich kam es ab 1648 zu blutigen Aufständen mit diesen Gruppierungen. Ziel war die Abschaffung des Absolutismus. Die Fronde unter der Führung des Prinzen von Condé, der zuerst für und dann gegen den König kämpfte, kam zustande, weil die Regierung zu schwach und die Macht der Granden zu stark war. Kardinal Mazarin, der amtierende Premierminister – beim Volk extrem unbeliebt – hatte großen Einfluss auf die Regentin und galt als heimlicher Herrscher. 1651 wurde er für zwei Jahre ins Exil verbannt. Der Hof musste zeitweise aus Paris nach Saint Germain flüchten und dort unter ärmlichen Umständen leben. Nach seiner Rückkehr aus dem Exil gelang es Mazarin 1653, den Aufstand endgültig niederzuschlagen und so Ludwig XIV. seinen Thron zu sichern. Dieser setzte daraufhin von Beginn seiner Regierungszeit an alles daran, den Adel zu entmachten und in Versailles an sich zu binden.

130 Abel Servien, Comte de la Roche des Aubiers (1593-1659) entstammte dem Beamtenadel und studierte die Rechte. 1618 zum Staatsrat ernannt ging er 1624 nach Paris, wo er von Kardinal Richelieu gefördert wurde. Ab 1628 war er im diplomatischen Dienst tätig, fiel aber bei Richelieu in Ungnade. Dies änderte sich unter dem neuen Staatsminister Mazarin. 1645 wurde Servien zum Staatsrat ernannt und nach seiner Rückkehr 1649 Minister.

131 Conseil du commerce: Der königliche Rat für den Handel, während der Regentschaft Ludwigs XIV. anfänglich im Jahr 1664 eingesetzt.

132 Louis Le Vau (1612-1670) war ein französischer Baumeister, der in Paris lebte und unter anderem zunächst für Nicolas Fouquet und nach dessen Verhaftung für Ludwig XIV. tätig war. Angeregt durch Formen des italienischen Barocks überwand er den Renaissance-Stil. Er gehörte zu den Gründern des französischen Louis-quatorze, des Repräsentationsstils Ludwigs XIV.

133 Siehe ausführliche Erläuterung in Kap. 8.

134 André Le Nôtre (1613-1700) war ein für die europäische Gartenkunst bedeutender französischer Landschaftsarchitekt, der als oberster Gartenarchitekt von Ludwig XIV. unter anderem maßgeblich die Barock-Gartenanlagen von Schloss Versailles (1662–1689) gestaltete.

135 Das Wappen von Fouquets Familie zeigte traditionell ein Eichhörnchen mit dieser Inschrift.

136 Als *„Cabale des importants"* wurde eine politische Konspiration gegen die französische Krone im Sommer des Jahres 1643 bezeichnet. Die Fäden zogen dabei François de Bourbon-Vendôme und Marie de Rohan-Montbazon, duchesse de Chevreuse, kurz nach dem Tod Ludwigs XIII. Zu diesem Zeitpunkt schien die Krone geschwächt, da nur noch vertreten durch den fünfjährigen Ludwig XIV. und seine Mutter Anna von Österreich. Die Anhänger der Cabale des importants versuchten vor allem, eine Nebenlinie des Hauses Bourbon zu entmachten und verlorene Rechte und Privilegien wieder zurück zu erlangen, die Jahre zuvor auf politischen Drucks hin aufgegeben werden mussten. Im Fokus dieser Verschwörung stand neben Anna von Österreich vornehmlich Kardinal Mazarin, der als erklärter Gegner von Bourbon-Vendôme galt. Mazarin erfuhr von diesem Komplott, ließ daraufhin François de Vendôme am 2. September verhaften und im Schloss Vincennes einsperren, wo er die nächsten fünf Jahre verbrachte.

137 Gabrielle d'Estrées (um 1570-1599), Duchesse de Beaufort et Verneuil, Marquise de Monceaux, war von 1592 bis 1599 die Mätresse des französischen Königs Heinrich IV., lebte wie eine Ehefrau mit ihm und hatte regen Einfluss auf die französische Politik der damaligen Zeit. Ihr Sohn César, späterer Großadmiral von Frankreich, begründete die bourbonische Nebenlinie Vendôme.

138 Bély, Lucien: *La France au XVII siecle.* Paris 2009, Seite 597. Der Amtsinhaber erhielt danach 10 % aus den Einnahmen aller Prisen.

139 *Fiche documentaire ifm n° 4/12* (Publikation). l'Institut Français de la Mer (Comité de Toulon Provence), Toulon 2012.

140 Louis XIV.: *Oevres. Les Mémoires de Louis XIV* (Bd. 5). Paris 1806, S. 269.

141 Dieser Allianzvertrag wurde auch als Defensivallianz zwischen Frankreich und Holland bezeichnet und war als eine Reaktion beider Länder auf die Rückkehr Charles II. auf den englischen Thron zu werten.

142 Die Auseinandersetzung bei Lowestoft vom 13. Juni 1665 war ein Seegefecht während des zweiten Englisch-Niederländischen Krieges (1665–1667). Dabei trafen die Briten vor der englischen Küste auf die niederländische Flotte unter Admiral van Obdam. Dieses Gefecht endete mit einer schweren Niederlage der niederländischen Verbände, die dabei erhebliche Verluste erlitten. In der Folge erlangten die englischen Kräfte vorerst die Kontrolle über die nordeuropäischen Seewege.

143 Die Viertageschlacht vom 11. bis 14. Juni 1666 gegen England gilt als eine der wichtigsten niederländischen Siege auf See. Am ersten Tag griff die englische Flotte die ankernden Holländer an, die an der Hafenstadt Dünkirchen auf die Hilfe der Franzosen warteten. Obwohl die Holländer zu Beginn überrascht wurden, konnten die Briten die Situation nicht nutzen, da sich die holländischen Segler an die Küste zurückzogen und die englischen Schiffe aufgrund des größeren Tiefgangs abdrehen mussten. Die Holländer unter Admiral Ruyter schlugen zurück und enterten mehrere englische Einheiten. In den folgenden zwei Tagen bekämpften sich die Flotten auf hoher See. Beide erlitten bei Nahgefechten hohe Verluste und suchten am vierten Tag eine Entscheidung. Am 14. Juni brachen die Engländer den Kampf ab, da sie ihre ganze Munition verschossen hatten. Insgesamt war in dieser Auseinandersetzung der Verlust von über 7.000 Menschenleben zu beklagen.

144 Louis de Bourbon, Comte de Vermandois (1667-1683) war der Sohn von Ludwig XIV. und seiner Mätresse Louise de La Vallière. Louis wurde 1669 legitimiert, erhielt im Alter von 2 Jahren den Titel des Comte de Vermandois und wurde gleichzeitig zum ersten Admiral von Frankreich ernannt.

145 Charles Colbert de Terron war der Cousin von Jean-Baptiste Colbert. Mit Beginn der Regentschaft Ludwigs XIV. wurde er zum Generalkommissar ernannt und agierte zusammen mit Colbert gegen Nicolas Fouquet. Später wurde de Terron Intendant des neu gegründeten Arsenals in Rochefort und unterhielt engen Kontakt zum Minister.

146 Laurent Hubac galt als der beste französische Schiffbaumeister während der Regentschaft Ludwigs XIV., der bereits unter Richelieu und Mazarin in Brest Schiffe auf Kiel legte. Hubac wurde allseits hoch respektiert, hatte aber auch seinen eigenen Kopf und war für Neuerungen weniger zugänglich als die Baumeister in Toulon oder Rochefort. Er verfügte über direkte Kontakte zu Ludwig XIV. und konnte sich zuweilen sogar gegen Colbert und seine Verordnungen durchsetzen. Unter anderem verantwortete Laurent Hubac den Bau der SOLEIL ROYAL, dem mit 2.500 Tonnen größten Schiff des gesamten ersten Schiffbauprogramms aller Werften.

147 Die ST-PHILIPPE in Toulon erfuhr auch den Übergang in die zweite Marine Ludwigs XIV. als Schiff 2. Ranges bis zu ihrer Zerstörung 1692 bei La Hougue.

148 Es handelte sich dabei um die holländischen Einheiten des zweiten Ranges CONQUERANT, COURTISAN (spätere MAGNIFIQUE), INTREPIDE (spätere GRAND), INVINCIBLE, NEPTUNE (spätere ILLUSTRE), NORMAND (spätere ST-LOUIS). Hinzu kamen aus Dänemark die FREDERIC (spätere ADMIRABLE) zweiten Ranges und die SOPHIE (spätere PORT) dritten Ranges.

149 Das Edikt von Nantes, am 13. April 1598 von König Heinrich IV. in Nantes unterzeichnet, regelte bis zu seiner Widerrufung im Jahr 1685 das Zusammenleben von Katholiken und Hugenotten (französischen Protestanten) und sollte „die Einrichtung eines guten Friedens" schaffen. Im Kern bestand das Edikt aus 92 Artikeln, dazu kamen zwei Patentbriefe und 56 sogenannte geheime Artikel, deren Inhalt einzig für bestimmte Orte galt. Mit dem Edikt erhielten die Protestanten in Frankreich die vollen Bürgerrechte und ihnen wurde religiöse Toleranz und Glaubensfreiheit zugesichert. Auch wurde es ihnen erlaubt, ihre Religion beinahe überall in Frankreich frei auszuüben und teilweise Gottesdienste in ihren Häusern zu veranstalten.

150 Goedel, Gustav: *Etymologisches Wörterbuch der deutschen Seemannssprache.* Kiel 1902. „Totes Werk. So nennt man den Teil des Schiffes, der über der Schwimmebene liegt, also den Teil des Schiffskörpers, der sich über Wasser befindet. Tot ist dieser Teil, weil er nicht hilft Wasser zu verdrängen, weil er also nicht mit trägt, sondern getragen werden muss."

151 Gédéon Rodolphe war ein Baumeister aus Holland, der ab 1645 bereits im Dienst von Mazarin stand. Colbert warb ihn später für die Werft in Toulon an. Unter seiner Leitung wurde die ROYAL LOUIS in Toulon zwischen 1666 und 1668 gebaut. Laurent Coulomb war einer seiner Mitarbeiter, der sich ebenfalls zu einem bedeutenden Baumeister entwickelte und eine regelrechte Dynastie von Schiffbaumeistern gründen sollte. Gédéon Rodolphe galt zusammen mit Laurent Hubac als einer der besten Schiffbaumeister seiner Zeit. Oftmals ist in der Literatur die umgekehrte Schreibweise seines Namens als Rodolphe Gédéon zu finden. In mehreren Briefen von d'Infreville an Colbert (Documents sur Puget, Briefe vom 19. Juni 1668, 20. November 1668 oder 22. März 1669) spricht der Intendant im Zusammenhang mit den Nachnamen von Girardon, Puget und Le Brun nur von Rodolphe, wovon abzuleiten ist, dass es sich dabei um seinen Nachnamen handelt.

152 Als Folge wurde bei der Monarque ihr vorderer Aufbau wieder entfernt und solche Vorbauten mit Ausnahme der ROYAL LOUIS und SOLEIL ROYAL verboten.

153 Siehe Verordnung vom 22. März 1671, Kap. 10 u. 17.

154 *Les états abrégés de la marine française 1669-1772:* Kleine handgeschriebene Jahresbände, die jährlich die in Dienst gestellten Schiffe, Offiziere, Mannschaften und Kanonen verzeichneten. Die Dokumente befinden sich heute im Hotel von Soubise, einem von mehreren Standorten des französischen Nationalarchivs.

155 *Les états abrégés de la marine française, livre de 1671:* Benennt für die ROYAL LOUIS 120 Kanonen und 900 Mann Besatzung.

156 Dassié, F.: *L'architekture navale.* Paris, 1695, Seite 110. Er gibt 120 Kanonen 2.500 Tonnen und 1.000 Mann Besatzung für die ROYAL LOUIS an.

157 *Archives de l'art français*, Seite 262: 104 Kanonen sind dort für die ROYAL LOUIS angegeben.

158 Zum Beispiel bei der SOLEIL ROYAL: 1669 mit 2.000 Tonnen ausgewiesen, 1671 mit 2.500 Tonnen angegeben oder die ST-PHILIPPE: 1669 mit 1.500 Tonnen benannt, 1671 mit 1.400 Tonnen ausgewiesen und ab 1672 wieder mit 1.500 Tonnen belegt.

159 Die SOLEIL ROYAL (1669) mit 2.500 Tonnen, FORMIDABLE (1691) mit 2.000 Tonnen oder die MERVEILLEUX (1692) bzw. FOUDROYANT (1694) mit je 2.200 Tonnen.

160 Die SOLEIL ROYAL wurde 1692 bei Cherbourg während den Auseinandersetzungen von Barfleur und La Hougue zerstört.

161 Dassié, F.: *L'architekture navale.* Paris 1695, Seite 110. Er benennt für die SOLEIL ROYAL 1.200 Mann Besatzung.

162 Rochefort diente ab 1666 als Ersatz für den versandeten Stützpunkt in Brouage.

163 Siehe Abbildung der Le Fort in Kap. 15.

164 Die ST-PHILIPPE wurde 1692 in der Auseinandersetzung bei La Hougue zerstört.

165 Die BOURBON wurde 1692 in der Auseinandersetzung bei La Hougue zerstört.

166 Die Auseinandersetzung fand zwischen dem 29. und 31 Mai 1692 statt. Zunächst in der Nähe von Barfleur, anschließend bei Cherbourg und bei Saint-Vaast-la-Hougue auf der Halbinsel Cotentin, (Normandie, Frankreich). Die SOLEIL ROYAL, die ADMIRABLE und die TRIOMPHANT, die bei Cherbourg auf den Strand gesetzt worden waren, wurden am 3. Juni von Vizeadmiral Delaval zerstört, der sie mit Beibooten und Brandern angriff.

167 Archives nationales: *Sur le gaillard d'avant du MONARQUE.* MAR/B/2/10R/Folie 126-127.

168 *Histoire generale de la marine* (Bd. 3). O.A. Amsterdam 1733 bzw. 1758. Diverse Reglements und Erlasse waren notwendig, um Differenzen und Zuständigkeiten zu regeln, wie zwischen d'Infreville und d'Almeras (Reglement vom 21 März 1668), Fregattenkapitänen und allgemeinen Leutnants (Mitteilung vom 18. Juni 1671), Generaloffizieren und Kapitänen (Reglement vom 16. März 1673), Generalleutnants und Chefs d'escadre (Reglement vom 03. August 1674) oder Branderkapitänen und Hafenleutnants (Erlass vom 16. Oktober 1676).

169 Guyenne, Bretagne, Normandie und die Provence.

170 Die Auseinandersetzung bei Solebay war das erste große Seegefecht des Dritten Englisch-Niederländischen Krieges. Die Niederländer nutzen die Gelegenheit, um die vor Anker liegende französische und englische Flotte anzugehen. Die anfänglichen Gefechte zwischen französischen und niederländischen Einheiten, die beiderseits die Vorhut bildeten, glich eher einem Scharmützel, bevor die Hauptmacht der Niederländer die englische Flotte auf breiter Front anging. Beide Seiten erlitten während dieser Auseinandersetzung starke Verluste, aber Holland hatte zunächst sein Ziel, eine Blockade zu verhindern, erreicht.

171 Jal, Auguste: *Abraham Du Quesne* (Bd. 2). Paris 1873, Seite 64.

172 Frankreich wechselte in dieser Zeit die Bündnisse, zum Beispiel mit Holland 1662 und mit England 1672 während des Holländischen Krieges.

173 In dem Seegefecht bei Lagos (auch Seetreffen beim Kap Sankt Vinzent, Überfall auf den Smyrna Konvoi) am 28. Juni 1693 wurde ein großer englisch-niederländischer Konvoi durch die französische Flotte vernichtet. Insgesamt gingen ca. 80 Handelsschiffe mit Waren im Wert von einer Million Pfund Sterling verloren. Die Franzosen erbeuteten dabei Prisen im Gesamtwert von über 30 Millionen Livres.

174 Rittmeyer, Rudolph: *Seekriege und Seekriegswesen* (Bd. 1). Berlin 1907, Seite 317.

175 In europäischen – besonders britischen – und nordamerikanischen Häfen des 18. und 19. Jahrhunderts rekrutierten und vervollständigten Presskommandos die Mannschaft von Kriegsschiffen, indem sie Hafenviertel, Seemannskneipen und Bordelle durchkämmten und mit Gewalt alle aufgriffen, derer sie habhaft werden konnten. Wer sich damit schnell abfand, konnte sich manchmal „noch nachträglich freiwillig melden", um das Werbegeld zu bekommen. Häufig wurden Teile der Mannschaft von im Hafen liegenden Handelsschiffen entführt und auf die eigenen Schiffe verschleppt. Seeleute wurden durch Alkohol oder Niederschlagen betäubt, an Bord gebracht, unter Deck versteckt und erst an Deck gelassen, wenn das Schiff die offene See erreicht hatte.

176 Enrôlement maritime: Brandt, Alexander von: *Beiträge zur Geschichte der französischen Handelspolitik von Colbert bis zur Gegenwart.* Leipzig 1896, S. 17.

177 Brandt, Alexander von: *Beiträge zur Geschichte der französischen Handelspolitik von Colbert bis zur Gegenwart.* Leipzig 1896, S. 17.

178 Reglement vom 16. März 1673: in *Histoire generale de la marine* (Bd. 3). O.A. Amsterdam 1758. Kap. Code des armées navales, S. 151.

179 Mit Barock-Klassizismus bezeichnet man eine von Frankreich während der Regentschaft Ludwigs XIV. über ganz Europa verbreitete klassizistische monumental geprägte Formensprache, die der Dekorationsfülle des ursprünglich aus Italien stammenden Barockstils entgegenwirkte.

180 Ludwig der XIV. galt als begnadeter Tänzer. Er trat selbst während der Feste als Hauptakteur in ballettartigen Inszenierungen vor tausenden Gästen auf. Meist im Mittelpunkt als Sonne stehend (z.B. in der Aufführung *„Ballet Royal de la nuit"* 1653), überraschte er aber auch die Zuschauer ab und an als verkleideter Gauner oder Gaukler. Während der Regentschaft Ludwigs XIV. wurde das Tanzen zum Beruf.

181 *Archives de l'art français 1851-1856* (Bd. 4), S. 277. In einem Schreiben an Matharel vom 18. Juli 1670 bringt Colbert zum Ausdruck, dass zur Außendarstellung Frankreichs die Qualität französischer Schiffe und Werften die der anderen Nationen möglichst übertreffen sollte.

182 Hayet, Kommissar: *Description du Vaisseau le ROYAL LOUIS.* Marseille 1677, S. 26.

183 Die 1628 von Stockholm zu ihrer Jungfernfahrt ausgelaufene VASA sank bereits nach einer knappen Seemeile und war teils auf die Unerfahrenheit der Bauleute mit solch einem großen Schiff zurückzuführen, gepaart mit einer viel zu starken Armierung, die sich teils auf einem zweiten Deck befand, was zusätzlich zur Instabilität des Schiffes beitrug.

184 Willem van de Velde der Jüngere (1633-1707) gilt als einer der bedeutendsten niederländischen Marinemaler des 17. Jahrhunderts. Er war der erste Sohn von Willem van de Velde der Ältere. Während sein Vater vornehmlich die Grisaille als Maltechnik nutzte, arbeitete sein Sohn mit Ölfarben. Zeitweise in England lebend, fertigte er für Charles II. und dem Herzog von York etliche Gemälde englischer Schiffe oder maritimer Szenerien an.

185 Der Palazzo Pitti ist ein monumentaler Palast in Florenz, der auf der südlichen Seite des Flusses Arno liegt. Das ursprüngliche Gebäude stammt aus dem Jahr 1458 und gehörte Luca Pitti, einem ehrgeizigen Florentiner Bankier. 1549 wurde der Palast von der Familie Medici erworben. Das Haus wurde zum Symbol der Medici und Residenz regierender Familien des Großherzogtums in der Toskana.

186 Hayet, Kommissar: In Toulon für den Hafenbereich zuständiger Beamter, der 1677 eine Monografie über die dort vor Anker liegende ROYAL LOUIS verfasste und die Konstruktion und Dekoration des Schiffes beschrieb.

187 Das Schloss wurde von König Ludwig IX., im Jahr 998 als einfacher Jagdsitz im Herzen der „Ile de France" erbaut, geriet aber danach schnell in Vergessenheit. Erst als Franz I. seine Liebe zu Fontainebleau entdeckte und es zur Residenz erhob, begann die eigentliche Geschichte des Schlosses, als Stammhaus der französischen Könige. Heinrich IV. ließ die Anlage ausbauen und unter Napoleon I. wurde das Bauwerk als erste kaiserliche Residenz umfassend restauriert.

188 Der Porträt- und Historienmaler sowie Miniaturist Pierre Mignard (1612-1695) gilt als einer der Hauptvertreter des französischen Hochbarock. Seine Ausbildung absolvierte Mignard zunächst in Troyes und Bourges und anschließend in Paris. Im Jahr 1635 zog es Pierre Mignard nach Italien, wo er bis 1657 arbeitete. Die Werke von Correggio, Pietro da Cortona und Annibale Carracci beeinflussten den Künstler während dieser Zeit nachhaltig. Als er 1657 nach Paris übersiedelte wurde er rasch zum beliebten Maler am franzöisichen Hof, der mit seinen höchst repräsentativen Porträts zu überzeugen wusste. Pierre Mignard opponierte allerdings gegen seinen Erzrivalen, Charles Le Brun, dessen Autorität allgemein anerkannt war. Er verzichtete sogar auf eine Mitgliedschaft in der Académie Royale, da diese unter der Oberherrschaft von Charles Le Brun stand.

189 Laurent, Stéphane: *Pierre Puget, une unité de l'art <obligée> à l'âge classique* (Publikation Sorbonne). Paris 2008, S. 55-56.

190 François Girardon war ein französischer Bildhauer (1628-1715). Girardon begann zunächst in Paris zu arbeiten und ging später nach Rom. Er wurde nach seiner Rückkehr 1650 zum ersten Inspektor der Bildhauerarbeiten berufen. Neun Jahre später zum Professor an der Académie royale de peinture et de sculpture ernannt, übernahm er ab 1695 die Stelle des Kanzlers. Girardon gehörte zu den bedeutendsten Künstlern seiner Zeit. Besonders seine gestalteten Köpfe und Gesichtszüge gelten als sehr ausdrucksvoll.

191 Die *„Académie Royale de Peinture et de Sculpture"* (dt.: Königliche Akademie für Malerei und Bildhauerei) war eine durch Ludwig XIV. genehmigte Künstlervereinigung, die während der Französischen Revolution im Jahr 1793 vom Nationalkonvent geschlossen wurde. Ihre wenige Jahre darauf gegründete Nachfolgeinstitution, die *„Académie des Beaux-Arts"* (dt.: Akademie der Schönen Künste), existiert bis heute. 1664 reformierte Colbert die Satzung der Akademie, nicht ohne Kalkül. Er erhöhte insbesondere die staatliche Subvention auf 4.000 Livres jährlich und nötigte Künstler, der Akademie beizutreten. Für Colbert gehörte die Institutionalisierung der Kunstproduktion zum Konzept absolutistischer Herrschaft und stellte damit ein Staatsanliegen dar.

192 Girardon nahm am 7. März 1668 in Toulon seine Arbeit auf. *Archives de l'art français 1851-1856* (Bd. 4), Seite 237.

193 *Archives de l'art français 1851-1856* (Bd. 4), S. 237-238.

194 *Archives de l'art français 1851-1856* (Bd. 4), S. 240.

195 Musée national de la Marine: *La sculpture navale du XVII au XIX siècle* (Publikation). Service culturel, Paris 2002. *Archives de l'art français 1851-1856* (Bd. 4), S. 252.

196 *Archives de l'art français 1851-1856* (Bd. 4), S. 274.

197 Jal, A: *Glossaire nautique* (siehe dort den Text unter dem Begriff „Skulptur"). Paris 1848, S. 1334.

198 *Archives de l'art français 1851-1856* (Bd. 4), S. 244. D'Infrevilles Beschwerde gegen Puget: „*...ce seroit tout gaster que de luy faire mettre la main au ROYAL LOUIS...*".

199 *Archives de l'art français 1851-1856* (Bd. 4), S. 309. Die Milon Skulptur von Puget befindet sich heute im Louvre.

200 Zu der ursprünglich geplanten Visite in Toulon kam es allerdings nicht, sondern nur zu einem Besuch von Marseille im Frühjahr 1669.

201 *Archives de l'art français 1851-1856* (Bd. 4), S. 254. D'Infreville lobt Girardon, der die Fehler Tureaus korrigierte: „*J'amais le sieur Girardon, n'a si bien employé son temps qu'à corriger les défauts que le sieur Tureau avoir faicts...*"

202 *Archives de l'art français 1851-1856* (Bd. 4), S. 277. Brief von Colbert an Matharel vom 18. Juli 1670: „*...mais il faut que Rombaud et Tureau qui travaillent à present sur les desseins de M. Le Brun au ROYAL LOUIS et au Dauphin Royal achèvent leurs ouvrages, et aussytost qu'ils auront finy, il faudra qu'ils travaillent sur les desseins dudit Puget...*"

203 *Archives de l'art français 1851-1856* (Bd. 4), S. 281 u. 282. Brief von Matharel an Colbert vom 16. September 1670: „*...J'ay trouvé encore par l'estude que je fais icy que les sculpteurs chargent les vaisseaux de trop lourdes poupes, soit galleries ou autres ornemens...*".

204 Musée national de la Marine: *La sculpture navale du XVII au XIX siècle*. Service culturel, Paris 2002.

205 Clément, Pierre: *Lettres Instructions et mémoires de Colbert* (Bd. 3). Paris 1864, S 341. Colbert entsendet Künstler für die SOLEIL ROYAL. Brief von Colbert an A.M. de Seuil (Intendant von Brest) vom 20. Februar 1671: „*...Je fais chercher des sculpteurs et des peintres pour vous en envoyer. Aussytost que l'on en aura trouvé de propres pour travailler aux ornemens du vaisseau le Soleil-Royal, je donneray ordre pour les faire partir...*".

206 Dies zeigt auch die Schwankungsbreite zur zeitlichen Einordnung der Schiffe auf. 1669 wurde die SOLEIL ROYAL zu Wasser gelassen und galt damit im Grunde als „gebaut". Auch wenn es sich bei der Ornamentik des Schiffes nur um künstlerisches Beiwerk handelte ist nachvollziehbar, wenn andere Quellen von 1671 oder später als Zeitpunkt einer ordentlichen Indienststellung sprechen. Eine weitere Möglichkeit der Einordnung besteht aus dem Zeitpunkt wo solche Schiffe armiert wurden, ist aber in vielen Fällen kaum nachvollziehbar.

207 Jean Bérain der Ältere (1640–1711), war ein französischer Maler, Zeichner und Kupferstecher, der als königlicher Kammer- und Kabinettzeichner diverse Ornament- und Dekorationsmalereien umsetzte und Entwürfe für Möbel und Goldschmiedearbeiten für die Manufakturen vorgab. Bérain war einer der bestimmenden Vertreter des klassizistischen Barockstils, der teils als Louis-quatorze-Stil für das Interieur verwendet wird. Unter Charles Le Brun zählte er zu dessen begabtesten Schülern. Der von dem Künstler geprägte und nach ihm benannte Dekorationsstil hatte nennenswerten Einfluss in Holland, England und Deutschland.

208 Musée national de la Marine: *La sculpture navale du XVII au XIX siècle* (Publikation). Service culturel, Paris 2002.

209 Louis Le Roux, Herr von Infreville und Saint-Aubin-d'Ecrosville (1600-1672), war Betriebsleiter der Häfen unter Ludwig XIII. bzw. Ludwig XIV. und bekleidete den Rang eines Admirals.

210 Hackbord: Ausstattung der Heckspitze, die aus Figuren, teils aus Reliefs bestanden, Trophäen, Tier-, oder Göttlichkeitsvorstellungen verkörperten und deren Wahl einen Bezug zum dekorierten Schiff herstellte. Den oberen Abschluss des Hackbords bildeten meist ein oder mehrere verzierte Laternen.

211 Auch wenn die Zeichnung den Namen des Schiffes mit „GRAND MONARQUE" angibt, so handelt es sich dennoch zweifelsfrei um die ROYAL LOUIS von 1668 und ist an den einzelnen Skulpturen eindeutig zu identifizieren. Zudem wird ein Schiff namens GRAND MONARQUE in den einschlägigen Schiffslisten nicht geführt.

212 Hayet, Kommissar: *Description du Vaisseau le ROYAL LOUIS*. Marseille 1677. Beide Zeichnungen sind im Vorspann des Buches zu finden und nicht signiert. Sie sind keinesfalls von Puget und erreichen auch nicht seine Detailtreue. Vermutlich stammen sie von einem der auf den Werften in Toulon tätigen Bildhauern oder Malern. Hayet hätte sie sicherlich signiert, wären sie von ihm.

213 Hayet, Kommissar: *Description du Vaisseau le ROYAL LOUIS*. Marseille 1677, S. 29. Hayet spricht von je einem kleinen Amor zu Füßen der Skulpturen.

214 Hayet, Kommissar: *Description du Vaisseau le ROYAL LOUIS*. Marseille 1677, S. 26. Erwähnung der Wappen von Beaufort und d'Infreville im Inneren des Schiffes.

215 Hayet, Kommissar: *Description du Vaisseau le ROYAL LOUIS*. Marseille 1677, S. 3. Maßangabe der Fanale in der Monografie.

216 Mit Berghölzer des Bugs sind die Galionsregeln gemeint.

217 Mit Krummhölzer sind hier die Galionsspanten gemeint.

218 Joseph Werner, genannt Joseph Werner, der Jüngere (1637-1710), war ein Schweizer Miniaturmaler, Radierer und Maler des Barock. Werner wurde von Ludwig XIV. an den Versailler Hof und nach Paris berufen. Er porträtierte seine Modelle gern als Götter und Göttinnen, so wie sein bekanntes Porträt der Therese Kunigunde von Polen als Jagdgöttin Diana. Von Ludwig XIV. schuf er unter anderem ein Porträt als Apoll im Triumphwagen.

219 Nereïden: Griechisch Νηρεῖδες. Einzahl die Nereïde Νηρηΐς. Nereïden sind Nymphen des Meeres, die Schiffbrüchige beschützen und Seeleute mit Spielen unterhalten. Sie wohnen in Höhlen am Grund des Meeres und sind Begleiterinnen des Gottes Neptun. In der griechischen Mythologie bilden sie die 50 Töchter des Nereus und der Doris. In Platons Kritias hingegen taucht als Anzahl 100 auf, mit der Einschränkung, dass die Anzahl als „vermutet" gilt. Auf vielen altgriechischen Darstellungen reiten die Nereïden auf dem Rücken von Delfinen oder Hippokampen.

220 Imhof, Maria: Theatralität und Beschleunigung in der spanischen Romantik. Bielefeld 2013, S. 13. Darstellung des Gottes Chronos mit Sichel und Sanduhr. Als Symbol der Zeit war die Sichel das Attribut des Titanen Chronos. Chronos sollte mit der Sichel einen Anschlag auf seinen Vater Uranos verüben und wurde von seinem eigenen Sohn Zeus daraufhin mit einem Blitz niedergestreckt. Auf diese Weise symbolisiert die Sichel zusammen mit der Sanduhr die Zeit, ihre Vergänglichkeit und letztlich den Tod. Der Gott Saturn wird ebenfalls mit einer Sichel dargestellt, was des Öfteren zur Verwechslung mit Chronos führt.

221 Colbert und Ludwig XIV. institutionalisierten, protegierten und instrumentalisierten auf diese Weise die Kunst als politisches Werkzeug für ihre Zwecke. Ein bekanntes Thema der Antike wird bearbeitet und transkribiert, dabei wiederholen Bildformeln immer wieder die gleichen Ikonografien und dienen letztlich einer Zweckentfremdung der Kunst, um eine gewünschte Botschaft zu übermitteln: Der Gleichsetzung Ludwig XIV. mit den antiken Heroen oder Gottheiten. Die Deckengemälde im Spiegelsaal von Versailles tragen beispielsweise in Medaillons kleine Sinnsprüche, die auf die Leistungen des Königs verweisen (z.B. Wiederherstellung geordneter Finanzen). Diese in Französisch und nicht wie üblich in Latein, sodass die Texte vom Gros der Betrachter auch verstanden wurden.

222 Clément, Pierre: *Lettres Instructions et mémoires de Colbert* (Bd. 3). Paris 1864, S 283. Colbert schreibt am 19. September 1670 an Seuil: *„...Mais il faudra éviter les défauts qui se rencontrent dans les ornemens de la poupe du ROYAL LOUIS...“* (...aber es ist nötig die Fehler zu vermeiden, die sich in den Ornamenten am Heck der ROYAL LOUIS finden...).

223 *Archives de l'art français 1851-1856* (Bd. 4), S. 277. Brief von Colbert an Matharel vom 18. Juli 1670. Außendarstellung des Leistungsvermögens von Frankreich: *„...la plus importante de nostre marine et en laquelle il faut, s'il est possible, surpasser les autres nations...“* (...wenn es möglich ist, die anderen Nationen zu übertreffen...).

224 Die Monografie beschreibt nicht sämtliche Konstruktionsteile, Ornamente oder Räumlichkeiten. Zum Beispiel werden die mehrere Meter hohen Laternen nur in ihren Abmessungen beschrieben, aber nicht näher erläutert, obwohl sie bei dem Dekor des Schiffes ein herausragendes Element darstellen.

225 Beträgt 136 Fuß (44,18 m) vom Kiel bis zum *„greuë“*. Dieser Begriff ist unklar und findet sich nicht weiter.

226 Projizierte Länge eines Schiffes: Die Unterteilungslänge ist die projizierte größte Länge des Schiffes auf Mallkante in Höhe oder unterhalb des oder der Decks, die das Ausmaß einer Flutung des Schiffes der Höhe nach begrenzen, wenn das Schiff bis zum größten Unterteilungstiefgang eingetaucht ist.

227 Sinngemäß dürfte damit die Länge zwischen den Loten gemeint sein.

228 St Barbe: Heilige Barbara, ebenfalls als Kammer der Kanoniere oder Konstabelskammer bezeichnet, denn diese hatten die Heilige Barbara als ihre Schutzpatronin gewählt. Nach *„Dictionnaire Saverien-1778. Chambre des Canoniers nach Dictionnaire de Marine 1702“* von Nicolas Aubin. Konstabelskammer nach *„Répertoire polyglotte de la Marine 1829“* von Compte O'-Hier de Grandpré.

229 „Volontaire sind diejenigen, die Waffen aus eigenem Antrieb tragen und begeben sich auf französische Kriegsschiffe mit einem Beglaubigungsschreiben. Die Freiwilligen sind verpflichtet, alle Gesetze zu beachten, aber sie legen keine Hand an bei der Arbeit, wenn es kein sehr dringendes Erfordernis ist". Nicolas Aubin: *Dictionaire de Marine*. Amsterdam 1702, Seite 767.

230 Lievre: Dieser französische Begriff findet sich in den einschlägigen Dictionnaires von Desroche, Dassié, Aubin oder Polyglott nicht. In Anzahl und Dimension entspricht dieses Holz dem Unterbalkweger. Da der Balkweger in der Massenaufstellung nicht enthalten ist, könnte es sich um dieses Konstruktionsteil handeln und wird in der Übersetzung als solches wiedergegeben.

231 Rechenfehler, in der Monografie ist 35 anstatt 34 eingetragen.

232 Pan war ein französisches Längenmaß und im südlichen Frankreich, besonders in Nizza und Marseille, verbreitet. Der Pan oder Palmo stand für Fuß und war 12 Pollici/Zoll lang. 1 Pan = 110 1/5 Pariser Linien entspricht 248 Millimeter.

233 Ein Beting ist ein einfacher oder doppelt starker, fest verankerter Pfahl aus Holz oder Metall, zur Befestigung von Leinen und Trossen.

234 Es handelt sich um einen Schreibfehler im Original. Dort sind 28 Fuß eingetragen, vermutlich sind Zoll gemeint.

235 Im Originaltext als *„Les Habitacles“* tituliert. Es handelte sich meist um eine kleine, freistehende Kommode, auch als Nachthaus bezeichnet, in der neben dem Kompass kleinere Utensilien untergebracht wurden, die der Rudergänger auf seiner Wache benötigte.

236 Im Originaltext lautet die Überschrift *„Guinderesse“* und steht in der Übersetzung für *„Stengewindreep“* bzw. *„Windreep“*. Damit ist jedoch ein starkes Tau gemeint und kein Holz von 7,80 m Länge und 54/54 cm Stärke. Es handelt sich dabei vermutlich um die Unterkonstruktion zur Lasteinleitung.

237 Handspaken: Runde hölzerne oder eiserne Spaken mit vierkantigem Unterende, das in das Spill gesteckt wurde, um es beim Ankerlichten als Hebel zu verwenden.

238 Pumpensood (Pumpenpott), der niedrigste Ort im Schiff beim großen Mast, wo die Pumpen stehen und sich das eingedrungene Wasser zusammenzieht. Es handelt sich dabei um einen dichten hölzernen Verschlag – bei großen Schiffen auch bei den anderen Masten zu finden, siehe Abbildung des Modells mit eingeblendetem Seitenriss im Kapitel 12.

239 Es handelt sich vermutlich um einen Schreibfehler im Original. 82 statt 8 Latten dürften gemeint sein.

240 Wegerung (niederländisch weger *„Schiffsplanke“*), aus Wegern bestehende Verkleidung auf der Innenseite der Spanten bzw. bei Frachtschiffen die innere Auskleidung von Schiffswänden als Schutz der Fracht vor Schäden (u. a. durch Schwitzwasser), die durch den Kontakt mit der Außenwand entstehen können.

241 Keine Zahlenangabe im Original vorhanden.

242 Keine Zahlenangabe im Original vorhanden.

243 Schandeck (auch Schandeckel): Bezeichnet im Bootsbau bei offenen Holzbooten einen Längsverband in Form einer im Querschnitt waagerechten Bordleiste, die um das ganze Schiff reicht. Der Duden definiert Schandeck in der Seemannssprache als „ganz außen liegende, das Deck seitlich abschließende Planke, die die Spanten abdeckt“ und nennt als Wortherkunft „wohl zu (ost)friesisch schampen = schonen, schützen“. Wenn das Deck ohne Fischung beplankt ist, übernimmt der Schandeckel gleichzeitig die Funktion des Leibholzes (Waschbord). Außer den Spantenköpfen schützt der stets aus Hartholz gefertigte Schandeckel außerdem die Oberkante der Außenhaut.

244 Im Original als Zoll angegeben, es sind Fuß gemeint.

245 Ein Pariser Kubikfuß entspricht 34,277 Liter.

246 Sol: Alte französische Währung, später Sous, 20 Sols= 1 Livre. 1 Sol = 12 Deniers, 240 Deniers=1 Livre.

247 Publier: Eine französische Gemeinde im Département Haute-Savoie, in der Region Rhône-Alpes.

248 Frejus: Eine französische Ortschaft im Südosten Frankreichs im Départements Var Region Provence-Alpes, in der Nähe von Cannes gelegen.

249 Quintal: Entspricht dem ehemaligen franz. Zentner = 48,951 kg. Um 1800 Jh. als Quintal = Doppelzentner = 100 kg bezeichnet. Nicht zu verwechseln mit der Einheit Quintaux, die für rund 100 kg steht. Da der Plural von Quintal ebenfalls Quintaux bedeutet, könnte es hier zu Verwechslungen kommen. Das Gewicht von „Quintaux“ in Hayets Monografie lässt sich jedoch wie folgt ableiten: Eine 24-Pfünder Kanone wog circa 2.500 kg. Dieses Gewicht deckt sich ungefähr mit dem gefundenen 24-Pfünder von Le Croisic. Laut der Monografie Seite 21 wiegt ein 24-Pfünder 50 quintaux, das wären 2.500/50 = 48,9506 kg, also leitet sich hieraus der Quintal ab und Quintaux für den Plural mit rund 50 kg. Dies ist insbesondere für die angegebenen Ankergewichte von besonderem Interesse.

250 Im Original wird *„Millier“* als Einheit angeben. Vor Einführung des Metrischen Systems gegen Ende des 17. Jahrhunderts stand dieses Millier zwar für die Anzahl „Tausend“, aber damit waren Livres, also Pfund und nicht kg gemeint! Millier stand während der Epoche der ROYAL LOUIS für tausend Livres, also umgerechnet 489,5058 Kilogramm.

251 Fasern von Hanf oder Tauwerk werden zu Werggarn versponnen und zum Kalfatern der Fugen zwischen den Planken benutzt.

252 Hier sind wohl nicht nur die 40 Stück sondern weitere Einzelteile im angegebenen Gesamtgewicht erfasst, ansonsten hätte das Gewicht pro Einzelteil rund 50 kg betragen.

253 Doppelelle: Die Aune war ein französisches Längenmaß und wurde auch als Doppelelle bezeichnet. Die Aune wählte man für Flächen gleichermaßen wie für Raummaße und nannte erstere Aune carrée und letztere Aune cube. Bis 1812 entsprach eine Aune 325 5/6 Pariser Linien und damit 0,735 Meter, ab 1812 entsprach eine Aune 531 19/20 Linien und damit 1,196 Meter. In Marseille: galt für eine Aune useelle 531,9552 Pariser Linien und damit 1,20 Meter. Quelle: Noback, Christian & Noback, Friedrich Eduard: *Vollständiges Taschenbuch der Münz-, Maß- und Gewichtsverhältnisse* Bd. 1). Leipzig 1851, S. 646.

254 Klafter, Canna (große Elle, Klafter): Ein Längenmaß in Italien, Frankreich, Spanien und an der Nordküste Afrikas, insbesondere der marokkanischen. Das Maß wurde auch mit Canne bezeichnet. Die Länge dieser Doppelelle schwankte erheblich. In Frankreich galt für das Departement Ardeche mit Aubenas 1 Canna = 881,7 Pariser Linien = 1,985 Meter. Im Departement Tarn und Garonne mit Montauban 1 Canna = 790 1/5 Pariser Linien = 1,783 Meter. Im Département Gard mit Uzès 1 Canna = 878 Pariser Linien = 1,98 Meter. In Marseille und der Provence 1 Canna = 8 Pans = 72 Pouces = 864 Lignes = 892,333 Pariser Linien = 2,0127 Meter. In Montpellier 1 Canna = 8 Pans = 878,06 Pariser Linien = 1,9807 Meter. Quelle: Döring, Eduard: *Handbuch der Münz-, Wechsel-, Maß- und Gewichtskunde.* Koblenz 1854, S. 339-349.

255 Flauschiges Gewebe oder Gewirke mit lockigem oder knotigem Flor (französisch „Ratine“).

256 Pavois: Damit sind Gefechtstücher gemeint. Es gibt Gemälde mit flächiger Abdeckung des Achterdecks, sonstiger Brüstungen und der Mastkörbe. Zum Beispiel auf den Zeichnungen der *Royal Thérèse*, oder der *La Reine.* Diese Gefechtstücher besaßen außerdem bei festlichen Anlässen dekorativen Charakter.

257 Erstmals wird in der Monografie ein Zusammenhang zwischen Fuß und Aune hergestellt. Hieraus lässt sich aus den Maßangaben die Länge der benutzten Aune bzw. Doppelelle mit 1,30 m ermitteln.

258 Die Gewichtsangaben für die Anker erscheinen auf den ersten Blick sehr gering. Siehe in diesem Zusammenhang den Kommentar zur Monografie in Kap. 9. Edmond Paris gibt in *Segelkriegsschiffe des 17. Jahrhunderts*, Seite 27 der Übersetzung an, dass die Ankermasse in der Regel 100 Pfund pro 20 Tonnen Schiffsmasse betrug und kommt zu deutlich höheren Ansätzen. Die Verordnung von 1689 gibt 6.000 Livres (rund 3.000 kg) als Ankergewicht für die Hauptanker der Schiffe 1. Ranges vor.

259 Nach dieser Angabe hätten die Ankertaue eine Stärke (Grosseur de cables) von mehr als 60 cm besessen. Dies klingt unwahrscheinlich, denn die Einbindung eines Ankers dürfte bei einem Tau solcher Stärke außerordentlich schwierig gewesen sein. Oftmals wurde bei den Ankertauen *„Grosseur de cables en rond"* (Umfang) angegeben, wie bei der Übersetzung von Edmond Paris *Segelkriegsschiffe des 17 Jahrhunderts* auf Seite 49. Dies würde dann zu einem Durchmesser von rund 20 cm führen, was eher glaubhaft ist. Da sich die Begrifflichkeiten nur durch den Zusatz *„en rond"* unterscheiden, wäre schnell eine Verwechslung möglich. Andererseits spricht Paris in seinem Buch auf Seite 27 von drei aneinander gespleißten Tauen mit fast 50 cm Stärke. Siehe in diesem Zusammenhang den Kommentar zur Monografie Kap. 9.

260 Brasse gehört zu den alten Maßen auf der Insel Bourbon. Es war ein Längenmaß und entsprach dem Faden. Der Faden hatte drei verschiedene Werte: Kleiner Faden oder Buisenfaden 1 Brasse = 5 Pieds = 1,6242 Meter. Koopwardersfaden 1 Brasse = 5 ½ Pieds Großer Faden 1 Brasse = 6 Fuß (rheinländ.). In Basel (Schweiz) war es ein Längenmaß und entsprach der kleinen Elle.1 Brasse= 53,98 cm. Ein französischer Faden entsprach 1,624176 m. Quelle: Ruhl, Moritz: *Die Münzen, Maße und Gewichte aller Länder der Erde einzeln berechnet nach ihren Werthen und Verhältnissen zu allen deutschen Münzen, Maßen und Gewichten.* Leipzig 1861.

261 Gemäß den Angaben wog demnach das gesamte Tauwerk über 76 Tonnen.

262 Im Original sind 7 Faden angegeben, was aber nicht zum Gewicht passt. Vermutlich sind 70 Faden gemeint und werden eingestellt.

263 Lignes = Linie = 2,256 mm. Gemäß der Monografie wog 1 Ligne rund 50 kg und kann nicht für vorgenannte Maßeinheit stehen. Vermutlich sind hier Ballen gemeint.

264 Besteht aus mehreren, meist geteerten Garnen und wird zum Kleeden (Umwickeln) von Wanten, Stagen oder Spleißstellen benutzt.

265 Im Original wird *„Millier"* als Einheit angeben. Vor Einführung des Metrischen Systems gegen Ende des 17. Jahrhunderts stand dieses Millier zwar für die Anzahl „Tausend", aber damit waren Livres, also Pfund und nicht kg gemeint! Millier stand während der Epoche der ROYAL LOUIS für tausend Livres, also umgerechnet 489,5058 Kilogramm.

266 Diese Art von Segeltuch aus Hanf wurde zuerst in dem Dorf Noyale hergestellt und trägt daher dessen Name. Bohn, Gottfried Christian, Norrmann, Gerhard Philipp Heinrich: Waarenlager, oder, Wörterbuch der Produkten- und Waarenkunde. Hamburg 1806, S. 688.

267 Millerolle: Ein französisches Flüssigkeitsmaß für Öl und Wein, das in Marseille verwendet wurde. In der Praxis bestand im Maß für Wein ein kleiner Volumenunterschied im Vergleich zur Verwendung als Ölmaß. Es galt: Wein 1 Millerolle = 4 Escandeaux = 60 Pots = 240 Quarts/Pichounes = 64,364 Liter (3010 Pariser Kubikzoll = 59 ⅔ Liter).1 Escandal/Escandeau = 15,9245 Liter. 1 Millerolle = 4 × 15,9245 Liter = 63,6982 Liter Öl. 1 Millerole = 4 Escandeaux = 160 Quarterons = 58,75 Liter (= 3223 ⅔ Pariser Kubikzoll = 63 ½ Liter). In der Praxis setzte man den Wert bei Wein für 1 Millerolle auf 63,4 Liter und für Öl auf 64 Liter fest. Wurde Öl nach Gewicht verkauft, hatte 1 Millerolle zwischen 58 und 59 Kilogramm. In Tunis wurde das einheimische Hohlmaß Mettar/Mattaro/Metallo/Mitre vom französischen Weinmaß oft ersetzt. Bei Umrechnung von Wein-Mattaro galt 1 Millerolle gleich 6,5 Mattaro, bei Öl waren es 3,5 Mattaro. Beim Vergleich mit dem kastilischen Maß Arroba hatte 1 Millerolle 5 ¼ Arrobas. Quelle: Krüger, Johann Friedrich: *Vollständiges Handbuch der Münzen, Maße und Gewichte aller Länder der Erde.* Basse, Quedlinburg 1830. 1 Millerolle entsprachen demnach 63,6982 Liter.

268 *„Canons de fonte verte"*, sogenanntes *„Grüneisen"*, war der damalige altertümliche Ausdruck für Bronze. Zu diesem Zeitpunkt war man in Frankreich seitens der metallurgischen Kenntnisse noch nicht in der Lage, große Kaliber wie 36 und 24-Pfünder aus Eisen herzustellen. Dies war erst ab 1691 für 24-Pfünder und 1692 für 36-Pfünder möglich.

269 Daraus lässt sich das Gewicht von *„Quintaux"* ableiten, denn eine 24-Pfünder Kanone wiegt laut Tabelle rund 2.500 kg, was in etwa des 24-Pfünders in Le Croisic entspricht. Gemäß obiger Angabe wiegt ein 24- Pfünder 50 quintaux, das wären 2.500/50 = 48,9506 kg, also ist hier der Quintal (rund 50 kg) und als Plural Quintaux gemeint.

270 Die Gewichtsberechnung der Kanonen ist nicht korrekt. Hier wurde versehentlich das Einzelgewicht der jeweiligen Kaliber aufaddiert und dann mit der Anzahl der Kanonen multipliziert, wonach das Gewicht der Kanonen über 1.000 Tonnen betragen hätte.

271 Das Gewicht beträgt demnach 195,313 Tonnen. Lt. Originaltext sind dort 21.450 Quintal angegeben, was hingegen 1.050 Tonnen entsprechen würde.

272 Es muss sich bei der Längenangabe um einen Schreibfehler handeln, denn der Lafettenboden wäre ansonsten länger als bei einem 36-Pfünder. Die Böden der 36-Pfünder haben nur eine Länge von 5 Fuß. Wahrscheinlich besaßen die Bodenstücke beider Geschützgrößen die gleiche Größe.

273 Traubenmunition, besteht aus einem Geschoss mit mehreren Dutzend Eisenkugeln, ist also eine Art Schrotladung der Artillerie.

274 Gemäß diesen Mengen wurden demnach pro Geschütz 50 Kugeln vorgehalten, was exakt den späteren Vorgaben des Reglements von 1689 entspricht. Dies ist von besonderem Interesse, was die Glaubwürdigkeit von Hayets Angaben unterstreicht.

275 Im Original wird *„Millier"* als Einheit angeben. Vor Einführung des Metrischen Systems gegen Ende des 17. Jahrhunderts stand dieses Millier zwar für die Anzahl „Tausend", aber damit waren Livres, also Pfund und nicht kg gemeint! Millier stand während der Epoche der ROYAL LOUIS für tausend Livres, also umgerechnet 489,5058 Kilogramm.

276 Mitridat: Eines der ältesten Elixiere in der Pharmazeutik, das in der Zeit der Parther in Iran hergestellt wurde. Der Begriff Mitridat stammt aus dem Wort *„Mitri"* und definiert sich im weitesten Sinne als eine Art Universalmedizin.

277 Siehe Abbildung Nr. 92 in Kapitel 12 (Album von Colbert, Plan Nr. 43). Die in den nachfolgenden Quellenangaben der künstlerischen Beschreibung enthaltenen Ziffern beziehen sich auf die entsprechenden Indexangaben des Querschnitts.

278 Die Farbhinweise Gold und Weiß beziehen sich nicht auf die Bordwände, sondern gemäß der Überschrift lediglich auf die Ornamentik.

279 Bourbonische Lilie: In der französischen Heraldik ist die Lilie unter dem Namen *„Fleur-de-Lys"* oder *„Fleur-de-Lis"* (*„Lilienblume"*, *„Lilienblüte"*, *„französische Lilie"*) bekannt und steht im speziellen Bezug zu Frankreich.

280 Siehe Abbildung Nr. 92 in Kapitel 12, darin enthaltene Kennziffer 27.

281 Siehe Abbildung Nr. 92 in Kapitel 12, darin enthaltene Kennziffer 26.

282 Siehe Abbildung Nr. 92 in Kapitel 12, hinter der Kennziffer 31 gelegen.

283 Siehe Abbildung Nr. 92 in Kapitel 12, darin enthaltene Kennziffer 30 (am Ende des Ganges, links und rechts beider Treppen).

284 Grisaille: Technik in der Malerei, bei der nur Grau oder graue Farbtöne verwendet werden (daher auch Grau-in-grau-Malerei). Der Begriff leitet sich aus dem französischen Wort *„gris"* für grau ab. Durch die Technik der Grisaillemalerei entsteht ein kühler, monochromatischer Effekt, der in den Fresken von Giotto zu Beginn des 14. Jahrhunderts seine Anfänge fand. Eine Form der Grisailles wird auch in der Glasmalerei angewendet.

285 Als Cupido wird der römische Liebesgott Amor (griech. Eros) bezeichnet, meist als unschuldiger Knabe mit Pfeil und Bogen dargestellt.

286 Als Apoll den Liebesgott Eros als schlechten Schützen verspottete, rächte sich dieser, indem er einen Liebespfeil mit einer goldenen Spitze auf ihn und einen mit bleierner Spitze auf Daphne abschoss. Apoll verliebte sich daraufhin unsterblich in Daphne, während diese – von einem genau das Gegenteil bewirkenden Pfeil Eros' getroffen – für dessen Liebschaft unempfänglich wurde. Als Apollo Daphne bedrängte, floh sie. Erschöpft von der Verfolgung durch Apollo flehte sie zu ihrem Vater Peneios, dass er ihre – den Apollo reizende – Gestalt wandeln möge. Daraufhin erstarrten ihre Glieder und sie verwandelte sich in einen Lorbeerbaum.

287 Daphne, in der griechischen Mythologie eine Nymphe, Tochter des Flussgottes Peneios. Sie war eine Jägerin und entsagte als Jüngerin der Jagdgöttin Artemis allen Liebhabern.

288 In den aktuellen Wörterbüchern von Pons oder Langenscheidt ist der Begriff „Filure" nicht mehr zu finden. Die 7. Neubearbeitung von Langenscheidts Wörterbuch (Ausgabe 1980) definiert „Filure" noch mit „Gespinst n, Fadenbeschaffenheit". Die Übersetzung mit Gespinst erscheint jedoch nicht passend, daher wird in der gesamten Monografie „Filure" mit „Geflecht" oder „Flechtwerk" übersetzt.

289 Siehe Abbildung Nr. 92 in Kapitel 12, darin enthaltene Kennziffer [32].

290 Jaspis ist eine mineralogische Abart von Chalcedon und stellt kein eigenständiges Mineral dar. Es ist eine dichte, lichtundurchlässige, mikrokristalline Variante, normalerweise rot, braun oder gelb und durch Oxide des Eisens gefärbt. In der Monografie dürfte damit eine rote marmorierte Farbe gemeint sein.

291 Siehe Abbildung Nr. 92 in Kapitel 12, überdachte Zone vor Kennziffer [36].

292 Siehe Abbildung Nr. 92 in Kapitel 12, darin enthaltene Kennziffer [38].

293 Siehe Abbildung Nr. 92 in Kapitel 12, darin enthaltene Kennziffer [34].

294 Eine Kartusche bezeichnet in der Ornamentik einen Zierrahmen, der Wappen, Texte oder Porträts umrahmt und skulpturaler Bestandteil der umgebenden Architektur ist.

295 Siehe Abbildung Nr. 92 in Kapitel 12, darin enthaltene Kennziffer [45].

296 Siehe Abbildung Nr. 92 in Kapitel 12, im Bereich der darin enthaltenen Kennziffer [36].

297 Der Begriff „courroir" ist weder in zeitgenössischen noch in aktuellen Dictionnaires zu finden, jedoch zeitgenössisch häufig gleichbedeutend mit „couloir" verwendet worden, der einen Gang, Flur oder Korridor beschreibt.

298 Martias/Marsyas (griech. Μαρσύας): Ursprünglich Gott des gleichnamigen Flusses, der bei Kelainai entspringt, eine im Altertum blühende Stadt im südlichen Phrygien, an den Quellen des Mäander. In der griechisch-römischen Sage ein Satyr (oder Silen), ein halbgöttliches Wesen, Sohn des Hyagnis, Begleiter der Kybele. Verschiedene antike Autoren variieren die Sage, so etwa Herodot oder Ovid. Neben verschiedenen anderen Varianten des Marsyas-Mythos ist folgende eine vielleicht ursprüngliche: Athene erfand nach der Enthauptung der Gorgone Medusa die Doppelflöte (Aulos) und eine bestimmte Melodie, welche die Totenklage der Euryale, der Schwester Medusas, nachahmte. Als sie aber beim Spiel ihr Gesicht in einem Wasser gespiegelt sah und bemerkte, dass das Spielen des Instruments ihr Gesicht entstellte, warf sie die Flöte fort. Marsyas, der als Begleiter der rasenden und Trommeln schlagenden Kybele durch Phrygien zog, fand das Instrument, erlernte dessen Spiel und war schließlich so von seiner Kunst überzeugt, dass er Apoll zum Wettkampf forderte. Die

Musen, denen das Schiedsamt zufiel, sahen zunächst Marsyas als den Überlegenen an. Als jedoch Apoll seinem Kitharspiel noch den Gesang hinzufügte, ging dieser als Sieger hervor. Apoll hängte Marsyas zur Strafe an einer Fichte (dem heiligen Baum der Kybele) auf, dem aufgehängten Satyr wurde danach bei lebendigem Leib die Haut abgezogen.

299 Fauchier, Lorenz: Französischer Portraitmaler aus der zweiten Hälfte des 17. Jh. Einige seiner Bilder wurden in Kupfer gestochen.

300 Siehe Abbildung Nr. 92 in Kapitel 12, darin enthaltene Kennziffer [35].

301 Siehe Abbildung Nr. 92 in Kapitel 12, darin enthaltene Kennziffer [39].

302 Siehe Abbildung Nr. 92 in Kapitel 12, darin enthaltene Kennziffer [41].

303 Siehe Abbildung Nr. 92 in Kapitel 12, hinter der darin enthaltenen Kennziffer [40] gelegen.

304 Siehe Abbildung Nr. 92 in Kapitel 12, darin enthaltene Kennziffer [40].

305 Siehe Abbildung Nr. 92 in Kapitel 12, rechts neben darin enthaltener Kennziffer [40], vom Mast weitgehend verdeckt.

306 Siehe Abbildung Nr. 92 in Kapitel 12, bei darin enthaltener Kennziffer [40].

307 Es könnte sich bei der Darstellung um die Landung des französischen Geschwaders 1664 bei Gigeri (Djidielli) unter dem Kommando von Duc de Beaufort handeln.

308 In der Abbildung Nr. 92 in Kapitel 12 nicht zu finden, da das abgebildete Schiff nur über eine Hütte verfügte, die ROYAL LOUIS hingegen über zwei.

309 Der Begriff Batterie ist in diesem Zusammenhang irreführend. Es handelt sich vielmehr um den Boden der Galerie.

310 Thetis: Meeresnymphe, Schönste der Nereiiden, deren Großmutter die Titanin Thetys war. Hayet schreibt zwar in seiner Monografie von Thetys, aber in der damaligen Schreibweise wurde y oft für i gesetzt. Es gibt in der griechisch römischen Skulpturenszenerie zahlreiche gemeinsame Darstellungen zwischen Neptun und Thetis, daher dürfte wohl Thetis und nicht Thetys bei Hayet gemeint sein.

311 Damit ist der Greif, ein aus Tierkörpern gebildetes, mythisches vogelartiges Mischwesen gemeint.

312 Fournier, Georges: *Hydrographie contenant la theorie et la practique de toutes les parties de la navigation.* Paris 1643, S. 56.

313 Paris, Edmond: *Segelkriegsschiffe des 17. Jahrhunderts* (Übersetzung aus dem Französischen). 1. Auflage. Rostock 1975, S. 56.

314 *Ordonnance de Louis XIV. pour les armées navales et arcenaux de marine.* O.A. Paris 1689, S. 267.

315 Fournier, Georges: *Hydrographie contenant la theorie et la practique de toutes les parties de la navigation.* Paris 1643, S. 56.

316 Döring, Eduard: *Handbuch der Münz-, Wechsel-, Maß- und Gewichtskunde.* Koblenz 1854, S. 339-349.

317 Archives nationales, MAR/B/2/14R/Folie 89: Brief von de Terron an Colbert vom 19. Februar 1671 mit der Nachricht, dass er den Sohn Arnouls und Monceaux getrennt voneinander nach England entsandte, um Informationen über die dortigen Werften und Schiffbauweise zu erhalten. „*...J'ai envoyé encore depuis peu, 2 personnes différentes en Angleterre, le fils de Mr. Arnoul, Intendant des galères et le Sieur du Monceaux...*".

318 Archives nationales, MAR/B/2/10R/Folie 126 *sur le MONARQUE et son gaillard d'avant.* Entfernung des vorderen Aufbaus bei der MONARQUE.

319 Decksprung (frz. Tonture): Bezeichnet den in Längsrichtung (von der Seite betrachtet) gekrümmten Verlauf des Oberdecks eines Schiffes.

320 Die Angaben für die Abstände zwischen den Geschützpforten sind von eminenter Bedeutung. Ein halber Fuß (Pariser pied de roi Königsfuß, entspricht 32,484 cm) Veränderung führt bei 15 Geschützpforten bereits zu einer Längenänderung des Schiffes von 2,43 m!

321 Corps-de-garde: Ist gewöhnlich der Bereich eines Schiffes, das sich unter dem Achterdeck befindet. Desroches, M.: *DICTIONAIRE des termes propres de MARINE.* Paris 1687, S. 149.

322 Auffällig ist im Original die Lücke zum nächsthöheren Rang, da der dritte Rang die Kanonenzahl auf 50 begrenzt, aber die vom zweiten Rang erst ab 56 beginnt.

323 Als Musketier (frz. Mousquetaire) oder teils auch Füsilier bezeichnete man Soldaten der Infanterie und leitet sich von der Waffe, der Muskete ab. Diese Truppengattung ist nicht zu verwechseln mit den Spezialcorps der französischen Könige, wie von Alexandre Dumas in „*Die drei Musketiere*" beschrieben.

324 Archives nationales, MAR/B/2/38R/Folie 427: Brief von Colbert an Arnoul vom 7. November 1678. „*...Sa Majesté a vu l'avis du Conseil des constructions de Toulon tenu sur les proportions qui doivent être données aux 5 premiers vaisseaux et une fregate...*".

325 Rittmeyer, Rudolph: *Seekriege und Seekriegswesen* (Bd. 1). Berlin 1907, Seite 164, 165, 315 u. 317. Auf den Seiten 164 und 165 führt der Konteadmiral aus, dass die Engländer zeitweise den französischen Schiffbau als Vorbild sahen, beispielsweise wegen den höher platzierten unteren Batterien und Frankreich damit England im Schiffbau überholt hätte. Auf Seite 317 vertritt er die Ansicht, dass die

französischen Schiffe bereits 1669 von guter Qualität waren und die Engländer diese Schiffe als Muster für eigene Verbesserungen genommen hatten. Diese Aussagen sind mit Vorsicht zu behandeln, denn es werden im Buch keine Quellen benannt. Die gleiche Auffassung wird allerdings auch in Herders Conversations-Lexikon (Bd. 2, Colbert) Freiburg 1854 auf Seite 157 vertreten ohne konkret zu werden.

326 Mit dem Begriff *„Erhöhung"* ist der Entfall von dem zusätzlichen Fuß an Breite des Schiffes gemeint, der zuvor bei den Dreideckern noch zugeschlagen wurde.

327 Fall: Steigung des Vorder- bzw. Achterstevens.

328 Kimmung: Der Übergang vom Boden eines Schiffes in die Seitenwände und damit verbundene Krümmung wird als Kimmung bezeichnet.

329 Die große Ratskammer, frz. *„Chambre des conseils"*: Hayet, Kommissar: *Description du Vaisseau le ROYAL LOUIS*. Marseille 1677, S. 26. Die *Chambre des conseils* bezeichnet einen größeren Raum, in dem bei Gericht Anhörungen stattfinden. Der Name erstreckt sich außerdem auf das Verfahren. Solch ein Raum ist meist dem Gerichtssaal direkt angegliedert, um Parteien, Anwälten oder Richtern die Möglichkeit zu geben, außerhalb der Öffentlichkeit Sachverhalte zu besprechen. Auf den Schiffen fanden in diesen Räumen Besprechungen statt. Sie konnten bei Bedarf zeitweise für andere Zwecke genutzt werden.

330 Die Forderung, Seitengalerien zum Inneren des Schiffes hin offen auszuführen, bedeutet im Umkehrschluss, dass die Seitengalerien künftig an ihrer Außenwand geschlossen auszuführen waren. Es gab vermutlich bis zu diesem Reglement beide Varianten: Die der geschlossenen Seitengalerien wie jetzt gefordert oder die offene Bauweise mir durchgehender Bordwand wie bei der SOLEIL ROYAL zu sehen, entweder ohne oder wie in den Modellaufnahmen ersichtlich mit Fenstern (eher selten), die sich in ihrer Breite der Hauptkonstruktion anpassen mussten.

331 Das alte französische Pfund geht wohl auf das karolingische Pfund zurück. Eigentlich sollte es genau zwölf Zehntel Karlspfund betragen und wog 489,5058 Gramm.

332 Die bei Le Croisic geborgene 24-Pfünder Bronzekanone wiegt 2.305 kg. Das Reglement von 1789 gab für Eisenkanonen gleichen Kalibers hingegen 2.500 kg vor, also knapp 9 % mehr.

333 Die Gesamtzahl wurde aus dem Jahresband *„Les états abrégés de la marine française"* von 1671 über alle dort eingetragenen Schiffe ermittelt. Der Unterschied der Kanonenzahl aus den ersten fünf Rängen im Verhältnis zur Gesamtzahl der Geschütze aller Schiffe ist mit rund 10% vergleichsweise gering. In späteren Jahren betrug der Unterschied mehr als das Doppelte.

334 Das von Holländern Anfang des 17. Jahrhunderts entwickelte Handelsschiff war entscheidend für die großen Erfolge der holländischen Kauffahrer in aller Welt. Sie wurde bald von anderen Schiffbaunationen kopiert. Die Fleute war ein einfach zu segelndes Schiff mit geringem Tiefgang aber großem Ladevolumen. Nur mit wenigen Seeleuten besetzt und breitem Rumpf, war eine Fleute jedoch ein leichtes Opfer für die schnellen und wendigen Kaperschiffe.

335 Je geringer der Rang, desto höher war der Anteil an Eisenkanonen, zum einen aus Statusgründen, zum anderen da die Großkaliber bis 1690 ohnehin nur aus Bronze gegossen werden konnten und es dazu keine Alternative gab.

336 Siehe Reglement vom 14. April 1689: in *Histoire generale de la marine* (Bd. 3). O.A. Amsterdam 1758. Kap. Code des armées navales, S. 309: Ornamente an Eisengeschützen waren nicht erlaubt.

337 *Histoire generale de la marine* (Bd. 3). O.A. Amsterdam 1733 bzw. 1758. Kap. Code des armées navales, S. 106: Reglement vom 01. Dezember 1669 über die Artillerie auf den Schiffen zur Verteilung von Bronze- und Eisengeschützen der Einheiten des ersten bis fünften Ranges.

338 Bibliothèque de Toulon – INV -1828.

339 Beschreibt die größtmögliche Anzahl von abgegebenen Schüssen eines Geschützes oder Feuerwaffe innerhalb einer gewissen Zeitspanne.

340 Archives nationales, MAR/B/2/Folie 327: Brief von Colbert an Desclouzeaux vom 21. Juli 1673. „„...wie man beobachtet hat, waren nicht genug 24-Pfünder auf den Schiffen des Königs...") *„...comme l'on a observé ne pas assez de canon de 24 sur les vaisseaux du Roi..."*.

341 SOLEIL ROYAL III: Die römische Bezifferung war damals nicht Bestandteil des Schiffsnamens, sondern wird im Text lediglich zur besseren Differenzierung der verschiedenen Schiffe gleichen Namens verwendet.

342 Eine ähnliche Kanone wurde durch den Taucher Jacques Cousteau geborgen und ist heute im Museo storico nazionale dell'artiglieria (Artilleriemuseum) in Turin ausgestellt.

343 Sohn von Ludwig XIV. und von Louise de la Valiere, 1667 geboren, 1669 legitimiert und im Alter von zwei Jahren zum Admiral der Flotte ernannt, wodurch sich Colbert außerdem den Zugriff auf die Marine sicherte.

344 Hayet, Kommissar: *Description du Vaisseau le ROYAL LOUIS*. Marseille 1677, S. 21. Verteilung der einzelnen Kaliber auf den Decks der Royal Louis.

345 Die Klammerangaben in Zeile vier beinhalten die Jagdgeschützpforte, die mit den regulären Kanonen der jeweiligen Batterie nicht bestückt wurde.

346 *Histoire generale de la marine* (Bd. 3). O.A. Amsterdam 1733 bzw. 1758. Kap. Code des armées navales, S. 53-55: Reglement vom 6. Oktober 1674 bezüglich der Dimensionierung von Kanonen unterschiedlicher Kaliber.

347 *Ordonnance de Louis XIV. pour les armées navales et arcenaux de marine.* O.A. Paris 1689, S. 272. Verteilung der einzelnen Kaliber des 1. bis 5. Ranges.

348 Hayet, Kommissar: Description du Vaisseau le ROYAL LOUIS. Marseille 1677, S. 22: Die Zahlenangaben aus der Monografie und dem Reglement stimmten exakt überein.

349 Mitraille (Kugeltraube): Wurde als Geschossladung bis zu den Napoleonischen Kriegen eingesetzt. Es gibt mehrere Versionen davon. Die gängigste Ladung bestand aus einem Zylinder mit Bleikugeln, Stahlteilen oder je nach Größe des Geschützes sogar granatenähnlichen Geschossen, die man wie eine Traube zu einer Einzelladung bündelte.

350 Die Decks besaßen eine Wölbung, um das Niederschlagswasser ablaufen zu lassen und die Rückstoßeffekte der Kanonen abzumildern. In der Regel betrug die Wölbung $^{1}/50$ der Balkenlänge.

351 Hayet, Kommissar: *Description du Vaisseau le ROYAL LOUIS.* Marseille 1677, S. 21. Es sind sechs Drehbassen erwähnt, die auf der ROYAL LOUIS platziert waren.

352 Hayet, Kommissar: *Description du Vaisseau le ROYAL LOUIS.* Marseille 1677, S. 21.

353 Hayet, Kommissar: *Description du Vaisseau le ROYAL LOUIS.* Marseille 1677, Seite 21.

354 Bewegliches leichtes demontierbares Deck, das nicht für die Aufstellung von Kanonen geeignet war. Typisches Konstruktionsmerkmal von niederländischen Schiffen.

355 *„En chasse, chasse"* (frz. Jagd). Siehe auch Ollivier, Blaise: *Traite De Construction*, o.O. 1736, S. 16. Siehe auch Brissou, Dominique in Vergé-Franceschi 2002, S. 1283-1284.

356 Rückbau des vorderen Aufbaus auf der MONARQUE (Sur le gaillard d'avant du MONARQUE AN Serie B2, 10 Register, Folie 126,127).

357 Längsschnitt ROYAL LOUIS: Die handschriftliche Eintragung, erwähnt Edmond Paris in *Segelkriegsschiffe des 17. Jahrhunderts.* Deutsche Übersetzung, 1. Auflage. Rostock 1975, S. 72.

358 Hayet, Kommissar: *Description du Vaisseau le ROYAL LOUIS.* Marseille 1677, Seite 23.

359 Kolderstock, senkrecht auf die Ruderpinne aufgesetzte Steuervorrichtung, In der ersten Hälfte des 18. Jahrhunderts durch das Steuerrad ersetzt.

360 Siehe Reglement vom 14. April 1689: in *Histoire generale de la marine* (Bd. 3). O.A. Amsterdam 1758. Kap. Code des armées navales, S. 303.

361 Acerra, Martine: *La symbolique des noms de navires de guerre dans la marine francaise (1661-1815)* (Publikation). In: *Histoire économie et société.* 1997, *16e année, nº1. La Marine XVIIe-XXe siècle.*

362 Acerra, Martine: *La symbolique des noms de navires de guerre dans la marine francaise (1661-1815)* (Publikation). In: *Histoire économie et société. 1997, 16e année, nº1. La Marine XVIIe-XXe siècle.*

363 Diese Vorgehensweise bezog sich nicht nur auf das königliche Flaggschiff, sondern hatte System: Die in 1692 verlorenen Schiffe wie z.B. FOUDROYANT (1694), ADMIRABLE (1692), AMBITEUX (1693), SOLEIL ROYAL (1692), TRIOMPHANT (1693), TONNANT (1693), TERRIBLE (1692) oder ST-PHILIPPE (1693) wurden zeitnah durch ihre in Klammern gehaltenen Nachfolgerinnen ersetzt.

364 Archives nationales, MAR/B/2/24R/Folie 521: Brief von Colbert an Arnoul vom 20. Oktober 1673 bezüglich zu großen Tiefgangs französischer Schiffe gegenüber holländischen Einheiten. „*...étant certain que tous les vaisseaux du Roi tirent trop d'eau et sont trop taillés, ce qu'on a bien connu dans les vaisseaux qui ont passé de Levant en Ponant et qui ont servi cette année contre les Hollandais qui tiraient jusqu'à 22 pieds d'eau et qui, par consequent, ne pouvaient que très difficilement aller vers les côtes de Hollande pour combattre les ennemis...*".

365 Archives nationales, MAR/B/2/24R/Folie 89: Bereits einige Jahre zuvor schrieb Colberts Cousin, der Intendant von Rochefort de Terron einen Brief an Colbert vom 19. Februar 1671, in dem er diesen Nachteil beschrieb. „*...Ils [die Holländer] se conservent l'avantage de tirer moins d'eau et par conséquent de pouvoir approcher plus près des terres...*"

366 Archives nationales, MAR/B/2/36R/Folie 116: Brief von Colbert an Duquesne vom 26. April 1677: Abweichung vom vorgegebenen Reglement. „*...Sa Majesté est bien aise d'avoir votre avis sur ce sujet auparavant que de lui [Hubac] faire savoir ses intensions [...]*".

367 1672: Seegefecht von Solebay, die Niederlande besiegen England, 1672: Seegefecht vor Texel, die Niederlande besiegen England, 1676: Seegefecht vor Palermo, Frankreich besiegt die Niederlande.

368 In den Auseinandersetzungen bei Solebay und Texel konnten die gegnerischen Verbände aufgrund des größeren Tiefgangs der Schiffe nicht zur niederländische Flotte aufschließen, wenn diese dicht unter der Küste segelte.

369 Archives nationales, MAR/B/2/39R/Folie 464: Brief von Colbert an die Intendanten Arnoul, Demuyn und de Seuil vom 10. September 1678: „*...Mon intensions est donc de travailler et de reussir à faire une theorie sur le sujet de la construction des vaisseaux...*".

370 Archives nationales, MAR/B/2/38R/Folie 382: Brief von Colbert an Arnoul vom 10. Oktober 1678 über eine Besprechungsrunde zur Erörterung notwendiger Maßnahmen: „*…Sa Majesté estime nécessaire que les plus habiles charpentiers et les officiers de marine qui ont le plus d'expérience et d'habileté fissent chacun en particulier, les règles des ces mesures…*".

371 Archives nationales, MAR/B/3/30R/Folie 216: Antwortschreiben von Arnoul an Colbert vom 27. September 1678: „*…mais comme je n'ai pas le temps de m'appliquer à examiner à fond les raisons de toutes les différentes qui se trouvent dans toutes les proportions de chacun de ces vaisseaux…*"

372 Archives nationales, MAR/B/2/39R/Folie 515: Brief von Colbert an Duquesne vom 12. Oktober 1678 aus Versailles mit der Aufforderung, ebenfalls ein Konzept ausarbeiten. „*…Sa Majesté s'attend que vous travaillez au projet du règlement […] J'attendrai ce que vous me ferez savoir sur ce sujet pour lui en rendre compte…*".

373 Archives nationales, MAR/B/2/Folie 630: Brief von Colbert an Arnoul vom 16. Dezember 1678. „*…Je vous envoie un mémoire de la forme que j'estime que ce projet de règlement doit avoir dans lequel j'ai compris les principales pièces d'un vaisseau de 1.800 tonneaux…*".

374 Archives nationales, MAR/B/3/32R/Folie 34: Brief von Arnoul an Colbert vom 10. Januar 1679: „*…Les Officiers qui assistent au Conseil des constructions n'en savent pas assez pour en trouver et il faudrait être un fort grand mathématicien joint à beaucoup d'expérience pour pouvoir établir quelque chose…*".

375 Archives nationales, MAR/B/2/42R/Folie 228: Brief von Colbert an Sieur Demuyn vom 11. Juni 1680 mit der Nachricht, dass Ludwig XIV. beschlossen hatte, in Rochefort Schulen für Schiffbaukonstruktion, Hydrographie und Metallurgie aufbauen zu lassen. „*…Sa Majesté ayant résolu d'établir à Rochefort une école pour la théorie des constructions pareille à celles qui ont été établies pour le canon et l'hydrographie…*".

376 Archives nationales Serie, MAR/B/3/32R/Folie 52: Brief von Arnoul an Colbert vom 17. Januar 1679 bezüglich der Anfertigung von Schaluppen. „*…J'ai déja fait savoir à Sa Majesté que je fasais commencer sous son bon plaisir une chaloupe à chacun des 4 maîtres-charpentiers…*".

377 Archives nationales, MAR/B/2/32R/Folie 542: Brief von du Quesne an Colbert vom 30.09.1678, bezüglich der Anfertigung von drei oder vier Schiffen ersten Ranges. „*…Je crois, Monseigneur, qu'il serait du service du Roi de donner ordre d'assembler du bois propre pour en bâtir 3 ou 4 à peu près des premier rangs…*".

378 Archives nationales, MAR/B/2/88R/Folie 60: Die Präsenz des Königs ist durch eine königliche Depesche vom Januar 1693 adressiert an Monsieur Desclouzeau belegt.

379 *Ordonnance de Louis XIV. pour les armées navales et arcenaux de marine.* O.A. Paris 1689. Siehe hierzu die umfangreichen Tabellen S. 261-280.

380 Siehe Reglement vom 14. April 1689: in *Histoire generale de la marine* (Bd. 3). O.A. Amsterdam 1758. Kap. Code des armées navales, S. 301.

381 Die TRIOMPHANT wurde 1692 bei Cherbourg während den Auseinandersetzungen bei Barfleur und La Hougue zerstört.

382 Die FORT wurde 1692 bei La Hougue zerstört.

383 Die FIER wurde 1692 bei La Hougue zerstört.

384 Die TONNANT wurde 1692 bei La Hougue zerstört.

385 Die TERRIBLE wurde 1692 bei La Hougue zerstört.

386 Die GAILLARD wurde 1692 bei La Hougue zerstört.

387 Die Vorgänger der MERVEILLEUX , TERRIBLE und SOLEIL ROYAL II wurden in den Auseinandersetzungen bei Barfleur und La Hougue zerstört und noch im gleichen Jahr durch namensgleiche Schiffe ersetzt.

388 Die ST-LOUIS wurde 1692 bei La Hougue zerstört.

389 Die MAGNIFIQUE wurde 1692 bei Cherbourg zerstört.

390 Die ADMIRABLE wurde 1692 bei La Hougue zerstört.

391 Während sich diese Angaben nur auf die Produktion der Schiffstonnagen in dem genannten Zeitraum beziehen, die Tabellen im Kapitel 18 jedoch zum jeweiligen Zeitpunkt den Gesamtbestand beinhalten, sind diese Zahlen nicht miteinander vergleichbar.

392 Bei La Hougue: BOURBON, ST-LOUIS, GAILLARD, TERRIBLE, MERVEILLEUX, TONNANT, FOUDROYANT, FORT, AMBITIEUX, MAGNIFIQUE, ST-PHILIPPE und FIER. Bei Cherbourg: SOLEIL ROYAL, ADMIRABLE UND TRIOMPHANT.

393 Archives nationales, MAR/B/2/40R/Folie 28: Brief von Colbert an Arnoul vom 13. Januar 1679: „*…Sa Majesté se résoudra aisément à régler que les vaisseaux du premiere rang seront de 100 pièces de canons, ceux du deuxième de 80 pièces du troixième de 60 pièces, du quatrième de 50 pièces et du cinquième de 40 pièce…*".

394 Diese Zeichnung Pugets bezeichnet das Schiff als „GRAND MONARQUE". Es handelt sich zweifelsfrei um die ROYAL LOUIS. Ein Schiff mit dem Namen GRAND MONARQUE gab es nicht.

395 Siehe die Seitenansicht der SOLEIL ROYAL mit eingeblendetem Seitenriss, Bugsprit gegen Fockmast.

396 Reglement vom 13. September 1673, die u.a. auch die Maße zu den Deckshöhen vorgab.

397 Seegefecht bei Solebay am 7. Juni und Seegefecht bei Texel am 21. August 1672.

398 Hayet, Kommissar: Description du Vaisseau le ROYAL LOUIS. Marseille 1677, S. 15.

399 Archives nationales, MAR/B/2/14R/Folie 89: Brief von de Terron an Colbert vom 19. Februar 1671 bezüglich zu häufigem Einsatz von Metallbolzen auf den Schiffen: „*...que les Hollandais mettent presque toutes chevilles de bois, les Anglais beaucoup et quelques unes de fer, et nous presque toutes de fer...*".

400 Archives nationales Serie, MAR/B/2/19R/Folie 790: Depesche von Colbert an de Terron vom 9. Dezember 1672 bezüglich der Fehlerkorrektur durch die Zimmerleute: „*...Il faut travailler et faire en sorte que nos charpentiers se corrigent de leurs défauts...*".

401 Archives nationales, MAR/B/2/14R/Folie 89: Brief von de Terron an Colbert vom 19. Februar 1671. Die beiden berichteten unter anderem von zu großem Tiefgang oder zu häufigem Einsatz von Metallbolzen bei französischen Schiffen gegenüber holländischen Einheiten, diese wären außerdem deutlich leichter gebaut. Auch die englischen Schiffe wären den holländischen teils ebenso im Nachteil. „*...je vois que les Hollandais bâtissent plus légèrement que les Anglais et ceux-ci plus légèrement que nous...*".

402 Diese „große Gesandtschaft" setzte sich aus einigen hundert Personen und mehreren Botschaftern zusammen.

403 Dies war in Amsterdam einfacher zu bewerkstelligen, da zu dieser Zeit die dortigen Werften als militärischer Bereich galt und abgeschirmt war.

404 Voltaire: *Anecdotes sur le Czar Pierre le grand* um 1748.

405 Die Einheit „Millier" stand im Ancién Regime für 1.000 Pfund also für 489,50 kg. Siehe Kap. 18 Tabellenwerke.

406 Die Angabe der Faden passt nicht zum Gewicht. Vermutlich sind 70 Faden gemeint.

407 Furbank, Philip N.: *Diderot. A critical biography.* London 1992, S. 474.

408 Darnton, Robert: *Glänzende Geschäfte. Die Verbreitung von Diderots Encyclopedie oder: Wie verkauft man Wissen mit Gewinn?* Berlin 1993, S. 9.

409 Mercier, Louis-Sébastien: *Tableau de Paris. Bilder aus dem vorrevolutionären Paris.* Auswahl, Übersetzung aus dem Französischen und Nachwort von Wolfgang Tschöke. Zürich 1990. S. 174 und 177.

410 Angelike, Karin: Louis-François Mettra. Ein französischer Zeitungsverleger in Köln. (1770–1800) (= Rheinisches Archiv. Bd. 145). Köln 2002, S. 14 (Zugleich: Köln, Universität, Dissertation, 1997).

411 *Ordonnance de Louis XIV. pour les armées navales et arcenaux de marine.* O.A. Paris 1689, S. 159-162. Besoldung der Offiziere und Mannschaften.

3. Literaturverzeichnis

3.1 Nachschlagewerke

Académie Françoise: *Le Dictionaire universel des arts et des sciences* (Bd. 1 u. 2). Paris 1732.

Acerra, Martine: *La symbolique des noms de navires de guerre dans la marine francaise (1661-1815)* (Publikation). In: *Histoire économie et société. 1997, 16e année, no1. La Marine XVIIe-XXe siècle.*

Album von Colbert. Ancre Verlag, Nizza.

Anderson, Roger Charles.: *The Rigging of Ships: In the Days of the Spritsail Topmast.* Salem, Mass. 1927. Übersetzung von Dr. Ingo Kroll; Norderstedt 2012.

Archives de l'art français 1851-1856 (Bd. 4).

Archives nationales, MAR/B/2/.

Armand, Colin: *Histoire Générale Louis XIV.* (Bd. 6). Paris 1895.

Aubin, Nicolas: *Dictionnaire de marine contenant les termes de la navigation et de l'architecture navale.* Amsterdam 1702.

Baron de Bonnefoux, Pierre-Marie Joseph: *Dictionnaire de marine a voiles et a vapeur.* Paris 1859.

Bély, Lucien: *La France au XVII siecle.* Paris 2009.

Bohn, Gottfried Christian, Norrmann, Gerhard Philipp Heinrich: *Waarenlager, oder, Wörterbuch der Produkten- und Waarenkunde.* Hamburg 1806.

Brandmuller, Louis Moréri: *Le Grand Dictionnaire Historique Ou Le Mélange Curieux De L'Histoire Sacrée Et Profane.* Éditions de Basle, t. 2: C - GRO, (Bd. 8) 1745.

Brandt, Alexander von: *Beiträge zur Geschichte der französischen Handelspolitik von Colbert bis zur Gegenwart.* Leipzig 1896.

Brissou, Dominique: *Vergé-Franceschi.* O.O. 2002.

Büsch, Johann Georg: *Über das Bestreben der Völker neuerer Zeit einander in ihrem Seehandel recht wehe zu tun.* Hamburg 1800.

Cipolla/Borchardt: *Bevölkerungsgeschichte Europas, Mittelalter bis Neuzeit.* München 1971.

Clamageran, Jean-Jules: *Histoire de l'impôt en France* (Bd. 2). Paris, 1867-1876.

Clément, Pierre: *Lettres Instructions et mémoires de Colbert* (Bd. 2). Paris 1863.

Clément, Pierre: *Lettres Instructions et mémoires de Colbert* (Bd. 3). Paris 1864.

Colbert, Jean-Baptiste: *Album von Colbert.* O.O., o.J. Hrsg. von ancre.fr Nizza 2000.

Colbert, Jean-Baptiste: *Collection des cinq cents de Colbert.* Paris 1908.

Cruikshank, Ernest Alexander: *The Life of Sir Henry Morgan.* Toronto 1935.

Daeffler Dr., Michel: *L'architecture des vaisseaux de guerre francais de la première marine de Louis XIV.* (Publikation) Paris 2003.

Dassié, F.: *L'architektur navale.* Paris 1695.

Decker, Alexander und Gudrun: *Lebensverhältnisse im 16., 17. und 18. Jahrhundert*, hrsg. von Hoffacker, H. Stuttgart 1982.

Desroches, M.: *Dictionaire des termes propres de Marine.* Paris 1687.

Deutsch-französische Materialien für den Geschichts- und Geographieunterricht, deuframat.

Diderot, Denis & und d'Alembert, Jean le Rond: *Encyclopédie, ou Dictionnaire raisonné des sciences, des arts et des métiers. Planches de l'Encyclopédie,* (Bd.6). Paris 1769.

Döring, Eduard: *Handbuch der Münz-, Wechsel-, Maß- und Gewichtskunde.* Koblenz 1854.

Duhamel du Monceau, Henri Louis: *Èlèmens de l'architecture navale ou traité practique de la construction des vaisseaux.* Paris 1758.

Erlande-Brandenburg, Alain & Vich, Catherine: *Catalogue des plans de bâtiments à voiles conservés dans les archives de la marine.* Paris 2010.

Esquemeling, Alexandre Olivier: Buccaneers of America.London 1684.

Ferguson, Niall: *Empire. How Britain Made the Modern World.* London 2003.

Forbonnais de, François & Véron Duverger: *Recherches et considérations sur les finances de France : depuis 1595 jusqu'en 1721* (Bd. 2). Liege 1758.

Fournier, Georges: *Hydrographie contenant la theorie et la practique de toutes les parties de la navigation.* Paris 1643.

Gallica-Bibliothèque nationale de France, URL: http://gallica.bnf.fr/.

Goedel, Gustav: *Etymologisches Wörterbuch der deutschen Seemannssprache.* Kiel 1902.

Guillet, Georges: *Les Arts de l'homme.* Paris 1678.

Hamersly, L. R. & Co.: *A Naval Encyclopædia 1. „Jean Bart".* Philadelphia 1880.

Hayet, Kommissar: *Description du Vaisseau le ROYAL LOUIS.* Marseille 1677.

Herders *Conversations-Lexikon* (Bd. 2) Freiburg 1854.

Histoire generale de la marine (Bd. 3). O.A. Amsterdam 1733 bzw. 1758.

Hoste, Paul P.: *L'art des armées navales ou traité des evolutions navales.* Lyon 1697.

Howald, Christine: *Der Fall Nicolas Fouquet.* München 2011.

Imhof, Maria: *Theatralität und Beschleunigung in der spanischen Romantik.* Bielefeld 2013.

Jachmann, E.: *Allgemeine Flottentactik nach der holländischen Tactik des Ritter von Kingsbergen.* Berlin 1850.

Jal, Auguste: *Abraham Du Quesne* (Bd. 2) Paris 1873.

Johnson, Charles Captain: *A General History of the Robberies and Murders of the Most Notorious Pirates.* London 1724.

Koch, Johann Gottlob Friedrich: *Allgemeines europäisches Land- und Seekriegsrecht.* Frankfurt 1778.

Korn, Gottlieb Wilhelm: *Erläuterungen zum Verstande der Schifffahrt und des Seekrieges.* Breslau 1774.

Kroll Dr., Ingo: *Blinde, Kuhl und Spiegelheck: Französisch-Deutsches Wörterbuch zur historischen Segelschifffahrt.* Norderstedt 2014.

Krüger, Johann Friedrich: *Vollständiges Handbuch der Münzen, Maße und Gewichte aller Länder der Erde.* Leipzig 1830.

Lacour-Gayet, G.: *La marine militaire de la France* (Bd. 1). Paris 1911.

Lacour-Gayet, G: *La marine militaire de la france sous les règnes de louis XIII. et de Louis XIV.* (Bd. 1) Paris 1911.

Lanctot, Gustave: *Filles de joie ou filles du roi.* Montréal 1952.

Langlois, Nicolas: *La flotte normande au commencement du XVIIe siècle.* O.O., 1627.

Laurent, Stéphane: *Pierre Puget, une unité de l'art <obligée> à l'âge classique* (Publikation). Sorbonne, Paris 2008.

Le Pers, Jean-Baptiste: *Histoire de l'Isle Espagnole Ou De S. Domingue.* Paris 1733.

Lee, Robert E: *Blackbeard the pirate.* Winston-Salem, North Carolina 1974.

Lemineur, Jean-Claude: *Les vaisseaux de roi soleil.* Nizza 1996.

Levasseur, E: *Histoire des classes ouvrières* (Bd. 2). Paris 1901.

Levot, P.: *Histoire de la ville et du port de Brest.* Paris 1865.

Little, Benerson and Courtney: *The Buccaneer's Realm: Pirate Life on the Spanish Main, 1674-1688.* Dulles, Virginia 2007.

Louis XIV.: *Oevres. Les Mémoires de Louis XIV* (Bd. 5). Paris 1806.

Les états abrégés de la marine française 1669-1772. (Jahresbände).

Mondfeld, Wolfram zu: *Historische Schiffsmodelle.* München 2008.

Marley, David: *Pirates of the Americas.* Santa Barbara, Kalifornien 2010, S. 98.

Marley, David: *Wars of the Americas: A Chronology of Armed Conflict in the New World, 1492 to the Present.* Santa Barbara, Kalifornien 1998.

Marquardt, Karl Heinz: *Bemastung und Takelung von Schiffen des 18. Jahrhunderts.* Rostock 1986.

Musée national de la Marine: *La sculpture navale du XVII au XIX siècle* (Publikation). Service culturel. Paris 2002.

Noback, Christian Noback, Friedrich Eduard: *Vollständiges Taschenbuch der Münz-, Maß- und Gewichtsverhältnisse* (Bd. 1). Leipzig 1851.

North, Michael: *Das Goldene Zeitalter: Kunst und Kommerz in der niederländischen Malerei des 17. Jahrhunderts.* Köln 2001.

O-Hier de Grandpré: *Répertoire polyglotte de la marine* (Bd. 1 u. 2). Paris 1829.

Ollivier, Blaise Joseph: *Traité de construction.* Paris 1736.

Paris, Edmond: *Segelkriegsschiffe des 17. Jahrhunderts.* Übersetzung aus dem Französischen. 1. Auflage. Rostock 1975.

Parker, Charles H.: *Global Interactions in the Early Modern Age.* New York 2010.

Richelieu: *Lettres, Instructions diplomatiques* (Bd. 2). Hrsg. von Avenel, M., Paris 1851.

Rickenbacher, Eugen: *Über den Wellen bin ich einzigartig: Das Skulpturenprogramm am Heck der ROYAL LOUIS (1668).* Berlin 2011.

Rittmeyer, Rudolph: *Seekriege und Seekriegswesen* (Bd. 1). Berlin 1907.

Ruhl, Moritz: *Die Münzen, Maße und Gewichte aller Länder der Erde einzeln berechnet nach ihren Werthen und Verhältnissen zu allen deutschen Münzen, Maßen und Gewichten.* Leipzig 1861.

Saverien, M: *Dictionnaire historique, théorique et pratique de marine.* (Bd. 1 u. 2). Paris 1758.

Schmieder, Ulrike: *Nach der Sklaverei.* Berlin 2014.

Schwarz, Tjard: *Die Schiffbauindustrie in Deutschland und im Ausland* (Teil 1). Berlin 1902.

Sue, Eugène: *Jean Bart et Louis XIV.* Paris 1837.

Toudouz, Georges G.: Publikation, *Hervé de Portz-Moguer et „Marie la Cordelière", d'après les témoins oculaires de 1512* (Publikation), o.O, o.J.

Toupin, Dave: *Les Filles du Roi. Société des filles du Roi et soldats du Carignan* (Publikation). Québec 2010.

Undreiner, Cécile: *Kolonial- und Immigrationsgeschichte Frankreichs* (Publikation), o.O, o.J.

Vaissière de, Pierre: *Saint Domingue: la société et la vie créoles sous l'ancien régime (1629-1789).* Paris 1814.

Villiers, Patrick, Duteil, Jean-Pierre, Muchembled (dir.), Robert: *L'Europe, la mer et les colonies : XVIIe-XVIIIe siècle.* Paris 1997.

Voltaire: *Le siecle de Louis XIV.* Berlin 1750.

Yolen, Jane & Shannon, David (1995): *The Ballad of the Pirate Queens.* San Diego 1995.

Zysberg, André: *Les galériens. Vies et destins de 60 000 forçats sur les galères de France (1680-1748).* Paris 1987.

3.2 Elektronische Medien (Internet)

http://www.ancre.fr

http://atilf.atilf.fr/

http://www.centpourcentanglais.com/html/009-glossary-def.htm

http://www.deuframat.de/

http://frph.pagesperso-orange.fr/index.htm

http://gallica.bnf.fr/

https://www.google.de/

http://www.histoire-de-fregates.com/glossaire#G

http://irhis.recherche.univ-lille3.fr/00-Comptabilites/Ordonnances15-04-1689.html

https://kvk.bibliothek.kit.edu/

http://www.lexilogos.com/dictionnaire_maritime.htm

http://www.mandragore2.net/dico/lexique1/lexique1.php?page=d

http://www.musee-marine.fr/

http://www.netmarine.net/

http://www.persee.fr/

http://www.pirates-corsaires.com/glossaire.htm

http://rha.revues.org/7205

https://www.scribbr.de/

http://stabikat.staatsbibliothek-berlin.de/

http://www.verfassungen.eu/f/fverf14-i.htm

http://vieillemarine.pagesperso-orange.fr/architecture/pages_finales/page_architecture.htm

http://mnm.webmuseo.com/ws/musee-national-marine/app/collection/record/36484

https://www.wikipedia.de/

http://ybphoto.free.fr/lexique_la_buse_yb.html

4. Abbildungsverzeichnis

0 Einband, Überblendung einer Seekarte um Neufundland von James Cook, Portrait von Ludwig XIV. und der Modellaufnahme des Autors. https://commons.wikimedia.org/w/index.php?title=File:Cooks_Karte_von_Neufundland.jpg&oldid=177401332 [letzter Aufruf: 26.02.2016]. https://de.wikipedia.org/wiki/Datei:Louis-xiv-lebrunl.jpg [letzter Aufruf: 26.02.2016].

0 Frontispitz, Bérain, Jean: *Heckfassade der SOLEIL ROYAL.* Zeichnung von Jean Bérain, um 1689. Mit freundlicher Genehmigung der Bibliothèque Jacques Prévert, Ville de Cherbourg en Cotentin, Manuskript Nr. 593.

0 Vorwort, Siegel des Autors.

1 Baldung Grien, Hans: *Stehende Hexe mit Ungeheuer und zwei Putten*, um 1515. Technik: Feder, weiß gehöht, auf braun grundiertem Papier, 29,5 x 20,7 cm. Staatliche Kunsthalle Karlsruhe, Kupferstichkabinett. https://commons.wikimedia.org/w/index.php?title=File:Hans_Baldung_Stehende_Hexe_mit_Ungeheuer.jpg&oldid=117346497&uselang=de [letzter Aufruf: 26.02.2016].

2 Bosch, Hieronymus: *Der Garten der Lüste*, Triptychon um 1500. Technik: Ölmalerei, 220 x 390 cm. Museo Nacional del Prado, Madrid. https://commons.wikimedia.org/w/index.php?title=File:El_jard%C3%ADn_de_las_Delicias,_de_El_Bosco.jpg&oldid=181005195&uselang=de [letzter Aufruf: 26.02.2016].

3 Champaigne de, Philippe: *Ludwig XIII*, um 1640. Technik: Öl auf Leinwand, 86 x 108 cm. Museo Nacional del Prado, Madrid, Bildnummer SCP38791. https://commons.wikimedia.org/w/index.php?title=File:Louis_XIIIval_grace.jpg&oldid=185264659&uselang=de [letzter Aufruf: 26.02.2016].

4 Motte, Henri-Paul: *Kardinal Richelieu bei der Belagerung von La Rochelle*, um 1881. Technik: Ölmalerei. Musée d'Orbigny Bernon. https://commons.wikimedia.org/w/index.php?title=File:Siege_of_La_Rochelle_1881_Henri_Motte_1846_1922.jpg&oldid=170769980 [letzter Aufruf: 26.02.2016].

5 Fortescue-Brickdale, Eleanor: *Ankunft der Fille de Roi in Quebec 1667.* https://commons.wikimedia.org/w/index.php?title=File:Arrival_of_the_Brides_-_Eleanor_Fortescue-Brickdale.png&oldid=126552433&uselang=de [letzter Aufruf: 26.02.2016].

6 Kaperbrief (Lettre de Marque), ausgestellt für Kapitän Antoine Bollo, um 1809. Galerie de Souzy, Paris. https://commons.wikimedia.org/w/index.php?title=File:Lettre-de-marque2.png&oldid=168952729&uselang=de [letzter Aufruf: 26.02.2016].

7 Exquemelin, Alexandre Olivier: *Piratas de la America.* Amsterdam 1681, Seite 146/147, Zeichnung von Henry Morgan. https://commons.wikimedia.org/w/index.php?title=File:Morgan,Henry.jpg&oldid=177731689 [letzter Aufruf: 26.02.2016].

8 Bureau, Jaques: *De l'ile a Vache et coste de S' Domingue*, um 1700. https://www.loc.gov/item/2003629715/ [letzter Aufruf: 26.02.2016].

9 Eggleston, Edward: *The Last Battle of Blackbeard,* in *Stories of American Life and Adventure*, New York 1895, S. 49. Zeichnungsausschnitt von Kapitän Blackbeard. https://commons.wikimedia.org/w/index.php?title=File:Blackbeard_at_Attention_with_Rifle.jpg&oldid=132120855&uselang=de [letzter Aufruf: 26.02.2016].

10 Le Pers, Jean-Baptiste: *Histoire de l'Isle Espagnole Ou De S. Domingue,* Amsterdam 1733, S. 399. Im Besitz des Autors.

11 Zeichnung der Insel Tortuga während der Epoche der „Brüder der Küste" im 17. Jahrhundert, ohne Sign. https://commons.wikimedia.org/w/index.php?title=File:Tortuga17thcentury.jpg&oldid=112462075

12 Gemälde von Laurence de Graff, ohne Signatur, um 1685. https://commons.wikimedia.org/w/index.php?title=File:Graff_Lorens.jpg&oldid=144721898 [letzter Aufruf: 26.02.2016].

13 Anne Bonny, zeitgenössischer Stich, ohne Signatur, um 1720.
https://commons.wikimedia.org/w/index.php?title=File:Female_pirate_Anne_Bonny.jpg&oldid=163367874&uselang=de [letzter Aufruf: 26.02.2016].

14 Mary Read, zeitgenössischer Stich, ohne Signatur, um 1720.
https://commons.wikimedia.org/w/index.php?title=File:Mary_reed02.gif&oldid=144245475&uselang=de [letzter Aufruf: 26.02.2016].

15 Mignard, Pierre: *Gemälde von Kardinal Mazarin während der Belagerung von La Rochelle*, um 1661. Technik: Öl auf Leinwand, 65 x 55,5 cm. Musée Condé, Chantilly.
https://commons.wikimedia.org/wiki/File:Mazarin-mignard.jpg [letzter Aufruf: 26.02.2016].

16 Le Brun, Charles: *Gemälde von Ludwig XIV.*, um 1661. Technik: Öl auf Leinwand, 68 x 57cm. Chateau de Versailles.
https://de.wikipedia.org/wiki/Datei:Louis-xiv-lebrunl.jpg [letzter Aufruf: 26.02.2016].

17 Champaigne de, Philippe: *Gemälde von Jean-Baptiste Colbert*, um 1655. Technik: Öl auf Leinwand. Metropolitan Museum of Art.
https://de.wikipedia.org/wiki/Datei:Colbert1666.jpg [letzter Aufruf: 26.02.2016].

18 *„Les Lys fleurissent dans les vagues"* (Lilien blühen in Wellen), allegorische Gravur ohne Signatur, um 1630.
https://commons.wikimedia.org/w/index.php?title=File:Vaisseau_allegorique_Les_lys_fleurissent_dans_les_vagues_vers_1630.jpg&oldid=102736708&uselang=de [letzter Aufruf: 26.02.2016].

19 Hondius, Hendrik: *Zeichnung der La Couronne*, um 1643. Maritiem Museum, Rotterdam.
https://commons.wikimedia.org/w/index.php?title=File:Couronne_IMG_7007.JPG&oldid=112568676&uselang=de [letzter Aufruf: 26.02.2016].

20 Estienne, David: *Die Rückeroberung der Lérin Inseln*, um 1639. Musées et centres d'art, Aix en Provence et Pays d'Aix.
https://commons.wikimedia.org/w/index.php?title=File:%C3%8Eles_de_L%C3%A9rins.JPG&oldid=177409732&uselang=de [letzter Aufruf: 26.02.2016].

21 Puget, Pierre: *Französische Linienschiffe*. Vermutlich links die *La Lune* von 1641, mittig die *La Reine* von 1647 und rechts die *Le Jupiter* von 1633.
https://commons.wikimedia.org/w/index.php?title=File:French_ships_of_the_line-Pierre_Puget-img_3211.jpg&oldid=100469967&uselang=de [letzter Aufruf: 26.02.2016].

22 Van de Velde the Elder, Willem: *Sovereign of the Seas*, um 1637.
https://commons.wikimedia.org/w/index.php?title=File:Morgan-Drawing.jpg&oldid=169984378 [letzter Aufruf: 26.02.2016].

23 Deutsches Museum, München, Bibliothek [Diderot, Denis & d'Alembert, Jean le Rond: *Encyclopédie, ou Dictionnaire raisonné des sciences, des arts et des métiers. Planches de l'Encyclopédie* (Bd. 6). Paris 1769].

24 Huys Frans nach Pieter Bruegel der Ältere: *Gefecht bei Messina, um 1561.*
https://commons.wikimedia.org/w/index.php?title=File:Galleys_and_carracks_in_battle.jpg&oldid=145094207&uselang=de [letzter Aufruf: 26.02.2016].

25 Deutsches Museum, München, Bibliothek [Hoste, Paul: *L'Art des armées navales*. 1. Auflage. Lyon 1697, S. 368].

26 Deutsches Museum, München, Bibliothek [Hoste, Paul: *L'Art des armées navales*. 1. Auflage. Lyon 1697, S. 386].

27 Jachmann, Eduard Karl Edmanuel: *Allgemeine Grundzüge einer Flotten-Tactik:nach der holländischen Tactik des Ritter von Kingsbergen*, Berlin 1850.
https://commons.wikimedia.org/wiki/File:Marschordnung_1-4.jpg?uselang=de [letzter Aufruf: 17.03.2016].

28 Jachmann, Eduard Karl Edmanuel: *Allgemeine Grundzüge einer Flotten-Tactik:nach der holländischen Tactik des Ritter von Kingsbergen*, Berlin 1850.
https://commons.wikimedia.org/w/index.php?title=File:Marschordnung_5.jpg&oldid=130539292 [letzter Aufruf: 17.03.2016].

29 Querschnitt durch einen Brander, um 1692, ohne Signatur.
https://commons.wikimedia.org/w/index.php?title=File:Coupe_d_un_brulot_vers_1692_1693.jpg&oldid=166929592&uselang=de
[letzter Aufruf: 26.02.2016].

30 Pococ, Nicholas: *Battle of Copenhagen*, um 1801. Technik: Öl auf Leinwand, 71 x 101,5 cm, National Maritime Museum, London.
https://commons.wikimedia.org/w/index.php?title=File:PocockBattleOfCopenhagen.jpg&oldid=157240999&uselang=de
[letzter Aufruf: 26.02.2016].

31 Lacretelle, Jean-Édouard: *Gemälde von Nicolas Fouquet*, um 1888.
https://commons.wikimedia.org/w/index.php?title=File:Portrait_of_Nicolas_Fouquet_by_%C3%89douard_Lacretelle_Ch%C3%A2teau_de_Versailles.png&oldid=138023456 [letzter Aufruf: 26.02.2016].

32 Nanteuil, Robert: *Zeichnung von Duc de Beaufort*, um 1651. Technik: Grisaille. Princeton University Library.
https://commons.wikimedia.org/w/index.php?title=File:DukeBeaufort.jpg&oldid=65305537
[letzter Aufruf: 26.02.2016].

33 Landung des französischen Geschwaders 1664 bei Gigeri (Djidielli), ohne Signatur. Technik: Kupferstich.
https://commons.wikimedia.org/w/index.php?title=File:Prise_de_Gigeri_en_1664_par_l%27expedition_fran%C3%A7aise_du_duc_de_Beaufort.jpg&oldid=182788176&uselang=de [letzter Aufruf: 17.03.2016].

34 Auseinandersetzung um Candia 1669, ohne Signatur. Technik: Kupferstich.
https://commons.wikimedia.org/w/index.php?title=File:Vue_du_siege_de_Candie_en_1669.jpg&oldid=159989681&uselang=de
[letzter Aufruf: 26.02.2016].

35 Deutsches Museum, München, Bibliothek [Diderot, Denis & d'Alembert, Jean le Rond: *Encyclopédie, ou Dictionnaire raisonné des sciences, des arts et des métiers. Planches de l'Encyclopédie* (Bd. 6). Paris 1769].

36 Crépin, Louis-Philippe: *Attacke eines Branders auf die Regulus 1809.*
https://commons.wikimedia.org/w/index.php?title=File:Regulus_under_attack_by_British_fireships_August_11_1809.jpg&oldid=155153018&uselang=de [letzter Aufruf: 26.02.2016].

37 Heckansicht der ST-PHILIPPE, vermutlich von Pierre Puget, um 1670.
https://commons.wikimedia.org/w/index.php?title=File:Saint_Philipe_img_3093.jpg&oldid=162717772
[letzter Aufruf: 26.02.2016].

38 Graincourt, Antoine: *Marquis Abraham II. du Quesne.* Technik: Öl auf Leinwand, Cercle militaire de Versailles.
https://commons.wikimedia.org/w/index.php?title=File:Duquesne.jpg&oldid=78726460&uselang=de
[letzter Aufruf: 26.02.2016].

39 Brest um 1670, ohne Signatur. Musée des beaux-arts de Brest.
https://commons.wikimedia.org/w/index.php?title=File:Vue_cavali%C3%A8re_de_Brest.jpg&oldid=117382424&uselang=de
[letzter Aufruf: 17.03.2016].

40 Nattier, Marc: *Gemälde von Jean-Baptiste Antoine Colbert*, um 1676. Technik: Öl auf Leinwand, 113 x 108 cm, Schloss Versailles.
https://commons.wikimedia.org/w/index.php?title=File:Marc_Nattier_d%27apr%C3%A8s_Claude_Lef%C3%A8bvre,_Jean-Baptiste_Colbert,_marquis_de_Seignelay_(1676).jpg&oldid=158735711&uselang=de
[letzter Aufruf: 26.02.2016].

41 Statistik über den Schiffsbestand, auf Datengrundlage von *Les états abrégés de la marine française*, vom Autor erstellt.

42 Statistik über den Schiffsbestand, auf Datengrundlage von *Les états abrégés de la marine française*, vom Autor erstellt.

43 Statistik über den Kanonenbedarf, auf Datengrundlage von *Les états abrégés de la marine française*, vom Autor erstellt.

44 Statistik über die Tonnagen, auf Datengrundlage von *Les états abrégés de la marine française*, vom Autor erstellt.

45 Statistik über die Besatzung, auf Datengrundlage von *Les états abrégés de la marine française*, vom Autor erstellt.

46 Gemälde von Admiral Tourville, ohne Signatur. Technik: Öl auf Leinwand, Musée de la Marine, Paris.
https://commons.wikimedia.org/w/index.php?title=File:Tourville-musee marine.jpg&oldid=167387561&uselang=de
[letzter Aufruf: 26.02.2016].

47 Puget, Pierre: *Dreidecker ROYAL LOUIS 1668 in Toulon,* um 1670. Technik: Federzeichnung. Mit freundlicher Genehmigung der Albertina, Wien.

48 Vasa, Vasa Museum in Stockholm, Aufnahme von I. Peter Isotalo.
https://commons.wikimedia.org/w/index.php?title=File:Vasa_from_port2.jpg&oldid=119015430&uselang=de [letzter Aufruf: 26.02.2016].

49 Zeichnung von Pierre Puget, ohne Signatur. Le Musée des Beaux-Arts, Ville de Marseille.
https://commons.wikimedia.org/w/index.php?title=File:Pierre_Puget_gravure_d%27%C3%A9poque.jpg&oldid=106734970&uselang=de
[letzter Aufruf: 26.02.2016].

50 Hayet, Kommissar: *Zeichnung der ROYAL LOUIS von 1668 in Description du vaisseau le ROYAL LOUIS*, Marseille 1677.
https://commons.wikimedia.org/w/index.php?title=File:Royal_Louis-Maitre_Rodolphe_1667_img_3092.jpg&oldid=
105741535&uselang=de [letzter Aufruf: 26.02.2016].

51 Largillière de, Nicolas: *Gemälde von Charles le Brun*, um 1685. Technik: Öl auf Leinwand, 232 × 187 cm, Musée du Louvre.
https://commons.wikimedia.org/w/index.php?title=File:Le_brun.jpg&oldid=171722660&uselang=de
[letzter Aufruf: 26.02.2016].

52 Apoll mit Streitwagen und Pferden, Bassin in Versailles, Aufnahme von Gaudry daniel.
https://commons.wikimedia.org/w/index.php?title=File:Versailles_bassin_d%27apollon.JPG&oldid=118209912&uselang=de
[letzter Aufruf: 26.02.2016].

53 Bérain, Jean: *Entwurf zur Neugestaltung der Heckfassade des Dreideckers SOLEIL ROYAL*, um 1689. Paris. © bpk, mit freundlicher Genehmigung des Musée du Louvre département des Arts graphiques, Inventarnummer INV 23718. Zeichnungsausschnitt, Apoll mit Streitwagen und Pferden.

54 Heckansicht der Dauphin Royal, um 1668. Die Zeichnung stammt vermutlich von Pierre Puget.
https://commons.wikimedia.org/w/index.php?title=File:Vaisseau_Dauphin_Royal_vue_arri%C3%A8re_en_1668.jpg&oldid=183400736&
uselang=de [letzter Aufruf: 26.02.2016].

55 Bérain, Jean: *Entwurf zur Neugestaltung der Heckfassade des Dreideckers SOLEIL ROYAL*, um 1689. Paris, © bpk, mit freundlicher Genehmigung des Musée du Louvre département des Arts graphiques, Inventarnummer INV 23718.

56 Modell der SOLEIL ROYAL. Die Aufnahme befindet sich im Besitz des Autors.

57 Puget, Pierre: *Entwurfszeichnung für die Heckdekoration der ROYAL LOUIS 1668.* © bpk, mit freundlicher Genehmigung der Ecole Nationale Supérieure des Beaux-Arts, Paris.

58 Hayet, Kommissar: *Zeichnung der ROYAL LOUIS von 1668 in Description du vaisseau le ROYAL LOUIS*, Marseille 1677.
https://commons.wikimedia.org/wiki/File:Royal_Louiselinks.jpg [letzter Aufruf: 26.02.2016].

59 Puget, Pierre: *Zeichnungsausschnitt Dreidecker ROYAL LOUIS 1668 in Toulon,* um 1670. Technik: Federzeichnung. Mit freundlicher Genehmigung der Albertina, Wien.

60 Puget, Pierre: *Zeichnungsausschnitt Dreidecker ROYAL LOUIS 1668 in Toulon,* um 1670. Technik: Federzeichnung. Mit freundlicher Genehmigung der Albertina, Wien.

61 Hayet, Kommissar: *Zeichnungsausschnitt der ROYAL LOUIS von 1668 in Description du vaisseau le ROYAL LOUIS*, Marseille 1677.
https://commons.wikimedia.org/w/index.php?title=File:Royal_Louis-Maitre_Rodolphe_1667_img_3092.jpg&oldid=105741535
[letzter Aufruf: 26.02.2016].

62 Bérain, Jean: *Entwurf zur Neugestaltung der Heckfassade des Dreideckers SOLEIL ROYAL*, um 1689. Paris. © bpk, mit freundlicher Genehmigung des Musée du Louvre département des Arts graphiques, Inventarnummer INV 23718.

63 Bérain, Jean: *Zeichnungsausschnitt zur Neugestaltung der Heckfassade des Dreideckers SOLEIL ROYAL*, um 1689. © bpk, mit freundlicher Genehmigung der Bibliothèque Jacques Prévert, Ville de Cherbourg en Cotentin, Manuskript Nr. 593.

64 Bérain, Jean: *Entwurf der Seitengalerie für die SOLEIL ROYAL*. Mit freundlicher Genehmigung der Bibliothèque Jacques Prévert, Ville de Cherbourg en Cotentin, Manuskript Nr. 593, Ms 593-9a.

65 Bérain, Jean: *Entwurf für den Bug der SOLEIL ROYAL*. Mit freundlicher Genehmigung der Bibliothèque Jacques Prévert, ville de Cherbourg en Cotentin, Manuskript Nr. 593, Ms 593-10a.

66 Caffieri, Jean-Jacques: *Ansichten der* ROYAL LOUIS *III von 1743*.
https://commons.wikimedia.org/w/index.php?title=File:Royal_Louis_1745_Caffieri-img_3169.jpg&oldid=162717768&uselang=de
[letzter Aufruf: 26.02.2016].

67 Caffieri, Philippe (Vater): *Zeichnung der le Bon, Linienschiff 3. Ranges*, um 1670.
https://commons.wikimedia.org/w/index.php?title=File:Bon-Caffieri-img_3200.jpg&oldid=162717755&uselang=de
[letzter Aufruf: 26.02.2016].

68 Bérain, Jean : *Zeichnung der Apollon, Linienschiff 3 Ranges*, um 1670.
https://commons.wikimedia.org/w/index.php?title=File:Apollon-B%C3%A9rain-img_3200.jpg&oldid=162717767&uselang=de
[letzter Aufruf: 26.02.2016].

69 Deutsches Museum, München, Bibliothek [Diderot, Denis & d'Alembert, Jean le Rond: *Encyclopédie, ou Dictionnaire raisonné des sciences, des arts et des métiers. Planches de l'Encyclopédie* (Bd. 6). Paris 1769].

70 Statistik über den Kanonenbedarf, auf Datengrundlage von *Les états abrégés de la marine française*. Vom Autor erstellt.

71 Statistik über den Bedarf an Kanonen, auf Datengrundlage von *Les états abrégés de la marine française*. Vom Autor erstellt.

72-76 Aufnahmen des 24-Pfünders in Le Croisic, mit freundlicher Genehmigung von Philippe Fraisse. Im dortigen Familienbesitz.

77 Tabelle vom Autor erstellt.

78 Tabelle vom Autor erstellt.

79 Tabelle vom Autor erstellt.

80 Zeichnung aus einem schwedischen Buch für Schiffbau, Åke Rålamb, 1691.
https://commons.wikimedia.org/w/index.php?title=File:Skeps_Byggerij-TaflN.jpg&oldid=131704161&uselang=de
[letzter Aufruf: 26.02.2016].

81 Puget, Pierre: *Französisches Linienschiff mit 40 Kanonen*, um 1670. Technik: Zeichnung auf Papier28 x 41,8 cm, Musée Bonnat.
https://commons.wikimedia.org/w/index.php?title=File:Pierre_Puget_-_Great_Vessel_of_War_WGA18476.jpg&oldid=
126395287&uselang=de [letzter Aufruf: 26.02.2016].

82 Puget, Pierre: *Zeichnung der* ROYAL LOUIS *1668*. https://commons.wikimedia.org/w/index.php?title=File:French_first_rate-Pierre_Puget-img_3210.jpg&oldid=162717762&uselang=de [letzter Aufruf: 26.02.2016].

83-90 Aufnahmen vom Modell der SOLEIL ROYAL 1669, im Besitz des Autors.

91 Album von Colbert, ohne Signatur. Plan Nr. 42. Mit freundlicher Genehmigung von Didier Berti vom Ancre Verlag, Nizza.
http://ancre.fr/en/reimpressions/14-album-de-colbert-anonyme-1670.html

92 Album von Colbert, ohne Signatur. Plan Nr. 43. Mit freundlicher Genehmigung von Didier Berti vom Ancre Verlag, Nizza.
http://ancre.fr/en/reimpressions/14-album-de-colbert-anonyme-1670.html

93 Perelle, Adam: *Le Bassin d'Apollon, Versailles*. Gemälde von Adam Perelle, um 1680.
https://commons.wikimedia.org/w/index.php?title=File:Grand_Canal.jpg&oldid=181279055&uselang=de [letzter Aufruf: 26.02.2016].

94 Kupferstich, ohne Signatur, Arsenal von Toulon um 1670.
https://commons.wikimedia.org/w/index.php?title=File:Arsenal_de_Toulon_en_1670_avec_vaisseau_en_construction.jpg&oldid=177474572&uselang=de [letzter Aufruf: 26.02.2016].

95 Hauptabmessungen der Schiffe, Tabelle des Autors.

96 Statistik über die Schiffsverteilung, auf Datengrundlage von *Les états abrégés de la marine française*. Tabelle vom Autor erstellt.

97 Statistik über den Kanonenbedarf, auf Datengrundlage von *Les états abrégés de la marine française*. Tabelle vom Autor erstellt.

98 Statistik über die Tonnageverteilung, auf Datengrundlage von „*Les états abrégés de la marine française*". Tabelle vom Autor erstellt.

99 Statistik über die Tonnageentwicklung pro Kanone, auf Datengrundlage von *Les états abrégés de la marine française*. Tabelle vom Autor erstellt.

100 Statistik über die Verteilung der Schiffsbestände ohne Ränge, auf Datengrundlage *von „Les états abrégés de la marine française"*.

101 Statistik zur Entwicklung der Schiffstonnagen von 1661-1715, auf Datengrundlage von „*Les états abrégés de la marine française*".

102 Vernet, Claude Joseph: *Hafen von Marseille, um 1754*. Technik: Öl auf Leinwand, 165 x 263 cm, Musée du Louvre.
http://images.google.de/imgres?imgurl=https%3A%2F%2Fupload.wikimedia.org%2Fwikipedia%2Fcommons%2Fthumb%2F9%2F9b%2FVernet_Toulon_1002.jpg%2F120px-Vernet_Toulon_1002.jpg&imgrefurl=https%3A%2F%2Fcommons.wikimedia.org%2Fwiki%2FCategory%3AVues_des_ports_de_France&h=80&w=120&tbnid=EFj5FLhUIxpzAM%3A&docid=1BUr6fYmQCxI9M&itg=1&ei=57m4Vv-sMujA6QTGnZj4DA&tbm=isch&iact=rc&uact=3&dur=257&page=1&start=0&ndsp=39&ved=0ahUKEwi_vMaVw-jKAhVoYJoKHcYOBs8QrQMIPzAL [letzter Aufruf: 01.03.2016].

103 Puget, Pierre: *Zeichnungsausschnitt Dreidecker ROYAL LOUIS 1668 in Toulon*, um 1670. Technik: Federzeichnung. Mit freundlicher Genehmigung der Albertina, Wien.

104 Fockmastrüsten bestehend aus zwei Hauptgliedern, Aufnahme vom Modell der SOLEIL ROYAL 1669, im Besitz des Autors.

105 Van de Velde, Willem: Vermutlich die französische *le Fort*, um 1673.
https://commons.wikimedia.org/w/index.php?title=File:Dessin_pr%C3%A9sum%C3%A9_du_vaisseau_fran%C3%A7ais_le_Fort_en_1673.jpg&oldid=105289614&uselang=de [letzter Aufruf: 26.02.2016].

106 Statistik über den Erfüllungsgrad des ersten Schiffbauprogramms, auf Datengrundlage von *Les états abrégés de la marine française*. Tabelle vom Autor erstellt.

107 Statistik über den Schiffsbestand, auf Datengrundlage von *Les états abrégés de la marine française*. Tabelle vom Autor erstellt.

108 Puget, Pierre: *Französisches Linienschiff vor einer Felsenküste*, um 1680.
https://commons.wikimedia.org/w/index.php?title=File:French_first_rate-Pierre_Puget-img_3212.jpg&oldid=162717763&uselang=de [letzter Aufruf: 17.03.2016].

5. Index